Thomas L. Gertzen
Aber die Zeit fürchtet die Pyramiden

CHRONOI
Zeit, Zeitempfinden, Zeitordnungen
Time, Time Awareness, Time Management

—

Herausgegeben von

Eva Cancik-Kirschbaum, Christoph Markschies
und Hermann Parzinger

Im Auftrag des Einstein Center Chronoi

Band 4

Thomas L. Gertzen

Aber die Zeit fürchtet die Pyramiden

Die Wissenschaften vom Alten Orient und die zeitliche
Dimension von Kulturgeschichte

DE GRUYTER

Dieses Werk ist lizenziert unter der Creative Commons Attribution-NonCommercial-NoDerivatives 4.0 International Lizenz. Weitere Informationen finden Sie unter http://creativecommons.org/licenses/by-nc-nd/4.0/

ISBN 978-3-11-076012-5
e-ISBN (PDF) 978-3-11-076020-0
e-ISBN (EPUB) 978-3-11-076023-1
ISSN 2701-1453

Library of Congress Control Number: 2021945815

Bibliografische Information der Deutschen Nationalbibliothek
Die Deutsche Nationalbibliothek verzeichnet diese Publikation in der Deutschen Nationalbibliografie; detaillierte bibliografische Daten sind im Internet über http://dnb.dnb.de abrufbar.

© 2022 Thomas L. Gertzen, published by Walter de Gruyter GmbH, Berlin/Boston
Druck und Bindung: CPI books GmbH, Leck

www.degruyter.com

Für Erik

Inhalt

Vorwort —— IX

I	**Einleitung** —— 1	
1	Chronologie – alles relativ? —— 8	
2	Biblische Chronologie und das Datum der Schöpfung —— 13	
3	Vor der Flut – ‚deep time' und das geologische Zeitalter —— 17	
4	Chronologie des ‚Alten' Orients —— 29	

II Fallbeispiele —— 48
1   Revolution der Chronologie – der Dendera-Zodiak in Paris —— 48
2   „Ägyptens Stelle in der Weltgeschichte" und chronologische Meinungsverschiedenheiten —— 75
3   Auf der Suche nach König Pul alias Tiglatpileser II. oder III. —— 92
4   Welche Sprache sprachen die Erbauer der Pyramiden? —— 105
5   Geschichtsschreibung ohne Texte, W. M. Flinders Petrie und die sequence dates —— 118
6   Hundsstern und Hyksos – keine Zweite Zwischenzeit in Ägypten? —— 130
7   Leonard Woolley, die Sintflut und ‚public archaeology' —— 142
8   Mythohistorie? Kurt Sethes Urgeschichte der Ägypter —— 154
9   Ra oder: Out of Egypt? Diffusion oder Konvergenz? —— 177
10   „Schwimmer in der Wüste" – Zeit und Ökologie —— 196
11   Monotheismus, von der Steinzeit an bis heute —— 206
12   Der fruchtbare Halbmond und die Neolithische Revolution —— 216

III Schluss —— 227

IV Anhang —— 232
1   Abkürzungsverzeichnis —— 232
2   Archivquellen —— 234
3   Bibliografie —— 234
4   Internetressourcen —— 259
5   Abbildungsnachweis —— 261

6   **Register** —— 263

Vorwort

> Plus on vieillit, et plus on se persuade que Se sacré Majesté le Hasard fait trois quarts de la besogne de ce misérable univers.
> Friedrich II.

Das vorliegende Buch entstand im Kontext des Einstein Center CHRONOI des Berliner Antike-Kollegs, welches sich die Erforschung von Zeit, Zeitbewusstsein, Zeitrechnung und Zeitmanagement vergangener Kulturen in einem inter- und transdisziplinären Rahmen zum Ziel gesetzt hat. Als Wissenschaftshistoriker möchte ich die hier angeführte Auflistung von Zeitbegrifflichkeiten noch um „Zeitgeist", d. h. die Bedingtheit von (Zeit-)Vorstellungen durch die jeweiligen „zeitgenössischen" Umstände, erweitern.

Der Begriff der „Exploration" beschreibt dabei zunächst sehr treffend Ziele und Maßstab meines durch das Einstein Center geförderten Vorhabens, welches sich als eine erste Bestandsaufnahme und eine versuchsweise Annäherung an ein komplexes und vielschichtiges Themenfeld versteht und hierzu eine Reihe ausgesuchter Fallstudien erarbeitet. Damit verbindet sich kein Anspruch auf Vollständigkeit oder eine erschöpfende Behandlung des Themas. Vielmehr sollten verschiedene Aspekte beleuchtet und die Möglichkeit zu vergleichender Betrachtung geboten werden. Diesem Ziel dient auch die konzise Darstellung solcher Fallbeispiele, die z. T. schon andernorts ausführlich besprochen wurden.

Was alle hier behandelten Episoden aus der Geschichte der Altertumswissenschaften, die sich der Erforschung des ‚Alten Orients' gewidmet haben, verbindet, ist die Auseinandersetzung mit dem Alter menschlicher Zivilisation. Oder anders ausgedrückt: der zeitlichen Dimension von Kulturgeschichte. Dabei werden die historische oder altertumswissenschaftliche Forschung selbst historisiert, d. h. in ihren jeweiligen zeitgeistigen Kontext eingeordnet und dessen Auswirkungen beschrieben.

Aus der Geologie stammt der Begriff der ‚deep time', der Tiefenzeit, welcher die Erkenntnis früher Naturwissenschaftler des 18. und 19. Jh. von der weit über das aus biblischen Angaben errechnete Alter der Welt hinausgehenden zeitlichen Dimension der Erdgeschichte beschreibt. Angeregt durch Eva Cancik-Kirschbaum, die sich schon länger mit dem Begriff und seiner Bedeutung im Kontext der altorientalistischen Wissenschaften beschäftigt hatte, habe ich versucht, eine Positionsbestimmung der Vertreter verschiedener altorientalistischer Disziplinen hierzu vorzunehmen und eine historische Entwicklung nachzuzeichnen.

Mit Geologie und biblischer Chronologie sind die beiden ‚Pole', zwischen denen diese Positionsbestimmung erfolgen könnte, bereits benannt. Allerdings zeichnete sich im Laufe der Untersuchung ein deutlich komplexeres Bild ab, als ich es anfangs erwartet hatte: Im Nachgang der Aufklärung, eines schleichenden Bedeutungsverlustes religiöser Überzeugungen und einer fortschreitenden Professionalisierung der Erforschung der Geschichte des Alten Orients erwartete ich zwar sehr wohl nationale oder konfessionell bedingte Unterschiede und auch vereinzelte Abweichungen und ‚Abweichler'. Ich glaubte aber doch eine kontinuierliche Entwicklung von religiös fundierten zu empirisch gewonnenen Erkenntnissen feststellen zu können. Dabei stellten sich jedoch zahlreiche Komplikationen ein:

Für die Wissenschaftsgeschichte gilt, dass die Erforschung und die (Er-)Klärung bestimmter Phänomene in früheren Epochen immer aus sich selbst heraus eingeschätzt und verstanden werden müssen. Deshalb sollten die Arbeiten griechischer Philosophen, mittelalterlicher Scholastiker oder Renaissance-Gelehrter nicht mit den Maßstäben eines modernen oder besser zeitgenössischen Wissenschaftsbegriffs betrachtet werden und erst recht nicht die Konzepte und Vorstellungen von Vertretern außereuropäischer Wissenskulturen.

Der Untersuchung der Entwicklung bestimmter Wissenschaftsdisziplinen oder einzelner Fächer entziehen sich deren vermeintliche Repräsentanten noch in der ersten Hälfte des 19. Jh. vielfach durch die längst noch nicht so deutlich erfolgte Abgrenzung unterschiedlicher Forschungsbereiche. Das betrifft aber nicht nur die Unterscheidung eines Assyriologen von einem Ägyptologen im weiteren Kontext einer immer noch im Werden begriffenen Orientalistik und in Abgrenzung zu der sehr viel älteren, aber gerade deswegen auch vielschichtigen Theologie. Auch die sogenannten Natur- und Geisteswissenschaften lassen sich – zumindest personell – lange nicht so eindeutig voneinander trennen; ganz abgesehen davon, dass einzelne Gelehrte immer wieder die vermeintlichen Disziplingrenzen überschritten haben.

Dies hat auch unmittelbare Auswirkungen auf ein vermeintliches ‚Fortschrittsnarrativ', in dem bestimmte Wissenskulturen einander ablösen, so dass im konkreten Fall eine religiös fundierte Weltanschauung durch die Aufklärung zunehmend in den Hintergrund gedrängt würde. So gibt es in der Wissenschaftsgeschichte denn auch Kirchenmänner, die die Angaben der Bibel durch die Werke klassischer Autoren, aber auch – durchaus überraschend – durch naturwissenschaftliche Beobachtungen zu stützen und zu belegen suchen, was natürlich an sich schon eine bemerkenswerte Entwicklung beschreibt. Es gibt aber ebenso ‚fortschrittliche' Gelehrte, die zögern, ihre – der bisher gültigen Interpretation der ‚Heiligen Schrift' widersprechenden – Erkenntnisse zu veröffentlichen. Hinzu kommt, dass vermeintlich ‚rückständige' Ansichten dennoch zu richtigen Erkenntnissen geführt haben oder eine inzwischen als grundsätzlich valide erwiesene Methodik, aufgrund unvorhergesehener Zufälle oder menschlicher Fehler, unkorrekte Resultate geliefert hat; wobei auch der kuriose, aber gar nicht so seltene Fall eintreten kann, dass eine neue und ‚korrekte' Methodik durch falsche Annahmen entwickelt wird. Der ‚menschliche Faktor' sollte also nicht unterschätzt und Wissenschaftler nicht losgelöst von ihrer Umwelt betrachtet werden.

Neben Politik und Religion, den Strukturen und Dynamiken des Wissenschaftsbetriebes, spielt dabei auch die Öffentlichkeit eine nicht zu vernachlässigende Rolle. Dies gilt insbesondere für die Orientwissenschaften und die Archäologie, die mit ihrer Forschung den Zeitgeist häufiger bedienen, als dass sie ihn bestimmen. Wer auf die (finanzielle) Unterstützung der Öffentlichkeit angewiesen ist, muss nicht nur deren Interessen, sondern auch deren Ansichten berücksichtigen. So finden sich denn auch und gerade noch zur Mitte des 20. Jh. Gelehrte, die auf religiöse Überzeugungen oder Weltanschauungen Rücksicht nehmen und das Bedürfnis danach zur Förderung ihrer Forschung nutzen.

Daraus sollte sich stets auch ein Bewusstsein für die funktionalen Zusammenhänge ergeben: Religiös fundierte Konzepte werden dabei womöglich durch andere Formen der Weltanschauung oder Welterklärung ersetzt, die ihrerseits vor dem Hintergrund eines vermeintlich neutral-objektiven Wissensdiskurses problematisch erscheinen können.

Aus dem bis hierher Ausgeführten ergibt sich die zeitliche Bedingtheit des Zeitbegriffs oder der verhandelten zeitlichen Dimensionen. Dabei erweitert sich letztere in dem diesem Buch zugrundeliegenden Betrachtungszeitraum vom Ende des 18. bis zur Mitte des 20. Jh. zusehends. Je jünger das behandelte Fallbeispiel, desto weiter reicht die Betrachtung der Vergangenheit zurück. Dies wird unbestreitbar auch durch die fortschreitende Entwicklung der dazu zur Verfügung stehenden Methoden befördert. Hier sind gerade die methodischen Ansätze jenseits moderner naturwissenschaftlicher Datierungsverfahren von Interesse. Denn der Nachweis eines bestimmten Alters für ein Objekt oder etwa klimatischer Veränderungen und dadurch ausgelöster Entwicklungen in Natur und Kultur in weit zurückliegenden Perioden allein sagt noch wenig aus. Der einzelne Befund muss in einen größeren kulturgeschichtlichen Zusammenhang eingeordnet werden. Daher verwundert es nicht, dass zu verschiedenen Zeiten Gelehrte, ganz unabhängig von den zur Verfügung stehenden technischen Möglichkeiten, immer neue Formen der Interpretation und Sinngebung gesucht und gefunden haben. Diese unterschiedlichen Motivlagen und ihre komplexen Hintergründe zu erhellen oder doch zumindest ein Schlaglicht auf sie zu werfen, ist Ziel der vorliegenden Untersuchung.

Bei der Erwähnung von Zeitumständen muss an dieser Stelle kurz auf die Auswirkungen der Covid-19-Pandemie und den darauffolgenden Lockdown eingegangen werden. Der hierdurch eingeschränkte Zugang zu Bibliotheken und Archiven konnte durch digitale Angebote (die gerade auch ältere Publikationen zugänglich machen), Dokumentenlieferdienste und die Unterstützung von Kolleginnen und Kollegen aus dem In- und Ausland zumindest teilweise ausgeglichen werden. In diesem Zusammenhang gilt mein Dank Kerstin Seidel vom Archiv des Ägyptischen Museums – Georg Steindorff – in Leipzig, ebenso wie Rosalind Janssen, die bei ihrem Besuch der Archive des University College London für mich Dokumente eingesehen hat.

Schwerer wogen der zurückgegangene, zumindest eingeschränkte Austausch und Kontakt mit anderen Wissenschaftlern, dem zwar auch mit digitalen Mitteln entgegengewirkt werden konnte, der dadurch aber gleichwohl eingeschränkt war. Jedenfalls hat diese Erfahrung mir noch einmal sehr deutlich in Erinnerung gerufen, dass auch Wissenschaftsgeschichte nicht im ‚luftleeren Raum' stattfinden kann, sondern von dem Austausch mit der umgebenden Welt abhängig ist.

Die für die Drucklegung meiner Arbeit benötigten Mittel wurden ebenfalls durch das Einstein Center bereitgestellt. Ich bedanke mich bei den Herausgebern von CHRONOI für die Aufnahme meiner Arbeit in ihre Reihe und bei Christoph Roolf für ein gewissenhaftes Lektorat. Ebenso danke ich Kirsten Otto für ihre kritische Lektüre von Teilen meines Manuskripts, die einen entscheidenden Beitrag zur Lesbarkeit und Allgemeinverständlichkeit geleistet hat. Last but not least möchte ich den Mitarbeitern des Verlages De Gruyter für die professionelle Zusammenarbeit und inbesondere Herrn Torben Behm für seine gründliche Durchsicht des finalen Einreichungsmanuskripts danken. – In diesem Zusammenhang sind natürlich alle etwaig verbliebenen Ungereimtheiten allein auf mich zurückzuführen.

Berlin, 2021
Thomas L. Gertzen

1 Einleitung

> Die Archäologie ergänzte den naturhistorischen Diskurs der Zeitentiefe um eine kulturhistorische Dimension; insbesondere stellte sie das Phänomen der ‚tiefen' Zeit in den Kontext der Reflexion um Stand und Zukunft der eigenen Zivilisation.
> Barbara Korte (2002)

Das Thema „Zeit" liegt im Trend. Sei es auf populären Internetplattformen, die uns mit Fragen konfrontieren wie: „Hättest du gewusst, dass Kleopatra der Mondlandung zeitlich näher war als dem Bau der Pyramiden? Oder dass die Uni Oxford älter als die Azteken ist?",[1] sei es in eigenen „Kulturgeschichten" und „Landkarten" der Zeit[2] oder in zu diesem Thema eingerichteten Forschungsnetzwerken der Deutschen Forschungsgemeinschaft, welche „Zeit" in den Kulturen das Altertums als „soziales Konstrukt" untersuchen.[3] In diesen Kontext gehört sicher auch das Einstein Center CHRONOI, dem das vorliegende Buch sein Entstehen verdankt und welches sich in vielfältiger und umfassender Weise dem Thema „Zeit" annähert,[4] aber ebenso Projekte wie „Challenging Time(s)" an der Österreichischen Akademie der Wissenschaften (Wien), das die Grundlagen altorientalischer Chronologie einer Überprüfung unterzieht.[5]

Wie in dem Einleitungszitat von Barbara Korte, aus dem Kontext ihrer Auseinandersetzung mit der literarischen Tiefenzeit-Rezeption im England des 19. Jh.,[6] anklingt, scheint die Reflexion über Zeit auch immer ein Mittel der Selbstvergewisserung oder der eigenen zeitlichen Positionsbestimmung zu sein und die Auseinandersetzung mit dem Thema „Zeit" auch ein Ausdruck von „Zeitgeist". Weiterhin benennt das Zitat die Funktion von Archäologie als „Ergänzung" des

---

[1] Dahm, Ph., 15 historische Fakten, die dir ein völlig neues Zeitgefühl geben: https://www.watson.ch/wissen/panorama/241564166-15-historische-fakten-die-dir-ein-voellig-neues-zeitgefuehl-geben.
[2] Vgl. Demandt, A., Zeit. Eine Kulturgeschichte, Berlin 2015; Levine, R., Eine Landkarte der Zeit. Wie Kulturen mit Zeit umgehen[16], München 2011.
[3] CHRONOS. Soziale Zeit in den Kulturen des Altertums: https://www.chronos.humanities.uva.nl.
[4] Einstein Center CHRONOI: https://www.ec-chronoi.de.
[5] Challenging Time(s) – A New Approach to Written Sources for Ancient Egyptian Chronology: https://www.oeaw.ac.at/oeai/forschung/altertumswissenschaften/antike-rechtsgeschichte-und-papyrologie/challenging-times.
[6] Korte, B., Archäologie in der Viktorianischen Literatur: Faszination und Schrecken der ‚tiefen' Zeit, in: Middeke, M. (Hg.), Zeit und Roman. Zeiterfahrung im historischen Wandel und ästhetischer Paradigmenwechsel vom sechzehnten Jahrhundert bis zur Postmoderne, Würzburg 2002, 111–131.

OpenAccess. © 2022 Gertzen, publiziert von De Gruyter. Dieses Werk ist lizenziert unter einer Creative Commons Namensnennung – Nicht kommerziell – Keine Bearbeitung 4.0 International Lizenz.
https://doi.org/10.1515/9783110760200-002

„naturhistorischen Diskurses [...] um eine kulturhistorische Dimension". Dabei noch nicht erwähnt ist der – zeitlich vorangegangene, aber immer noch andauernde – religiöse Diskurs, der dem naturwissenschaftlichen Paradigma zwar nicht gänzlich entgegengestellt war, aber doch ein grundsätzlich anderes Modell der Welterklärung vertreten hat. Zwischen diesen beiden Polen einer religiös fundierten Weltanschauung und der empirisch begründeten Naturwissenschaft bewegten sich die im 19. Jh. noch relativ junge Altertumswissenschaft und insbesondere die Archäologie, welche erst im ‚Laufe der Zeit' die ‚klassisch'-philologische Altertumskunde erweitert hat.[7] Wesentlich ist dabei hervorzuheben, dass sich viele Vertreter biblischer Zeitauffassungen von den Altertumswissenschaften, die sich mit der Erforschung des Vorderen Orients, also der ‚Länder der Bibel' befassten, zunächst eine Bestätigung der ‚Heiligen Schrift' erhofft hatten. Durch außerbiblische Textzeugnisse – denn diese waren zunächst das Hauptziel auch der archäologischen Unternehmungen in der Region – sollte den Annahmen von Naturwissenschaftlern und den Zweifeln der ‚Textkritik' etwas entgegengesetzt werden. Es erscheint dabei nur vordergründig paradox, dass sich die Archäologie frühzeitig auch solcher Methoden bedient hat, welche den Naturwissenschaften entlehnt waren.

Die hier skizzierte Dreiecksbeziehung zwischen Natur-, Bibel- und Altertumswissenschaft bildet die Grundlage dieser Untersuchung. Hierbei machen schon die Vielschichtigkeit des Themas „Zeit" und seine ‚Zeitgeistigkeit' deutlich, dass es dabei auf eine gewisse definitorische Trennschärfe ankommt. Zunächst bezogen auf die behandelten Beispiele aus dem Bereich altorientalistischer Altertumswissenschaft, bedeutet dies eine grundlegende Unterscheidung zwischen Forschung zu Chronologie und Historiografie und zwischen Methoden der Altersbestimmung bzw. zeitlichen Einordnung und dem interpretativen Rahmen, in dem diese zur Anwendung kommen und ausgewertet werden.

Deshalb wird in den nachfolgenden vier Unterabschnitten der Einleitung (I.) der Versuch unternommen, diese Grundlagen zu (er-)klären und somit überhaupt erst eine Basis für die in den Fallbeispielen diskutierten Episoden der Wissenschaftsgeschichte zu schaffen.

Der erste Abschnitt ist dabei der begrifflichen Auseinandersetzung mit dem Forschungsfeld der Chronologie, in Abgrenzung zur Geschichtsschreibung, gewidmet. Ein zweiter Abschnitt erläutert die Grundlagen der biblischen Chronologie, die in dem anglikanischen Theologen James Ussher (1581–1656) wohl ihren

---

7 Wodurch übrigens auch die Zeitdimension in den Bereich der ‚schriftlosen', ‚prähistorischen' Kulturgeschichte hinein erweitert worden ist; vgl. grundlegend: Trigger, B., A History of Archaeological Thought[12], Cambridge 2004, 27–72.

prominentesten Vertreter gefunden hat. Der dritte Einleitungsabschnitt schildert die Entwicklung des geologischen Zeitalters als einer neuen chronologischen Tiefendimension auf Grundlage der sich ausbildenden Natur- und hier v. a. der Geowissenschaften. Der vierte und letzte Abschnitt beschreibt dann die zeitgenössischen Grundlagen altorientalischer Chronologie, ihre Quellen, Methoden und offenen Forschungsfragen. Keiner der Abschnitte leistet mehr als ein Referat der Aussagen der einschlägigen Sekundärliteratur.

Die im Hauptteil (II.) vorgestellten Fallbeispiele werden grundsätzlich in chronologischer Reihenfolge dargeboten. Jedes Kapitel kann einzeln für sich gelesen werden; Querverweise auf andere Abschnitte der Untersuchung stellen inhaltliche Verbindungen her. Bei der Auswahl der Fallbeispiele wurde zunächst auf die Berücksichtigung verschiedener Aspekte des oben zitierten Spannungsverhältnisses zwischen Naturwissenschaft, Religion und Altertumskunde Wert gelegt. Ebenso sollten Diskurse in den drei wichtigsten Fachsprachen der Altorientalistik und Ägyptologie, also Französisch, Deutsch und Englisch, vertreten sein, wobei auch weitere Sekundärliteratur,[8] etwa in lateinischer, italienischer und magyarischer Sprache,[9] ausgewertet worden ist. Zu guter Letzt galt es auch eine gewisse methodische Vielfalt zu repräsentieren, die die verschiedenen Ansätze zur Auswertung textlicher und materieller Hinterlassenschaften, aber auch naturwissenschaftlicher Erkenntnisse im Rahmen der Altertumskunde behandeln. Dabei erhebt diese Auswahl ausdrücklich keinen Anspruch auf Vollständigkeit.

Das erste Kapitel schildert den Fall des sogenannten Zodiaks von Dendera, der von Jed Buchwald und Diane Josefowicz bereits mustergültig aufbereitet worden ist[10] und hier nurmehr um einige ägyptologiegeschichtliche Marginalia erweitert dargestellt wird. Es handelt sich dabei gleich um einen der Fälle, in denen die Komplexität des Themas deutlich zutage tritt: Wenn nämlich ein progressiv gestimmter Gelehrter durch seine Entzifferung der Hieroglyphen die biblische Chronologie zu bestätigen scheint, nur um später festzustellen, dass, obwohl seine Methode stichhaltig ist, seine – korrekte – Datierung des Zodiaks auf einer fehlerhaften Dokumentation beruhte, wobei auch das zweite Fallbeispiel

---

[8] Es sei hier pro forma angemerkt, dass in der Wissenschaftsgeschichte wissenschaftliche Fachliteratur natürlich selbst in gewisser Weise den Status von ‚Primärquellen' haben kann.
[9] Dabei stieß der Bearbeiter natürlich mitunter an Grenzen. Im konkreten Fall des Magyarischen danke ich meiner ungarischen Kollegin Kathalin Kóthay schon an dieser Stelle für ihre, auch später hervorgehobene Unterstützung.
[10] Buchwald, J. Z. / Josefowicz, D. G., The Zodiac of Paris. How an Improbable Controversy over an Ancient Egyptian Artifact Provoked a Modern Debate between Religion and Science, Princeton 2010.

illustriert, dass derartige Diskussionen die Ägyptologie bis weit in die zweite Hälfte des 19. Jh. beschäftigt haben. Ebenso schwierig gestaltete sich die Diskussion der in dem dritten Fallbeispiel vorgestellten Forschungsfragestellung, in der assyrische Königslisten Zweifel an der historischen Korrektheit von Angaben des Alten Testaments aufkommen lassen, die Suche nach dem Assyrerkönig Pul aber schließlich zu der Erkenntnis führt, dass beide Quellen auf ihre Weise korrekte Angaben gemacht hatten. Das vierte Beispiel veranschaulicht die zeitliche Tiefendimension chronologischer Forschungsdebatten ebenso wie deren Instrumentalisierung für weltanschaulich-ideologische Auseinandersetzungen im Zeitalter des Imperialismus. Dass die dabei aufgestellten Behauptungen angeblich einfach ‚nachgemessen' werden konnten, sollte eine deutliche Warnung vor der vermeintlichen Objektivität der Argumentation mit Zahlenangaben sein. Doch auch der Protagonist der fünften Erzählung, der den wilden Spekulationen der Vertreter des vorangegangenen Abschnitts ein Ende bereitet hatte, setzte bei seinem innovativen Datierungsverfahren auf die Mathematik – allerdings mit sehr viel nachhaltigerem Erfolg. Das sechste Fallbeispiel zeigt dann, dass durch die im ersten Kapitel erwähnte Hieroglyphenentzifferung die altorientalische Astronomie zu keiner Zeit an Bedeutung für chronologische Debatten in der Ägyptologie eingebüßt hat. Mit dem siebten Fallbeispiel begegnet den Lesern erstmals ein Archäologe, der trotz seiner streng religiösen Erziehung wohl selbst nicht an die Möglichkeit geglaubt hat, durch seine Arbeit die Schilderungen der Bibel bestätigen zu können, sehr wohl aber das Potential darin erkannte, um seine Forschung zu ‚vermarkten'. Ein alternatives Paradigma zur Erforschung der ägyptischen ‚Vor-Geschichte' bildet den Gegenstand des achten Fallbeispiels, in dem der Versuch geschildert wird, die auf textlichen Quellen basierende ‚historische' Geschichtsschreibung auf Zeiten auszudehnen, aus denen keine schriftlichen Aufzeichnungen erhalten sind und von denen nur Mythen berichten. Versuche, dem Mangel an Quellen oder sogar archäologischen Belegen aus der ‚Vorzeit' durch anthropologische Studien und Kulturvergleiche, experimentelle Archäologie, aber auch ‚Rassekunde' abzuhelfen, werden im neunten Kapitel diskutiert. Einen Ansatz zur klimatologischen und ökologischen Erforschung der frühesten Menschheitsgeschichte schildert das zehnte Fallbeispiel, wobei dieser Ansatz seiner Zeit weit voraus gewesen ist und erst in jüngster Vergangenheit, durch den Einsatz modernster naturwissenschaftlicher Analyseverfahren, bestätigt werden konnte. Ein deutliches Zeichen dafür, dass Religion auch bis in die zweite Hälfte des 20. Jh. hinein einen entscheidenden Einfluss auf Forschungen zur Geschichte des ‚Alten Orients' genommen hat, liefert die Porträtskizze des Begründers der ‚biblischen Archäologie' im elften Kapitel. Gewissermaßen als Gegenpol beschließt die Auseinandersetzung mit der Theorienbildung im Rahmen der marxistischen Archäologie und deren Versuche zur Rekonstruktion der frühen Menschheitsgeschichte die Betrachtung.

Bestimmt man einen ungefähren zeitlichen Schwerpunkt der in den Fallbeispielen diskutierten Forschungsdebatten – abhängig v. a. von den Erscheinungsdaten der entsprechenden wissenschaftlichen Veröffentlichungen oder ihrer weiteren Diskussion in der Fachliteratur – und trägt diese in einen Graphen ein (vgl. Abb. 1a), wird noch einmal die bereits erwähnte chronologische Reihenfolge der Kapitel deutlich. Dabei wurden solche wissenschaftlichen Debatten, in denen auch religiöse Überzeugungen und Argumente auf Grundlage biblischer Texte eine Rolle spielen, mit einem „†" gekennzeichnet, wodurch ersichtlich wird, dass dieser Aspekt zum Ende des 19. Jh. zwar eindeutig an Bedeutung verliert, aber noch bis ins 20. Jh. hinein eine Rolle spielen konnte. Die gestrichelte Linie unter dem Punkt für das vierte Kapitel deutet den weit zurückreichenden geistesgeschichtlichen Hintergrund der darin vorgestellten Forschungsdiskussion bis in die frühe Neuzeit an, was jedoch an den zeittypischen Aspekten der Diskussion in der Hochphase des britischen Imperialismus keinen Zweifel aufkommen lässt. Stellt man diesem Graphen nun einen zweiten gegenüber, in dem die zeitliche Dimension der in den Fallbeispielen diskutierten Vergangenheit dargestellt ist (vgl. Abb. 1b), wird deutlich, dass trotz einiger ‚Ausreißer' (Kap. 6) und teilweise erheblicher Spannbreiten sich die zeitliche Tiefendimension im Verhältnis zum zeitlichen Voranschreiten der untersuchten Fallbeispiele kontinuierlich erhöht. So waren zu Beginn des 19. Jh. zwar schon Spekulationen über eine weit zurückreichende Vergangenheit möglich (Kap. 1 und 2), konnten sich aber zunächst nicht gegen die Vertreter – zumindest in der Grundtendenz – konservativerer Einschätzungen durchsetzen. Noch im ersten Viertel des 20. Jh. konnte eine extreme ‚Verkürzung' von Chronologie (wenn auch nicht mehr gestützt auf die Autorität der Bibel) diskutiert werden. Erst durch die fortschreitende archäologische Erforschung der schriftlosen ‚Vor-Geschichte' und die Erschließung außerbiblischer Quellen wurden die Grundlagen zu einer Erweiterung der zeitlichen Tiefendimension gelegt. Dies wurde später noch durch naturwissenschaftliche Datierungsverfahren bestätigt, nachdem zuvor noch einige ebenso innovative wie experimentelle Ansätze zur Erforschung einer weit zurückliegenden Vergangenheit versucht worden waren.

Die beiden Graphen (Abb. 1a und 1b) verdeutlichen, dass die vorliegende Untersuchung keine geradlinige Entwicklung im Sinne eines kontinuierlichen wissenschaftlichen Erkenntnisfortschritts wiedergeben kann.

Religiöse Motive spielten noch bis ins 20. Jh. hinein in chronologisch-kulturhistorischen Debatten eine Rolle, und ihren Vertretern sollte auch nicht einfach eine engstirnige ‚Orthodoxie' unterstellt, sondern im Gegenteil ein erhebliches Maß an geistiger Flexibilität und Dynamik attestiert werden. Spätestens zur Mitte

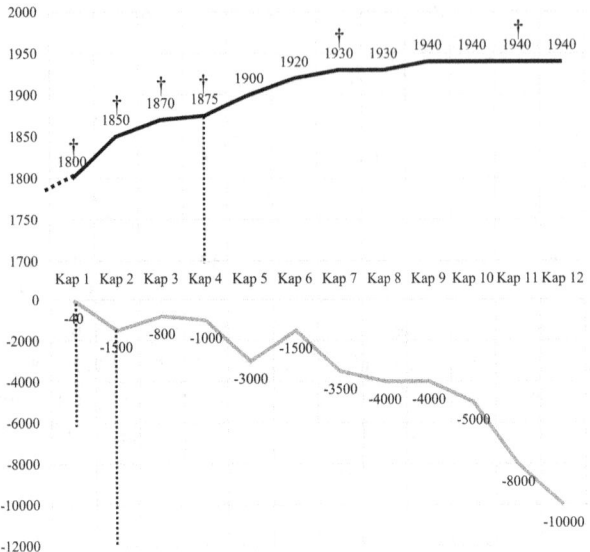

Abb. 1a und 1b: Kapitelübersicht; der obere Graph zeigt die zeitliche Stellung der einzelnen Kapitel, der untere die jeweils darin verhandelte zeitliche Dimension. Vertikale gestrichelte Linien deuten eine noch weiter zurückgehende zeitliche Tiefe an; Kreuze über den Kapiteln kennzeichnen eine Relevanz religiöser Vorstellungen für die in den Kapiteln vorgestellten Sachverhalte.

des 19. Jh. spekulierten Gelehrte über eine Dauer menschlicher Kulturgeschichte, die nicht in einigen tausend, sondern in Zehntausenden von Jahren zu datieren sei. Und ganz unabhängig von konkreten Zahlenangaben versuchten Altertumsforscher die kulturgeschichtliche Dimension ihrer Forschung immer weiter in die Vergangenheit zurück zu verlagern und mit innovativen Methoden Aussagen über die Geschehnisse und Entwicklungen in der ‚Tiefenzeit' zu treffen.

Der erste dabei zu behandelnde Fragenkomplex ist auf die Bedeutung bzw. den schleichenden Bedeutungsverlust religiös fundierter Welterklärungsmuster gerichtet. Dass die biblische Chronologie ab einem gewissen Zeitpunkt auch von den vehementesten ‚Verteidigern des Glaubens' oder der ‚Heiligen Schrift' nicht mehr im Rahmen wissenschaftlicher Debatten als Grundlage der Auseinandersetzung herangezogen werden konnte, bedarf schwerlich noch einer allzu ausführlichen Schilderung. Doch wurde die Bibel im Zuge dieser Entwicklung zusehends als eine historische Quelle angesehen, die – trotz des damit unweigerlich einhergehenden Statusverlustes – gleichwohl noch eine Rolle in altertumswissenschaftlichen Diskussionen spielen konnte. Später erfolgte dann eine grundlegende Neuorientierung, im Rahmen derer die Kulturgeschichte des ‚Alten Orients' nicht mehr in das Korsett einer biblischen Chronologie gezwungen wurde, die historische und archäologische Forschung aber auf die Bibel und ihre Schilderungen hin ausgerichtet blieben, diese gleichermaßen zu ‚rahmen' oder illustrieren helfen sollten. Statt also den unbestreitbaren Bedeutungsverlust biblischer Schilderungen als alleinige (chronologische) Grundlage der Menschheitsgeschichte zu konstatieren, gilt es den Bedeutungswandel und die dahinterstehenden gesellschaftlich-weltanschaulichen Dynamiken nachzuvollziehen.

Ein zweiter Fragenkomplex umfasst die Rolle der sich etwa vom Ende des 17. Jh. an[11] ausbildenden Naturwissenschaften und deren spätestens zur Mitte des 19. Jh. voll zur Geltung kommende Konfrontation mit den hergebrachten religiösen Deutungsmustern und Weltanschauungen. Auch hier sollte die Untersuchung über die bloße Feststellung oder Beschreibung des Konflikts hinausgehen. Neben zeitweiligen Annäherungen der beiden scheinbar entgegengesetzten Weltanschauungen – etwa, wenn Fossilien als Belege der Sintflut gedeutet wurden[12] – gilt es dabei auch zu berücksichtigen, dass sich die Vertreter christlicher Konfessionen stärker durch die philologische ‚Kritik' biblischer Texte in ihren Überzeugungen bedroht sahen als durch die Erforschung der ‚Schöpfung'. Von den Altertumswissenschaften wiederum erhoffte man sich zunächst vielmehr eine Bestätigung biblischer Schilderungen und begrüßte deshalb sogar die Anwendung naturwissenschaftlicher Untersuchungsmethoden. Daraus ergibt sich ein komplexes Bild wechselseitiger Abhängigkeiten und unterschiedlicher Motivlagen, die einer vereinfachten Darstellung, einer klaren Frontstellung zwischen Religion und Naturwissenschaft, zunächst die Grundlage entzieht.

Der dritte Fragenkomplex beschäftigt sich mit der wechselseitigen Abhängigkeit der frühen Altertums- und Naturwissenschaften. Denn auch Letztere erhofften sich von der Altertumskunde Bestätigung und mochten das Prinzip einer geologischen Schichtenabfolge zur Ermittlung einer relativen Chronologie und die Vorstellung sogenannter Leitfossilien als Marker eines bestimmten Abschnitts der Erdgeschichte prinzipiell einleuchten. Der Anschluss an eine historische, durch Textzeugnisse abgesicherte Chronologie und damit eine Bestätigung der zuvor geschilderten Annahmen konnten erst durch die Berücksichtigung altertumswissenschaftlicher Erkenntnisse geleistet werden.[13]

Aus dem hier Ausgeführten ergibt sich, dass eine ‚Entflechtung' oder isolierte Betrachtung einzelner Aspekte des Themas oder auch eine Geistesgeschichte bi-

---

11 Vgl. Schlote, K.-H. (Hg.), Chronologie der Naturwissenschaften. Der Weg der Mathematik und der Naturwissenschaften von den Anfängen in das 21. Jahrhundert, Frankfurt a. M. 2002, 171–302.
12 Vgl. Rudwick, M. J. S., The Meaning of Fossils. Episodes in the History of Palaeontology², Chicago 1985, 16.
13 Vgl. Gold, M., Ancient Egypt and the geological antiquity of man, 1847–1863, in: History of Science 57.2, 2018, 194–230.

blischer, geologischer und altertumskundlicher Zeitvorstellungen kaum möglich ist. Die Darstellung dieser Themenkomplexe sollte also weniger auf das Herausarbeiten von Unterschieden, sondern auf die Verdeutlichung wechselseitiger Abhängigkeiten gerichtet sein. Es sollte auch nicht darum gehen, aus der Perspektive einer vermeintlich ‚besser wissenden' Gegenwart die Irrtümer und heute z.T. zweifelhaften Grundannahmen und Methoden bloßzustellen, sondern vielmehr diese vor dem Hintergrund der Zeitumstände, des Zeitgeists nachzuvollziehen und einzuordnen.

Das Wissen um die Dauer bestimmter Zeitspannen oder die Zeitpunkte, zu denen historische Ereignisse datiert werden, allein besitzt noch keinen Wert. Zeitliche Dimensionen in größeren und kleineren Jahreszahlangaben zu beschreiben,[14] übersteigt das menschliche Vorstellungsvermögen.[15] Eine Sinnstiftung erfolgt daher erst durch die historische Einordnung und damit zwingend die Interpretation. Somit wandelt sich der Zeitdiskurs von einer objektiven, aber im Grunde nichtssagenden Bestimmung zeitlicher Abstände zu einer subjektiven Wahrnehmung von Zeit und ihrer Bedeutung.

Solche Prozesse nachzuvollziehen, ist Ziel der vorliegenden Arbeit und erscheint, im Sinne des französischen Historikers Auguste Bouché-Leclercq, hoffentlich nicht als Zeitverschwendung: „À savoir, qu'on ne perd pas son temps en recherchant à quoi d'autres ont perdu le leur."[16]

1 Chronologie – alles relativ?

> There are two types of chronologies, absolute and relative, though in a strict sense, all chronologies are relative ones. The only true absolute chronology would be one that took its point of departure in the presumed cataclysmic release of energies at the beginning of the universe and that measured time in finite intervals until the ultimate heat-death of the universe.
> Frederick H. Cryer

Das Einleitungszitat gibt im Grunde schon die Antwort auf die in der Kapitelüberschrift gestellte Frage – Chronologie ist immer relativ, man könnte auch sa-

---

14 Wobei die Geschichte der Zeitrechnung eine eigene Darstellung verdient; s. hierzu den gut geschriebenen Überblick von Vogtherr, T., Zeitrechnung. Von den Sumerern bis zur Smartwatch³, München 2012 und die ältere Darstellung von Elias, N., Über die Zeit¹² (Arbeiten zur Wissenssoziologie 2), Berlin 1988.
15 Vgl. dazu: Nowotny, H., Eigenzeit. Entstehung und Strukturierung eines Zeitgefühls⁴, Berlin 1993; Lenz, H., Universalgeschichte der Zeit³, Wiesbaden 2017, 103–186.
16 Bouché-Leclercq, A., L'astrologie grecque, Paris 1899, ix.

gen, Chronologie ist immer subjektiv. Das beginnt schon bei der Auswahl der – relativen – Fixpunkte, ab denen die Jahre gezählt werden: ab der Schöpfung der Welt laut *Tanach* (3761 v.Chr.), der Gründung Roms (753 v.Chr.), der Geburt von Jesus Christus (Jahr 0), der *Hidschra* Mohammeds von Mekka nach Medina (622 n.Chr.) u.a.m. Weniger subjektiv, gleichwohl menschengemacht und daher niemals ‚absolut' sind die verschiedenen, auf astronomischen Beobachtungen basierenden Kalendersysteme (lunar, solar, lunisolar, arithmetisch). Zuletzt gilt es, mit Frederick H. Cryer, auch auf einen weiteren wichtigen Aspekt des Themas hinzuweisen:

> Chronology literally means the study of time, and the chronologer, its practitioner, addresses the question of when things happened. The chronographer by contrast, writes chronology. Chronology is a branch of historiography.[17]

Die Angabe eines Datums für ein bestimmtes Ereignis gewinnt überhaupt erst einen (historischen) Wert, wenn man dieses mit den Daten anderer Ereignisse in Beziehung setzt. Zu wissen, dass Gaius Julius Caesar in den Iden des März 44 v.Chr. vor dem versammelten Senat in Rom ermordet worden ist, sagt an sich noch nicht viel aus. Zu wissen, dass die Armada von Octavian und Agrippa die Flotte von Marcus Antonius und Kleopatra VII. 31 v.Chr. bei Actium in die Flucht geschlagen hat, für sich genommen ebenso wenig. Zusammengenommen – und natürlich mit weiteren Daten – bilden diese Informationen jedoch die Beziehung und die Kausalitäten bestimmter Ereignisse ab. Die Möglichkeit, die Daten solcher und anderer Ereignisse römischer Geschichte, in Angaben entsprechend dem julianisch-gregorianischen Kalendersystem, mit Ereignissen in Griechenland und der hellenistischen Staatenwelt zu korrelieren, eröffnet dann die Möglichkeit einer Bezugnahme auf Ereignisse auch in der Welt des östlichen Mittelmeerraumes und der des Vorderen Orients, der Integration von deren Geschichte und Geschichtsschreibung in einen einheitlichen chronologischen Bezugsrahmen.

Eine solche Synchronologie erfordert dann wieder die Auseinandersetzung mit unterschiedlichen Methoden der Zeitrechnung bzw. Zeiteinteilung, seien es Eponymen (Namensgeber für ein Jahr), Olympiaden, Regierungsjahre von Königen, dann auch Dynastien, landwirtschaftliche oder damit in Beziehung stehende Ereignisse (Nilflut, Rinderzählung) und natürlich astronomische Beobachtungen.[18] Dabei ergeben sich oft Widersprüche oder Ungenauigkeiten, die im Übrigen

---

[17] Cryer, F. H., Chronology: Issues and Problems, in: Sasson, J. M. (Hg.), Civilizations of the Ancient Near East, Bd. 2, New York 1995, 651.
[18] Dazu: Vogtherr, T., Zeitrechnung. Von den Sumerern bis zur Smartwatch³, München 2012, 17–55.

auch längst nicht immer durch naturwissenschaftliche Untersuchungsmethoden (C-14-Datierungen, Dendrochronologie u. ä.)[19] aufgehoben werden können. Abhängig vom Betrachtungszeitraum, der Menge vorhandener textlicher Quellen mit konkreten Zeitangaben oder Erwähnung solcher Ereignisse, die in anderen Quellen, etwa benachbarter Kulturen, ebenfalls erwähnt werden, gelingt eine Datierung mit ‚absoluten' Daten, vielleicht auch mit einer gewissen Spanne, etwa „um 1250 v. Chr" oder „350/45 v. Chr." o. ä. Häufig ist jedoch auch eine solche, zumindest näherungsweise präzise Einordnung nicht möglich. Dennoch können in bestimmten Fällen Eingrenzungen vorgenommen werden, da einzelne Ereignisse anderen zwingend vorausgegangen seien müssen oder nach ihrem Eintreten ausschließen. Die so gewonnenen relativen Fixpunkte werden dann als *terminus ante quem* oder *terminus post quem* dazu benützt, bestimmte Ereignisketten oder Abfolgen (Sequenz) zu rekonstruieren. Lässt sich eine solche Abfolge nicht eindeutig in den größeren chronologischen Referenzrahmen einordnen, besteht darin jedoch eine feste chronologische Ordnung, bezeichnet man sie als „floating chronology".[20]

Der Abgleich verschiedener Systeme der Zeitrechnung führt, insbesondere vor dem Hintergrund der darin zum Ausdruck kommenden Subjektivität, oft zu Konflikten und damit auch zu noch größerer Subjektivität in dem Bemühen, diese aufzulösen. Dies gilt ebenso für die Akzeptanz „biblischen" Alters, etwa Methusalems (969 Jahre),[21] wie für Versuche einer Komprimierung, etwa der Abfolge ägyptischer Pharaonen in Ko-Regentschaften, die ansonsten die biblische Chronologie in Frage gestellt hätte. Auch innerhalb einer „floating chronology" werden mitunter – im wahrsten Sinne des Wortes – ‚eigenwillige' Rekonstruktionen vorgenommen, etwa bei der Thronfolge der Thutmosiden-Herrscher der 18. Dynastie in Ägypten, bei der Kurt Sethe (1869 – 1934) eine zeitweilige Ko-Regentschaft von gleich drei Thutmosiden und die Existenz einer zweiten Königin Hatschepsut postulierte.[22]

Allgemein gilt in der Chronologie: Je weiter man in die Vergangenheit zurückgeht, desto schwieriger wird es, verlässliche Angaben zur Datierung machen zu können. Dabei sollte man jedoch auch berücksichtigen, dass sich die zeitlichen Maßstäbe und Referenzsysteme, die dabei zur Anwendung kommen, – zwangsläufig – verändern. So beginnt die Altsteinzeit (Paläolithikum) vor etwa 2,5 Mil-

---

19 Vgl. Cryer, Chronology, 655.
20 Ebenda, 652.
21 Vgl. Genesis 5, 27.
22 Vgl. dazu die Überblicksdarstellung in: Gertzen, T. L., École de Berlin und Goldenes Zeitalter (1882–1914) der Ägyptologie als Wissenschaft. Das Lehrer-Schüler-Verhältnis von Ebers, Erman und Sethe, Berlin 2013, 361–378, bes. 363.

Es sollte damit deutlich geworden sein, dass Chronologie zwar den Anspruch einer faktenbasierten, positivistischen Wissenschaft erhebt – und diesem Anspruch idealerweise auch in größtmöglichem Ausmaß entspricht. Neben einigen praktischen Einschränkungen der ‚Chronographie', wie fehlenden (Text-)Quellen oder nicht ausreichenden archäologischen Belegen, unterschiedlichen Bezugssystemen bzw. Verfahren der Zeitmessung und Zeiteinteilung, gilt es aber immer auch subjektive Faktoren zu berücksichtigen. Das beginnt bereits bei der Auswahl der eben erwähnten Methoden, Zeit bzw. den Zeitpunkt von Ereignissen zu bestimmen bzw. auszudrücken, kann aber darüber hinaus – insbesondere durch religiöse Überzeugungen – noch in ganz anderem Maße beeinflusst werden.

Im Folgenden sollen zunächst drei für das Thema relevante chronologische Bezugssysteme vorgestellt werden. Die Anordnung dieser einleitenden Kapitel folgt dabei einer historischen und eben keiner chronologischen Reihenfolge. Die **Biblische Chronologie** war für die Gelehrten Europas und des ‚Okzidents'[26] lange der einzig gültige zeitliche Referenzrahmen, der durch das Studium der Werke klassischer Autoren allenfalls komplementiert wurde. Im Zuge des 18. und spätestens dann im 19. Jh. wurde diese Zeitdimension durch die neue Wissenschaft der Geologie und in ihrem Gefolge auch der Paläontologie und Archäologie herausgefordert – das **geologische Zeitalter** hatte begonnen. Daraufhin sollen die Grundlagen der **Chronologie des ‚Alten' Orients**[27] sowie Ägyptens und Nordostafrikas vorgestellt werden, deren Erforschung nicht nur den eigentlichen Gegenstand der vorliegenden Studie bildet, sondern die auch eine bemerkenswerte Zwischenstellung einnimmt. Zu Beginn der Forschungen in den beiden großen Flusstälern, von Nil, Euphrat und Tigris sowie den angrenzenden Gebieten, sollten die Inschriften der Assyrer und Ägypter biblische Schilderungen untermauern helfen. Relativ früh jedoch zeigte sich, dass die Orientarchäologie die Fundamente mancher religiösen Gewissheit noch weiter unterspülte.

---

26 Natürlich ist dieser Begriff ein historisches Konstrukt, welches im Übrigen auch unterschiedlich definiert wird. Auch der deutsche Ausdruck „westliche Welt" ist aus verschiedenen Gründen problematisch. Zumindest für weite Teile des Betrachtungszeitraumes ist die geografische Beschränkung auf ‚Europa' besser geeignet. Dass der Begriff hier dennoch verwendet wird, trägt zum einen dem Umstand Rechnung, dass auch die USA eine Rolle spielen, und zum anderen, dass der geografische Begriff um eine kulturgeschichtliche Dimension ergänzt werden soll.
27 Auch dies ein Konstrukt, ein Chronotop, das im Folgenden immer auch ‚Altägypten' miteinschließt.

lionen Jahren, die Jungsteinzeit (Neolithikum) um 9500 v.Chr. in Vorderasien – in Mitteleuropa jedoch frühestens ab der Mitte des 6. Jtsd. v.Chr., wodurch sich auch die regionale Bedingtheit dieser Perioden erweist. Auch der Übergang von der vorgeschichtlichen zur geschichtlichen Zeit ist in seiner zeitlichen Definition abhängig von räumlichen bzw. kulturellen Faktoren (insbesondere der Schriftentwicklung). Das unterschiedliche zur Verfügung stehende Quellenmaterial und die erforschten Zeiträume bedingen auch einen anderen Umgang mit, bzw. einen unterschiedlichen Maßstab von Zeit in den verschiedenen altertumswissenschaftlichen bzw. historischen Disziplinen. Während ein Althistoriker i.d.R. nur mit chronologischen Varianzen in Tagen, Monaten oder wenigen Jahren zu kämpfen hat, rechnet ein Prähistoriker womöglich in Jahrhunderten oder gar Jahrtausenden. Wenn Ägyptologen und Altorientalisten ihre unterschiedlichen Dynastien und Regierungsjahre von Königen in Einklang zu bringen versuchen, kommt es ihnen dabei womöglich weniger auf ‚absolute' Datierungen an, wodurch aber die interdisziplinäre Verwertbarkeit ihrer Resultate eingeschränkt ist.

Der französische Ökonom und Soziologe François Simiand (1873–1935) hat 1903 die Beschränkungen ‚chronographischer' (vgl. das obige Zitat von Cryer) Geschichtsschreibung klar benannt:

> Le cadre originaire, – le plus grossier aussi, – est le cadre chronologique pur et simple (présentation de faits de tous ordres par mois, année, ou période plus longue; placement de chacun de ces ensembles dans une seule file chronologique). On sait que l'emploi exclusif de ce cadre ne subsiste plus que dans des travaux de référence, répertoires de matériaux, index de faits avec leurs dates, qui ne sont plus considérés comme des œuvres d'histoire, mais comme des instruments.[23]

Er ging sogar so weit, das „Idole chronologique"[24] stürzen zu wollen. Sein Artikel zur „Methode historique et Science Sociale" inspirierte später die Vertreter der „Annales"-Schule[25] zu dem Versuch einer neuen Form der Geschichtsschreibung. Aufbauend auf dem Konzept eines ihrer wichtigsten Vertreter, Fernand Braudel (1902–1985), versuchte die Schule die oben skizzierten Widersprüche anders gelagerter zeitlicher Maßstäbe und unterschiedlicher Einflussfaktoren durch eine Einteilung der Geschichte in „longue durée" zu lösen. Diese berücksichtigt auch und gerade die geologischen und ökologischen Einflussfaktoren, die „moyenne durée" der Jahrhunderte und Jahrzehnte und die „histoire événementielle", welche auch in Wochen oder Tagen rechnet.

---

23 Simiand, F., Méthode historique et science sociale, in: Annales 15.1, 1960, 101.
24 Ebenda, 118–199.
25 Kritisch, aber einen guten Überblick bietet hierzu: Deutsch, R., La nouvelle histoire. Die Geschichte eines Erfolges, in: HZ 233.1, 1981, 107–129.

2 Biblische Chronologie und das Datum der Schöpfung

> Was Nebukadnezar betrifft, so wurde er nach dem Beginn des erwähnten Mauerbaus von einer Krankheit befallen und schied aus dem Leben, nachdem er dreiundvierzig Jahre lang König gewesen war; Inhaber der Königswürde wurde sein Sohn Ewil-Merodach.
> Berossus, zitiert nach Josephus, Contra Apionem, I, 146[28]

> Im siebenunddreißigsten Jahr nach der Wegführung Jojachins, des Königs von Juda, am siebenundzwanzigsten Tag des zwölften Monats, begnadete Ewil-Merodach, der König von Babel, im Jahr seines Regierungsantritts Joachin, den König von Juda, und entließ ihn aus dem Kerker.
> II Könige, 25, 27

Mittels der hier zitierten Auszüge aus dem Werk „Contra Apionem" des jüdischen Historikers Flavius Josephus und dem Zweiten Buch der Könige des Alten Testamentes versuchte der anglikanische Theologe James Ussher (1581–1656) in seinem 2000 Seiten umfassenden Werk „Annales veteris testamenti, a prima mundi origine deducti",[29] biblische und profane Chronologie miteinander zu korrelieren.[30] Ausgangspunkt waren für ihn das Todesjahr des neubabylonischen Königs Nebukadnezar II. (562 v.Chr.) bzw. das Datum des Herrschaftsantritts seines Nachfolgers Awil-Marduk (561 v.Chr.). Nachdem Nebukadnezar im 43. Jahr seiner Herrschaft verstorben war, so geht es aus den beiden Quellen hervor, hat dessen Nachfolger, 37 Jahre nach der Eroberung Jerusalems und der Gefangennahme des Königs von Juda, diesen aus der Gefangenschaft, zumindest aus dem Kerker entlassen. Die so erstellte Synchronologie verlinkte also biblische mit profanen Zeitangaben. Dies macht von vornherein deutlich, dass Ussher keinesfalls nur eine einfache Addition von Zeitangaben aus der Bibel leistete, als er die Schöpfung der Welt auf 4.004 v.Chr. datierte. Zwar stimmt diese Zahl mit einer schon aus dem Mittelalter überlieferten Vorstellung überein,[31] dass die Schöpfung und die Geburt Christi 4.000 Jahre auseinanderliegen müssten, doch die von dem Kirchenmann hinzugefügten vier Jahre erklären sich aus seinem gewissenhaften

---

28 Flavius Josephus, Apologie für das Alter des Judentums, vorläufige Übersetzung des Institutum Judaicum Delitzschianum, Münster 2003: https://www.uni-muenster.de/EvTheol/ijd/forschen/contra-apionem.html.
29 Ussher, J., Annales Veteris et Novi Testamenti, a prima mundi origine deducti. Una cum rerum Asiaticarum et Aegyptiacarum chronico, a temporis historici principio usque ad extremum templi et reipublicae Judaicae excidium producto, London 1650.
30 Vgl. Barr, J., Why the World was created in 4004 B.C.: Archbishop Ussher and Biblical Chronology, in: Bulletin of the John Rylands University Library of Manchester 67.2, Frühjahr 1985, 579–580; vgl. auch Hughes, J., Secrets of the Times. Myth and History in Biblical Chronology (Journal for the Study of the Old Testament, Supplement Series 66), Worcester 1990, 261–263.
31 Zu dieser Tradition vgl. die Zusammenstellung ebenda, 581–583.

Quellenstudium: Der auf christliche Gelehrte des 6. Jh. zurückgehenden Angabe, Jesus sei 753 Jahre nach der Gründung Roms geboren worden, widersprachen neuere Erkenntnisse von Joseph Justus Scaliger (1540–1609),[32] der in seinem Werk „De emendatione temporum" von 1583 hatte nachweisen können, dass Herodes der Große im Jahr 4 v.Chr. gestorben sein müsse. Im Evangelium des Matthäus (2, 1–18) wird allerdings geschildert, wie eben dieser König befohlen haben soll, alle Jungen im Alter bis zu zwei Jahren zu ermorden. Ussher löste diesen Widerspruch bzw. passte seine Chronologie daran an, indem er der Zeit von der Schöpfung bis zur Geburt Jesu einfach vier Jahre hinzufügte.[33] Während diese Anpassung eine Abweichung gegenüber bis dahin vorherrschenden Vorstellungen bedeutete, eröffnete sie ihm die Möglichkeit, eine andere zeitliche Distanz mit einer „runden" Zahl anzugeben. So errechnete er auf Grundlage der sehr präzisen Angaben im Ersten Buch Könige (6, 1):

> Im vierhundertachtzigsten Jahr nach dem Auszug der Israeliten aus Ägypten, im vierten Jahr der Regierung Salomos über Israel, im Monat Siw, das ist der zweite Monat, begann er das Haus des Herrn zu bauen.

Ussher zufolge entsprach dies dem Jahr „Annus Mundi" (A.M., d.h. nach der Schöpfung) 2993. Da der Salomonische Tempel laut 1 Könige 6, 38 im elften Regierungsjahr Salomos vollendet wurde, entspräche dies A.M. 3000 und damit 1000 Jahre zeitlichem Abstand bis zur Geburt von Jesus Christus.[34]

Dadurch sollte deutlich werden, dass die Vertreter der biblischen Chronologie durchaus keine einfältigen, geistig oder ‚geistlich' beschränkten Personen waren, sondern im Gegenteil hochgelehrte Männer, die auf der Grundlage des Wissensstands ihrer Zeit und mit den damals etablierten Methoden der Gelehrsamkeit versuchten, eine Antwort auf die Frage nach dem Alter der Welt zu geben. Damals musste die biblische Chronologie auch noch nicht gegen ein alternatives Konzept verteidigt werden, die Bibel galt vielmehr als eine der wenigen Quellen, aus der überhaupt Erkenntnisse hierzu gewonnen werden konnten. Dennoch haben sich auch Kirchenmänner wie Ussher nicht nur mit dem Studium der ‚Heiligen Schrift', sondern eben auch mit Texten ‚heidnischer' Autoren befasst.

Die Bibel als (historische) Quelle zu lesen bereitet jedoch einige grundlegende Probleme: zuallererst, weil sie nicht zum Zwecke der Erstellung einer Chronologie oder im Rahmen der wesentlich durch Griechen und Römer geprägten Ge-

---

32 Vgl. Grafton, A.T., Joseph Scaliger and Historical Chronology. The Rise and Fall of a Discipline, in: History and Theory 14.2, 1975, 156–185.
33 Vgl. Barr, Why the World was created in 4004 B.C., 578.
34 Vgl. ebenda, 578–579.

schichtsschreibung verfasst wurde.³⁵ Auffälligstes Problem ist dabei zunächst das völlige Fehlen einer zeitlichen Korrelation der Ereignisse, die im Neuen Testament geschildert werden, mit denen aus dem Alten Testament. Während also das AT die Jahre von der Schöpfung an zählt, finden diese Zeitangaben keinen Anschluss an die Ereignisse ab der Geburt Christi. Daraus ergab sich auch für Ussher die Notwendigkeit, die Chronologie des AT mit derjenigen außerbiblischer Quellen zu verknüpfen. Der jüdische Kalender gibt für 2020 n. Chr. das Jahr 5780 nach der Schöpfung der Welt an, was diese auf 3760 v. Chr. datieren würde.³⁶ Durch die Datierung der Errichtung des salomonischen Tempels verblieben Ussher für die nachfolgend geschilderten Ereignisse 360 Jahre bis zu dessen Zerstörung durch Nebukadnezar II., was diese allerdings um das Jahr 250 v. Chr. datieren würde – kein ausreichender Raum für die Perser und Alexander den Großen. Die Bibel selbst erwähnt zwar eine Reihe von Achämenidenkönigen, macht aber zu deren Regierungszeit so gut wie keine Angaben. Folgerichtig hatten jüdische Gelehrte des Mittelalters auch extrem kurze Zeiträume für die Existenz des Perserreiches angesetzt.³⁷ Schon zu Usshers Zeiten jedoch konnten dessen Anfänge, dank griechischer Quellen, bis ins 6. Jh. v. Chr. zurückverfolgt werden. Er musste also einen Weg finden, das Datum der Errichtung des salomonischen Tempels weit zurück zu datieren. Dabei hat er u. a. die Aufenthaltsdauer der Israeliten in Ägypten, die im Buch Exodus (12, 40) mit 430 Jahren angegeben wird, ab der Ankunft des Abraham im Lande Kanaan gezählt. Er berief sich hierzu auf das NT (Galater 3, 17), wonach exakt 430 Jahre nach dem Bund Gottes mit Abraham dieser auch nach der Übergabe der Zehn Gebote weiter seine Gültigkeit behalten habe. Dadurch verkürzte Ussher seine Chronologie um 215 Jahre.³⁸ Ein weiteres Kürzungspotential erkannte er bei den Regierungszeiten der Könige von Israel und Juda, deren Gesamtdauer, rechnet man die Angaben des AT zusammen, (ebenfalls) genau 430 Jahre betragen hätte. Seine Überprüfung ergab jedoch lediglich eine Verkürzung um sieben Jahre auf 423. Trotz dieser, im Lichte heutiger Forschung, zu langen Dauer gelang es Ussher durch diese und andere Überlegungen, den Bau des salomonischen Tempels auf das Jahr 1012 v. Chr. zu datieren.³⁹ Pro-

---

35 Sie erweist sich in ihrer Genese und Interpretation natürlich auch als weitaus komplexer; einen Überblick bietet: Berner, Ch., „Chronologie, biblische (AT)", in: WiBiLex. Das wissenschaftliche Bibellexikon im Internet, 2016: http://www.bibelwissenschaft.de/stichwort/16053; vgl. auch Dohmen, Ch., Die Bibel und ihre Auslegung³, München 2006, bes. 7–18; Ussher hingegen war vom Gegenteil überzeugt; vgl. Barr, Why the World was created in 4004 B.C., 590.
36 Ydit, M., Kurze Judentumkunde für Schule und Selbststudium, Berlin 2018, 68.
37 Vgl. Barr, Why the World was created in 4004 B.C., 580.
38 Vgl. ebenda, 587.
39 Vgl. ebenda, 589.

blematisch dabei war nicht nur der Umstand, dass sein System eine weitere Verkürzung, insbesondere der Epoche der Königreiche von Israel und Juda, nicht verkraftet hätte. Ussher rechnete auch die Angaben des jüdischen Kalenders (lunisolar) einfach in den julianisch-gregorianischen Kalender (solar) um.[40] Hinzu kommt, dass seine Chronologie, trotz allem Bemühen um Korrelation mit profanen Quellen, doch eine auffällig harmonische Einteilung aufweist: 4.000 (4004) v. Chr.: Erschaffung der Welt; A.M. 3000: Vollendung des salomonischen Tempels und damit 1000 Jahre später: die Geburt Christi. Doch man kann noch mehr Zahlenmystik in seiner Chronologie entdecken: Er legte ihr auch die zeitliche Einteilung des Buches der Jubiläen[41] zugrunde, wonach Johannes der Täufer im A.M. 4.300 (27–26 v. Chr.) begonnen hatte zu predigen und damit 30 Jubiläen (à 49 Jahre) nach dem Einzug in das Land Kanaan.

Für Ussher war die Entdeckung solch wundersamer Regelmäßigkeiten sicher eher eine Bestätigung seiner Überlegungen, als dass sie seinen Verdacht erregt hätten, offenbarte sich darin doch eine göttliche Ordnung.

Trotz der herausragenden Bedeutung von Usshers Chronologie für die weitere Diskussion, insbesondere auch im Rahmen der Auseinandersetzungen mit den Vertretern der frühen Geologie, soll an dieser Stelle der Eindruck vermieden werden, dass das Thema der biblischen Chronologie sich in der Festlegung des Alters der Erde auf wenige tausend Jahre erschöpft. Natürlich wird die Bibel heute nicht mehr von Wissenschaftlern als das „Buch der Bücher", als eine historische Quelle von herausragender Autorität gegenüber anderen interpretiert. Das ergibt sich schon aus dem Umstand, dass es sich um ein „Buch aus Büchern"[42] handelt, eine Kompilation verschiedener Texte, mindestens aber dem AT und dem NT. Noch immer versuchen einige Autoren zu beweisen, dass die Bibel „doch recht hat".[43] Jenseits solcher populären oder auch religiös motivierten Unternehmungen ist die Bibel aber natürlich auch eine Quelle, die – quellenkritisch ausgewertet – zur historischen Forschung herangezogen werden kann. Dabei gilt es, die in ihr geschilderten Ereignisse und Zeitangaben mit den Quellen der umgebenden Nachbarkulturen abzugleichen.[44] Der Bibel und insbesondere dem Alten Testament und damit dem jüdischen *Tanach* historische Relevanz abzusprechen,

---

40 Vgl. ebenda, 593.
41 Howell, C. / Kaufmann Kohler, s.v. „Jubilees, book of", in: Jewish Encyclopedia, 1906, S. 301: http://www.jewishencyclopedia.com/articles/8944-jubilees-book-of.
42 Vgl. Dohmen, Die Bibel und ihre Auslegung, 11–30.
43 Vgl. den Titel von Keller, W., Und die Bibel hat doch recht. Forscher beweisen die Wahrheit des Alten Testaments, Düsseldorf 1955.
44 Für einen Überblick zum Thema vgl. Finegan, J., Handbook of Biblical Chronology. Principles of Time Reckoning in the Ancient World and Problems of Chronology in the Bible, 1998.

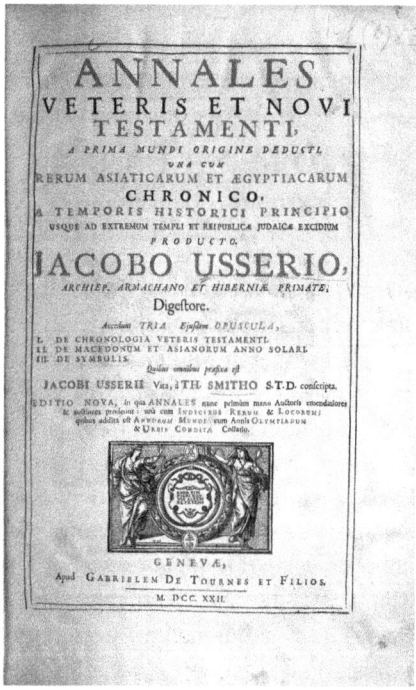

Abb. 2: Porträt und Deckblatt aus einer späteren Ausgabe von J. Ussher, Annales veteris testamenti.

würde bedeuten, eine der wichtigsten Grundlagen der Geschichte des Judentums bzw. Israels zu ignorieren.

3 Vor der Flut – ‚deep time' und das geologische Zeitalter

> Noach war sechshundert Jahre alt, als die Flut über die Erde kam.
> Genesis 6, 6.

In der Rückschau scheint zwischen der biblischen und der geologisch bestimmten Chronologie ein unüberbrückbarer Graben zu bestehen. Gerne wird in der Wissenschaftsgeschichte der ‚heroische' Kampf aufgeklärter Geister gegen religiöse Dogmen und eine daraus abgeleitete ‚naive' Weltsicht geschildert.[45] Bereits im

---

45 Kritisch dazu: Rudwick, J. S., The Shape and Meaning of Earth History, in: Ders., The New

vorangegangenen Abschnitt ist darauf hingewiesen worden, dass viele Vertreter einer biblischen Chronologie aber keinesfalls ‚beschränkt' gewesen sind, auch außerbiblische Quellen heranzogen haben und darüber hinaus zu den führenden Gelehrten ihrer Zeit gerechnet wurden. Durch ihr kritisches Quellenstudium haben sie überhaupt erst die Grundlagen dafür geschaffen, die Bibel nicht einfach ‚wörtlich zu nehmen'. Aufgrund der dabei zu Tage tretenden Defizite und Widersprüche der Textquellen in chronologischen Fragen hatten schon zu Lebzeiten von James Ussher (1581–1656) Naturkundler damit begonnen, weitere Anhaltspunkte zusammenzutragen und etwa Fossilien als „Zeugen" solcher Ereignisse anzuführen, deren zeitliche Stellung und Historizität aus den Texten nur schwer zu rekonstruieren waren.[46] Sir Francis Bacon (1561–1626) hatte dazu im Übrigen mit seiner „Zwei-Bücher-Lehre" einen modus vivendi für die Bibel und die Naturkunde etabliert. Das Studium der Bibel sollte durch die Erkenntnisse aus dem Studium der Natur befördert werden.[47] So wie die Bibel es ermöglichte, Gottes Werk in Worten zu studieren, ermöglichte es die Natur, diese unmittelbar zu bewundern. Das bedeutet aber, dass die Anfänge von dem, was wir heute als Geologie und Paläontologie bezeichnen, zunächst überhaupt nicht als Versuch verstanden wurde, die Gedankengebäude der biblischen Chronologie zum Einsturz zu bringen, sondern, im Gegenteil, diesen ein sichereres Fundament schaffen sollten. Bewiesen versteinerte Fische, die jenseits irgendwelcher Gewässer oder gar in Gebirgen gefunden wurden, nicht auch, dass einst die Sintflut weite Teile, wenn nicht die gesamte Erde überspült hatte? So wurde der Primat der biblischen Schöpfungsgeschichte auch zunächst nicht von Naturkundlern, sondern von Deisten oder Eternalisten in Frage gestellt, die eine Entstehung der Welt grundsätzlich bestritten und behaupteten, dass es auch die Menschheit immer schon gegeben hätte. Zunehmend entwickelten aber Naturkundler die Vermutung, dass die Erde älter sei, als nach den Angaben der Bibel rekonstruiert worden war, und weiterhin, dass sie lange bestanden habe, bevor die Menschen auf ihr wandelten. Damit aber widersprachen sie sowohl der biblischen Schöpfungslehre als auch der Vorstellung von der Ewigkeit der Welt, deren Verfechter sich immerhin auf so gewichtige Autoritäten wie Aristoteles (384–322 v. Chr.) stützten.[48]

Science of Geology. Studies in the Earth Sciences in the Age of Revolution, Aldershot 2004, 296–297.
46 Vgl. hierzu: Rudwick, J. S., Geologists' Time: A Brief History, in: Ders., The New Science of Geology. Studies in the Earth Sciences in the Age of Revolution, Aldershot 2004, 2.
47 Moore, James R., Geologists and Interpreters of Genesis in the nineteenth century, in: Lindberg, D. G. / Numbers, R. L., God and Nature. Historical Essays on the Encounter Between Christianity and Science, Berkeley 1986, 322–323.
48 Rudwick, Geologists' Time, 3–4.

Der erste, der eine entsprechende Theorie entwickelte, war Georges Leclerc de Buffon (1707–1788). Seine Beweisführung basierte aber nicht auf dem Studium von Schriftquellen oder Beobachtungen in der Natur, sondern auf einem Experiment.[49] Er ging davon aus, dass die Erde aus einem Zusammenstoß eines Kometen mit der Sonne hervorgegangen sei, und weiterhin, dass sie eine Zeit lang als glühende Masse im Weltraum bestanden habe und erst abkühlen musste, bevor Meere und dann Leben auf ihr entstehen konnten. Zum Beweis seiner Überlegungen brachte er in einem Kellerraum mit gleichbleibender Temperatur Eisenkugeln zum Glühen, maß die Zeit, die es brauchte, bis er (oder ein Assistent) die Kugel wenigstens kurzzeitig in der Hand halten konnten, ohne sich zu verbrennen, und schließlich die Zeit, die es dauerte, bis die Kugel Raumtemperatur erreicht hatte – zum Abgleich berührte er mit der anderen Hand eine identische Kugel, die in demselben Raum aufbewahrt wurde. Da sich die Zeitspannen bei Verwendung größerer Kugeln entsprechend verlängerten, konnte er nun Hochrechnungen für die Erde anstellen. Diese ergaben, dass eine Eisenkugel von der Größe der Erde rund 43.000 Jahre benötigen würde, bis sie nicht mehr glühte, und 97.000 Jahre, bis sie die gegenwärtige Temperatur erreicht haben würde. Um seine Ergebnisse noch zu präzisieren, wiederholte er seine Experimente mit Kugeln aus anderen Metallen, Marmor und Sandstein. Danach reduzierte er seine Angabe für das Alter der Erde auf nur noch 75.000 Jahre und publizierte seine Erkenntnisse 1774 in seinem ersten „Supplément à l'histoire naturelle".[50] Im fünften Supplement-Band über die „Époques de la Nature" teilte er die Erdgeschichte dann in sieben Stufen ein:[51]

I.ere Époque. Lorsque la Terre & les Planètes ont pris leur forme
II.me Époque. Lorsque la matière s'étant consolidée a formé la roche intérieure du globe, [...]
III.me Époque. Lorsque les Eaux ont couvert nos Continens
IV.me Époque. Lorsque les Eaux se sont retirées, & que les Volcans ont commencé d'agir
V.me Époque. Lorsque les Éléphans & les autres Animaux du Midi ont habité les terres du Nord
VI.me Époque. Lorsque s'est faite la séparation des Continens
VII.me & dernière Époque. Lorsque la puissance de l'Homme a secondé celle de la Nature

---

[49] Vgl. Newcomb, S., The World in a Crucible. Laboratory Practice and Geological Theory at the Beginning of Geology, Boulder (Colorado) 2009, 139.
[50] Expérience sur le progrès de la chaleur dans les corps, in: Buffon, G.-L. L., Histoire naturelle, générale et particuliére. Supplément Bd. 1, Paris 1774, 145–172.
[51] Buffon, G.-L. L., Histoire naturelle, générale et particuliére. Supplément Bd. 5, Paris 1779, Inhaltsverzeichnis.

Zwar reicht die Idee der sogenannten *scala naturae* bis in die Antike, zu Platon (428/27–348/47 v. Chr.) und Aristoteles, zurück,[52] doch ging es Buffon v. a. um eine Zeiteinteilung, in welcher die Menschen erst auf der letzten Entwicklungsstufe in Erscheinung traten. Nicht nur dadurch gewährte er etwas Spielraum für eine versöhnliche Aufnahme seiner Ansichten durch die Kirche. Die Einteilung in sieben Stufen legte eine Assoziation mit den sieben Tagen der Schöpfung (Genesis 2, 1–4) natürlich nahe. Dadurch wurde die Schöpfungsgeschichte der Genesis im Grunde nicht widerlegt, sondern lediglich die zeitlichen Dimensionen geändert und der siebte Tag entsprach in Buffons Stufeneinteilung nun dem Zeitraum der Entstehung des Menschen. So konnten seine Überlegungen eher als ein Widerspruch zu den Vorstellungen der Eternalisten als denn zu denen der Anhänger der christlichen Lehre aufgefasst werden.

Wichtiger aber war seine grundsätzliche Vorstellung, dass die Schöpfung der Welt der Schöpfung des Menschen zeitlich (weit) vorausgegangen war. Dadurch wurde es allerdings auch nötig, auf andere Quellen zurückzugreifen, da menschliche Schilderungen der Geschichte nicht so weit zurückreichen konnten. Man erkannte darin aber eher einen Vorteil, denn Fossilien oder Erdschichten und Felsformationen waren frei von subjektiver Beeinflussung, Voreingenommenheit oder Lüge, wie sie zunehmend den schriftlichen Quellen unterstellt bzw. auch nachgewiesen wurden. Dabei vermieden es die frühen Naturkundler geflissentlich, die zeitlichen Dimensionen zu quantifizieren – einerseits sicher aus Vorsicht gegenüber den religiösen Empfindlichkeiten ihrer Zeitgenossen, aber vorrangig wohl v. a. deshalb, weil ihnen zunächst die dafür nötigen Anhaltspunkte fehlten.[53] Und weiterhin schien der biblische Schöpfungsbericht – unter den Vorzeichen der in dieser Zeit besonders im deutschsprachigen Raum gepflegten ‚kritischen' Methode[54] – Anhaltspunkte oder zumindest eine Orientierung zu bieten. Diese neue Sichtweise kommt etwa in der „Urgeschichte" von Johann Gottfried Eichhorn (1727–1852) zum Ausdruck. Darin heißt es:

> Wie man bisher Mosis erstes Kapitel für eine simple Erzählung vom Ursprung und der Ausbildung unserer Erde hat halten, und daraus folgern können, daß alle Theile der sensuellen Welt in der Ordnung, in welcher sie hier aufeinander folgen, entstanden seyen, ist mir immer unbegreiflich gewesen. Jeder Zug scheint doch den Pinsel eines Malers, nicht den

---

52 Clutton-Brock, J., Aristotle, The Scale of Nature, and Modern Attitudes to Animals, in: Social Research 62.3, 1995, 425–427.
53 Vgl. Rudwick, The Shape and Meaning, 308.
54 Vgl. hierzu: Legaspi, M. C., The Death of Scripture and the Rise of Biblical Studies, Oxford 2010.

Griffel eines Geschichtschreibers [sic] zu verrathen; ein unverkennbares Dessin mit den lebhaftesten Farben ausgeführt, sind das nicht die Hauptcharaktere eines Gemäldes?[55]

Gegen Ende des 18. Jh. gewann die sich ausbildende Wissenschaft der Geologie ganz allmählich eine immer größere Unabhängigkeit, was v. a. dadurch begünstigt wurde, dass sie ganz profanen wirtschaftlichen Interessen, der Lagerstättenkunde für den Bergbau, diente – ein weiterer guter Grund dafür, sich auch nicht mehr an Kontroversen über Glaubensfragen oder philosophische Konzepte zu beteiligen, sondern eher praktischen Problemen Aufmerksamkeit zu schenken. Im Übergang zum 19. Jh. gelangte man so durch die kontinuierlich gewachsene Materialkenntnis und den Abgleich an verschiedenen Orten aufgezeichneter Schichtenabfolgen aber auch zu immer grundlegenderen Erkenntnissen.[56]

Der französische Naturkundler Georges Cuvier (1769–1832) hatte die z.T. starken Veränderungen in dem Fossilienbestand zwischen verschiedenen Erdschichten bemerkt und folgerte daraus, dass diese durch einschneidende, ja katastrophale Veränderungen der Lebensbedingungen verursacht worden sein müssten. – Längst ging er nicht mehr nur von einem sintflutartigen Ereignis aus. Dieses Konzept bezeichnete man als Kataklysmentheorie (vom griech. κατακλυσμός = Überschwemmung oder auch Katastrophismus).[57] Cuviers Thesen stießen auf teilweise heftigen Widerstand. Seine Ansicht, jene Katastrophen hätten das Leben auf der Erde zerstört und seine erneute Entstehung zur Folge gehabt,[58] trug ihm u. a. den Vorwurf ein, dadurch auch eine jeweils erfolgte Neu- bzw. Mehrfachschöpfung durch Gott postuliert zu haben. Die hierbei durchscheinende Verquickung von religiösen und profanen Argumenten zeigt noch einmal deutlich die wechselseitigen Abhängigkeiten von Religion und Wissenschaft, zumindest bei der Behandlung grundlegender Fragen der Erd- bzw. Schöpfungsgeschichte und der Chronologie. Zu solcher Kritik hatte Cuvier u. a. Anlass geboten, als er 1826 in seinem „Discours sur les révolutions de la surface du globe"[59] ein breites Spektrum an Themen und dazu herangezogenen Quellen abdeckte und geologische mit religiösen, philosophischen und seine Selbsterkenntnis betreffenden Fragen verquickt hatte. Dabei ging es ihm eigentlich darum, der Naturwissenschaft, der Geologie und Paläontologie eine eigenständige

---

55 Eichhorn, J. G., Urgeschichte. Erster Theil, Altdorf 1790, 142.
56 Vgl. Rudwick, The Shape and Meaning, 311.
57 Vgl. Junker, T., Geschichte der Biologie. Die Wissenschaft vom Leben, München 2004, 99–101.
58 Vgl. Stanley, St. M., Historische Geologie², Berlin 2001, 141.
59 Cuvier, G., Discours sur les révolutions de la surface du globe et sur les changements qu'elles ont produits dans le règne animal, Paris 1826.

Grundlage zu verschaffen, sie gerade von biblischen Argumenten zu emanzipieren.[60]

Um die Vielfalt der von Cuvier behandelten Themen zu verdeutlichen und weil dadurch auch für nachfolgende Kapitel relevante Aspekte angesprochen werden, sollen hier einige kurz exemplarisch genannt werden. So äußerte sich Cuvier im „Discours" u. a. zu Themen wie „L'antiquité excessive attribuée à certains peuples n'a rien d'historique" oder „Le zodiaque est loin de porter en lui-même une date certaine et excessivement reculée".[61]

Noch interessanter jedoch ist der Appendix zum Thema „Détermination des espèces d'oiseaux nommés ibis par les anciens Egyptiens", für den Cuvier Ibis-Mumien aus Ägypten herangezogen hatte.[62]

Durch die napoleonische Ägyptenexpedition von 1798 bis 1801 rückten die textlichen und materiellen Hinterlassenschaften des pharaonischen Ägypten (wieder) ins Bewusstsein der europäischen Gelehrtenwelt – Napoleon Bonaparte war sich im Übrigen ja vollkommen im Klaren, dass von den Pyramiden von Gizeh „quarante siècles vous contemplent".[63] Auch er ging also schon selbstverständlich von einem weitaus höheren Alter menschlicher Zivilisation aus, als es die biblische Chronologie zugelassen hatte, zumal ja gerade die Pyramiden, als „Kornspeicher" Josephs aufgefasst, in der Chronologie der Bibel als eindeutig nach der Sintflut entstandene Monumente gedeutet worden waren (vgl. Kap. II.4).[64]

Das Land am Nil faszinierte aber auch und gerade die Vertreter der sich ausbildenden Naturwissenschaften. Dabei war es zuvor schon Gegenstand von geohistorischen Betrachtungen gewesen. So hatte sich der Geologe Déodat Gratet de Dolomieu (1750–1801) 1793 in seinem „Mémoire sur la constitution physique de l'Égypte" mit der Geomorphologie des Nildeltas beschäftigt. Er hatte sich allerdings noch vornehmlich auf Vergleiche mit europäischen Flüssen, wie dem Rhein oder dem Po, sowie Berichte klassischer Autoren gestützt. Aus Ägypten

---

60 Einen Überblick bietet: Outram, D., Georges Cuvier. Vocation, Science, and Authority in Postrevolutionary France, London 1984, 141–160.
61 Zitiert nach: Cuvier, Discours sur les révolutions, 87–117 und 133–137.
62 Hintergründe und Bedeutung dieser Forschung kürzlich noch einmal übersichtlich dargestellt in: Curtis, C. et al., The Sacred Ibis debate: The first test of evolution, in: PLOS Biology 16.10, 2018: https://journals.plos.org/plosbiology/article?id=10.1371/journal.pbio.2005558 [19.10.2020].
63 Rouillon-Petit, F., Campagnes des Français en Italie, en Égypte, en Hollande, en Allemagne, en Prusse, Bd. 2, Paris 1835, 34.
64 Diese Vorstellung war allerdings schon im Mittelalter nicht alternativlos gewesen; vgl. Graefe, E., A propos der Pyramidenbeschreibung des Wilhelm von Boldensele aus dem Jahre 1335, in: Hornung, E. (Hg.), Zum Bild Ägyptens im Mittelalter und in der Renaissance, Freiburg (Breisgau) 1990, 9–28.

Abb. 3: Tafel VI aus G. Cuviers „Discours sur les révolutions de la surface du globe", mit der Gegenüberstellung einer Umzeichnung einer Ibis-Darstellung aus einem oberägyptischen Tempel und darunter der Zeichnung des Querschnitts eines Kopfes einer Ibis-Mumie.

selber hatten ihn zum damaligen Zeitpunkt nur einige Gesteinsproben erreicht. Der Abgleich von Textquellen, Altertümern und naturkundlichen Proben etablierte jedoch eine neue Form wissenschaftlicher Forschung, die alle diese Quellen miteinander in Beziehung zu setzen suchte.[65]

---

[65] Cooper, A., From the Alps to Egypt (and Back Again). Dolomieu, Scientific Voyaging, and the Construction of the Field in Eighteenth-Century Natural History, in: Smith, C. / Agar, J. (Hg.), Making Space for Science: Territorial Themes in the Shaping of Knowledge, London 1998, 39–63.

Für Cuvier bewiesen die von der Ägyptenexpedition herbeigeschafften Ibismumien und Darstellungen aus ägyptischen Tempeln, dass diese Spezies sich seit den Zeiten der Pharaonen unverändert erhalten habe – folglich also nur katastrophale vorgeschichtliche Ereignisse zur Ausbildung neuer Arten geführt hatten.[66] Für viele seiner Forscherkollegen reichten diese menschengemachten Belege aber zeitlich nicht weit genug zurück, zumal die Frage des Alters der ägyptischen Zivilisation ihrerseits heftig umstritten war. Um der wachsenden Kritik an seinen Konzepten zu begegnen und seinen Forschungen eine sicherere Grundlage zu geben, wandte sich Cuvier ab 1805 in einer Reihe von Vorlesungen an der Athénée des Arts in Paris an eine breitere Öffentlichkeit und versuchte darin seine Positionen systematischer und allgemeinverständlich darzulegen. Schon mit der Wahl des Titelwortes „géologie" brachte er das Bemühen um eine Begrenzung des Untersuchungsgegenstandes auf naturwissenschaftliche Fragestellungen zum Ausdruck.[67] Gestützt auf seine Untersuchungen der ägyptischen Ibismumien erteilte er jedoch auch darin der Vorstellung einer allmählichen Veränderung der Arten, wie sie von Jean-Baptiste de Lamarck (1744–1829) vertreten wurde, eine Absage. Weiterhin stellte er den Schöpfungsbericht der Genesis als einen ersten Versuch der Theorienbildung über die Entstehung der Erde dar, der nun durch seine Erforschung von Fossilien bestätigt worden wäre – vorausgesetzt natürlich, man fasste die biblischen sieben Tage als Ausdruck weitaus größerer Zeitabstände auf. Zum Abschluss gab er den Zeitpunkt der letzten großen Katastrophe, die die Entstehung der gegenwärtigen Fauna und Flora zur Folge gehabt hätte, mit 10.000 Jahren vor seiner Zeit an. Dabei war er sich wohl darüber im Klaren, dass seine Angabe durchaus mit den zeitgenössischen Forschungen der Schriftgelehrten übereinstimmte – die Geologie, so schien es, bestätigte die Erkenntnisse der Philologie und umgekehrt.[68] Darin sollte man nicht unbedingt nur eine geschickte Anpassung an das damalige politische Klima im napoleonischen Frankreich nach dem Abschluss des Konkordats mit der katholischen Kirche (1801) erkennen. Sicher war Cuvier um einen Ausgleich zwischen der kurzen Chronologie der fundamentalistischen Verteidiger der Bibel und den teilweise sehr viel länger dimensionierten Vorstellungen einiger seiner Forscherkollegen bemüht gewesen.[69] Doch ging es ihm wohl v.a. darum, seine eigenen Vorstellungen durch biblische Schilderungen bzw. andere Quellen abzusichern. Nur sie konnten nämlich seine Vorstellung einer globalen Katastrophe, die weltweit zum

---

66 Dazu: Rudwick, J. S., Bursting the Limits of Time. The Reconstruction of Geohistory in the Age of Revolution, Chicago 2005, 394–396.
67 Vgl. Rudwick, Bursting the Limits of Time, 446.
68 Vgl. ebenda, 447–448.
69 Vgl. ebenda, 454.

Aussterben der (meisten) Arten und zur Entstehung zahlreicher (völlig) neuer geführt haben sollte, beweisen helfen. Dafür aber musste er dieses Ereignis in eine Zeit datieren, in die die Erinnerung der Menschen wenigstens einigermaßen realistisch zurückreichen konnte. Zudem hatte seine konkrete Jahresangabe den Vorteil, auch seinen Zeitgenossen noch als eine vorstellbare Größenordnung zu erscheinen, und schließlich konnten auch seine Gegner nicht sicher sagen, wie lange die Erdgeschichte konkret zurückreichte – 10.000 Jahre war eine Zahl, die seinen Theorien nützte. Hierin wird ersichtlich, wie die Verquickung textlicher, geologischer und fossiler Quellen oder Belege, also eben keine ‚reine' Geologie, wie im Titel zu seiner Vortragsreihe angekündigt, Cuviers Ergebnisse beeinflussten. Es verdeutlicht aber auch, dass zum damaligen Zeitpunkt eine von den genannten anderen Quellen unabhängige Erdgeschichtsschreibung kaum möglich erschien, und zuletzt, dass die Vertreter biblischer und naturkundlicher Chronologien sich im Hinblick auf die von ihnen jeweils herangezogenen Methoden und Quellen keinesfalls so einfach auseinanderdividieren lassen. Jedenfalls wurde Cuvier in seiner „géologie" nicht nur vom damals herrschenden Zeitgeist angetrieben.

Neue Impulse erfuhr die Forschung zur Erdgeschichte von jenseits des Ärmelkanals. Die relative Isolation Großbritanniens während der Napoleonischen Kriege und der Kontinentalsperre (ab 1806) hatte dort zu einer intensiveren Auseinandersetzung mit der Geologie der Insel geführt. Ein wachsendes Interesse an Bergbau und einheimischer Rohstoffgewinnung einerseits kontrastierte mit einer zunehmend konservativen Grundstimmung, die sich den revolutionären Gefahren aus Frankreich entgegenstellte. Diese Situation beförderte die Weiterentwicklung der Wissenschaft, insbesondere der Geologie, ließ aber die Konflikte mit Vertretern einer durch die Bibel geprägten Weltanschauung umso schärfer hervortreten. Unter der politischen Dominanz der konservativen Tories sahen sich die liberal-aufgeklärten Whigs (die z.T. Sympathien für die revolutionäre Bewegung in Frankreich gezeigt hatten) in eine Minderheitenposition gedrängt. Dennoch konnten sie einen nicht unerheblichen politischen und v. a. gesellschaftlichen Einfluss ausüben und waren keine ‚Underdogs'. 1830 gelang ihnen, nach 30 Jahren in der Opposition, die Rückkehr an die Macht, und sie konnten den Premierminister stellen. Charles Grey, 2. Earl Grey (1764–1845), machte sich auch sogleich an eine Wahlkreisreform, die es ihm ermöglichte, die politische Macht weg vom Landadel zur bürgerlichen Mittelklasse zu verlagern und so seine Machtposition und die seiner politischen Anhängerschaft zu stärken.[70] Ein pro-

---

70 Vgl. Schröder, H.-Chr., Englische Geschichte⁷, München 2017, 55–63.

minenter Vertreter dieser politischen Gruppierung war auch der Schotte Leonard Horner (1785–1864),[71] der 1847 als Präsident der Geological Society of London amtierte und in seiner Rede auf der Jahresversammlung zur Etablierung einer geologischen Chronologie aufforderte. War bislang die Verquickung menschengemachter Quellen mit geologischen Untersuchungen eher aus der Not heraus geboren gewesen, ein Behelf oder notwendiges Übel, sah Horner in der Kombination beider Forschungsansätze ein geeignetes Mittel, Erkenntnisse über die Datierung der menschlichen Frühgeschichte zu gewinnen. Dabei sollten antike Monumente durch ihre (absolute) Datierbarkeit einerseits eine exakte Chronologie liefern und systematisch weltweit durchgeführte geologische Untersuchungen andererseits deren globale Übertragbarkeit befördern.[72] Unterstützung fand er hierfür zunächst in seiner eigenen Familie, durch seinen Schwiegersohn Charles Lyell (1797–1875), dessen 1830 veröffentlichte „Principles of Geology"[73] eine Abbildung des sogenannten ‚Serapis-Tempels' von Pozzuoli schmückte. Auch wenn es sich dabei tatsächlich um eine Markthalle aus neronischer Zeit gehandelt hat,[74] faszinierten den Geologen die an den drei noch aufrecht stehenden Säulen erkennbaren Spuren von Meereslebewesen, die die wechselnden Meeresspiegel dokumentierten. Später sollte er diesen methodischen Ansatz in seinem „Manual of Elementary Geology" von 1855 noch einmal genauer ausführen:

> I have shown, however, in „The Principles", where the recent changes of the earth illustrative of geology are described at length, that the deposits accumulated at the bottom of lakes and seas within the last 4000 or 5000 years can neither be insignificant in volume or extent. They lie hidden, for the most part, from our sight; but we have opportunities of examining them at certain points where newly-gained land in the deltas of rivers has been cut through during floods, or where coral reefs are growing rapidly, or where the bed of a sea or lake has been heaved up by subterranean movements and laid dry. Their age may be recognized either by our finding in them the bones of man in a fossil state, that is to say, imbedded in them by natural causes, or by their containing articles fabricated by the hands of man.[75]

---

71 Zu dessen familiärem und politischem Hintergrund und auch zu den im Folgenden geschilderten Zusammenhängen vgl. Gold, M., Ancient Egypt and the geological antiquity of man, 1847–1863, in: History of Science 57.2, 2018, 199–200.
72 Horner, L., The Anniversary Address of the President, in: The Quarterly Journal of the Geological Society of London 3, 1847, xxxvi.
73 Lyell, Ch., Principles of Geology. An Attempt to Explain the Former Changes of the Earth Surfaces, 3 Bde., London 1830.
74 Vgl. Parco Archeologico dei Campi Flegrei, Macellum/Tempio di Serapide: http://www.pafleg.it/it/4388/localit/67/macellum-tempio-di-serapide.
75 Lyell, Ch., A Manual of Elementary Geology. The Ancient Changes of the Earth and its Inhabitants as Illustrated by Geological Monuments⁵, London 1855, 118.

Meeres- oder Flusssedimente hatten seiner Ansicht nach also Schichtenabfolgen bewahrt, die in Kombination mit der Auswertung ihres jeweiligen Bestands an Fossilien bzw. menschengemachten Objekten eine genauere Datierung der Perioden ihrer Entstehungszeit erlauben würden. Lyell konnte dabei auf die Arbeiten von Dolomieu (s. o.) aufbauen, der in seinem „Mémoire sur la constitution physique de l'Egypte"[76] von 1793 die Sedimentationsrate des Nils kalkuliert hatte.[77] Erst jetzt, zur Mitte des 19. Jh., bot sich die Möglichkeit für eine genaue Aufnahme der Sedimentschichten im Lande selbst, verbunden mit der Berücksichtigung der durch die Entzifferung der Hieroglyphen durch Jean-François Champollion (1790 – 1832) möglich gewordenen Datierung altägyptischer Denkmäler. L. Horner formulierte dies so:

> Nowhere else on the face of the earth can we hope to find such a link connecting the earliest historical with the latest geological time. For in Egypt we have accurate records of the earliest periods of the human race [...] combined with records [...] of geological changes contemporaneous with history, and these last having such a degree of uniformity as to warrant us in carrying back the dates of changes of a like nature beyond that of the earliest historical documents.[78]

Da Horner aufgrund seiner zahlreichen gesellschaftlichen und politischen Verpflichtungen aber nicht selbst die hierfür nötigen Messungen im Niltal durchführen konnte, beauftragte er den armenischen Ingenieur Joseph Hekekyan (1807–1875),[79] diese für ihn durchzuführen. Hekekyan, der ursprünglich nur einige Probebohrungen hatte machen sollen, unternahm ab 1851 umfangreiche geoarchäologische Untersuchungen, u. a. am Obelisken Sesostris I. (reg. 1975 – 1930 v. Chr.) in Heliopolis und in den drei darauffolgenden Kampagnen um die Kolossalstatue Ramses II. (reg. 1279 – 1213) in Memphis,[80] im Nildelta herum. Entlang des Nils wurden darüber hinaus noch 95 Probebohrungen durchgeführt. Insgesamt dauerte die Expedition vier Jahre. Einen Teil der beachtlichen Kosten

---

76 Dolomieu, D. de, Mémoire sur la constitution physique de l'Egypte. Observations sur la physique, sur l'histoire naturelle et sur les arts, Paris 1793.
77 Vgl. Gold, Ancient Egypt and the geological antiquity of man, 201.
78 Horner, L., An account of some recent researches near Cairo, undertaken with the view of throwing light upon the geological history of the alluvial land of Egypt, Part I, in: Philosophical Transactions of the Royal Society of London 145, 1855, 108.
79 Zu seinem biografischen Hintergrund: Gold, Ancient Egypt and the geological antiquity of man, 203 – 205.
80 Vgl. Jeffreys, D. (Hg.), The Survey of Memphis VII: The Hekekyan Papers and Other Sources for the Survey of Memphis (EES Excavation Memoir 95), London 2013.

übernahm die Royal Society in London, den größten Anteil jedoch schulterte die ägyptische Regierung, nicht zuletzt durch Corvée-Arbeit.[81]

Horner legte Hekekyans Messungen der Sedimentablagerung oberhalb der Fundamente ägyptischer Altertümer seiner Berechnung der Sedimentationsrate zugrunde, indem er diese Maße durch die seitdem vergangenen Zeitabstände teilte und daraufhin den gleichen Maßstab auf die unter den Fundamenten gemessenen Sedimentschichten anwandte. Auf diese Weise errechnete er für die ägyptische Zivilisation ein Alter von 13.371 Jahren (vor dem Jahr 1854).[82]

Seine Forschungen stießen auf eine zurückhaltend freundliche Aufnahme – vorrangig im Kreis von Geologen – und eine Ablehnung durch die Verfechter einer textbasierten Chronologie. Zwar kommentierte der „Punch" vom 18. Mai 1861:

> Leonard Horner relates
> That Biblical dates
> The age of the world cannot trace;
> That Bible tradition,
> By Nile's deposition,
> Is put to the right about face.[83]

Doch es waren eben nicht (nur) religiöse Fundamentalisten, die seine Thesen ablehnten, sondern auch Vertreter einer kritischen Textwissenschaft, der Philologie, wie etwa Christian Carl Josias von Bunsen (1791–1860), der nicht etwa das hohe Alter menschlicher Kultur anzweifelte, sondern es sogar auf 20.000 Jahre erhöhen wollte.[84]

Dadurch ist der hier gebotene Parforce-Ritt durch die Geschichte geologischer Forschungen und ihrer Wechselwirkungen mit den Arbeiten zur Chronologie des Alten Orients endgültig in der Frühphase der Geschichte altorientalistischer Forschung angelangt, die im Hauptteil näher in ausgesuchten Fallstudien beschrieben werden soll (vgl. Kap. II).

Zusammenfassend gilt es jedoch noch einmal festzuhalten, dass der vermeintliche Gegensatz der Vertreter einer biblischen Chronologie gegenüber den Verfechtern naturkundlicher bzw. naturwissenschaftlicher Erkenntnisse sich bei näherer Betrachtung als ein nicht ganz so simpler herausstellt. Vielfach sind eben

---

81 Vgl. ebenda, 210.
82 Horner, L., An account of some recent researches near Cairo, undertaken with the view of throwing light upon the geological history of the alluvial land of Egypt, Part II, in: Philosophical Transactions of the Royal Society of London 145, 1858, 71–76.
83 Zitiert nach Gold, Ancient Egypt and the geological antiquity of man, 203–205. Vgl. ebenda, 227.
84 Vgl. ebenda, 218–219.

keine klaren Frontlinien zwischen ‚aufgeklärter Wissenschaft' und ‚fundamentalistischem Aberglauben' erkennbar. Weiterhin gilt es, die verschiedenen Ansätze zur Altersbestimmung der Erde und der menschlichen Kultur immer auch vor dem Hintergrund der Zeitumstände, der zur Verfügung stehenden Mittel und Möglichkeiten einzuordnen. Lange bevor sich einzelne Spezialdisziplinen bzw. Wissenschaften ausbilden konnten, waren Gelehrte auf verschiedene Arten von Quellen angewiesen, für deren Auswertung das nötige methodische Rüstzeug überhaupt erst entwickelt werden musste.

Religiöse Überzeugungen, politische Entwicklungen und sicher auch persönliche Rivalitäten und Antipathien bestimmten gleichwohl – auch – den Lauf der Wissenschaftsgeschichte. So konnten sich manche (richtigen) Ansätze aufgrund äußerer Umstände nicht durchsetzen oder gerieten in Vergessenheit. In der Rückschau erfolgt dann oftmals eine Verengung auf einen bestimmten, beinahe linear begriffenen Entwicklungsstrang, der einem vereinfachten Narrativ eingefügt wurde.

Sicher konnten hier nicht die Wissenschaftsgeschichte der Geologie und ihre Forschungen zur Erdgeschichte auch nur annähernd differenziert genug geschildert werden. Wenn aber die eben geschilderte Komplexität nachvollziehbar geworden ist, dann ist bereits viel gewonnen.

4 Chronologie des ‚Alten' Orients

> Min, der erste König von Ägypten, hat, wie die Priester erzählen, den Nil abgedämmt und die Stadt Memphis gegründet. [...] Auf ihn folgten dreihundertdreißig Könige, deren Namen mir die Priester aus einem Buche vorlasen.
> Herodot, Historien II, 99; 100

Der ‚Alte Orient' bedeutet als Begriff zunächst sowohl eine zeitliche als auch eine räumliche Begrenzung des Untersuchungsgegenstandes. Allerdings weist er bei näherer Betrachtung nur eine geringe definitorische Trennschärfe auf. Lässt man die z.T. sehr weitgreifenden räumlichen Vorstellungen über den Orient, die bis nach Indien und China reichen können, einmal außer Acht (wobei dies gerade im wissenschaftsgeschichtlichen Kontext nicht unproblematisch ist), gehören zum alten Orient zunächst die beiden Flussoasen des Nil sowie des Euphrat und Tigris, die durch die ‚Länder der Bibel', die Levante, zum „Fruchtbaren Halbmond" verbunden werden (vgl. Kap. II.12).[85] Ebenso werden hinzugerechnet die an-

---

85 Der Begriff geht zurück auf den Ägyptologen Breasted, J. H., Ancient Times, a History of the

grenzenden Regionen des iranischen Hochlandes bis zum Kaspischen Meer und Kleinasien, bis zum Schwarzen Meer und dem Kaukasus. Auch der Ägäisraum, Zypern und die arabische Halbinsel werden mitunter zu diesem Betrachtungsraum gezählt bzw. mit einbezogen.[86]

Die zeitliche Abgrenzung erfolgt durch die frühe Staatsentstehung vom 4. bis 3. Jtsd. v. Chr. und die Eroberung des Perserreiches durch Alexander III. zum Ende des 4. Jh. v. Chr. Allerdings blendet diese zeitliche Einteilung nicht nur die Prähistorie aus und ist abhängig von der Definition von Staatlichkeit, sondern ignoriert darüber hinaus die kulturellen Kontinuitäten, sowohl in Mesopotamien als auch Ägypten, bis zum Eintreffen der Römer und Parther bzw. der Eroberung durch diese – und teilweise darüber hinaus.

Daher ist das Aufkommen und die Verbreitung altorientalischer Schriftkultur – der Hieroglyphen für Ägypten und der Keilschrift für Mesopotamien und die angrenzenden Gebiete – womöglich sogar der entscheidendere Faktor bei der Bestimmung des Chronotops ,Alter Orient'.[87]

Das eingangs gebotene Zitat aus den Historien des Herodot verdeutlicht zweierlei: die lange Dauer altägyptischer Geschichte und das Bewusstsein der Ägypter darum. Ägyptische Geschichte erscheint also auch dort definiert durch den Umfang und die Laufzeit von deren schriftlicher Aufzeichnung. Bei der Auseinandersetzung mit der Chronologie des Alten Orients gilt es deshalb den Charakter dieser Aufzeichnungen bzw. die Auffassungen von Zeit und Zeitlichkeit in den Kulturen zu berücksichtigen, die sie verfasst haben[88] – wobei deren Umgang mit der Vergangenheit sich keinesfalls nur auf textliche Aufzeichnung und Tradition, bis hin zur einer frühen ,Philologie',[89] beschränkt hat und sogar die Gestalt einer Art von ,Denkmalpflege' oder ,altertumskundlicher' Sammlungstätigkeit annehmen konnte.[90] Neben den Vorstellungen und (politischen) Identi-

---

Early World. An Introduction to the Study of Ancient History and the Career of Early Man, Boston 1916, 100, Abb./Karte 132.
86 Vgl. Soden, W. v., Einführung in die Altorientalistik², Stuttgart 1992.
87 Ausführlich dazu: Assmann, J., Das kulturelle Gedächtnis. Schrift, Erinnerung und politische Identität in den frühen Hochkulturen⁴, München 2002.
88 Dazu: Quack, J. F., Reiche, Dynastien ... und auch Chroniken? Zum Bewusstsein der eigenen Vergangenheit im Alten Ägypten und Van de Mieroop, M., The Mesopotamians and their Past, in: Wiesehöfer, J. / Krüger, T. (Hg.), Periodisierung und Epochenbewusstsein im Alten Testament und in seinem Umfeld (Oriens et Occidens 20), Stuttgart 2012, 9–36 und 37–56.
89 Vgl. Cancik-Kirschbaum, E. / Kahl, J., Erste Philologien. Archäologie einer Disziplin vom Tigris bis zum Nil, Tübingen 2018.
90 Vgl. für Ägypten: Aufrère, S. H., Les anciens Égyptiens et leur notion de l'antiquité. Une quête archéologique et historiographique du passé, in: Méditerranées 17, 1998, 11–55 und für den Vorderen Orient: Van Buren, E. D., Archaeologists in Antiquity, in: Folklore 36.1, 1925, 70–75;

täten und Konzepten, die den Quellen zugrunde liegen, sind auch die Gedankenwelten und Intentionen der Bearbeiter zu berücksichtigen.[91] Zu guter Letzt muss auch darauf hingewiesen werden, dass die Quellen, die von Altertumswissenschaftlern zur Rekonstruktion von Ereignissen in der Vergangenheit herangezogen werden, mitunter ursprünglich nicht (hauptsächlich) als ‚historische' Dokumente verfasst worden sind.[92]

Im Folgenden sollen die ägyptische und die Chronologie des vorderasiatischen Raumes, mit einem Schwerpunkt auf dem mesopotamischen Kernland, kurz erläutert werden. Hierzu werden zunächst die wichtigsten Quellen vorgestellt. Daraufhin geschieht eine kritische Diskussion der auf diesen Quellen aufbauenden Historiografie und den ihr zugrunde liegenden Vorstellungen und weltanschaulichen Beeinflussungen. Zum Abschluss wird dann noch kurz auf den Abgleich beider chronologischer Systeme bzw. ihre wechselseitigen Abhängigkeiten und Unterschiede eingegangen. In diesem Zusammenhang kommt es dann auch zu einer Auseinandersetzung mit den Mitteln astronomischer und naturwissenschaftlicher Datierungsverfahren.

Winter, I. J., Babylonian Archaeologists of the(ir) Mesopotamian Past, in: Matthiae, P. et al. (Hg.), Proceedings of the First International Congress of the Archaeology of the Ancient Near East. Rome, May 18th–23rd 1998, Rom 2000, 1787–1800; Charpin, D., Les „rois archéologues" en Mésopotamie. Entre l'authentique et le faux, in: Gaber, H. et al. (Hg.), Imitations, copies et faux dans les domaines pharaoniques et de l'Orient ancien. Actes du colloque Collège de France, Académie des Inscriptions et Belles-Lettres, Paris, 14–15 janvier 2016, 176–197.
91 Vgl. Schneider, T., Periodizing Egyptian History: Manetho, Convention, and Beyond, in: Adam, K.-P. (Hg.), Historiographie in der Antike (Beihefte zur Zeitschrift für alttestamentliche Wissenschaft 373), Berlin 2008, 181–195.
92 Grundlegend: Eyre, Ch. J., Is Egyptian Historical Literature „Historical" or „Literary"?, in: Loprieno, A. (Hg.), Ancient Egyptian Literature. History and Forms (PdÄ 10), Leiden 1996, 415–433; Ein Überblick über die wichtigsten zur Verfügung stehenden Quellen ist kürzlich durch Roland Färber und Rita Gautschy vorgelegt worden: Färber, R. / Gautschy, R. (Hg.), Zeit in den Kulturen des Altertums. Antike Chronologie im Spiegel der Quellen, Wien 2020, darin zu Ägypten: 25–155 und zum Vorderen Orient: 159–304.

Chronologische Übersicht für das Alte Ägypten[93]

Frühzeit, um 2950–2640 v. Chr.	
1. Dynastie, um 2950–2770	
2. Dynastie, um 2770–2640	
Altes Reich, um 2640–2134 v. Chr.	
3. Dynastie, um 2640–2575	
4. Dynastie, um 2575–2465	
5. Dynastie, um 2465–2325	
6. Dynastie, um 2325–2150	
7. und 8. Dynastie, um 2150–2134	
Erste Zwischenzeit, um 2134–2040 v. Chr.	
9. und 10. Dynastie (in Unterägypten) um 2134–2040	11. Dynastie (in Oberägypten), um 2134–2040
Mittleres Reich, um 2040–1650 v. Chr.	
11. Dynastie (in ganz Ägypten), um 2040–1991	
12. Dynastie, um 1991–1785	
13. Dynastie (in Oberägypten), um 1785–1650	14. Dynastie (in Unterägypten), um 1715–1650
Zweite Zwischenzeit, um 1650–1551 v. Chr.	
15. und 16. Dynastie (in Unterägypten), um 1650–1540 (Hyksos)	17. Dynastie (in Oberägypten), um 1650–1551
Neues Reich, 1551–1070 v. Chr.	
18. Dynastie, 1551–1306	
19. Dynastie, 1306–1186	
20. Dynastie, 1186–1070	
Dritte Zwischenzeit, um 1070–715 v. Chr.	
21. Dynastie, um 1070–945	
22. Dynastie, um 945–715 (Libyer)	
	23. Dynastie, um 808–715
	24. Dynastie, um 725–711
Spätzeit, 715–332 v. Chr.	
25. Dynastie, 715–664 (Äthiopier)	
26. Dynastie, 664–525	
27. Dynastie, 525–404 (Erste Perserherrschaft)	
28. Dynastie, 404–399	
29. Dynastie, 399–380	
30. Dynastie, 380–343	
31. Dynastie, 343–332 (Zweite Perserherrschaft)	
Ptolemäerzeit, 304–30 v. Chr.	
Römische Provinz, 30 v. – 345 n. Chr.	

---

[93] Nach: Hornung, E., Einführung in die Ägyptologie. Stand, Methoden, Aufgaben⁴, Darmstadt 1993, 162–163.

Die Chronologie des pharaonischen Ägypten[94] basiert wesentlich auf den „Aegyptiaca" des ägyptischen Priesters Manetho aus Sebennytos, der in früh-ptolemäischer Zeit gelebt haben soll.[95] Auf ihn geht auch die Einteilung in insgesamt 30 Dynastien zurück, zu der später noch eine 31. hinzugefügt wurde.[96] Joachim Quack weist zurecht darauf hin, dass diese Einteilung „unlogisch" ist:[97] Die Dynastien des Manetho schließen die Achämeniden mit ein, die Ptolemäer aber aus, obwohl letztere von Ägypten aus das Land regierten, erstere aber nicht. Die Übernahme dieser Einteilung, ohne Ergänzung, etwa durch Dynastien der römischen Pharaonen, stellt sicher bereits ein erstes Problem der ägyptologischen Chronologie dar und wird später noch erörtert. An dieser Stelle soll jedoch gleich angemerkt werden, dass Manetho seine Dynastien nicht primär genealogisch als tendenziell eher geografisch determiniert hat, also Herkunft und Herrschaftssitz ausschlaggebend für die Zugehörigkeit einzelner Pharaonen sind, nicht familiäre Beziehungen. Dennoch kann Quack überzeugend darlegen, dass diese manethonischen Dynastien durchaus eine grundsätzliche Entsprechung auch in älteren ägyptischen Quellen finden.[98]

Dabei stellt sich zunächst die Überlieferung der „Aegyptiaca" als nicht ganz unproblematisch heraus, da das Werk selbst nicht erhalten, sondern nur in Zitaten anderer Autoren überliefert worden ist. Zitiert wurde es von den christlichen Autoren Iulius Africanus (160/170 – nach 240 n. Chr.) und Eusebius von Caesarea (260/264 – 339/340 n. Chr.), deren Schriften ihrerseits in der Chronik des Georgios Synkellos († nach 810 n. Chr.) verarbeitet wurden.[99] Daraus lassen sich in relativ knapper Form Angaben zu Pharaonennamen und Regierungszeiträumen gewinnen. Ein zweiter Übermittlungsstrang findet sich in dem Werk „Contra Apionem" des jüdischen Historikers Flavius Josephus (37/38 – nach 100 n. Chr.), der allerdings nicht eine Königsliste, sondern Schilderungen bestimmter Ereignisse und Taten der Herrscher zitiert. Nach Angaben von Africanus und Eusebius waren die „Aegyptiaca" in drei Bücher unterteilt, von denen das erste die 1. bis zur 11. Dynastie mit insgesamt 200 Herrschern umfasst. Das zweite Buch umfasst, mit weit

---

94 Als grundlegende Standardreferenz hierzu sei auf: Hornung, E. / Krauss, R. / Warburton, D. A., Ancient Egyptian Chronology (HdO, 1, 83), Leiden 2006, hingewiesen.
95 Vgl. dazu: Gundacker, R., „Manetho", in: WiBiLex. Das wissenschaftliche Bibellexikon im Internet, 2018: https://www.bibelwissenschaft.de/stichwort/25466.
96 Vgl. ebenda, 18 zur 31. Dynastie als sekundäre Hinzufügung.
97 Quack, Reiche, Dynastien ... und auch Chroniken?, 9.
98 Vgl. dazu ebenda, 10 – 11, 18 und 22, Anm. 44, unter Berufung auf: Gozzoli, R. B., The Writing of History in Ancient Egypt during the First Millennium BC (ca. 1070 – 180 BC) Trends and Perspectives (Golden House Publications, Egyptology 5), London 2006, 196 – 208.
99 Vgl. Quack, Reiche, Dynastien ... und auch Chroniken?, 11, Anm. 7.

weniger detaillierten Angaben – dafür aber Verknüpfungen mit Ereignissen aus der griechischen Sagenwelt und der Genesis –, die 12. bis 19. Dynastie, das dritte schließlich die 20. bis 30. Dynastie, wobei anscheinend kaum mehr auf ägyptische Überlieferung zurückgegriffen worden ist. Die Zitate des Flavius Josephus betreffen dagegen hauptsächlich solche Ereignisse der ägyptischen Geschichte, die eine Rolle für die des jüdischen Volkes spielen. Folgerichtig bieten sie weniger Anhaltspunkte für die Rekonstruktion einer Herrscherabfolge oder deren Regierungsdauer.

Einen ersten Anhaltspunkt dafür, dass sich die manethonische Dynastieneinteilung gleichwohl auf ältere ägyptische Vorlagen zurückführen lässt, bieten die Königslisten, welche entweder in monumentaler Form an Tempelwänden oder als Papyri erhalten geblieben sind. Dabei gilt es diese beiden Überlieferungsformen grundsätzlich quellenkritisch voneinander zu trennen. Bei den monumentalen Königslisten handelt es sich primär um Opferlisten, die die verstorbenen Herrscher an den Opferritualen im Tempel und – zumindest ideell – auch an den Opfergaben teilhaben lassen sollten.[100] Die bekanntesten monumentalen Königslisten stammen aus dem Sethos-Tempel in Abydos und aus dem Amun-Tempel von Karnak.[101] Solche Listen in Tempeln sind jedoch bewusst unvollständig belassen worden. Davon betroffen sind verfemte Herrscher, insbesondere die ausländischen Hyksos (= Herrscher der Fremdländer), der ‚weibliche Pharao' Hatschepsut und die Herrscher der Amarnazeit.

Die Königslisten auf Papyrus, von denen der Turiner Königspapyrus der bekannteste ist,[102] stammen hingegen aus einem administrativen Kontext.[103] Wie Manetho berichten auch diese von einer Herrschaft von Göttern, vor den eigentlichen Herrscherdynastien. Herrschergruppen werden unter Überschriften zusammengefasst und Regierungsjahre (verschiedener Herrschaften) teilweise summarisch angegeben. Auch wenn sich die von Manetho benutzten ägyptischen Quellen nicht eindeutig benennen lassen, legt die grundsätzliche Übereinstimmung mit dem Aufbau und der Gliederung der Königslisten jedoch eine solche Tradition nahe.

---

100 Vgl. ebenda, 17.
101 Grundlegend: Redford, D. B., Pharaonic King-Lists, Annals and Day-Books: A Contribution to the Study of the Egyptian Sense of History (SSEA Publication 4), Mississauga 1986, 1–64.
102 Gardiner, A. H., The Royal Canon of Turin, Oxford 1959; dazu: Málek, J., The Original Version of the Royal Canon of Turin, JEA 68, 1982, 93–106.
103 Dazu: Quack, Reiche, Dynastien … und auch Chroniken?, 21–22.

einzelt setzte sich bislang die ägyptologische Epochen-Terminologie über die durch die manethonische Dynastieneinteilung bzw. die von ihrer Überlieferung vorgegebenen Grenzen hinweg, etwa dann, wenn die 19. und 20. Dynastie zur Ramessidenzeit zusammengefasst werden.[112]

Anders verhält es sich freilich mit den größeren Einteilungen der altägyptischen Geschichte in eine Vor- und Frühzeit, drei „Reiche", ebenso viele „Zwischenzeiten" und eine „Spätzeit" (vgl. Übersicht oben). Jan Assmann bemerkt in seiner „Sinngeschichte":

> Die Form der pharaonischen Geschichte Ägyptens ist nun in der Tat höchst eigenartig. Zwei Eigenschaften dieser Form springen als besonders auffallend und möglicherweise einzigartig ins Auge. Die eine ist die ungeheure Dauer dieser Kultur [...]. Die andere Eigenschaft ist das Auf und Ab ihrer Bewegung innerhalb dieses gewaltigen Zeitrahmens. In ihrem zyklischen Aufbau und ihrem Wechseln von Blüte- und Zwischenzeiten wirkt die ägyptische Geschichte geradezu wie ein Kunstwerk.[113]

Dieses „Kunstwerk" ist natürlich eine Konstruktion bzw. Projektion der Ägyptologie.[114] Die Erklärung dieser ägyptologischen Periodisierung der ägyptischen Geschichte mit den politischen Verhältnissen bzw. Weltanschauungen zum Zeitpunkt ihrer Entstehung von der Mitte des 19. bis hinein in das 20. Jh. ist durchaus plausibel. Unter diesen (Zeit-)Umständen erschien ein geeintes (nationalstaatliches) Königreich als ein Idealzustand, der in Phasen regionaler Herrschaftsausübung gewissermaßen ‚unterbrochen' wurde. In jüngster Zeit wurden, insbesondere von Ludwig Morenz, alternative, weniger pejorative Bezeichnungen für die sogenannten „Zwischenzeiten" vorgeschlagen. Der Begriff der „Zeit der Regionen"

Egyptologists, Kairo 2000, Bd. 2, 1–11, bes. 4; widersprochen von: Murnane W. J., 15–19, bes. 17, in demselben Band.

112 Vgl. Schneider, Periodizing Egyptian History, 181, der darauf hinweist, dass Wiedemann, A., Ägyptische Geschichte, Gotha 1884, Bd. 2, 487, als letzter Ägyptologe an der strikten Trennung festgehalten hat.

113 Assmann, J., Ägypten. Eine Sinngeschichte², Frankfurt a. M. 2000, 33.

114 Grundlegend dazu: Málek, J., La division de l'histoire d'Egypte et l'égyptologie moderne, in: BSFE 138, 1997, 6–17; Schneider, T., Die Periodisierung der ägyptischen Geschichte. Probleme und Perspektiven für die ägyptologische Historiographie, in: Hogmann, T. / Sturm, A. (Hg.), Menschen-Bilder / Bilder-Menschen. Kunst und Kultur im Alten Ägypten, Norderstedt 2003, 241–256; Schneider, T., Periodizing Egyptian History. Manetho, Convention, and Beyond, in: Adam, K.-P., Historiographie in der Antike (Beihefte zur Zeitschrift für die alttestamentliche Wissenschaft 373), Berlin 2008, 181–195.

Eine weitere Quellengruppe zeigt die Verbindung chronologischer Information mit bestimmten Ereignissen auf: die sogenannten Annalen,[104] deren bekanntester Vertreter der nach seinem Aufbewahrungsort benannte Palermostein aus dem Alten Reich ist und die ersten fünf Dynastien umfasst.[105] Die angeführten Ereignisse, die zunehmend ausführlicher auf dem Annalenstein verzeichnet werden, lassen sich in bestimmten Kategorien zusammenfassen: Basis der Zeitangaben ist die i. d. R. alle zwei Jahre stattfindende Viehzählung.[106] Hinzu kommen königliche Feste, darunter auch das zum 30. Regierungsjubiläum begangene Sed-Fest.[107] Daneben wird v. a. die Errichtung von Tempeln sowie Statuen für die Götter erwähnt. Militärische Operationen sind hingegen eher unterrepräsentiert. Auch die monumentale Annalistik hat ihre Vorläufer wahrscheinlich im administrativen Bereich gehabt, so sind spätestens ab der ersten Dynastie die jeweils wichtigsten Ereignisse eines Jahres auf kleinen Täfelchen festgehalten worden.[108] Von da an sind Annalen für die weitere ägyptische Geschichte, auch im Mittleren und Neuen Reich, bis in die Dritte Zwischenzeit nachweisbar.[109]

Zusammenfassend kann mit J. Quack festgehalten werden, dass:

> es im ägyptischen Material relativ gute Anhaltspunkte dafür gibt, dass die Unterteilung in Dynastien bereits in den Aufzeichnungen vorhanden war, auch wenn ihre praktische Bedeutung für die Rezeption der eigenen Vergangenheit wohl nicht erheblich war.[110]

Donald B. Redford hat als einer der wenigen Ägyptologen im Jahr 2000 für eine weitgehende Loslösung von Manetho plädiert, was allerdings sofortigen Widerspruch hervorgerufen und keine nachhaltige Wirkung gezeitigt hat.[111] Nur ver-

---

104 Einen Überblick bietet: Beylage, P., Aufbau der königlichen Stelentexte vom Beginn der 18. Dynastie bis zur Amarnazeit (ÄAT 54), Wiesbaden 2002, 619–630.
105 Dazu: Wilkinson, T. A. H., Royal Annals of Ancient Egypt. The Palermo Stone and its Associated Fragments, London 2000.
106 Vgl. Helck, W., s.v. „Viehzählung", in: LÄ 6, Wiesbaden 1986, 1038–1039.
107 Vgl. Hornung, E. / Staehelin, E., Studien zum Sedfest (AH 1), Genf 1974; Beckerath, J. v., Gedanken zu den Daten der Sed-Feste, in: MDAK 47, 1991, 29–33; Hornung, E. / Staehelin, E., Neue Studien zum Sedfest (AH 20), Basel 2006.
108 Vgl. Baud, M., Le format de l'histoire. Annales royales et biographies des particulieres dans l'Égypte du IIIe millénaire, in. Grimal, N. / Daud, M. (Hg.), Événement, récit, histoire officielle. L'écriture de l'histoire dans les monarchies antiques (Études d'Égyptologie 3), Paris 2003, 280–281.
109 Vgl. Quack, Reiche, Dynastien ... und auch Chroniken?, 25–26.
110 Ebenda, 31.
111 Redford, D. B., The Writing of History of Ancient Egypt, in: Hawass, Z. (Hg.), Egyptology at the Dawn of the Twenty-First Century. Proceedings of the Eighth International Congress of

ist auch eine erkennbar neutralere Bezeichnung, behält aber die ägyptologische Periodisierung grundsätzlich bei.[115]

Eine Dreiteilung der ägyptischen Geschichte ist zum ersten Mal durch Christian Carl Josias von Bunsen (1791–1860) durchgeführt worden. Das Alte Reich umfasste aber bei ihm mit der 12. Dynastie auch die Perioden, die heute zum Mittleren Reich gezählt werden.[116] Das Mittlere Reich bestand für Bunsen lediglich aus der Zweiten Zwischenzeit bzw. der Herrschaft der Hyksos,[117] und das Neue Reich begann dann bei ihm mit der 18. Dynastie. Darauf folgte allerdings kein wie auch immer definierter größerer Zeitabschnitt mehr nach. Demgegenüber hielt Carl Richard Lepsius (1810–1884) an einer Zweiteilung der ägyptischen Geschichte fest: Bei ihm umfasste das Alte Reich die Dynastien 1 bis 16 und das Neue Reich die Dynastien 17 bis 31.[118] Da die unterschiedlichen Positionen dieser beiden Gelehrten den Gegenstand eines eigenen Kapitels bilden (vgl. Kap. II.2), soll hier nicht weiter darauf eingegangen werden.

Die Dreiteilung der ägyptischen Geschichte setzte sich im Verlauf der zweiten Hälfte des 19. Jh. durch, wobei die Einführung einer Spätzeit („Basses Époques") auf Auguste Mariette (1821–1881) zurückgeht. Damit bezeichnete er allerdings die griechisch-römische Zeit und setzte, als einer der wenigen Ägyptologen, die Dynastienzählung fort: eine 32. Dynastie der Makedonen, eine 33. Dynastie der Griechen und eine 34. Dynastie der Römer.[119] Adolf Erman (1854–1937) hat dann 1885 das Neue Reich mit der 20. Dynastie enden lassen.[120] Ein Jahr zuvor hatte der Historiker Eduard Meyer (1855–1930) für die 6. bis 10. Dynastie die Bezeichnung als „Uebergangsepoche" eingeführt und damit erstmals eine der späteren „Zwischenzeiten" von den „Reichen" getrennt.[121] Was bei Meyer und anderen noch mehr oder minder implizit dargestellt wurde, ist nach dem Ersten Weltkrieg zunehmend deutlicher herausgearbeitet worden. Georg Steindorff (1861–1951) hat in seiner „Blütezeit des Pharaonenreiches" von 1926 auch eine „Zwischenzeit"

---

115 Zu dem Begriff: Morenz, L., Die Zeit der Regionen im Spiegel der Gebelein-Region. Kulturgeschichtliche Re-Konstruktionen, Leiden 2010, 9–10 und 21.
116 Vgl. Bunsen, Ch. C. J. v., Aegyptens Stelle in der Weltgeschichte. Geschichtliche Untersuchung in Fünf Büchern, Bd. 2, Hamburg 1844.
117 Vgl. Bunsen, Ch. C. J. v., Aegyptens Stelle in der Weltgeschichte. Geschichtliche Untersuchung in Fünf Büchern, Bd. 3, Hamburg 1845.
118 Vgl. Lepsius, C. R., Das Königsbuch der alten Aegypter, Berlin 1858, s. Dynastienübersichten am Ende des Bandes.
119 Vgl. Mariette, A., Itinéraires de la Haute-Egypte. Comprenant une Déscription des Monuments Antiques des Rives du Nil entre le Caire et la première cataracte, Paris 1880, 27.
120 Erman, A., Aegypten und aegyptisches Leben im Altertum, Tübingen 1885, 63.
121 Meyer, E., Geschichte der Alterthums, Bd. 1: Geschichte des Orients bis zur Begründung des Perserreiches, Stuttgart 1884, 102.

während der 7. bis 10. Dynastie erkannt.[122] Thomas Schneider vermutet einen Zusammenhang mit der Krisenerfahrung im Deutschland der Nachkriegszeit,[123] und tatsächlich könnte diese, nach dem Zusammenbruch der Monarchie und den enormen wirtschaftlichen Belastungen in Deutschland, die nunmehr eindeutig negative Charakterisierung als Zwischenzeit befördert haben.[124] A. Erman schrieb in diesem Zusammenhang über eine „Revolutionszeit".[125] 1942 war das Konzept der Zwischenzeit soweit etabliert, dass es auch auf die bis dahin allenfalls als „Hyksoszeit" benannte Periode der 13. bis 17. Dynastie angewandt wurde.[126] 1973 führte Kenneth Kitchen dann schließlich den Begriff der Dritten Zwischenzeit für die Zeit der 21. bis 25. Dynastie ein.[127]

Der Historiker Robin George Collingwood stellte einen unmittelbaren Zusammenhang zwischen der Fähigkeit des Geschichtsschreibers, sich in einen bestimmten Abschnitt der Geschichte hineinzuversetzen, und seiner Charakterisierung, dem „labelling", einzelner Epochen her:

> Their characteristic feature is the labelling of certain historical periods as good periods, or ages of historical greatness, and of others as bad periods, ages of historical failure or poverty. The so-called good periods are the ones into whose spirit the historian has penetrated, owing either to the existence of abundant evidence or to his own capacity for re-living the experience they enjoyed; the so-called bad periods are either those for which evidence is relatively scanty, or those whose life he cannot, for reasons arising out of his own experience and that of his age, reconstruct within himself.
>
> [...] This distinction between periods of primitiveness, periods of greatness, and periods of decadence, is not and never can be historically true. It tells us much about the historians who study the facts, but nothing about the facts they study.[128]

---

122 Steindorff, G., Die Blütezeit des Pharaonenreiches, Leipzig 1926, 217.
123 Schneider, Periodizing Egyptian History, 184.
124 Zur Lage der Ägyptologie in Deutschland in dieser Zeit und speziell zu Steindorff grundlegend: Voss, S., Wissenshintergründe ... – die Ägyptologie als ‚völkische' Wissenschaft entlang des Nachlasses Georg Steindorffs von der Weimarer Republik über die NS- bis zur Nachkriegszeit, in: Dies. / Raue, D. (Hg.), Georg Steindorff und die deutsche Ägyptologie im 20. Jahrhundert (BZÄS 5), Berlin 2016, 105–332; auch im englischen Sprachraum findet etwa zeitgleich der Begriff „First Intermediate Period" Verwendung, um eine Periode des Verfalls zu bezeichnen; vgl. Frankfort, H., Egypt and Syria in the First Intermediate Period, in: JEA 12, 1926, 80–99.
125 Erman, A., Eine Revolutionszeit im Alten Ägypten, in: Internationale Monatsschrift für Wissenschaft, Kunst und Technik 6, 1912, 19–30; zu Ermans rechtskonservativer monarchischer Gesinnung: Gertzen, École de Berlin, 147–153.
126 Stock, H., Studien zur Geschichte und Archäologie der 13. bis 17. Dynastie Ägyptens, unter besonderer Berücksichtigung der Skarabäen dieser Zwischenzeit (ÄgFo12), Glückstadt 1942.
127 Kitchen, K. A., The Third Intermediate Period in Egypt (1100–650 BC), Warminster 1973.
128 Collingwood, R. G., The Idea of History, überarbeitete Ausgabe, Oxford 1993, 327.

Die letzte Aussage trifft sicher auch auf die oben genannten Ägyptologen zu.[129] Die Fähigkeit, sich vermeintlich in die Situation der Ersten Zwischenzeit hineinversetzen zu können, zusätzlich befeuert durch das Genre der „Klage"- oder „Auseinandersetzungsliteratur", welche diese Epoche in den düstersten Farben zu zeichnen schien,[130] und das Fehlen bzw. Ignorieren archäologischer Befunde, spielte auch für Gelehrte wie A. Erman und G. Steindorff sicher eine entscheidende Rolle. Dabei war die Grundlage für dieses „re-living [of] the experience" in diesem Fall die negative Erfahrung der Zeit nach dem Ersten bzw. zwischen den beiden Weltkriegen, die im englischen Sprachgebrauch ja auch gerne als „Interwar Period" bezeichnet wird.

Abwertende Einschätzungen der Spätzeit des ‚Alten Orients' sind nicht zuletzt auch aus dem Kontext der klassischen Altertumswissenschaften während des ‚Dritten Reiches' vertraut. Hier lassen sich v. a. die Motive der politischen Schwäche und verlorenen militärischen Stärke einerseits und eine Begeisterung für den „überragenden Machtmenschen" Alexander andererseits feststellen, der ja auch im Übrigen der vermeintlich dekadenten Kultur des ‚Orients' den Todesstoß zu versetzen scheint.[131]

Anders motiviert, aber im Grunde nicht weniger problematisch sind auch die Bezeichnungen der ägyptischen „Vor"- und „Frühgeschichte", die so natürlich schon aus der Perspektive der historischen bzw. „dynastischen" Zeit betrachtet wird. In Anlehnung an Manetho wurde für die „Frühdynastische" Zeit lange der Begriff der „Thinitenzeit" verwandt, da diesem zufolge die ersten Herrscher aus der Stadt Thinis stammten.[132] Die in neuerer Zeit gebrauchte Bezeichnung als Zeit der Dynastie 0 lehnt sich im Grunde gleichfalls an Manetho an.[133] Während diese

---

129 Bei denen es sich tatsächlich ja ausschließlich um Männer gehandelt hat; insofern ist also die Verwendung des männlichen Personalpronomens hier nicht zu beanstanden. Man darf jedoch annehmen, dass die Aussagen Collingwoods auch auf Historikerinnen zutreffen.
130 Zu dem Konzept: Otto, E., Der Vorwurf an Gott. Zur Entstehung der ägyptischen Auseinandersetzungsliteratur, Hildesheim 1951; von dieser Auffassung ist die Ägyptologie jedoch inzwischen abgewichen; vgl. Burkard, G. / Thissen, H. J., Einführung in die altägyptische Literaturgeschichte I: Altes und Mittleres Reich (Einführungen und Quellentexte zur Ägyptologie 1)⁴, Berlin 2012, 144–145.
131 Vgl. Bichler, R., Nachklassik und Hellenismus im Geschichtsbild der NS-Zeit. Ein Essay zur Methoden-Geschichte der Kunstarchäologie, in: Altekamp, St. / Hofter, M. R. / Krumme, M. (Hg.), Posthumanistische Klassische Archäologie. Historizität und Wissenschaftlichkeit von Interessen und Methoden, München 2001, 231–232.
132 Vgl. Helck, W., s.v. „Thinitenzeit", in: LÄ 6, Wiesbaden 1986, 486–493.
133 Vgl. Raffaele, F., Dynasty 0, in: Bickel, S. / Loprieno, A. (Hg.), Basel Egyptology Prize 1. Junior Research in Egyptian History, Archaeology, and Philology (AH 17), Basel 2003, 99–141.

Bezeichnung noch als neutrale Erweiterung einer bereits etablierten Zählung ‚nach hinten' aufgefasst werden kann, wird dies bei der u. a. von Günther Dreyer (1943–2019) in die Diskussion eingeführten „Dynastie 00" zunehmend schwieriger.[134]

Aus alledem geht hervor, dass die Ordnung der ägyptologischen Chronologie nach Dynastien, angelehnt an Manetho, sich zwar sehr wohl an altägyptischen Formen der Zeiteinteilung und Zeiterfassung orientiert, sich dadurch aber auch Probleme für die sich darauf stützende Geschichtsschreibung ergeben. Letztere wurden zusätzlich verschärft durch die subjektive Unterteilung in übergeordnete Epochen, die die Weltanschauung zum Zeitpunkt ihrer Formulierung widerspiegelt. Aus verschiedenen, v. a. praktischen Gründen steht nicht zu erwarten, dass die Ägyptologen in naher Zukunft ein völlig anderes chronologisches System verwenden werden. Zum Verständnis des derzeit verwendeten und als Korrektiv zu den darin implizit enthaltenen Wertungen ist die Kenntnis der wissenschaftsgeschichtlichen Hintergründe ihrer Entstehung aber eine unabdingbare Voraussetzung.

Die Chronologie Vorderasiens ist aus einer Reihe von Gründen komplexer als die des pharaonischen Ägypten. Das liegt zum einen an dem Umstand, dass sich dort nicht ein einheitliches Staatsgebilde entwickelt hat, welches über einen vergleichbar langen Zeitraum Bestand gehabt hätte, zum anderen aber auch an einer – teilweise durch den zuvor genannten Umstand bedingten – disparaten Quellenlage. Die nachfolgend gebotene Übersicht über die Chronologie des Vorderen Orients, Ägyptens und angrenzender Gebiete soll lediglich zur groben Orientierung für die nachfolgenden Betrachtungen dienen. Für detailliertere Einblicke sei dringend auf die ausführlicheren und genaueren Darstellungen in den dafür herangezogenen Standardwerken verwiesen.

Chronologische Übersicht für Mesopotamien und angrenzende Gebiete[135]

v. Chr.	Mesopotamien	Ägypten	Angrenzende Gebiete
3500	Uruk	Prädynastische Zeit	

---

134 Vgl. Van den Brink, F. C. M (Hg.), The Nile Delta in Transition: 4th–3rd Millennium B.C., Tel Aviv 1992, vi–viii; dazu: Raffaele, F., On the terms „Dynasty 0" and „Dynasty 00", 2003: http://xoomer.virgilio.it/francescoraf/hesyra/dynasty.htm.
135 Nach: Veenhof, K. R., Geschichte des Alten Orients bis zur Zeit Alexanders des Großen (Grundrisse zum Alten Testament, Ergänzungsreihe 11), Göttingen 2001, 307–315 und ergänzend Nissen, H.-J., Geschichte Altvorderasiens (Oldenbourg Grundriss der Geschichte 25), München 1999, 243–251.

Chronologische Übersicht für Mesopotamien und angrenzende Gebiete *(Fortsetzung)*

v. Chr.	Mesopotamien		Ägypten	Angrenzende Gebiete
3000	Späturuk (Entstehung von Stadtstaaten mit Schrift) Vordynastische Zeit		Frühdynastische Zeit: 1. Dynastie 2. Dynastie	
2900	Frühdynastisch I			
2750	Frühdynastisch II (Kisch; Uruk)			
2600	Frühdynastisch IIIa (Ur; Kisch)		Altes Reich: 1.–8. Dynastie	
2500	Frühdynastisch IIIb (Ur; Uruk; Adab; Mari; Lagasch)			
2350	Dynastie von Akkad Sargon ... Naram-Sin ...			
2210	Gutäer-Zeit (Uruk; Lagasch)			
2112	3. Dynastie von Ur		1. Zwischenzeit	
2015	Isin-Larsa-Zeit		Mittleres Reich: 11. Dynastie 12. Dynastie	
2000	*Altbabylonisch*	*Altassyrisch*		
1900	1. Dynastie von Babylon: ... Hammurapi	... Sargon I.		
1800				
1600			2. Zwischenzeit	Althethitisches Reich (1670–1425)
1500	*Mittelbabylonisch*	*Mittelassyrisch*	Neues Reich: 18. Dynastie 19. Dynastie	
1400	Kassitische Dynastie	... Salmanassar I. ... Tiglatpilesar I.		Neuhethitisches Reich (1425–1175)
1300				
1200				
„Dark Age"				
1100				
1100	... Nabonassar ...		3. Zwischenzeit	
1000		*Neuassyrisch*		Königreiche Israel und Juda

Chronologische Übersicht für Mesopotamien und angrenzende Gebiete *(Fortsetzung)*

v. Chr.	Mesopotamien		Ägypten	Angrenzende Gebiete
900	Verwüstung von Babylon	Salmanassar III.		Belagerung von Jerusalem durch Assyrer
800		...	*Spätzeit:* 25. Dynastie	
700	Verwüstung von Babylon *Neubabylonisch*	Tiglatpilesar III. ... Sanherib Asarhaddon Assurbanipal	Eroberung Ägyptens durch die Assyrer	
600	Nebukadnezar II. ... Nabonid	Fall von Ninive	26. Dynastie	
	Fall von Babylon an die Perser			*Persisches Reich* Kyros II.
500	Fall von Babylon an die Perser		1. Eroberung Ägyptens durch die Perser	Kambyses II. Darius I. Xerxes I.
400			28.–30. Dynastie	... Artaxerxes III.
			2. Eroberung Ägyptens durch die Perser	... Darius III.
300	*Eroberung des Perserreiches durch Alexander III. von Makedonien*			

Zwar gibt es auch für Mesopotamien einen ‚Manetho', doch obwohl die „Babyloniká" des babylonischen Marduk-Priesters und Astronomen Berossos (akkad.: *Bēl-rē'ûšu*) aus dem späten 4. bis frühen 3. Jh. v. Chr. ein vergleichbar bedeutendes Geschichtswerk dargestellt haben dürften, erlaubt die Überlieferung durch Zitate, u. a. bei Flavius Josephus und bei Eusebius, der wiederum Alexander Polyhistor (um 100 – 40 v. Chr.) zitiert, keine vergleichbar umfassende Rekonstruktion mesopotamischer (relativer) Chronologie.[136] Erst mit der Eroberung Babylons durch Seleukos I. im Jahr 312 v. Chr. ergibt sich die Möglichkeit einer fortlaufenden Jahreszählung und absoluten Datierung.[137] Auch in Mesopotamien gibt es Kö-

---

[136] Saur, M., s.v. „Berossos", in: WiBiLex. Das wissenschaftliche Bibellexikon im Internet, 2009: https://www.bibelwissenschaft.de/stichwort/14996.
[137] Vgl. Veenhof, Geschichte des Alten Orients, 36.

nigslisten und Annalen.¹³⁸ Problematisch dabei ist, dass viele Herrscher sich nicht in die Tradition ihrer Vorgänger gestellt und lediglich Ereignisse ihrer eigenen Regierungszeit aufgezeichnet haben – so behauptete etwa Naram-Sin von Akkad (s. Übersicht oben), als Erster jemals die Stadt Ebla in Syrien erobert zu haben, was seinem Großvater Sargon allerdings bereits 50 Jahre zuvor auch schon gelungen war.¹³⁹ Von ägyptischen Pharaonen ist die ‚Adaption' von Denkmälern ihrer Vorgänger vielfach belegt (womit aber häufig doch keine ‚Usurpation' oder ein ‚Überschreiben' der Vergangenheit beabsichtigt war).¹⁴⁰ In Mesopotamien, dessen Lehmziegelarchitekturen häufige Restaurierungsarbeiten erforderlich machten, bieten v. a. Bau- bzw. Restaurationsinschriften relativchronologische Informationen (König A restaurierte diesen Tempel x Jahre, nachdem B ihn erbaut hatte).¹⁴¹ Von den assyrischen Königen Salmanassar I., Tiglatpileser I. und Asarhaddon liegen jeweils solche Inschriften vor, doch leider stimmen sie nicht in ihren Angaben überein.¹⁴² Wie auch in Ägypten sind Königslisten nicht immer ideal für eine chronologische Auswertung gestaltet,¹⁴³ insbesondere, wenn sie eine mythische Vorvergangenheit angeben, wie z. B. bei den Assyrern, die sich auf Vorfahren, „die in Zelten lebten", zurückführten. Damit mag zwar eine ursprünglich nomadische Lebensweise angedeutet sein, für eine chronologische Einordnung sind solche Angaben jedoch nur eingeschränkt zu gebrauchen.¹⁴⁴ Gleiches gilt für die Sumerische Königsliste, die die Anfänge des Königtums als vom Himmel herabgestiegen darstellte.¹⁴⁵ Gestaltet wurde diese Königsliste wahrscheinlich während der Herrschaft der Dynastie von Akkad (s. Übersicht oben) und wurde bis in die Dynastie von Isin fortgeführt. Allerdings zeigt der Abgleich mit anderen Quellen, dass die lineare Auflistung verschiedener Dynastien in verschiedenen Städten tatsächlich parallele Herrschaften dokumentiert

---

138 Grundlegend; Glassner, J. J., Mesopotamian Chronicles (Writings from the Ancient World 19), London 2004.
139 Vgl. Mieroop, The Mesopotamians and their Past, 39.
140 Zu den Begrifflichkeiten: Magen, B., Steinerne Palimpseste. Zur Wiederverwendung von Statuen durch Ramses II. und seine Nachfolger, Wiesbaden 2011, 3–4.
141 Vgl. Veenhof, Geschichte des Alten Orients, 37.
142 Vgl. ebenda. 46.
143 Vgl. Röllig, W., Zur Typologie und Entstehung der babylonischen und assyrischen Königslisten, in: Ders. (Hg.), lisan mithurti. Festschrift Wolfram Freiherr von Soden (AOAT 1), Tübingen 1969, 265–277.
144 Dazu: Kraus, F. R., Könige, die in Zelten wohnten. Betrachtungen über den Kern der assyrischen Königsliste (Mededelingen der Koningklije Nederlandse Akademie van Wetenschapen, Afd. Letterkunde, Nieuwe Reeks 28.2), Amsterdam 1965.
145 Vgl. Michalowski, P., Sumerian King List, in: Chavalas, M.W., Historical Sources in Translation. The Ancient Near East, Oxford 2006, 81–85.

und so nur den Anspruch eines geeinten Machtbereiches vorspiegelt, nicht aber die historische Realität bzw. die chronologische Abfolge wiedergibt.[146]

Für die Chronologie Vorderasiens von entscheidender Bedeutung ist die Datierung des Königs Hammurapi von Babylon (s. Übersicht oben), die sich auf astronomische Beobachtungen der Venus zurückführen lässt. Allerdings ergeben sich daraus immer noch drei mögliche Varianten für die absolute Datierung der Regierungszeit dieses Königs: 1848–1806, 1792–1750 und 1728–1686 v.Chr., die als „hohe", „mittlere" und „niedrige" Chronologie bezeichnet werden. Die niedrige Chronologie erfuhr die meiste Unterstützung durch Hethitologen. Die hohe Chronologie erhielt ab den 1980er Jahren verstärkten Auftrieb, und zwar durch die Berechnungen des Astronomen Peter J. Huber.[147] 1998 schlug Hermann Gasche[148] dann aber sogar eine „ultrakurze" Chronologie vor.[149] Die meisten Altorientalisten folgen dennoch weiterhin der mittleren Chronologie, die sich inzwischen als Konvention durchgesetzt zu haben scheint.

Auch in der Vorderasiatischen Archäologie und Altorientalistik haben sich problematische Epochenbezeichnungen herausgebildet, so z.B. die „neusumerische Renaissance", die nicht nur einen aus anderem geschichtlichen Zusammenhang stammenden Epochenbegriff auf den Vorderen Orient überträgt, sondern darüber hinaus auf einem völkischen Geschichtsverständnis beruht: Demnach sei die ‚Hochkultur' der Sumerer von den einwandernden semitischen Akkadern zunehmend bedrängt worden und hätte sich die sumerische (Herren-) Rasse noch einmal ‚aufgebäumt', bevor die – selbst völlig kulturlosen und unkreativen – Semiten sich ihre Kultur (v. a. die Keilschrift) endgültig zur Beute gemacht hätten. Als Erklärung für den Niedergang, der an sich ja ‚überlegenen' Sumerer, wurde dann die angeblich höhere Reproduktionsrate der Semiten angeführt – der historische Entstehungskontext solcher Gedankengebilde muss nach m. E. nicht näher ausgeführt werden.[150] Obwohl sich der Begriff der „Dark Ages" im Übergang von der Bronze- zur Eisenzeit (s. Übersicht oben) zwar einerseits auf den objektiv feststellbaren Zusammenbruch staatlicher Strukturen,

---

146 Vgl. Mieroop, The Mesopotamians and their Past, 41.
147 Vgl. Huber, P. J. et al., Astronomical Dating of Babylon I and Ur III, Malibu 1982; vgl. seitdem: Huber, P. J., Astronomical Dating of Ur III and Akkad, in: AfO 46/47, 1999, 50–79; Huber, P. J., Dating of Akkad, Ur III, and Babylon I, in: Wilhelm, G. (Hg.), Organization, Representation and Symbols of Power in the Ancient Near East. Proceedings of the 54th Rencontre Assyriologique Internationale at Würzburg, 20–25th July 2008, Winona Lake 2012, 715–733.
148 Gasche, H., Dating the Fall of Babylon. A Reappraisal of Second-Millennium Chronology, Gent 1998.
149 Vgl. Veenhof, Geschichte des Alten Orients, 43–44.
150 Gründlich aufbereitet in: Becker, A., Neusumerische Renaissance? Wissenschaftsgeschichtliche Untersuchung zur Philologie und Archäologie (BaM 16), Berlin 1985.

allen voran des Hethiterreiches, bezieht und auch die beschränkte Quellenlage beschreiben sollte, ist er natürlich keineswegs unproblematisch oder neutral. Die mit ihm in Zusammenhang stehenden Begriffe wie „Seevölkersturm"[151] oder „Völkerwanderung" sind es ebenso wenig, zumal letzterer wiederrum die Übertragung eines – an sich schon problematischen – fremden Epochenbegriffes bedeutet.[152]

Von großer Bedeutung für die Chronologie des vorderasiatischen Raumes ist die Korrelation mit der angrenzender Gebiete, insbesondere Ägyptens im Neuen Reich. Dessen Chronologie wird vermeintlich zusätzlich abgesichert durch eine astronomische Notiz auf der Rückseite des medizinischen Papyrus Ebers, in der das Aufgehen des Sirius (Sothis) oder Hundssterns mit dem Datum der Thronbesteigung Amenhoteps I. zusammenfällt[153] – allerdings ist diese Datierung in der Ägyptologie nicht ganz unumstritten.[154] Die in der Residenzstadt von Amenhotep IV./Echnaton gefundene diplomatische Korrespondenz dieses Pharao und seines Nachfolgers Tutanchamun mit den Herrschern Vorderasiens, Anatoliens und Zyperns erlaubt einen direkten Abgleich verschiedener chronologischer Systeme, ebenso wie der spätere Friedensvertrag zwischen Ramses II. und Hattusili III.[155] Insbesondere für die hethitische Chronologie ist dies von erheblicher Bedeutung.[156]

Mit dem Beginn des 1. Jtsd. v. Chr. und dem Erstarken des Assyrerreiches verbessert sich die Lage merklich. Nicht nur die assyrische Königsliste, deren Angaben nunmehr sehr viel genauer und verlässlicher erscheinen, sondern auch die assyrische Eponymenliste (namengebender hoher Beamter) stellen die Chro-

---

151 Strobel, A., Der spätbronzezeitliche Seevölkersturm. Ein Forschungsüberblick mit Folgerungen zur biblischen Exodusthematik (Beihefte für die Zeitschrift für die alttestamentliche Wissenschaft 145), Berlin 1976; eine sprachlich neutralere und die Ereignisse differenzierter bewertende Darstellung in: Mühlenbruch, T., Von der „Urnenfelderwanderung" zum „Seevölkersturm" – zum Kulturwandel zwischen Mitteleuropa und Ägypten um 1200 v., in: Brandherm, D. / Nessel, B. (Hg.), Phasenübergänge und Umbrüche im bronzezeitlichen Europa. Beiträge zur Sitzung der Arbeitsgemeinschaft Bronzezeit auf der 80. Jahrestagung des Nordwestdeutschen Verbandes für Altertumsforschung, Bonn 2017, 215–222.
152 Vgl. Steinacher, R., Wanderung der Barbaren? Zur Entstehung und Bedeutung des Epochenbegriffs ‚Völkerwanderung' bis ins 19. Jahrhundert, in: Wiedemann, K. et al. (Hg.), Vom Wandern der Völker. Migrationserzählungen in den Altertumswissenschaften, Berlin 2017, 67–95.
153 Vgl. Krauss, R., Sothis- und Monddaten. Studien zur astronomischen und technischen Chronologie Altägyptens (HÄB 20), Hildesheim 1985, 116–118.
154 Vgl. etwa: Helck, W., Erneut das angebliche Sothis-Datum des Pap. Ebers und die Chronologie der 18. Dynastie, in: SAK 15, 1988, 149–164.
155 Vgl. Edel, E., Der Vertrag zwischen Ramses II. von Ägypten und Hattusili III. von Hatti (WVDOG 95), Berlin 1997.
156 Vgl. Klengel, H., Geschichte des hethitischen Reiches, Leiden 1998, 388–390.

nologie dieser Zeit auf eine sicherere Grundlage. Durch die militärische Expansion und die Auseinandersetzung mit benachbarten Mächten ergeben sich zudem weitere Möglichkeiten zur Korrelation mit anderen Chronologien, die zusätzlich durch die Beobachtung einer Sonnenfinsternis im Jahr 763 v. Chr. abgesichert werden. Dies gilt insbesondere für den Raum Syrien/Palästina, da dort die chronologischen Angaben des AT mitunter Probleme bereiten.[157] So ist u. a. die Belagerung Jerusalems durch Sanherib im Jahr 701 v. Chr. ein wichtiger Fixpunkt (s. Übersicht oben). Seit der Regierung des babylonischen Königs Nabonassar (s. Übersicht oben) wurden in Babylon täglich astronomische Beobachtungen durchgeführt und in „astronomischen Tagebüchern" festgehalten.[158] Die so abgesicherte Chronologie erlaubt auch die genaue Datierung der Eroberung Jerusalems unter Nebukadnezar II. im Jahr 597 v. Chr.

Naturwissenschaftliche Datierungsverfahren kommen sowohl in der Ägyptologie als auch der Vorderasiatischen Archäologie zunehmend zum Einsatz. Allerdings bestehen dabei z.T. erhebliche Einschränkungen: Wegen des relativ spärlichen Holzvorkommens im alten Ägypten ist die Methode der Dendro- oder Jahrringchronologie bislang oft nur eingeschränkt anwendbar gewesen.[159] Demgegenüber bietet Anatolien durch seine einstmals reichen Waldbestände zunächst ideale Voraussetzungen für die Anwendung dieser Methode, jedoch ebenfalls nicht ohne Einschränkungen.[160] Radiokarbondatierungen sind, wegen ihrer Schwankungsbreite, vornehmlich im Bereich der Frühgeschichtsforschung von Nutzen.[161] Bemerkenswerterweise waren es aber ursprünglich die Daten der

---

157 Vgl. Veenhof, Geschichte des Alten Orients, 48–49.
158 Vgl. Neugebauer, O., A History of ancient mathematical astronomy, Berlin 1975, 351–352; Sachs, A. / Hunger, H., Astronomical Diaries and Related Texts from Babylon, 3 Bde., Wien 1988–1996; s.a. jüngst erschienen: J. Ritter, Otto Neugebauer and Ancient Egypt, in: A. Jones et al. (Hrsg.), A Mathematician's Journeys. Otto Neugebauer and Modern Transformations of Ancient Science Archimedes (New Studies in the History and Philosophy of Science and Technology 45), Heidelberg 2016, 127–163, bes. 153–155.
159 Vgl. demgegenüber: Creasman, P. P., The Potential of Dendrochronology in Egypt. Understanding Ancient Human/Environment Interactions, in: Ikram, S. et al. (Hg.), Egyptian Bioarchaeology: Humans, Animals, and the Environment, Leiden 2014, 201–210; Kuniholm, P. et al., Dendrochronological Dating in Egypt. Work Accomplished and Future Prospects, in: Radiocarbon 56.4, 2014, 93–102.
160 Vgl. Mielke, D. P., Dendrochronologie und hethitische Archäologie – einige kritische Anmerkungen, in: Ders. et al. (Hg.), Strukturierung und Datierung in der hethitischen Archäologie (BYZAS 4), Istanbul 2006, 77–94.
161 Für neuere Entwicklungen vgl. Ramsay, Ch. et al., Radiocarbon-Based Chronology for Dynastic Egypt, in: Science 328, Nr. 5985, 2010, 1554–1557; für den vorderasiatischen Raum vgl. z. B. Manning, S. et al., Integrated Tree-Ring-Radiocarbon High-Resolution Timeframe to Resolve Earlier Second Millennium BCE Mesopotamian Chronology, in: PLoS ONE 11.7, 2016: https://jour

‚herkömmlichen' ägyptischen Chronologie gewesen, die einst eine erste Überprüfung von Radiokarbondaten ermöglicht hatten.¹⁶² Zudem vertreten einige Gelehrte die Ansicht, dass Radiokarbondaten und der Abgleich von ägyptischer und vorderasiatischer Chronologie sehr wohl, dann aber mit der „hohen" Chronologie (s. o.) in Einklang zu bringen wären.¹⁶³

So bieten denn auch diese Datierungsverfahren keine absolute Genauigkeit bzw. erlauben nur im Zusammenspiel mit den ‚klassischen' Quellen textlicher Hinterlassenschaften und archäologischer Befunde (insbesondere der Stratigrafie) die Erstellung einer Chronologie für den Vorderen Orient, einschließlich Ägyptens, die neben (unterschiedlichen) chronologischen Konventionen und unter sich wandelnden historiografischen Perspektiven bzw. Fragestellungen als eine komplexe ‚work in progress' zu bezeichnen ist.

---

nals.plos.org/plosone/article/file?id=10.1371/journal.pone.0157144&type=printable; Van der Pflicht, J. / Bruins, H. J., Radiocarbon dating in Near-Eastern contexts. Confusion and quality control, in: Radiocarbon 43.3., 2002, 1155 – 1166.
162 Höflmayer, F., Radiocarbon Dating and Egyptian Chronology – From the „Curve of Knowns" to Bayesian Modeling, Oxford Handbooks Online. Scholarly Research Reviews, 2016: https://www.oxfordhandbooks.com/view/10.1093/oxfordhb/9780199935413.001.0001/oxfordhb-9780199935413-e-64; einen allgemeinen Überblick über die Geschichte des Verfahrens bietet Kern, E. M., Archaeology enters the ‚atomic age': a short history of radiocarbon, 1946 – 1960, in: BJHS 53.2, 2020, 209 – 227.
163 Vgl. Mellaart, J., Egyptian and Near Eastern chronology: A dilemma?, in: Antiquity 53, 1979, 6 – 18.

II Fallbeispiele

1 Revolution der Chronologie – der Dendera-Zodiak in Paris

> [L]es études égyptiennes creusent les fondements de la religion et détruisent les autorités de la Bible.
> Giulio Cordero di San Quintino

Am Wüstenrand auf der linken Seite des Nils gelegen, befindet sich etwa 4 km von dem auf dem gegenüberliegenden Ufer entstandenen modernen Ort Qena in Oberägypten entfernt der Tempel von Dendera. Dieser ist der altägyptischen Göttin der Liebe und Freude, Hathor, geweiht, die entweder in Gestalt einer Kuh oder auch menschengestaltig z. T. mit Kuhohren dargestellt wird. Auch wenn sich der Kultbetrieb bis in die Zeit des Alten Reiches unter der Herrschaft des Pharao Cheops aus der vierten Dynastie – also zur Mitte des 3. Jtsd. v. Chr. – zurückverfolgen lässt, stammen die bis heute dort erhaltenen Tempelanlagen aus ptolemäisch-römischer Zeit.[164] Der Haupttempel wurde unter der Regierung von Ptolemaios XII. Auletes (= dem Flötenspieler) begonnen und auch unter dessen Nachfolgern, u. a. Kleopatra VII., weitergebaut. Unter deren Ko-Regentschaft mit ihrem minderjährigen Sohn Caesarion wurde der Tempel im Jahr 42 v. Chr. offiziell eingeweiht. Aufgrund der politisch wechselhaften Verhältnisse zum Zeitpunkt seiner Errichtung wurden die Kartuschen, welche üblicherweise den Namen des regierenden Königs enthielten, in den Tempelinschriften leer belassen bzw. nie ausgefüllt. Dieser Umstand ist für die im Folgenden geschilderten Ereignisse von erheblicher Bedeutung, welche auch deutlich werden lassen, wie sehr die Wissenschaftsgeschichte mitunter von Zufällen und Irrtümern abhängt.[165]

Nachdem der Tempel jahrhundertelang, ebenso wie viele andere Monumente aus pharaonischer Zeit, weitgehend unter dem Sand der ägyptischen Wüste begraben gewesen war, begann mit der Ägyptenexpedition Napoleon Bonapartes (1769–1821) im Jahr 1798 ein neues Zeitalter der Erforschung ägyptischer Altertümer. Zwar war das Land der Pharaonen nie völlig in Vergessenheit geraten, aus den Texten klassischer Autoren wie Herodot, den Schilderungen der Bibel als auch den Schriften muslimischer und jüdischer Gelehrter bekannt und hatten sich

---

164 Vgl. Daumas, F., „Dendara", in: LÄ 1, 1975, 1060–1063.
165 Die nachfolgend geschilderten Zusammenhänge finden sich umfassend beschrieben in: Buchwald, J. Z. / Josefowicz, D. G., The Zodiac of Paris. How an Improbable Controversy over an Ancient Egyptian Artifact Provoked a Modern Debate between Religion and Science, Princeton 2010; darüber hinaus sei aber auch auf die ebenfalls lesenswerte Darstellung von Lagier, C., Autour de la Pierre de Rosette, Brüssel 1927, insbes. 20–45 und 113–139, hingewiesen.

OpenAccess. © 2022 Gertzen, publiziert von De Gruyter. Dieses Werk ist lizenziert unter einer Creative Commons Namensnennung – Nicht kommerziell – Keine Bearbeitung 4.0 International Lizenz.
https://doi.org/10.1515/9783110760200-003

europäische Gelehrte bereits 200 Jahre zuvor mit der Entzifferung altägyptischer Hieroglyphen befasst.[166] Doch läutete der nunmehr unmittelbare imperiale Zugriff auf die Denkmäler im Lande einerseits, vor dem Hintergrund der geistesgeschichtlichen Veränderungen der Aufklärung andererseits eine neue Ära der Auseinandersetzung mit diesem Forschungsgegenstand ein.

Die Anfänge der modernen Ägyptologie sind dabei unzweifelhaft im Kontext einer europäischen Aneignung des modernen als auch antiken Ägyptens zu verorten – mit allen daraus folgenden Implikationen, die im weitesten Sinne mit dem Begriff des Orientalismus beschrieben werden können: Die europäischen Eroberer des Landes stilisierten sich selbst als Befreier der Ägypter von der als rückständig betrachteten Herrschaft der Osmanen bzw. Mamelucken. Weiterhin sahen sich die Franzosen als Vertreter der Errungenschaften der Revolution und der *lumières* in Europa und wollten dadurch den ‚Orient' gewissermaßen ‚erleuchten'.

Auch wenn Napoleon in Begleitung von 150 Forschern und Künstlern ins Land gekommen war, verfolgte er primär die militärische Eroberung des Landes und seine strategischen Ziele im Kampf gegen Großbritannien. Die wissenschaftliche Erkundung fand also unter den erschwerenden Bedingungen eines Feldzuges statt. Die Aufnahme durch die einheimische Bevölkerung war alles andere als freundlich, schließlich machten die selbsternannten Befreier auch keinen allzu guten Eindruck. Der Gelehrte Abd al-Rahman al-Jabarti (1753–1825) schilderte eindrücklich seine zwar durchaus differenzierenden, im Ganzen aber wenig positiven Eindrücke von diesen selbsternannten Vertretern der europäischen Aufklärung.[167] Diese wiederum fühlten sich zunehmend frustriert durch die vermeintliche Unbelehrbarkeit der Ägypter und den Kontrast des zeitgenössischen Ägyptens gegenüber ihren Vorstellungen von der einstigen Größe und Pracht des Pharaonenreiches, auf welches sie zudem ihre Vorstellungen eines idealen Staatswesens projizierten. Dieses untergegangene Ägypten dem Vergessen und auch der vermeintlichen Ignoranz der gegenwärtigen Bewohner des Nillandes zu entreißen, machten sich die *savants* zur Aufgabe und zu einer Mission des revolutionären Frankreichs.

Einer dieser Gelehrten war Dominique-Vivant Denon (1747–1825), der sich – teilweise wörtlich – mitten im Kampfgetümmel um die ‚Aufzeichnung' der Ereignisse und Entdeckungen der napoleonischen Ägyptenexpedition bemühte und

---

166 Zum Problem der „Vor-Geschichte" der Ägyptologie überblicksartig Gertzen, T. L.; Einführung in die Wissenschaftsgeschichte der Ägyptologie (Einführungen und Quellentexte zur Ägyptologie 10), Münster 2017, 14 und 25–30.
167 Vgl. Al-Jabarti, A., Chronicle of the first seven months of the French occupation of Egypt, übers. v. Sh. Moreh, Leiden 1975; Al-Jabarti, A., Bonaparte in Ägypten. Aus der Chronik des ʿAbdarrahmān al-Ğabartī (1754–1829), übers. v. A. Hottinger, München 1983.

später einen – allerdings wohl etwas geschönten – Bericht seiner Erlebnisse veröffentlichte.[168] Sowohl die durch militärische Notwendigkeiten beeinträchtigten Arbeitsbedingungen als auch die zeitnahe Veröffentlichung nach Ende der Expedition spielen für die Einschätzung von Denons Arbeiten eine wichtige Rolle, bzw. sie lassen einige der später zu erörternden Defizite seiner Dokumentation altägyptischer Denkmäler verständlich werden. An dieser Stelle soll jedoch zunächst sein Aufenthalt im Tempel von Dendera ausführlicher geschildert werden.

Der Gelehrte war dem General Louis Charles Antoine Desaix beigeordnet worden, welcher den Auftrag hatte, die geflohenen Mameluckenführer oder *Beys* nach Oberägypten zu verfolgen. Unter diesen Voraussetzungen konnte Denon dem Tempel von Dendera auch erst bei einem zweiten Besuch mehr Aufmerksamkeit widmen. Mit einer Gruppe von 30 Mann brach er früh morgens von dem nahegelegenen Dorf, wo sie die Nacht verbracht hatten, auf, um so viel als möglich von dem Tempel zu zeichnen. Im vollen Bewusstsein um seine eingeschränkten – v. a. zeitlichen – Ressourcen begab sich Denon direkt zum Tempeldach in einen darauf befindlichen Kapellenbau:

> Mon temps ne pouvait être que très limité; je commençai donc par ce qui était en quelque sorte l'objet de mon voyage, le planisphère céleste, qui occupe une partie du plafond du petit appartement bâti sur le comble de la nef du grand temple.[169]

Die Arbeitsbedingungen waren alles andere als vorteilhaft: Der Innenraum war dunkel und die Decke, mit ihrer reichen und detaillierten Gestaltung mit Hieroglyphen, niedrig, so dass man schwer einen guten Gesamtüberblick von ihrem Dekor und den Darstellungen gewinnen konnte. Davon ließ sich der 51-jährige Denon jedoch nicht abschrecken und schilderte später seinen heroischen Einsatz:

> Rien ne m'arrêta; la pensée d'apporter aux savants de mon pays l'image d'un bas-relief égyptien d'une telle importance me fit un devoir de souffrir patiemment le torticolis qu'il me fallait prendre pour le dessiner.

Im flackernden Licht der mitgebrachten Öllampen und dem wenigen Sonnenschein, der nur eine bestimmte Zeit am Tag lang von außen in den Kapelleninnenraum hineinfiel, zeichnete er die Deckengestaltung und vermaß in der verbleibenden Tageszeit das Gebäude. Auch wenn zu diesem Zeitpunkt noch niemand Hieroglyphen lesen konnte und Denon die Darstellungen der Hathor für

---

168 Denon, D.-V., Voyage dans la Basse et la Haute Égypte, pendant les campagnes du Général Bonaparte, Paris 1802.
169 Ebenda, 177.

solche der Göttin Isis erachtete, bildete er sich gleichwohl eine Meinung zu der wissenschaftlichen Bedeutung der von ihm dokumentierten Darstellungsinhalte:

> Il est bien difficile d'arrêter une pensée sur ce que pouvait être ce petit édifice si bien soigné dans ses détails, orné de tableaux si évidemment scientifiques; il paraît que ceux des plafonds sont relatifs au mouvement du ciel, et ceux des murailles à celui de la terre, aux influences de l'air, et à celles de l'eau.[170]

Für Denon stand fest: „[Ce] zodiaque [...] prouvait d'une manière si positive les hautes connaissances des Égyptiens en astronomie!"[171]

Denons Zeichnungen sollten die ersten sein, die in Frankreich veröffentlicht wurden, sie blieben aber nicht die einzigen und auch der Tierkreis oder Zodiak von Dendera selbst hatte eine Reihe von bereits damals bekannten Parallelen, u. a. im ebenfalls ptolemäerzeitlichen Chnum-Tempel von Esna, der ebenfalls in Oberägypten gelegen ist. Dennoch kommt der Publikation jenes Denkmals durch den 1802 zum Directeur Général du Musée Central des Arts (ab 1804 Musée Napoléon), dem heutigen Louvre, ernannten Gelehrten eine zentrale Bedeutung zu. Durch die 1802 erfolgte zeitige Erstveröffentlichung sowie die Autorität des Verfassers, und begünstigt durch bereits herrschende Vorstellungen von dem hohen Stand der Astronomie in den Kulturen des alten Orients, erlangten aber nicht nur die Zeichnungen, sondern auch ihre Deutung einen besonderen Stellenwert.

Auf dem Weg zurück von Oberägypten nach Alexandria war Denon einer weiteren Gruppe französischer Gelehrter begegnet, unter denen sich auch zwei junge Absolventen der École Polytechnique befanden: Jean-Baptiste Jollois (1776–1842) und René Edouard Devilliers (1780–1855), die 1809 ebenfalls ihre „Recherches sur les bas-reliefs astronomiques des Égyptiens" als Teil der „Description de l'Égypte" veröffentlichen sollten, wobei allerdings gerade die Tafeln mit der Abbildung des Zodiak von Dendera erst 1817 publiziert wurden.[172] Zu Recht weisen Jed Buchwald und Diane Greco Josefowicz auf den *generational divide* zwischen dem 51-jährigen Denon und den 23- bzw. 19-jährigen jüngeren Kollegen hin, der sich hier in Ägypten offenbarte:

> The stylistic differences between Denon's drawings and those done by Jollois and Devilliers several months later highlight the gulf between an artistic sensibility molded, like Denon's at the court of Louis XV and the method that informed the education of men under the aegis of

---

170 Ebenda, 178.
171 Ebenda, 177; für eine Beschreibung und wissenschaftliche Einordnung: Cauville, S., Le Zodiaque d'Osiris. Le Zodiaque de Dendera au Musée du Louvre², Löwen 2015.
172 Buchwald / Josefowicz, The Zodiac of Paris, 195.

the École Polytechnique. The ideology and methods of technical instruction had themselves changed significantly during the ancien régime and the early years of the revolution.[173]

Nicht nur unterschiedliche Auffassungen über die zeichnerische Dokumentation antiker Denkmäler, sondern auch Probleme bei der Umsetzung dieser zeichnerischen Vorlagen in den Druck beeinträchtigten die Dokumentation dieser altertumswissenschaftlichen Entdeckungen. So konnte es passieren, dass einzelne Figuren in den Reliefdarstellungen in der Publikation falsch ausgerichtet erschienen, also etwa anstatt nach links nach rechts schauten.[174] Diese Fehler hatten z.T. unmittelbare Auswirkungen auf die Interpretation der Monumente.

Diese sollte jedoch zunächst zu keinen größeren Kontroversen führen, und zwar aus drei Gründen: Zum einen ließen die politischen Ereignisse im unmittelbaren Nachgang der (militärisch gescheiterten) Ägyptenexpedition altertumswissenschaftliche Fragestellungen in der öffentlichen Diskussion in den Hintergrund treten. Des Weiteren mussten sich konservative Kräfte, die die möglichen chronologischen Implikationen aus der Wiedergabe bestimmter Sternenkonstellationen auf ägyptischen Denkmälern als Angriff auf ihre Glaubensgrundsätze betrachteten, aufgrund des politischen Klimas bedeckt halten. Zu guter Letzt aber sollte der Zodiak erst nach seiner Verbringung nach Frankreich, dann aber mit Macht ins öffentliche Bewusstsein rücken und vor dem Hintergrund der veränderten gesellschaftlichen Verhältnisse während der Restauration auch für heftige Auseinandersetzungen sorgen. Bevor diese Auseinandersetzungen um die Deutung der Monumente ausführlicher behandelt werden, soll hier zunächst eine Schilderung des Transports des Zodiak von Dendera nach Paris erfolgen.

Nach der Kapitulation des französischen Expeditionsheeres hatten die siegreichen Briten die von den Feinden zusammengetragenen ägyptischen Denkmäler als Kriegsbeute beansprucht. Die wissenschaftliche Dokumentation der Expedition wurde den französischen Gelehrten jedoch belassen – wohl auch, weil diese gedroht hatten, jene eher zu vernichten, als sie den Engländern zu übergeben. Die wissenschaftliche Ausbeute wurde im Folgenden auch von Napoleon gezielt dazu benützt, seine Niederlage vergessen zu machen und stattdessen die Aufmerksamkeit der französischen Öffentlichkeit auf diese geistigen Errungenschaften zu richten. Die späteren Auseinandersetzungen zwischen Thomas Young (1773 – 1829) und Jean-François Champollion um den Primat bzw. den jeweiligen Anteil an der Entzifferung der Hieroglyphen – über den britische und französische Ägyptologen mitunter noch bis heute in Streit geraten – sind auch vor diesem

---

173 Ebenda, 105.
174 Ein anschauliches Beispiel hierfür z.B. ebenda, 126, Abb. 6.1.

Hintergrund imperialer Konkurrenz zu bewerten. Statt beeindruckender altägyptischer Monumente hatte die Expedition also vornehmlich Zeichnungen und Pläne nach Paris gebracht, die nun fieberhaft für die Publikation im Rahmen der „Description" aufbereitet wurden.

Nach dem endgültigen Zusammenbruch des Kaiserreichs und der Restauration der Bourbonen-Monarchie unter Ludwig XVIII. (1755–1824; reg. ab 1814) schien sich jedoch eine neuerliche Sehnsucht der französischen Öffentlichkeit nach nationalen Ruhmestaten und v. a. auch greifbaren Zeichen hierfür zu entfalten. Sébastien-Louis Saulnier (1790–1835) versuchte dem entgegenzukommen und vielleicht auch sein öffentliches Ansehen zu erhöhen, um sich bei Hofe zu empfehlen, indem er Jean/Claude[175] Lelorrain damit beauftragte, den seinerzeit von Vivant Denon so mühevoll gezeichneten Zodiak aus der Kapelle auf dem Dach des Tempels von Dendera nach Frankreich zu schaffen. Dabei rechtfertigte er sein Unternehmen einerseits damit, dass auch Großbritannien sich, nicht zuletzt durch seinen diplomatischen Vertreter im Lande, den Konsul Henry Salt (1780–1827), kontinuierlich ägyptische Denkmäler aneignete, andererseits legte er auch Wert darauf, die Erlaubnis des ägyptischen Vizekönigs (*Khedive*) Mehmed Ali (1770–1849) zu seinem Vorhaben zu publizieren.[176]

1820 brach Lelorrain nach Ägypten auf, um den Zodiak für Frankreich zu beschaffen. Über Alexandria und Kairo fuhr er den Nil hinauf nach Dendera, in Begleitung einer militärischen Eskorte, die ihm der *Khedive* ebenso bewilligt hatte wie einen Schutzbrief (*Firman*), der die Gouverneure zur Unterstützung des Franzosen verpflichtete. Nach dem hoffnungsvollen Beginn der Reise erlebte er jedoch zwei entscheidende Rückschläge: Am Tempel angelangt, ließ sich der Zodiak leicht ausfindig machen. Entgegen der aufgrund der zeichnerischen Dokumentation gehegten Erwartung, nun eine einzelne Steinplatte aus dem Dach herauslösen zu können, bestand der Zodiak jedoch aus zweien. Schlimmer aber war das Auftauchen einer englischen Reisegruppe vor dem Tempel. Die Männer behaupteten zwar, lediglich zeichnen zu wollen, Lelorrain fürchtete aber, dass sie für seinen britischen Gegenspieler Salt spionieren könnten oder diesen zumindest

---

175 Vgl. ebenda, 424 Name Index: „Jean"; anders beim selben Autor: Buchwald, J. Z., Egyptian Stars under Paris Skies, in: Engineering & Science 66.4, 2003, 21: „Claude". Letzteres womöglich eine Verwechslung mit dem französischen Barockmaler (1600–1682)? In der Literatur finden sich für beide Vornamen allerdings auch noch weitere Varianten: Fagan, B., The Rape of the Nile: Tomb Robbers, Tourists, and Archaeologists in Egypt, London 1975, 253 und Oliver, A., American Travelers on the Nile: Early U.S. Visitors to Egypt, 1774–1839, Kairo 2014, 79: „Jean Baptiste".
176 Vgl. Saulnier, S.-L., Notice sur le voyage de M. Lelorrain en Egypte: et observations sur le Zodiaque de Denderah, Paris 1822, 17–18 (die Übersetzung des Firman); 50 (über die endgültige Ausfuhrgenehmigung durch den Khediven).

über sein Vorhaben in Kenntnis setzen würden. Also entschloss er sich dazu, zunächst weiter nach Theben (Luxor) zu reisen, und hoffte, bei seiner Rückkehr keine englischen Zeichner mehr vorzufinden. In Theben angelangt, begann er damit, kleinere Antiken anzukaufen, um den Eindruck eines harmlosen Touristen zu erwecken, der lediglich in kleinerem Umfang ‚Souvenirs' mit nach Hause nehmen wollte. Er verbreitete auch einen falschen Reiseplan, nach welchem er weiter zum Roten Meer zu reisen beabsichtigte. Ob er selbst für das Gerücht verantwortlich war, er läge krank in einem Dorf bei Theben, oder nicht, lässt sich nicht mehr sicher feststellen. Jedenfalls beunruhigten diese Nachrichten seinen Auftraggeber in Frankreich. Lelorrain hatte die Korrespondenz mit Saulnier eingestellt, damit seine Briefe nicht abgefangen werden würden. Diese Paranoia war jedoch alles andere als unbegründet: In dem Moment, als der Franzose in Theben Arbeitskräfte anwerben wollte, musste er feststellen, dass diese von seinem Konkurrenten Salt offenkundig eingeschüchtert worden waren.[177] Erst nach seiner klandestinen Rückkehr nach Dendera – die englischen Zeichner waren zum Glück tatsächlich inzwischen abgereist – konnte er vor Ort Arbeitskräfte anwerben. Im Tempel wählte er nun den gewünschten Ausschnitt aus und beschränkte sich dabei auf die kreisförmige Darstellung der Sternbilder. Um die mitgeführten Meißel zu schonen, die er später noch dazu gebrauchen wollte, die Rückseite des Steins abzuschlagen, um ihn leichter zu machen, entschied er sich für den Einsatz von Steinsägen. Damit riskierte er, das Relief zu beschädigen, und verlangsamte auch die Arbeit enorm. Auch das Anbohren des Steins, um einen Ansatzpunkt für die Sägen zu gewinnen, erwies sich als schwierig, weshalb Lelorrain einige Tage mit Schießpulver experimentierte, bevor er die gewünschten Löcher in den Sandstein hineinsprengen konnte. Die nun beginnenden Sägearbeiten machten nur geringe Fortschritte, auch als man eine zweite Säge zum Einsatz brachte (wofür erneute Sprengungen nötig waren). Dabei erhöhte jeder Tag das Risiko, von den Spionen Salts entdeckt zu werden. Lelorrain wurde, wohl auch aufgrund seiner eigenen Überanstrengung, bald darauf von Fieber gepackt, ließ aber keinen Arzt rufen, der seine Mission an die Engländer hätte verraten können. Nur durch ein ‚Hausmittel' eines Einheimischen konnte das Fieber gesenkt werden, und nur durch den Einsatz des Übersetzers konnten die Arbeiten nach 22 Tagen zum Abschluss gebracht werden. In einem Brief an Saulnier hat Lelorrain die Verhältnisse eindrücklich beschrieben:

> Cet état dura huit jour: je n'avais pas de médicine [...]. Un Arabe me guérit avec le suc d'une plante dont j'ignore le nom.
> Cependant il était de la dernière importance de ne pas interrompre les travaux.

---

[177] Vgl. Greener, L., The Discovery of Egypt, London 1966, 132.

> Mon drogman était très intelligent: il m'avait aider constamment dans la surveillance de mes Arabes. Au moyen d'une forte récompense, je l'engageai à me remplacer.[178]

Die nun endlich freigelegten zwei Sandsteinplatten mussten jetzt zum Weitertransport auf dem Nil dorthin geschafft werden.[179] Bereits nach einem Tag waren die mitgeführten Transporträder unter dem Gewicht der Steine zerbrochen, ein ähnliches Schicksal erlitten auch die teuer angekauften Rundhölzer. 50 Männer mussten schließlich mit Seilen an den Steinen zerren – auch Lelorrain selbst, der sich immer noch von seiner Krankheit erholte. Erst nach 16 Tagen erreichte man das Flussufer. Inzwischen hatte der Nil jedoch seinen Tiefststand erreicht, weshalb ein direktes Verladen der Steinplatten so unmöglich war. Erst nachdem man eine Rampe konstruiert hatte, konnten die Steine zu der bereitgestellten Transportbarke hinabgelassen werden. Doch die Seile rissen, und der erste Stein raste die Rampe zum Fluss hinunter. Glücklicherweise blieb er am Ufer stecken und verfehlte das Boot. Als der Stein aus dem Flussschlamm freigelegt und auf die Barke verbracht worden war, drohte diese augenblicklich unter der Last zu versinken. Erst ein Umschichten der Ladung stabilisierte das Gefährt. Jetzt erst konnte der eigentliche Abtransport beginnen. Der Barkenkapitän verweigerte jedoch mit Verweis auf den niedrigen Nilstand die Abfahrt. Lelorrain erkannte das (eigentliche) Problem und versprach dem Mann eine genau so hohe Bestechung wie die, welche Salts Agenten ihm geboten hatten, und sogleich konnte die Fahrt in Richtung Norden beginnen. Obwohl der britische Konsul nun alle diplomatischen Möglichkeiten ausschöpfte, die Ausfuhr des Zodiak zu verhindern, entschied Mehmed Ali, dass Lelorrain seine Beute mit nach Hause nehmen dürfe.

Von Kairo aus wurde der Zodiak nach Marseille verschifft, wo er 1821 anlangte. Um die weiteren Transportkosten möglichst auf die Staatskasse abwälzen zu können und weil er ohnehin von Anfang an beabsichtigt hatte, den Zodiak an die französische Regierung zu verkaufen, bemühte sich Saulnier um größtmögliche öffentliche Aufmerksamkeit für den in seinem Auftrag nach Frankreich geholten Schatz.[180] Tatsächlich verursachte die Ankunft des mysteriösen Steines einen Aufruhr im Hafen und zahlreiche örtlich Würdenträger ließen es sich nicht nehmen, diesem Ereignis persönlich beizuwohnen. Um den Zoll zu umgehen, hatte Saulnier den Zodiak schon jetzt als öffentliches Eigentum deklariert. Er versäumte es auch nicht, in seiner schon mehrfach zitierten und anlässlich der

---

178 Zitiert nach Saulnier, Notice sur le voyage, 39.
179 Vgl. die eindrückliche Schilderung des Abtransports bei Buchwald / Josefowicz, The Zodiac of Paris, 24–25.
180 Vgl. ebenda, 237–238.

Ankunft veröffentlichten Broschüre zu berichten, dass ihm während des Weitertransports zahlreiche Kaufangebote gemacht worden waren, die er aber als Patriot natürlich abgelehnt hätte.[181] Sein publizistischer und geschäftlicher Eifer wäre aber wohl überflüssig gewesen. Der Stein aus Dendera verursachte in Paris und ganz Frankreich eine *zodiacomanie*. Der Ankunft des Originals war drei Jahre zuvor schon die Präsentation eines um ein Drittel verkleinerten Wachsmodells des Bildhauers Jean-Jacques Castex (1731–1822) vorausgegangen.[182] Napoleon hatte eine Kopie in Originalgröße aus Marmor in Auftrag gegeben und sogar General Kléber in Kairo mit der Beschaffung eines geeigneten Steins beauftragt. Zwar hatte Castex eine Kopie angefertigt, die französische Regierung hatte sich, nach dem Sturz Napoleons, aber geweigert, diese zu bezahlen. Es hatte sich jedoch ein britischer Käufer gefunden, der nun versuchte, die Kopie zu Geld zu machen.[183]

Gleiches wollte auch Saulnier erreichen, allerdings konnte er nun der französischen Regierung das Original zum Kauf anbieten. Doch seitens des Königshofes bestanden einige Vorbehalte gegen den Erwerb dieses ‚heidnischen' Monuments; zudem schienen Saulniers Preisvorstellungen zu hoch zu sein. In seiner Broschüre schildert er sein Vorgehen:[184] Zunächst bemühte er sich um einen attraktiven Ausstellungsort für den Zodiak, damit die Pariser Öffentlichkeit Gelegenheit bekam, sich ein Bild von dem wundersamen Objekt zu machen (wobei der Zugang zunächst jedoch strikt reglementiert blieb). Aufgestellt in der Königlichen Bibliothek, regte Saulnier sodann die Bildung einer Expertenkommission an, die den wissenschaftlichen Wert des Objektes beurteilen sollte. Gleichzeitig stilisierte er den Verbleib des Zodiaks in Frankreich zu einer Frage der nationalen Ehre und schlug verschiedene Ankaufmöglichkeiten vor, angefangen bei einer Ratenzahlung bis hin zu einer öffentlichen Subskription. Ludwig XVIII. erklärte sich schließlich bereit, die Hälfte des Kaufpreises aufzubringen, wobei die andere Hälfte durch den Etat des Innenministeriums finanziert werden sollte. Für die enorme Summe von 150.000 Francs wurde der Zodiak angekauft,[185] verblieb bis

---

181 Vgl. Saulnier, Notice sur le voyage, 60–61.
182 Vgl. Saint-Martin, J., Notice sur Le Zodiaque de Denderah, Lue á l'Académie royale des Inscriptions et Belles-Lettres, dans la séance du 8 février 1822, Paris 1822.
183 Vgl. Saulnier, Notice sur le voyage, 269 und auch 271, Abb. 10.2, mit Verweis auf: Anonymus, Exhibition: 47 Leicester Square, Zodiac of Dendera, London 1825: http://iapsop.com/ssoc/1825__anonymous___exhibition_of_the_zodiac_of_dendera.pdf.
184 Vgl. Saulnier, Notice sur le voyage, 63–65.
185 Vgl. Buchwald / Josefowicz, The Zodiac of Paris, 285.

1922 in der Königlichen Bibliothek und befindet sich seither im Musée du Louvre.[186]

Um zu verstehen, weshalb der Tierkreis von Dendera ein solches Aufsehen und hitzige Kontroversen erregte, muss man sich die politischen, gesellschaftlichen und geistesgeschichtlichen Rahmenbedingungen vor Augen führen. Bereits vor der Revolution von 1789 hatten die *lumières* und *philosophes* als Vertreter der Aufklärung in Frankreich damit begonnen, angeregt von dem Vorbild der empirischen Naturwissenschaften, eine neue Weltanschauung zu entwickeln. Diese erhob die Natur und die aus ihrer Beobachtung gewonnenen Erkenntnisse zum einzig gültigen Maßstab. Auch wenn diese Bewegung in ihrer ganzen Komplexität durchaus nicht frei war von inneren Widersprüchen und sich z.T. auch gegen einen reinen Materialismus der Naturwissenschaften verwahrte, forderte die Aufklärung jedoch primär die Autorität und Deutungshoheit der Religion heraus.[187] Obwohl diese Denkrichtung einigen Revolutionären später zur Rechtfertigung ihrer Politik diente und ganz sicher auch Einfluss auf verfassungspolitische Debatten genommen hat, war die Aufklärung nicht der Ursprung dieser politischen Umwälzungen. Diese lassen sich vielmehr auf eine Gemengelage politischer, wirtschaftlicher und struktureller Probleme Frankreichs zurückführen. Dennoch wurde sie auch schon zeitgenössisch mit der Revolution identifiziert und scharten sich ihre Gegenspieler, insbesondere aus dem Umfeld der katholischen Kirche, um die Kräfte der Reaktion bzw. Restauration. Jede Auseinandersetzung über den Primat (natur-)wissenschaftlicher Erkenntnis vor religiösen Dogmen war somit eminent politisch und der Ausgang abhängig von den Entwicklungen im Land. Dabei kam Napoleon schließlich eine Schlüsselstellung zu, der sich zwar einerseits zum Sachwalter der Errungenschaften der Revolution erklärte, andererseits aber konservative Kräfte gegen revolutionäre ausspielte, um seine eigene Position innerhalb des ganz auf seine Person zugeschnittenen Machtsystems zu stärken. Die Bedeutung dieser Zeitumstände für die Ausbildung der Wissenschaft der Ägyptologie kann gar nicht genug betont werden: Sie wirkten sich nicht nur in akademischen Auseinandersetzungen, sondern natürlich auch auf der Ebene individueller Gelehrtenbiografien aus.

Der erste, der sich zu der Bedeutung der in ägyptischen Tempeln vorgefundenen Tierkreise äußerte, war der Mathematiker und Förderer Champollions, Jean-Baptiste Joseph Fourier (1768–1830), der auch Teilnehmer der Ägyptexpedition gewesen war. Aus seiner Feder stammte das Vorwort zur „Description de

---

186 Vgl. Le Lay, C., Le zodiaque de Denderah, in: CLEA Cahiers Clairaut, 2001: http://clea-astro.eu/archives/cahiers-clairaut/CLEA_CahiersClairaut_094_08.pdf, 29.
187 Für einen einführenden Überblick vgl. Schneiders, W., Das Zeitalter der Aufklärung[5], München 2014, 52–82, bes. 80–82.

l'Égypte", zu der er auch Beiträge über astronomische Denkmäler, Wissenschaft und Vergleichen zwischen ägyptischer und biblischer Chronologie beisteuerte.[188] Bereits in Ägypten war er auf die ägyptischen Tierkreise aufmerksam geworden und hatte sich in verschiedenen Kontexten dazu geäußert.[189] Seine Ansichten wurden zunächst in dem regierungsamtlichen Journal „Gazette nationale ou le Moniteur universel" in einem dort veröffentlichten Brief des Chemikers Samuel Bernard geschildert:

> Une des découvertes les plus remarquables que l'on ait faites est celles de zodiaques [...]. Les citoyens Jollois et Devilliers qui en sentirent toute l'importance, en ont fait les dessins avec la plus grande exactitude; ils ont aussi modelés en cire par une habile sculpteur; et le citoyen Fourrier a fait sur ce sujet un travail qui sera de plus haut intérêt pour la chronologie et la histoire.[190]

Nach den bis zu diesem Zeitpunkt zur Verfügung stehenden Quellen herrschten laut Fourier große Unsicherheiten über die Chronologie weiter zurückliegender Phasen der Menschheitsgeschichte vor. Infolge der Untersuchung der nunmehr entdeckten altägyptischen Tierkreise und in Übereinstimmung mit den Schilderungen Herodots[191] habe sich gezeigt, dass die gegenwärtigen Vorstellungen über die Aufteilung und Gestalt der Tierkreiszeichen erstmals von den Ägyptern erkannt und an alle anderen Völker weitergegeben worden seien. Diese astronomische Errungenschaft sei den Ägyptern ca. 15.000 Jahre v.Chr. gelungen und: „Ce zodiaque n'est évidement que le calendrier primitif de l'Égypte."[192] Dieser ägyptische Kalender habe praktischen Zwecken gedient und stehe in unmittelbarem Zusammenhang mit dem Wechsel der Jahreszeiten sowie der Nilflut und deren Bedeutung für die ägyptische Landwirtschaft. Explizit berief Fourier sich in diesem Zusammenhang auf die Arbeiten von Charles François Dupuis (1742–1809), der die aus verschiedenen antiken Kulturen überlieferten Tierkreise mit der landwirtschaftlichen Jahreseinteilung bzw. dem Kalender in Verbindung gebracht hatte und dabei die einzelnen Sternbilder symbolisch für bestimmte jahreszeitliche Ereignisse zu deuten versuchte. Weiterhin hatte Dupuis schließlich alle bekannten Tierkreise auf einen ägyptischen Vorläufer

---

188 Vgl. Buchwald / Josefowicz, The Zodiac of Paris, 111–112.
189 Vgl. ebenda; Sie erwähnen einen Vortrag am Institut d'Égypte und einen – allerdings anonym – veröffentlichten Beitrag im „Courier d'Égypte".
190 Bernard, S., Copie d'une lettre du citoyen S.B., membre de la commission de sciences et arts d'Égypte, au citoyen Morand, membre du corps législatif, in: Gazette nationale ou le Moniteur universel, 14.02.1802, 581–582.
191 Herodot, Historien II, 82.
192 Ebenda, 582.

zurückgeführt und diesen aufgrund der Anordnung und Reihenfolge der Zeichen im Tierkreis in einen Entstehungszeitraum von 13.000–15.000 Jahren v. Chr. datiert.[193] Neben der von ihm später veröffentlichten „Dissertation sur le zodiaque de Tentyra ou Denderah" verdient auch der Umstand Beachtung, dass er 1793 als Mitglied des Comité de l'Instruction Publique maßgeblich an der Ausgestaltung des Revolutionskalenders beteiligt gewesen war und sich dabei ausdrücklich am Vorbild antiker Kalender, und hier vornehmlich des ägyptischen, orientiert haben wollte.[194]

Betrachtet man die Monatsnamen des Revolutionskalenders, wird der Zusammenhang zwischen Landwirtschaft und dem Wechsel der Jahreszeiten augenfällig. Als Vertreter der Aufklärung bemühten sich die Komitee-Mitglieder, den Kalender von mythisch-religiösem Ballast zu befreien und auf die Grundlage von Naturbeobachtungen zu stellen:[195]

Wintermonate		
Nivôse	lat. *nix, nivis* = „Schnee"	21. Dezember bis 19. Januar
Pluviôse	lat. *pluvia* = „Regen"	20. Januar bis 18. Februar
Ventôse	lat. *ventus* bzw. frz. *vent* = „Wind"	19. Februar bis 20. März
Frühlingsmonate		
Germinal	lat. *germen, germinis* = „Keim; Spross"	21. März bis 19. April
Floréal	lat. *flos, floris* = „Blume"	20. April bis 19. Mai
Prairial	frz. *prairie* = „Wiese"	20. Mai bis 18. Juni
Sommermonate		
Messidor	lat. *messis* = „Ernte"	19. Juni bis 18. Juli
Thermidor	griech. *thermós* = „warm"	19. Juli bis 17. August
Fructidor	lat. *fructus* = „(Feld-)Frucht"	18. August bis 16. September
Herbstmonate, Jahresanfang zum Jahrestag der Republik		
Vendémiaire	lat. *vindemia* = „Weinlese"	22. September bis 21. Oktober
Brumaire	frz. *brume* = „Nebel"	22. Oktober bis 20. November
Frimaire	frz. *frimas* = „Raureif"	21. November bis 20. Dezember

Für den Zodiak von Dendera postulierte Fourier:

> Tout annonce que les édifices qui subsistent encore, ont été construits dans le tems [sic] ou l'état du ciel était tel qu'on l'y a représenté. Les motifs de cette opinion sont si multipliés et si

---

193 Ausführlich hierzu: Buchwald / Josefowicz, The Zodiac of Paris, 54–59.
194 Vgl. ebenda, 52–53.
195 Vgl. Aufgebauer, P., Die astronomischen Grundlagen des französischen Revolutionskalenders – eine wissenschaftsgeschichtliche Studie: http://webdoc.sub.gwdg.de/edoc/p/fundus/4/aufgebauer.pdf, bes. 175–176.

conformes entre eux, qu'ils sont de nature à exclure tous les doutes. On peu determiné ainsi l'âge des ces monumens.

Aus der Annahme also, dass die Tierkreise die Anordnung der Sternbilder zum Zeitpunkt ihrer Herstellung wiedergaben und zeitgleich mit den sie beherbergenden Tempeln geschaffen wurden, leitete Fourier die Datierung der Monumente ab und bestimmte das Alter des Tempels von Esna mit 6000 v. Chr. und dasjenige des Tempels von Dendera mit 1000 Jahren vor der Belagerung von Troja, was etwa 2000 v. Chr. entsprochen hätte.

Der 1799 zum Ersten Konsul aufgestiegene Napoleon ließ den französischen Gelehrten in Ägypten durch seinen Bibliothekar Louis Ripault (1775 – 1823) mitteilen, er sei „extrêmement satisfait sur le travail de la Commission au sujet des zodiaques".[196] Wie bereits geschildert, lag es in Napoleons Interesse, die Forschungen der *savants* zu fördern, um sich selbst bzw. seine militärisch gescheiterte Ägyptenexpedition in einem besseren Licht erscheinen zu lassen. Auch wollte er als Sachwalter der Revolution und mit ihr der Aufklärung erscheinen. Andererseits zeichnete sich allmählich eine Annäherung, zumindest aber eine Verständigung mit konservativen Kräften, insbesondere mit der katholischen Kirche, ab, welche 1801 in der Unterzeichnung eines Konkordats mündete. Zwar achtete Napoleon darauf, die Aktivitäten der Kirche in Frankreich weiterhin staatlicher bzw. seiner Kontrolle zu unterwerfen, unverkennbar ist jedoch das Bemühen, die Konfrontation mit und damit die Opposition aus kirchlichen Kreisen zu beenden. Darüber hinaus sah er sich, je mehr er seine diktatorische Herrschaft in monarchische Formen kleidete, einer stärker werdenden Kritik aus revolutionären und republikanischen Kreisen ausgesetzt. Unter diesen Rahmenbedingungen konnten auch in wissenschaftlichen Auseinandersetzungen allmählich wieder mehr konservative Positionen artikuliert werden.

Die erste dieser Gegenreaktionen erfolgte schon 1802 in Gestalt eines Anhangs zur zweiten Auflage der Herodot-Edition von Pierre Larcher (1726 – 1812).[197] Dieser in Form eines Briefes gestaltete Appendix stammte aus der Feder von Ennio Quirinio Visconti (1751– 1818), der nach der Gründung der Römischen Republik im Jahr 1798 zum Konsul ernannt worden war und als Kurator der Vatikanischen Museen auch den Abtransport von Kunstgegenständen nach Paris organisiert hatte. Schon in seiner Person wird deutlich, dass die Zuschreibung politischer

---

196 Zitiert nach: Lagier, Autour de la Pierre de Rosette, 24.
197 Larcher, P., Histoire d'Hérodote: traduite de grecque avec des remarques historiques et critiques, un essai sur la chronologie d'Hérodote et un table géographique², Paris 1802, darin: Visconti, E. Q., Notice sommaire des deux Zodiaques de Tentyra; Supplément à la notice prédédente, 567– 576; vgl. Buchwald / Josefowicz, The Zodiac of Paris, 122– 125.

Etiketten wie „konservativ" oder „republikanisch" häufig viel zu undifferenziert erscheint; jedenfalls kam Visconti 1799 als politischer Flüchtling nach Paris, verteidigte dort aber sehr wohl die Autorität der ‚Heiligen Schrift'. Dabei war Visconti auf Denons zeichnerische Dokumentation der ägyptischen Monumente angewiesen und hat diese, wie Buchwald und Josefowicz plausibel darlegen, höchstwahrscheinlich seiner Argumentation zugrunde gelegt.[198] Ironischerweise hat ihn das dann wohl zu dem falschen Schluss geführt, dass die Ausrichtung der Figuren im zweiten Zodiak von Dendera, aus der Vorhalle des großen Tempels, dem Prinzip des *boustrophedon* (griech.: „ochsenwendig", also eine wechselnde Ausrichtung der Zeilen oder Bildebenen, wie beim Pflügen eines Ackers) entsprochen habe und die Darstellung somit zwangsläufig ins 3. Jh. v. Chr. zu datieren sei. Diese Datierung in ptolemäische Zeit (die sich ja schließlich – zumindest näherungsweise – auch bewahrheiten sollte) geschah also zunächst auf Grundlage fehlerhafter Dokumentation und einer doch etwas schlichten Argumentation. Allerdings berufen sich auch die Vertreter einer früheren Datierung auf ihre Schlussfolgerungen aus den zur Verfügung stehenden Quellen klassischer Autoren, wodurch die persische Eroberung Ägyptens unter Kambyses II. um 525 v. Chr. zum *terminus ante quem* für praktisch jede altägyptische Kulturleistung erklärt wurde, da nach den Verheerungen durch die Perser die ägyptische Kultur erloschen wäre:

> Les auteurs de la Description travaillaient sous l'empire de l'opinion, regardée alors comme certaine, que la domination persane avait porté un coup mortel aux institutions civiles et religieuses de l'Égypte: l'art, la religion, la langue même qui les exprimait, avaient péri par la rude étreinte de l'étranger. En conséquence, on attribuait aux temps antérieurs à Cambyse tous les monuments qui, celui de Denderah, s'annonçaient égyptiens par leur architecture, leur décor et leurs inscriptions hiéroglyphiques.[199]

Eine weitere Streitschrift gegen eine frühere Datierung der ägyptischen Tierkreise wurde 1802 von Gian Domenico Testa (1746–1832) der Accademia di Religione Cattolica in Rom vorgelegt.[200] Dieser kann zweifelsohne als Vertreter einer dezidiert konservativen und katholischen Reaktion sowohl gegen die Aufklärung als auch die Revolution eingestuft werden, was aber nicht verhinderte, dass er etwa dem schwedischen Diplomaten Johan David Åkerblad (1763–1819), der später einen entscheidenden Beitrag zur Entzifferung der Hieroglyphen leistete, freundschaftlich verbunden war und einen regen Austausch mit diesem und

---

198 Vgl. Buchwald / Josefowicz, The Zodiac of Paris, 126–127, Abb. 6.1.
199 Ebenda, 25.
200 Testa, G. D., Dissertazione sopra due Zodiaci novellamente scoperti nell'Egitto in una adunanza straordinaria dell'Accademia di Religione Cattolica, Rom 1802; frz. Übers.: Paris 1807.

anderen Gelehrten pflegte. Sein Widerstand gegen die französische Besatzung führte allerdings 1812 zu seiner Inhaftierung und schließlich sogar zu seiner Deportation nach Korsika.[201] In seiner Reaktion auf die ungeheuerlichen Behauptungen französischer Gelehrter über das hohe Alter der ägyptischen Tierkreise empörte sich Testa v. a. darüber, dass aus den Ruinen Ägyptens, dem Land also, aus dem Moses selbst ausgezogen war, nun Beweise gewonnen sein sollten, die dessen Zeugnis (das Buch Genesis) widerlegen würden:

> O Mosè, o scrittore divinamente inspirato, e sarà vero che falle ruine di quella stessa contrada, che fu il teatro de' tuo prodigj [sic] e delle tue glorie, si rinvengano ora de' monumenti, che combattono, e smentiscono, e distruggono irreparabilmente la storia da te tessuta della creazione del mondo?[202]

Neben seinem religiösen Furor versuchte Testa jedoch auch durch Argumente seine Gegner zu widerlegen, wobei er sich zunächst zu einer bemerkenswerten Behauptung verstieg: So wären die Tierkreise nur zu dem einen Zweck angefertigt worden, der ägyptischen Kultur den Anschein eines Alters und einer Weisheit zu verleihen, welche diese nie besessen hätte. Nicht aber die französischen Gelehrten hätten diese Fälschungen begangen, sondern die Ägypter selbst, um damit die leichtgläubigen Griechen von ihren Aussagen über das Alter ihrer Zivilisation zu überzeugen. Bei den Tierkreisen handele es sich um:

> una impostura, io per ora no'l contrasterò, sì veramente, che s'incolpi della medesima chi gli ha fatti, no chi gli ha trovati. Gli Egizi erano ambiziosissimi di passare per la prima di tutte le nazioni, e vantavano a tale effetto una portentosa antichità.[203]

Testa bemühte allerdings auch eine umfangreiche astronomische Argumentation, um die ägyptischen Tierkreise als eine plumpe Fälschung erscheinen zu lassen.[204] Bemerkenswert an den Reaktionen der Gegner eines hohen Alters der Tierkreise ist, dass diese deren Interpretation als astronomische Darstellungen nie grundsätzlich in Frage gestellt haben.[205] Durch die eben erfolgte Annäherung Napoleons an die katholische Kirche fielen die Publikation Testas und deren französische Übersetzung von 1807 jedoch in einen Zeitabschnitt, in dem die Zensur sich

---

201 Vgl. Thomasson, F., The Life of J. D. Åkerblad: Egyptian Decipherment and Orientalism in Revolutionary Times (Brill's Studies in Intellectual History 213), Leiden 2013, 382–383.
202 Testa, Dissertazione sopra due Zodiaci, 5.
203 Ebenda, 7.
204 Vgl. Buchwald / Josefowicz, The Zodiac of Paris, 138–144.
205 Vgl. Lagier, Autour de la Pierre de Rosette, 26: „On ne se demanda même pas si les zodiaques étaient astronomiques ou astrologiques."

bemühte, Publikationen, die als Affront gegenüber religiösen Überzeugungen gewertet werden konnten, zu unterdrücken. Folgerichtig kam es zunächst nicht zu einer Erwiderung auf seine Darstellungen.[206]

Im Rahmen der ab 1809 veröffentlichten „Description de l'Égypte" konnten J.-B. J. Fourier, R. E. Devilliers und J.-B. Jollois dann jedoch ihre Ansichten über die ägyptischen Tierkreise an prominenter Stelle veröffentlichen.[207] Wichtig dabei ist, dass zwar Fouriers Vorwort zur „Description" Napoleon persönlich zur Durchsicht vorgelegen hat, nicht aber seine Ausführungen zur ägyptischen Astronomie.[208] Dennoch konnten seine Thesen so gewissermaßen mit regierungsamtlichem Segen erscheinen. Einschränkend muss bemerkt werden, dass der Zodiak aus der Dachkapelle des Tempels von Dendera, wie bereits erwähnt, erst 1817 als Abbildung veröffentlicht wurde, und weiterhin, dass besonders Fourier bei der Ausarbeitung seines Beitrages unter enormem Zeitdruck gestanden hat. Im Vergleich mit den Ausführungen, die zuvor im „Moniteur" veröffentlicht worden waren, fielen seine Datierungsvorschläge für die Tierkreise nun aber sehr viel gemäßigter aus. Für die Erstellung des ersten ägyptischen Zodiaks setzte Fourier nunmehr eine Datierung um 2.500 v. Chr. an:

> La comparaison de ces monumens montre que la sphère Égyptienne, telle qu'elle est représentée dans tous les édifices subsistans, se rapporte au XXVe siècle avant l'ère chrétienne. À cette époque, l'observation avoit déjà fait connoître [sic] les premiers élémens de l'astronomie; on les réunit alors, et l'on en forma une institution fixe qui servit à régler l'ordre civil des temps et devint une partie de la doctrine sacrée.[209]

Grund dafür waren u. a. die ihm durch Jacques-Joseph Champollion-Figeac (1778 – 1867) übermittelten zahlreichen Belegstellen aus griechischen Quellen und die inzwischen verbreitete Auffassung unter den Gelehrten, dass der ägyptische Ka-

---

206 Vgl. Buchwald / Josefowicz, The Zodiac of Paris, 144 – 145.
207 Nicht unerwähnt bleiben sollte in diesem Zusammenhang auch der Beitrag von Raige, R., Le Zodiaque nominal et primitif des anciens Égyptiens, in: Jomard, E. F. (Hg.), Description de l'Égypte: ou recueil des observations et des recherches qui ont été faites en Égypte pendant l'expédition de l'armée française, publié par les ordres de Sa Majesté l'Empereur Napoléon le Grand 3.1.1: Texte 1: Antiquités, Paris 1809, 169 – 180.
208 Vgl. Buchwald / Josefowicz, The Zodiac of Paris, 195.
209 Fourier, J.-B., Recherches sur les sciences et le gouvernement de l'Égypte, in: Jomard, E. F. (Hg.), Description de l'Égypte: ou recueil des observations et des recherches qui ont été faites en Égypte pendant l'expédition de l'armée française, publié par les ordres de Sa Majesté l'Empereur Napoléon le Grand 3.1.1: Texte 1: Antiquités, Paris 1809, 804; s. auch seinen Beitrag ebenda, 71 – 86: Premier Mémoire sur le monuments astronomiques de l'Égypte.

lender wesentlich auf der Beobachtung des Aufgehens des Sterns Sirius (*Sothis*, Hundsstern) beruhte.[210]

Die sowohl den Thesen Ch. F. Dupuis als auch J.-B. Fouriers zugrunde liegende Annahme, dass die ägyptischen Tierkreise die Sternenkonstellation zum Zeitpunkt ihrer Erstellung wiedergaben und darüber hinaus unmittelbar den (landwirtschaftlichen) Kalender der alten Ägypter repräsentierten, wurde in der Folge grundsätzlich in Frage gestellt – etwa von dem Naturkundler Georges Cuvier (1769–1832; vgl. Kap. I.3), der 1812 argumentierte, dass die allegorische Interpretation bestimmter Tierkreiszeichen und ihre Assoziation mit jahreszeitlichen bzw. klimatischen Phänomenen in unterschiedlichen Erdteilen zu unterschiedlichen Zeiten und damit unterschiedlichen klimatischen Verhältnissen zwangsläufig auch eine andere Art von Tierkreis hätten hervorbringen müssen.[211] Weiterhin zweifelte er, wie schon Testa, an der Ehrlichkeit der Ägypter, die Herodot gegenüber ein hohes Alter ihrer Zivilisation behauptet hatten, und behauptete seinerseits, dass Moses, schon im Interesse seiner eigenen Reputation, ein sehr viel gewissenhafterer Geschichtsschreiber gewesen sein müsse. Eine ganz ähnliche Argumentation findet sich in den Arbeiten von Joseph Duclot (1745–1821), der 1816 eine sechs Bände umfassende Verteidigungsschrift des christlichen Glaubens unter dem bezeichnenden Titel „La sainte Bible vengée" veröffentlichte, welche später noch mehrmals aufgelegt werden sollte.[212] Im ersten Band setzte er sich auch mit den Thesen Dupuis' auseinander und behauptete, dass der Tierkreis zwar sehr wohl als Widerspiegelung der kalendarischen und damit klimatischen Verhältnisse im Lande seiner Entstehung interpretiert werden könne, dafür aber nicht Ägypten, sondern nur eine ganz andere Herkunftsregion in Frage käme:

> Ainsi, que l'Égypte ait eu un zodiaque semblable ou inverse du nôtre, il est certain que ce zodiaque, quel qu'il soit, n'appartient point à l'Égypte, mais à une peuple plus ancienne en astronomie que les Égyptiens, et situé en un climat tout différent du leur. Or ce climat est celui d'Assyrie.[213]

---

210 Vgl. Buchwald / Josefowicz, The Zodiac of Paris, 195.
211 Cuvier, G., Fossil Bones, and Geological Catastrophes. New Translations and Interpretations of the Primary Texts, übers. v. M. J. S. Rudwick, Chicago 1997, 247.
212 1816, italienische Ausgabe 1818, erneute französische Auflage 1824; vgl. Buchwald / Josefowicz, The Zodiac of Paris, 230; hier zitiert nach Duclot, J., La sainte Bible vengée des attaques de l'incrédulité: et justifiée de tout reproche de contradiction avec la raison, avec les monuments de l'histoire, des sciences et des arts: avec la physique, avec la géologie, la chronologie, la géographie, l'astronomie, Bd. 1, Lyon 1855.
213 Ebenda, 44.

Weiterhin könne eine allegorische Darstellung der Jahreszeiten unmöglich der Sintflut vorausgegangen sein, da das Buch Genesis für diese Zeit über einen immerwährenden Frühling mit gleichbleibenden Temperaturen berichtet.[214] Besonders empörte sich Duclot aber über die Aussagen einer über ein Jahrzehnt zuvor gehaltenen Totenrede auf General Kléber.[215] Darin hatte der Redner ein enorm hohes Alter Ägyptens und dessen Kultur postuliert:

> Qui a été placée, par la nature, comme un point de réunion entre l'Asie, l'Afrique, et l'Europe, qui dans son sol, dans son fleuve, dans le ciel qui la couvre et l'embrase, présente de phénomènes qu'on croirait appartenir à une autre globe et à une autre nature; dont les traditions, perdues dans la nuit du temps comme dans l'éternité, sont attestées encore par des monumens devant lesquels tous les siècles ont passé sont le détruire, et qui, toujours debout à la même place, ont vu changer plusieurs fois les lits des mers, les formes et les chaînes de montagne, l'ordre des corps célestes.[216]

Duclot verwahrte sich, unter Berufung auf Visconti und Testa, gegen diese Einschätzung und konnte auch auf den vermeintlich ältesten archäologisch nachweisbaren Tierkreis verweisen, den ein gewisser Monsieur Michaud an den Ufern des Tigris entdeckt haben sollte.[217] Dieser ginge letztlich aber auf Noah oder seine unmittelbaren Nachfahren zurück, die die Vorlage hierzu aus der Zeit der Patriarchen (Erzväter) ererbt hätten.[218]

Die Argumentation zeigt deutlich, wie sehr damals Wissenschaft, Religion und Politik miteinander verquickt waren. Dabei fällt die zweite Auflage von Duclots Streitschrift in eine Periode verschärfter Repression. Ludwig XVIII. starb am 16. September 1824, ihm folgte Karl X. auf dem Thron und dieser intensivierte sogleich die Bemühungen um eine Restauration der Verhältnisse zur Zeit des *ancien régime*. Karl wollte nicht länger konstitutioneller Monarch, sondern König von Gottes Gnaden sein, die Aristokratie sollte für erlittene Verluste entschädigt und der Katholizismus – als Stütze des Regimes – gegen publizistische Attacken durch verschärfte Zensurmaßnahmen geschützt werden. Schon vor seiner Thronbesteigung waren Arbeiten zum Zodiak von Dendera beschlagnahmt worden, was aber den Ankauf dieses Objekts durch Ludwig XVIII. nicht verhinderte. Mit dafür verantwortlich war der Mathematiker Jean-Baptiste Biot (1774–1862),

---

214 Ebenda.
215 Ebenda, 49.
216 Garat, D.-J., Éloge gunèbre des généraux Kléber et Desaix: prononcé le 1er vendémaire an 9, à la Place des Victoires, Paris 1800, 58 ; vgl. Buchwald / Josefowicz, The Zodiac of Paris, 108, Anm. 19, die als Seitenzahl 68 angeben.
217 Duclot, La sainte Bible vengée, 52–54.
218 Vgl. Buchwald / Josefowicz, The Zodiac of Paris, 232.

der Ludwig versichert hatte, dass der Tierkreis von Dendera bei weitem nicht so alt seien könne, wie die *savants* in der „Description" behauptet hatten.[219] Vielmehr datierte er, auf Grundlage verschiedener astronomischer Berechnungen, den Zodiak von Dendera vermeintlich exakt auf das Jahr 716 v. Chr.[220]

An dieser Stelle soll noch einmal ein kurzer Überblick über die bis jetzt vorgestellten Datierungsvorschläge für den ägyptischen Tierkreis gegeben werden:

1781[221]	Charles François Dupuis	15.000 – 13.000 v. Chr.
1802	(Jean-Baptiste Joseph Fourier	15.000 – 13.000 v. Chr.) – laut Darstellung im „Moniteur"
	Ennio Quirinio Visconti	300 – 200 v. Chr. ‚*boustrophedon*', bezogen auf den Zodiak in der Vorhalle des Haupttempels von Dendera
	Gian Domenico Testa	‚Fälschung' aus griech. Zeit
1809	Jean-Baptiste Joseph Fourier	um 2.500 v. Chr.
1816	Joseph Duclot	Übernahme bzw. Kopie eines ‚assyrischen' Vorläufers
1823	Jean-Baptiste Biot	716 v. Chr.

Dabei hatte sich zuvor schon der Weg zur Lösung und zur definitiven Klärung der Streitfrage über das Alter des Zodiak von Dendera abgezeichnet. Antoine-Jean Saint-Martin (1761–1832), Schüler des damals weltweit führenden Orientalisten Antoine-Isaac Silvestre de Sacy (1738–1858), hatte in einer Abhandlung aus dem Jahr 1822 erstmals vorgeschlagen, den Dendera-Zodiak durch die ihm beigegebenen hieroglyphischen Inschriften, konkret die Kartuschen, zu datieren. Unter ausdrücklicher Bezugnahme auf den Stein von Rosette plädierte Saint-Martin für eine Datierung vor den Ptolemäern unter der Herrschaft des Pharao Amasis aus der 26. Dynastie um 570 v. Chr.[222]

Damit ist hier natürlich die Bühne bereitet für den Auftritt von Jean-François Champollion. Zuvor sollte aber, wie Andrew Robinson überzeugend argumentiert hat,[223] mit der seit langem kolportierten Darstellung aufgeräumt werden, dass der

---

219 Vgl. ebenda, 285.
220 Biot, J.-B., Recherches sur plusieurs points de l'astronomie Égyptiennes appliquées aux monuments astronomiques trouvés en Égypte, Paris 1823, 53.
221 Vgl. Buchwald / Josefowicz, The Zodiac of Paris, 59.
222 Saint-Martin, A. J., Notice sur le Zodiaque de Denderah, Paris 1822, 45 – 47; 50, gibt das 569 v. Chr. an.
223 Vgl. Robinson, A., Cracking the Egyptian Code. The Revolutionary Life of Jean-François Champollion, London 2018, 56.

Zodiak von Dendera für den späteren Entzifferer der Hieroglyphen Teil einer Art ägyptologischen Erweckungserlebnisses gewesen sei. Von der ersten Champollion-Biografin Hermine Hartleben (1846–1919)[224] wurde berichtet, dass Champollion noch als Schüler 1802 durch J.-B. J. Fourier mit diesem Problem konfrontiert wurde:

> Auch den Tierkreis erklärte ihm Fourier nun, freilich in der Weise jener Zeit und ohne zu ahnen, dass es dem elfjährigen Knaben neben ihm vorbehalten war, genau 20 Jahre später (im September 1822) das entscheidende Wort in dieser verwickelten Angelegenheit zu sprechen.[225]

Dies ist so höchstwahrscheinlich nie passiert, wurde aber von den meisten nachfolgenden Autoren ungeprüft übernommen. Allerdings wurde dem jungen Champollion 1805 bereits die Unterstützung von J.-B. Biot zuteil, der wiederum durch Fourier auf den jungen Mann aufmerksam gemacht worden war, welcher seinerseits engen Kontakt mit dessen älterem Bruder Jacques Joseph Champollion-Figeac unterhielt. Hartleben berichtet auch von einer frühen Faszination Champollions für die „Chronologie der ältesten Völker",[226] und auch Robinson erwähnt dessen Forschungen zum Ursprung der Menschheit und zur „Chronologie von Adam bis zu Champollion dem jüngeren".[227] Auch wenn der letztgenannte Biograf eine erfreuliche Skepsis gegenüber den früheren Darstellungen zu Leben und Werk J.-F. Champollions an den Tag gelegt hat, ist doch der überwiegenden Mehrheit von ihnen gemein, dass sie den jungen Gelehrten zu einer Frühbegabung und zu einem Streiter für die Aufklärung gegen religiöse Dogmen stilisiert haben. Ein besonders extremes Beispiel für letzteres stammt aus der Feder von Emma Brunner-Traut, die noch 1982 in einem Vortrag, nachdem sie ihn auf eine Stufe mit Johann Wolfgang von Goethe und Napoleon gestellt hatte, u. a. erklärte:

> Champollion hat zwar keine Reiche erobert, die man auf der Landkarte abstecken kann, aber er hat einen geistigen Horizont aufgetan, der sich weit über die damals bekannte Antike und das als chronologische Schallmauer unübersteigbare Zeitalter der Bibel hinausdehnte. Mit der Mundöffnung der bis dahin stummen Sprache der Ägypter hat Champollion die Ge-

---

224 Hierzu: Virenque, H., Hermine Hartleben. Biographe de J.-Fr. Champollion, in: Senouy 14, 2015, 37–42.
225 Hartleben, H., Champollion. Sein Leben und sein Werk, Bd. 1, Berlin 1906, 34.
226 Ebenda, 30.
227 Vgl. Robinson, Cracking the Egyptian Code, 48.

schichte der Menschheit um zwei Jahrtausende erweitert und damit den Weg gebahnt zu einem seiner Zeit legendären Reich, in dem man den Urquell der Weisheit vermutete.[228]

Die hier getroffene Aussage ist faktisch korrekt. Allerdings verkennen solche Darstellungen vollkommen, dass Champollion die Infragestellung der biblischen Chronologie nicht als sein eigentliches Ziel definiert hat[229] und durch seine Arbeiten im Gegenteil zunächst sogar eine Unterstützung für diese geleistet zu haben schien. So beriefen sich denn auch noch Jahrzehnte nach der Hieroglyphenentzifferung einige Autoren explizit auf seine Forschungen, so etwa André Archinad in seiner Arbeit „La Chronologie sacrée basée sur les Découvertes de Champollion" von 1841:

> Tant qu'ils n'auront pas édifié un système aussi bien d'accord avec l'Écriture que celui de Champollion, nous garderons ce dernier. La Bible et Champollion se tiennent mutuellement lieu de preuve.[230]

Offensichtlich war der ‚Knall' beim Durchbrechen der „Schallmauer" von einigen überhört worden.

Dabei bestehen weder an der revolutionären Gesinnung Champollions bzw. an seiner Unterstützung für Napoleon, an den er, nach dessen Rückkehr aus dem Exil von der Insel Elba im Jahr 1815, einen Brief mit „Champoleon" unterzeichnete, irgendwelche Zweifel.[231] Allerdings bot ihm Papst Leo XII. (1760 – 1829) 1825 während einer durch G. D. Testa vermittelten Audienz einen Kardinalshut an, weil er ihn für die (vermeintliche) Verteidigung der biblischen Chronologie auszeichnen wollte. Neben der höchst unterschiedlichen Auffassung, die sich Zeitgenossen und Nachgeborene von ihm bildeten, hat Champollion selbst, unter dem Eindruck der Zeitumstände, zu diesen Widersprüchlichkeiten beigetragen, etwa, als er auf den dringenden Rat wohlmeinender Zeitgenossen hin sein „Précis du

---

228 Brunner-Traut, E., Jean-François Champollion. Ein großer Mann, in einer großen vielbewegten Zeit (Eduard Meyer), in: Saeculum. Jahrbuch für Universalgeschichte 35.3 – 4, 1984, 306.
229 Auch wenn er sich skeptisch darüber äußerte; vgl. Robinson, Cracking the Egyptian Code, 79.
230 Archinad, A., La Chronologie sacrée basée sur les Découvertes de Champollion, Paris 1841, 161, Anm. 1.
231 Vgl. Buchwald / Josefowicz, The Zodiac of Paris, 315, s. auch 335, Abb. 12.1 mit dieser Namensform, die in eine der Säulen des Karnak-Tempels eingemeißelt wurde. Dabei handelte es sich allerdings um eine am damaligen Wohnort Champollions in Grenoble durchaus nachzuweisende ältere Schreibform des Familiennamens; vgl. Robinson, Cracking the Egyptian Code, 106.

système hiéroglyphique" Ludwig XVIII. widmete.²³² Man sollte diesen politischen Opportunismus aber vor dem Hintergrund der Zeitumstände einordnen. Letztlich war Champollion ein Wissenschaftler, der v. a. seine Forschungen voranbringen wollte. Dabei hat er, wie noch zu zeigen sein wird, allerdings nicht die Ergebnisse seiner Arbeit den Erwartungen angepasst, sondern auch solche Erkenntnisse veröffentlicht, die den Ansichten ihm politisch fernstehender Zeitgenossen entgegenkamen.

Was aber äußerte Champollion zur Frage der Datierung des ägyptischen Tierkreises? Noch bevor er seine Erkenntnisse zur Entzifferung der Hieroglyphen publizierte, schrieb er 1822 an den Redakteur der „Revue encyclopédique" über den Gelehrtentypus, der sich bislang mit dem Problem befasst hatte:

> Il ne suffit pas de posséder à fond la savante théorie de l'astronomie moderne, il faut encore une connaissance exacte de cette science, telle que les Égyptiens eux-mêmes l'avaient conçue, avec toutes ses erreurs et dans toute sa simplicité. S'il ne se pénètre point de cette idée que l'astronomie égyptienne était essentiellement mêlée avec la religion, et même avec cette fausse science qui prétend lire dans l'état présent du ciel l'état futur du monde et des individus [l'astrologie], [...] il s'expose à prendre un objet de culte pour un signe astronomique, et à considérer une représentation purement symbolique comme l'image d'un objet réel.²³³

Anders ausgedrückt, der Zodiak von Dendera sei nur aus der altägyptischen Kultur heraus zu verstehen. Die Projektion zeitgenössischer astronomischer Wissenschaft auf ein Objekt, welches aus einem eindeutig religiösen Kontext stammt, ignoriere die möglicherweise astrologische bzw. kultische Funktion desselben. Damit wurden praktisch alle von verschiedenen *savants* unternommenen Versuche zurückgewiesen, den Zodiak durch eine (ausschließlich) astronomische Interpretation zu datieren.

Stattdessen griff Champollion die durch Saint-Martin vorgeschlagene Herangehensweise an die Datierung des Zodiak auf und wollte diesen durch die hieroglyphischen Beischriften bzw. die dort angebrachten Königsnamen datieren. In dem „Extrait d'un Mémoire relatif à l'Alphabet des Hiéroglyphes phonétiques égyptiens" von 1822 hatte er bereits den Tierkreis als einen Beleg des von ihm entzifferten Titels ΑΥΤΟΚΡΑΤΟΡ angeführt:

---

232 Champollion, J.-F., Précis du système hiéroglyphique des anciens Égyptiens: ou, Recherches sur les éléments premiers de cette écriture sacrée, sur leurs diverses combinaisons, et sur les rapports de ce système avec les autres méthodes graphiques Égyptiennes, Paris 1824: „Au Roi".
233 Zitiert nach: Lagier, Autour de la Pierre de Rosette, 31.

> Ce titre impérial est aussi gravé au bas d'une des légendes hiéroglyphiques perpendiculaires qui cernent une grande figure de femme, en ronde bosse, placée au côté du zodiaque circulaire du Dendéra, et sur la seconde pierre de ce monument.[234]

In seinem berühmten „Lettre à M. Dacier" berief er sich ausdrücklich auf die endlich in der „Description" publizierte Abbildung des Zodiak und bedauerte, das Denkmal an der entscheidenden Stelle nicht selbst in Augenschein nehmen zu können, obwohl der Zodiak ja inzwischen nach Paris gelangt war:

> Cette partie importante du monument n'est pas à Paris; la pierre a été sciée vers ce point même parce' qu'on n'a eu pour l'objet d'enlever le zodiaque circulaire seul, et on l'a ainsi isolé d'un bas-relief qui s'y rapportait selon toutes les probabilités.[235]

Dennoch kam er zu dem Schluss, dass die abgeschnittene und in Dendera verbliebene Kartusche:

> établit, d'un manière incontestable, que le bas-relief et le zodiaque circulaire ont été sculptés par des mains égyptiennes sous la domination des Romains.

Ohne Angabe von Quellen berichtet lediglich Hermine Hartleben von Widerspruch unter den *savants* gegen diese Datierung.[236] Ausgerechnet Edmé François Jomard (1777–1862), u. a. verantwortlich für die Wiedergabe hieroglyphischer Inschriften in der „Description", in welcher, auf Grundlage der Zeichnungen von J.-B. Jollois und E. Devilliers, die von Champollion entzifferte Kartusche reproduziert worden war, bezweifelte dessen Schlussfolgerungen. Allerdings bestand zwischen den beiden Männern seit längerem schon ein persönliches Spannungsverhältnis.[237]

In den Zeichnungen von V. Denon war die Kartusche leer geblieben, man ging aber inzwischen davon aus, dass es sich dabei um einen von mehrfach nachgewiesenen Fehlern in Denons Zeichnungen handeln müsse. Auf Grundlage der Verwendung des Titels *Autokrator* auf Münzen der Kaiser Claudius (10 v. – 54 n. Chr.) und Nero (37–68) schlug Champollion eine Datierung in diese Zeit vor und damit ein jüngeres Entstehungsdatum als praktisch sämtliche bisher aufgetretenen Vertreter einer späten Datierung. Auch wenn sich die von ihm vorgeschlagene

---

234 Champollion, J.-F., Extrait d'un Memoire relatif à l'Alphabet des Hiéroglyphes phonétiques égyptiens, in: Journal des Savants 1822, 625.
235 Champollion, J.-F., Lettre à M. Dacier, ... Relative à l'Alphabet des Hiéroglyphes phonétiques: Employés par les Égyptiens pour inscrire sur leurs Monuments les Titres, les Noms et les Surnoms des Souverains Grecs et Romains, Paris 1822, 25.
236 Vgl. Hartleben, Champollion, 417.
237 Vgl. Robinson, Cracking the Egyptian Code, 70–71.

Abb. 4: Die auf Grundlage der zeichnerischen Dokumentation von J.-B. Jollois und E. Devilliers veröffentlichte Wiedergabe des Zodiak von Dendera aus der „Description de l'Égypte" von 1817 (Bd. 4, Taf. 21).

Hieroglyphenentzifferung erst langsam durchsetzen konnte und noch sogar bis über die Mitte des 19. Jh. hinaus alternative Lesungen ernsthaft diskutiert wurden, fand Champollions Methodik zur Datierung von altägyptischen Monumenten anhand der darauf befindlichen Königsnamen in Kartuschen umgehend eine bereitwillige Aufnahme unter Kollegen. So setzte sich bereits 1824 der Altertumswissenschaftler Jean-Antoine Letronne (1727–1848) im Rahmen seiner Forschungen zur Geschichte Ägyptens in griechisch-römischer Zeit mit Champollions

Arbeiten auseinander[238] und erteilte den zuvor diskutierten astronomischen Datierungsversuchen des Zodiak von Dendera eine klare Absage.[239] Durch die späte Datierung des ägyptischen Tierkreises und das dadurch erzeugte Wohlwollen in konservativen Kreisen gelang es Champollion auch, staatliche Unterstützung für die Franko-Toskanische Ägyptenexpedition im Jahr 1828 einzuwerben, mit der er am 16. November auch zum Tempel von Dendera gelangte. Sogleich begab er sich in die kleine Kapelle auf dem Dach des Tempels, um am Rande der von Lelorrain hinterlassenen großen Lücke in deren Dach die Kartuschen zu kollationieren, anhand derer er den Tierkreis datiert hatte. An seinen Bruder schrieb er daraufhin:

> Dans tout l'intérieur du naos, ainsi que dans le chambres et les édifices construits sur la terrasse du temple, il n'existe pas un seul cartouche sculpté: tous sont vide et rien n'a été effacé. Le plus plaisant de l'affaire, risum tenatis amici! C'est que le morceau du fameux zodiaque circulaire qui portait le cartouche est encore en place, et que ce même cartouche est vide. [...] Ce sont les membres de la Commission qui ont ajouté a leur dessin le mot autocrator, croyant avoir oublié de dessiner une légende qui n'existe pas.[240]

Weder war die fragliche Kartusche versehentlich von den ägyptischen Bildhauern leer gelassen oder übersehen noch später ausgehackt oder bei Lelorrains Sprengungen bzw. Sägearbeiten beschädigt worden. Ausgerechnet die unter der Ägide seines schärfsten Kritikers in dieser Sache, E. Jomard, erstellte „Description" hatte die Inschrift *Autokrator* (fälschlich) ergänzt. Champollions späte (und, wie wir heute wissen, auch näherungsweise damals genaueste) Datierung des Zodiak von Dendera basierte also auf einem Kopistenfehler bzw. einer falschen Wiedergabe in der Publikation oder anders ausgedrückt: Champollion hatte auf Grundlage einer nicht vorhandenen Inschrift eine korrekte Datierung vorgenommen.

Diesen Umstand wollten die Gebrüder Champollion zwar nicht verschweigen, aber doch wenigstens nicht so deutlich herausstellen.[241] In der Edition der Briefe

---

[238] Letronne, J.-A., Recherches pour servir à l'histoire de l'Égypte pendant la domination des Grecs et des Romains, Paris 1823, xvii–xviii.

[239] Letronne, J.-A., Observations critiques et archéologiques sur l'objet des représentations zodiacales qui nous restent de l'antiquité, Paris 1824, 103–109.

[240] Hartleben, H. (Hg.), Lettres de Champollion le jeune. Lettres et journaux, écrits pendant le voyage d'Égypte, Paris 1909, 153–154.

[241] Schließlich hätte dies auch seine Entzifferung der Hieroglyphen grundsätzlich in Zweifel ziehen können; vgl. Buchwald, J. Z. / Josefowicz, D. G., The Riddle of the Rosetta. How an English Polymath and a French Polyglot discovered the meaning of Egyptian Hieroglyphs, Princeton 2020, 456–460.

seines Bruders aus Ägypten hat Champollion-Figeac dessen Bericht wie folgt verkürzt:

> dans tout l'intérieur du naos, ainsi que dans les chambres et les édifices construits sur la terrasse du temple, il n'existe pas un seul cartouche sculpté: tous sont vides et rien n'a été effacé.[242]

Die zeichnerische Dokumentation der Franko-Toskanischen Expedition hat die Kartuschen dann ebenfalls leer wiedergegeben.[243]

Es gilt also zweierlei festzuhalten: Erstens: Der Irrtum bezüglich des Vorhandenseins der Kartuschen wurde korrigiert. Zweitens: Auch wenn die vorgenommene Datierung auf diese Weise nicht zu untermauern war, hat sich der methodische Ansatz, altägyptische Denkmäler nach den darauf befindlichen Königsnamen zu datieren, bewährt.

So hat die Entzifferung der Hieroglyphen durch J. F. Champollion die Ägyptologie auf eine ganz neue, gesicherte Grundlage gestellt, ja überhaupt erst eine Grundlage für die wissenschaftliche Auseinandersetzung mit der Geschichte und Kultur des Alten Ägypten geschaffen. Der bereits erwähnte J.-A. Letronne hat seine Erinnerungen an die Diskussionen um die Datierung des Tierkreises von Dendera vor dem durch Champollion herbeigeführten Paradigmenwechsel treffend zusammengefasst:

> L'absence totale de points fixes et déterminés, sur lesquels tout le monde pût s'entendre, excluait la possibilité d'une discussion méthodique et régulière. Chacun allait devant soi, composant son hypothèse, ou combattant celle des autres, sans trop s'inquiéter des objections auxquelles la sienne était soumise à son tour. Les spectateurs de cette lutte opiniâtre, fatigués de tant de débats inutiles, finirent par concevoir un préjugé défavorable contre toutes ces tentatives, et se montrèrent fort disposés à faire aux zodiaques égyptiens l'application du mot de Voltaire: Ce qu'on peut expliquer de vingt manières différentes ne mérite d'être expliqué d'aucune.[244]

Wenn auch unter bemerkenswerten Umständen und unter Irrtümern, hatte J. F. Champollion dennoch ein Referenzsystem etabliert, auf dessen Grundlage die

---

242 Hier zitiert nach der 2., in diesem Punkt unveränderten Auflage (!): Champollion, J.-F., Lettres écrites d'Egypte et de Nubie en 1828 et 1829², Paris 1868, Septième Lettre: Thèbes, le 24 novembre 1828; s. auch Buchwald / Josefowicz, The Zodiac of Paris, 336.
243 Vgl. Champollion, J.-F. / Champollion Figeac, J.-J. (Hg.), Monuments de l'Égypte et de la Nubie, d'après les dessins exécutés sur les lieux sous la direction de Champollion-le-jeune, et les descriptions autographes qu'il en a rédigées, Paris 1835–1845, Bd. 4, Taf. 349.
244 Letronne, J.-A., Sur l'origine grecque des zodiaques prétendus égyptiens, in: Revue des Deux Mondes 11, 1837, 472.

weitere Forschungsdiskussion eine gesicherte Methodik erhielt. Anstatt weiter Gegenstand allegorischer Deutungen und astronomischer Spekulationen zu sein, war der Zodiak von Dendera nun eingebettet in die altägyptische Chronologie, und dies basierend auf den altägyptischen Quellen.

Noch wichtiger aber ist, dass Champollion, obwohl selbst ein Verfechter des aufgeklärt-revolutionären Zeitgeists, bereit war, ein Resultat seiner Forschungen zu akzeptieren, das seinen politischen Gegnern in die Hände spielte (wiewohl es auch den angenehmen Nebeneffekt hatte, dass diese daraufhin bereit waren, seine weiteren Forschungen zu finanzieren). Weder die *savants* im Umfeld der napoleonischen Ägyptenexpedition und die Vordenker, auf die sie sich beriefen, noch die reaktionären Verteidiger biblischer Chronologie haben etwas Vergleichbares geleistet. Tatsächlich aber waren letztere mit ihren Datierungsvorschlägen der Wahrheit sehr viel nähergekommen.

Interessant ist auch die Warnung Champollions, eigene astronomische Kenntnisse bzw. den eigenen Zeitgeist nicht auf andere Kulturen und in die Vergangenheit zu übertragen, sondern diese möglichst aus ihrer Vorstellungswelt heraus zu verstehen. Diesen Rat gilt es immer und weiterhin – auch in der Wissenschaftsgeschichte – zu beherzigen.

So sind die Debatten um das Alter des Tierkreises von Dendera ganz sicher nur vor dem Hintergrund der französischen Aufklärung und der durch die Revolution herbeigeführten politischen und gesellschaftlichen Umbrüche zu verstehen. Man sollte sich dabei allerdings vor einer allzu schlichten Einteilung in „Aufgeklärte" und „Reaktionäre" hüten und besonders davor, nach einer solchen Zuschreibung Haltungen und Positionen zu unterstellen, welche die betreffenden Personen, zumindest nicht in dieser Schlichtheit, vertreten hätten. Champollion hatte starke Sympathien für die Revolution und die Werte der Aufklärung, seine Weltanschauung ist am ehesten als „progressiv" zu beschreiben. Dennoch war er zuvorderst ein Wissenschaftler, der seine Forschungen voranbringen wollte, und vor dem Hintergrund der Zeitumstände auch vor politischem Opportunismus nicht zurückschreckte – oder womöglich nicht ohne solchen weitergekommen wäre. Am Ende jedoch steht nicht nur eine bahnbrechende wissenschaftliche Erkenntnis, sondern auch die Integrität, ein Ergebnis, welches den eigenen politischen Überzeugungen zumindest hinderlich erscheint, gleichwohl zu veröffentlichen. Dass dieses durch einen Fehler in einer Publikation der ‚fortschrittlichen' Wissenschaft zustande kam, ist eine nicht seltene Ironie in der Geschichte der Ägyptologie.

2 „Ägyptens Stelle in der Weltgeschichte" und chronologische Meinungsverschiedenheiten

> Man wird an Ihren 20,000 Jahren mäkeln, die meisten davon ableugnen wollen; ich möchte Ihnen sogar noch die vorhergehenden 20,000 und noch mehr dazu geben; aber den 6000 Jahren haben Sie, meine ich, für immer den Rest gegeben.
> C. R. Lepsius an C. J. v. Bunsen

Die beiden Protagonisten des nachfolgenden Kapitels dürfen als ebenso prominente wie vielfach besprochene Vertreter der Geschichte der deutschsprachigen und auch der internationalen Ägyptologie bezeichnet werden.[245] Dies gilt zumindest für Carl Richard Lepsius (1810–1884) uneingeschränkt, der vielfach sogar als Gründervater[246] der Ägyptologie in Deutschland gefeiert wurde und zu dem inzwischen mehrere Sammelbände und Biografien vorliegen.[247] Der Diplomat Christian Carl Josias von Bunsen (1791–1860) hat zwar gleichfalls einen festen Platz in der Geschichte des Faches, wird aber i. d. R. als eine Art Wegbereiter – insbesondere für die Laufbahn von Lepsius – dargestellt.[248] Das ist keinesfalls selbstverständlich. So wie Bunsen sich als Diplomat und Kirchenpolitiker betätigt hat, war auch Lepsius nicht ‚nur' Ägyptologe. Seiner Ausbildung nach würde man ihn wahrscheinlich als Altertums- und vergleichenden Sprachwissenschaftler bezeichnen. Neben seiner Funktion als erster Professor für Ägyptologie in Preu-

---

[245] Vgl. Leclant, J., Champollion, Bunsen, Lepsius, in: Freier, E. / Reineke, W. F. (Hg.), Karl Richard Lepsius (1810–1884). Akten der Tagung anläßlich seines 100. Todestages, 10.–12.7.1984 in Halle, Berlin 1984, 53–59.

[246] Um nur ein Beispiel zu zitieren: Müller-Römer, F., Richard Lepsius – Begründer der modernen Ägyptologie, 2009: http://archiv.ub.uni-heidelberg.de/propylaeumdok/volltexte/2009/460; grundsätzlich kritisch zu solchen Gründungsmythen: Fitzenreiter, M., Meistererzählung und Milieu, in: IBAES 20, 2018, 215–236.

[247] Vgl. die Biografien: Ebers, G., Richard Lepsius. Ein Lebensbild, Leipzig 1885; Mehlitz, H., Richard Lepsius. Ägypten und die Ordnung der Wissenschaft, Berlin 2011 und die Sammelbände: Freier, E. / Reineke, W. F. (Hg.), Karl Richard Lepsius (1810–1884). Akten der Tagung anläßlich seines 100. Todestages, 10.–12.7.1984 in Halle, Berlin 1984; Lepper, V. / Hafemann, I. (Hg.), Karl Richard Lepsius. Der Begründer der deutschen Ägyptologie, Berlin 2012 – die Liste ließe sich um zahlreiche Einzelpublikationen erweitern.

[248] Vgl. Kaplony-Heckel, U., Bunsen – der erste deutsche Herold der Ägyptologie, in: Geldbach, E. (Hg.), Der gelehrte Diplomat. Zum Wirken Christian Carl Josias Bunsens (Beihefte der Zeitschrift für Religions- und Geistesgeschichte 21), Leiden 1980, 64–83; s. auch Ruppel, H.-R. et al., Universeller Geist und guter Europäer. Chr. Carl Josias von Bunsen. Beiträge zu Leben und Werk des „gelehrten Diplomaten", Korbach 1991; Foerster, F., Christian Carl Josias Bunsen. Diplomat, Mäzen und Vordenker in Wissenschaft, Kirche und Politik (Waldeckische Forschungen 10), Bad Arolsen 2001.

ßen und Direktor des Berliner Ägyptischen Museums wurde er 1871 zum Leiter der Centraldirektion des Archäologischen Institutes (welches damals und auch lange danach noch keine ägyptische Abteilung unterhielt) berufen[249] und 1873 zum Oberbibliothekar der Königlichen Bibliothek zu Berlin ernannt.[250] Der vermeintlich prägende und nachhaltige Einfluss, den Lepsius auf das Fach ausgeübt haben soll, wird inzwischen sehr viel differenzierter bewertet: Weder seine Bemühungen um die Einführung eines „Allgemeinen Linguistischen Alphabets"[251] zur Umschrift außereuropäischer Sprachen und Schriften noch seine museologischen bzw. ausstellungsdidaktischen Konzepte[252] haben die weitere Entwicklung der innerhalb der Ägyptologie praktizierten Methoden wesentlich mitbestimmt. Gleiches gilt auch für seine Zweiteilung der Geschichte des pharaonischen Ägypten in ein Altes und ein Neues Reich – hier setzte sich, zumindest grundsätzlich, die von Bunsen vorgeschlagene Dreiteilung in ein Altes, Mittleres und Neues Reich durch (vgl. Kap. I.4). Dabei haben die beiden Männer lange Zeit – auch in Fragen chronologischer Forschung – zusammengearbeitet. Die Briefe Lepsius' an Bunsen machen einen beachtlichen Teil von dessen Nachlass aus, der heute im Geheimen Staatsarchiv Preußischer Kulturbesitz aufbewahrt wird.[253] Immer wieder haben die beiden Gelehrten darin chronologische Fragen erörtert und stimmten in vielen Punkten, wie auch an dem eingangs angeführten Zitat deutlich wird, grundsätzlich überein. Bei seiner Auseinandersetzung mit „Karl Richard Lepsius als Historiker" hat Joachim Quack Bunsen sogar als dessen „Mentor" eingeführt.[254] Ursprünglich sollte Lepsius diesem bei dessen monumentalem fünfbändigen Werk „Ägyptens Stelle in der Weltgeschichte" (1845–1857) zuarbeiten, und zwar insbesondere im Hinblick auf die ägyptische Chro-

---

249 Vgl. Mehlitz, Richard Lepsius, 274.
250 Vgl. ebenda, 287–299.
251 Lepsius, C. R., Das allgemeine linguistische Alphabet. Grundsätze der Übertragung fremder Schriftsysteme und bisher noch ungeschriebener Sprachen in europäische Buchstaben, Berlin 1855; vgl. Schenkel, W., Erkundungen zur Reihenfolge der Zeichen im ägyptologischen Transkriptionsalphabet, in: CdÉ 125, 1988, 5–35.
252 Dazu: Müller, W., Das historische Museum – die Neugestaltung des Berliner Ägyptischen Museums durch Richard Lepsius, in: Freier, E. / Reineke, W. F. (Hg.), Karl Richard Lepsius (1810–1884). Akten der Tagung anläßlich seines 100. Todestages, 10.–12.7.1984 in Halle, Berlin 1984, 272–283; zur kritischen Einschätzung seines Nachfolgers: Gertzen, École de Berlin, 273–275 und 281; zu dem durch den Lepsius-Schüler Adolf Erman herbeigeführten Paradigmenwechsel im Fach vgl. grundsätzlich ebenda, bes. 101–123 und zuvor schon Schenkel, W., Bruch und Aufbruch. Adolf Erman und die Geschichte der Ägyptologie, in: Schipper, B. (Hg.) Ägyptologie als Wissenschaft. Adolf Erman (1854–1937) in seiner Zeit, Berlin 2006, 224–247.
253 GStPK VI. HA, FA Bunsen, v., Karl Josias, B Nr. 93, Bd. 1–2; Nr. 94.
254 Quack, J. F., Karl Richard Lepsius als Historiker, in: Lepper, V. M. / Hafemann, I. (Hg.), Karl Richard Lepsius. Der Begründer der deutschen Ägyptologie, Berlin 2012, 103.

nologie.²⁵⁵ Doch bereits vor Beginn der Preußischen Ägyptenexpedition (1842–1845) hatte sich Lepsius von dieser Zusammenarbeit zurückgezogen.²⁵⁶ Der Lepsius-Schüler Georg Ebers (1837–1898) schrieb dazu in der Biographie seines Lehrers, welche im Übrigen, von Quack zutreffend bemerkt, eher einer „Heiligenvita" gleicht:²⁵⁷

> Wie Lepsius an seinem, so arbeitete Bunsen an dem ihm zugefallenen Theile des Werkes, und der Tag schien nicht fern, an dem beide ihre Manuscripte vergleichen, zusammenstellen und veröffentlichen sollten; aber schon jetzt bestand manche Meinungsverschiedenheit zwischen den Arbeitsgenossen, und jene erwiesen sich besonders auf dem Gebiete der Chronologie, wo Lepsius den Löwenpart an der Arbeit erledigen sollte, als sehr erheblich. Während Bunsen der Liste des Eratosthenes²⁵⁸ ein, wie sich später erweisen sollte, viel zu großes Zutrauen schenkte, führte Lepsius seine Kritik des Manetho dahin, denjenigen Königsreihen, welche er für manethonisch hielt, das größte Zutrauen zu schenken; auch benutzte er die historischen Inschriften und die Data von altägyptischer Hand, mit denen er viel tiefer vertraut war als Bunsen, weit ausgiebiger und legte ihnen eine sehr viel höhere Bedeutung bei, als es diesem gerechtfertigt schien. [...] Schon Ende des Jahres 1839 fällt es schwer zu begreifen, welchen Weg die Arbeitsgenossen einzuschlagen haben würden, um zu einer endgültigen Übereinstimmung zu gelangen.²⁵⁹

Am Ende sollte Lepsius, Ebers zufolge, recht behalten und Bunsen wäre in seinen Augen gut beraten gewesen, den Argumenten seines Mitarbeiters zu folgen:

> Es kann nicht bezweifelt werden, daß, wenn die Arbeitsgenossen bei ihrem ursprünglichen Plane geblieben wären und sich nicht getrennt hätten, Bunsen's Werk eine viel haltbarere Unterlage gewonnen und sich weit ruhiger und conciser gestaltet haben würde, als es nun geschehen ist.²⁶⁰

Das persönliche Verhältnis der beiden Männer scheint durch diese Meinungsverschiedenheiten allerdings nicht gelitten zu haben. Lepsius widmete schließlich auch seine „Chronologie der Aegypter" von 1849 Bunsen und richtete sich eingangs mit der Anrede „Mit inniger Freude und teurer Dankbarkeit, mein hochverehrter Gönner und Freund" an diesen.²⁶¹ Bunsen seinerseits, der jeden der

---

255 Vgl. Kaplony-Heckel, Bunsen – der erste deutsche Herold der Ägyptologie, 68.
256 Vgl. ebenda, 80.
257 Quack, Karl Richard Lepsius, 101, Anm. 1.
258 „Liste der Könige von Theben"; vgl. Geus, K., Eratosthenes von Kyrene, München 2002, 311–312.
259 Ebers, G., Richard Lepsius. Ein Lebensbild, Leipzig 1885, 150–151.
260 Ebenda, 166.
261 Lepsius, C. R., Die Chronologie der Aegypter. Einleitung und Theil I: Kritik der Quellen, Berlin 1849, Vorrede.

Bände der „Weltgeschichte" einer bedeutenden Persönlichkeit der ägyptischen Historiografie gewidmet hat,[262] würdigte im dritten Band Manetho mit einer ägyptisierenden Porträtzeichnung und einem Lobgesang, in dem es u. a. hieß:

> Alles verzeichnetest Du, der Unsterblichen redlicher Diener,
> Klio's und Nemesis treu waltender Diener und Sohn.
> So viel Großes vertilgten Betrüger erst, dann die Barbaren:
> Schwacher Nachhall nur tönt uns von dürftigem Blatt.
> Märchen erschien es den Klugen, Du selber hießest Betrüger,
> Und in Prokrustes[263] Bett warf Dich verstümmelnd der Freund.
> Da erstand uns der Geist, den Hermes[264] selber gelehrt,
> Und es wurde zum Laut heiliger Zeichen Gebild.
> Er erweckte die Schilder der Steine, die einst Du befragtest
> Und von allen erklang's: Manetho hat uns genannt!
> Dankbar weihe ich Dir, was in Deiner Hand ich gefunden:
> Wahrheit sucht' ich bei Dir, Wahrheit erforscht' ich durch Dich.[265]

Auch wenn diese Widmung sicher nicht überwertet werden sollte, bringt Bunsen hier seinen Respekt gegenüber Manetho zum Ausdruck und betont auch, dass dessen Arbeit durch die Entzifferung altägyptischer Quellen bestätigt worden ist. Manetho stand auch ausdrücklich am Anfang seiner Bemühungen um eine historische Einordnung des Alten Ägypten. In der Vorrede des ersten Bandes führt Bunsen dazu als erste Leitfrage an: „Ist die Zeitrechnung Aegyptens nach den manethonischen Dynastieen [sic], vermittelst der Denkmäler und ihrer Königsnamen, ganz oder zum großen Theile herstellbar?"[266] Das daraus abgeleitete Forschungsziel darf als überaus ambitioniert beschrieben werden:

> Darf man hoffen, durch eine fortgesetzte, auf das Geschichtliche im höchsten Sinne des Wortes gerichtete Forschung über Aegypten, für die Philosophie der Geschichte der

---

262 Den ersten Band – nach der erforderlichen Reverenz an König Friedrich Wilhelm IV. von Preußen – Carsten Niebuhr (1733–1815), den zweiten Eratosthenes von Kyrene (276–194 v. Chr.), den vierten Jean-François Champollion (1790–1832) und den fünften Friedrich Wilhelm Joseph Schelling (1775–1854).
263 Riese der griech. Mythologie, wörtl. „der Strecker", der vorbeiziehende Reisende der Länge seines Bettes ‚angepasst' hat.
264 Eine Anspielung auf Hermes Trismegistos, der eine synkretistische Verbindung des griechischen Hermes mit dem ägyptischen Schreibergott Thot darstellte; vgl. Bonnet, H., Reallexikon der ägyptischen Religionsgeschichte³, Berlin 2000, 289–290.
265 Bunsen, Ch. C. J. v., Aegyptens Stelle in der Weltgeschichte. Geschichtliche Untersuchung in Fünf Büchern, Bd. 3, Hamburg 1845, v.
266 Bunsen, Ch. C. J. v., Aegyptens Stelle in der Weltgeschichte. Geschichtliche Untersuchung in Fünf Büchern, Bd. 1, Hamburg 1845, ix.

Abb. 5: Darstellung des Manetho aus Band 3 von Bunsens „Aegyptens Stelle in der Weltgeschichte" von 1845.

Menschheit eine sicherere und zuverlässigere Grundlage zu gewinnen, als wir bis jetzt besitzen?[267]

Nach Bunsens Auffassung boten nur die ägyptischen Quellen die Möglichkeit, die bislang erstellte Chronologie der Menschheitsgeschichte über den durch die klassische Altertumswissenschaft gesicherten Rahmen hinaus zu erweitern.[268] Die Bibel bzw. das Alte Testament lieferten dazu nur begrenzt verwertbare Anhaltspunkte aus der Zeit der Königreiche Juda und Israel. Die ägyptische Geschichte aber „ist die einzige, welche gleichzeitige Denkmäler aus jenen früheren Jahrhunderten besitzt, und zugleich Berührungspunkte mit jenen Urvölkern Asiens, namentlich auch mit dem jüdischen"[269] aufweist.

Bereits im Jahr 1832, so Bunsen, sei es ihm gelungen, die Abfolge der 18. und 19. Dynastie zu rekonstruieren. Im Anschluss daran konnte er die geschichtliche Abfolge des Neuen Reiches bis zur 30. Dynastie ermitteln. 1834 wandte er sich, auf Grundlage der Angaben von Eratosthenes, der 1. bis 12. Dynastie zu.[270] „Die Ausfüllung des Abgrundes zwischen dem alten und dem neuen Reiche, welche man gewöhnlich die Hyksoszeit nennt, schloss sich von selbst an jene ersten beiden Bestimmungen an"[271] – eine Einschätzung, die mit den so ermittelten 900 Jahren Hyksosherrschaft noch Jahrzehnte später empörten Widerspruch hervorrufen sollte.[272] 1835 konnte Bunsen so jedoch bereits mit der Ausarbeitung einer kompletten Chronologie des Alten Ägypten beginnen. Dabei stellte er selbst zahlreiche „Lücken" in dem ägyptischen Denkmälerbestand fest, deren Schließung er ausdrücklich der 1836 begonnenen Aufnahme von Objekten in verschiedenen europäischen Sammlungen ägyptischer Altertümer durch Lepsius

---

267 Ebenda, ix–x.
268 Einen guten Überblick zum Forschungsstand und der Quellenlage zu dieser Zeit bietet Endesfelder, E., Der Beitrag von Richard Lepsius zur Erforschung der altägyptischen Geschichte, in: Freier, E. / Reineke, W. F. (Hg.), Karl Richard Lepsius (1810–1884). Akten der Tagung anläßlich seines 100. Todestages, 10.–12.7.1984 in Halle (Schriften zur Geschichte und Kultur des Alten Orients 20), Berlin 1988, 219–227.
269 Ebenda, x–xi.
270 Der Abgleich der Angaben bei Manetho und Eratosthenes wurde zeitgenössisch als ein wesentliches Verdienst von Bunsen gewertet; vgl. E.R., Aegypten. Die neuesten Forschungen auf dem Gebiete der Aegyptologie (Schluß), in: Magazin für die Literatur des Auslandes 85, 1846, 340; s. auch E.R., Aegypten. Die neuesten Forschungen auf dem Gebiete der Aegyptologie, in: Magazin für die Literatur des Auslandes 84, 1846, 335–336.
271 Bunsen, Aegyptens Stelle in der Weltgeschichte 1, xvii.
272 Vgl. Knötel, A., Die ältesten Zeiten der ägyptischen Geschichte. Nach den neuesten Entdeckungen, in: Rheinisches Museum für Philologie, Neue Folge 20, 1865, 498–503.

verdankte.²⁷³ Einen besonderen qualitativen Sprung in Bunsens Bemühen um die Rekonstruktion der ägyptischen Chronologie bewirkten die 1841 durchgeführten Arbeiten Lepsius' am Turiner Königspapyrus. Von der ab 1842 durch diesen geleiteten Ägyptenexpedition versprach sich Bunsen allenfalls eine Präzisierung der Chronologie des Alten Reiches und wollte daher seine bisherigen Forschungen nun besonders schnell publizieren:

> Dagegen schien es entschieden nicht unwichtig, das seit 1833 ausgebildete allgemeine Gebäude der ägyptischen Chronologie, wie es im Großen und Ganzen auch von Lepsius bei seinen Forschungen zum [sic] Grunde gelegt worden, jetzt ans Licht treten zu lassen.²⁷⁴

Dabei hat Lepsius später ausgeführt, es wären „vornehmlich historische Zwecke, welche der Planung der Reise im Ganzen und im Einzelnen zugrunde lagen". Und kam dann später zu dem Schluss: „Für Chronologie und Geschichte sind daher unsere Resultate am bedeutendsten."²⁷⁵ Offensichtlich wollte Bunsen seine Arbeit vorher zu einem wenigstens vorläufigen Abschluss bringen und noch vor der ägyptischen Expedition bzw. der Veröffentlichung von deren Erkenntnissen publizieren: Fürchtete er womöglich, dass diese eine komplette Überarbeitung seiner Chronologie erforderlich machen könnten, wozu er sich selbst nicht mehr in der Lage sah? Oder fürchtete er, dass der jüngere Lepsius bei seiner Rückkehr, ausgestattet mit der Aura des erfolgreichen Expeditionsleiters, seine Autorität auf dem Gebiet in den Schatten stellen würde? Letzterer scheint offenbar den Entschluss gefasst zu haben, erst nach seiner Rückkehr eine grundlegende Stellungnahme zur altägyptischen Chronologie abzugeben.

So erschienen auch im Jahr 1844 zunächst die Bände 2 und 3, mit Bunsens Rekonstruktion der ägyptischen Geschichte vom Alten bis ins Neue Reich, und erst 1845 der Band 1, in dem er seine Quellen und die sprachwissenschaftlichen Grundlagen zu ihrer Auswertung ausführlich erörterte. Andererseits hat Bunsens pragmatische Argumentation, er habe seine Erkenntnisse zeitnah der Wissenschaft zur Kenntnis und zur Diskussion bringen wollen, durchaus etwas für sich, und während die ersten drei Bände ausschließlich das Alte Ägypten behandeln, erweitern die später (1856/1857) erschienenen Bände dieses Themenfeld um die Betrachtung nicht-ägyptischer Quellen und astronomischer Beobachtungen. Darin wurden auch die zahlreichen Hinweise und die Kritik an den ersten drei Bänden mit verarbeitet. Unabhängig aber von der Frage, was Bunsen zu der von

---

273 Vgl. Bunsen, Aegyptens Stelle in der Weltgeschichte 1, xvii–xviii.
274 Ebenda, xx–xxi.
275 Lepsius, C. R., Vorläufige Nachricht über die Expedition, ihre Ergebnisse und deren Publikation, Berlin 1849, 16.

ihm verfolgten Publikationsstrategie veranlasste, steht fest, dass Lepsius nach seiner Rückkehr aus Ägypten die ägyptische Chronologie verfeinert und im Hinblick auf Bunsens Überlegungen auch korrigiert hat. Unzweifelhaft hat er dabei zusehends eine führende Rolle eingenommen und Bunsen in den Hintergrund gedrängt.

Allerdings hatte sich zuvor schon eine Reihe von Kollegen kritisch mit Bunsens Forschungen auseinandergesetzt.[276] Emmanuel de Rougé (1811–1872) äußerte sich bereits 1846 in einer über hundert Seiten umfassenden, mehrteiligen Besprechung zu „Aegyptens Stelle in der Weltgeschichte",[277] die ihn auch als Fachmann auf dem Gebiet erstmals einem größeren Leserkreis bekannt machte. Die darin aufgestellten Forderungen, astronomische Beobachtungen sowie nichtägyptische Quellen, insbesondere das AT stärker in die Untersuchungen miteinzubeziehen, hat Bunsen in seinen späteren Veröffentlichungen ausdrücklich mit aufgenommen:

> Der glänzendste Stern jedoch, welcher seit der Herausgabe der früheren Bücher dieses Werkes am ägyptologischen Himmel aufgegangen, ist ohne Zweifel Herr Vicomte Rougé, [...]. Seinen gründlich eingehenden, kritischen Artikeln über mein Werk [...] verdanke ich vielfache Anregung und Belehrung.[278]

Geradezu empört, ja angewidert zeigte sich Bunsen hingegen über die Reaktionen einiger seiner britischen Kollegen, allen voran Reginald Stuart Poole (1832–1895), der in seinen 1851 erschienen „Horæ Ægyptiacæ" die deutschen Forschungen, sowohl von Lepsius als auch von Bunsen, geflissentlich ignoriert hatte[279] und darüber hinaus die biblische Chronologie gegen jedweden Zweifel zu verteidigen versuchte:

> But what is far more important and interesting, is the fact that these results vindicate the Bible, shewing that the monuments of Egypt in no manner, in no point, contradict that sacred book, but confirm it. Some have asserted that they disprove the Bible; others have insinuated that they weaken its authority. The monuments disprove completely both these

---

276 Einen Überblick bietet Kaplony-Heckel, Bunsen – der erste deutsche Herold der Ägyptologie, 72–73.
277 Rougé, E. de, Examen de l'ouvrage de M. le Chevalier de Bunsen, intitulé Aegyptens Stelle in der Weltgeschichte, in: Annales de Philosophie Chretienne, Recueil Periodique Bd. 13, Nr. 73, 1846, 432–458; Bd. 14, Nr. 84, 1847, 355–377; Bd. 15, Nr. 87, 1847, 44–65 und 165–193; Bd. 15, Nr. 90, 1847, 405–438; Bd. 16, Nr. 91, 1847, 7–30.
278 Bunsen, Ch. C. J. v., Aegyptens Stelle in der Weltgeschichte. Geschichtliche Untersuchung in Fünf Büchern, Bd. 4, Gotha 1856, 38.
279 Was, wie Bunsen feststellte, auch de Rougé äußerst unangenehm aufgefallen ist; vgl. ebenda, 37, Anm. 1.

> ideas; and their venerable records most forcibly warn us, not only against disbelieve against Sacred History, but also against distrusting too much the narratives of Ancient Profane History, and even Tradition.[280]

Pooles Ansichten dürfen als Paradebeispiel eines geschlossenen Weltbildes gelten. Forschungen, die seinen religiösen Überzeugungen widersprachen, nahm er nicht zur Kenntnis oder lehnte sie einfach rundheraus ab. Dabei billigte er nichtbiblischen Quellen nur dann eine Bedeutung zu, wenn sie die Bibel bestätigten. War diese Voraussetzung erfüllt, galt es allerdings auch diese gegen das „Misstrauen" der Text- oder Quellenkritik in Schutz zu nehmen. Bunsen erwähnte auch eine Besprechung Pooles von Lepsius' „Briefen aus Aegypten",[281] die Poole aber vorrangig dazu benutzte – neben einigen reichlich snobistischen Kommentaren über „kontinentale" Wissenschaft –, v. a. Lepsius' Forschungen zur ägyptischen Chronologie zu kritisieren, weil diese die in der Bibel „offenbarte" Zeitangaben in Frage zu stellen wagten:[282]

> Now it appears to us that there are many cases in which there are portions of the Bible, which no one professing Christianity would suppose to be uninspired, contain dates which are inseparable from them, and cannot be held to be erroneous, but on the suppositions of an error of the copyists; and that, when there is no reason for entertaining such a supposition, we must accept the date in question in the same manner as we should a prophetical or doctrinal statement.[283]

Diesem religiösen Fundamentalismus setzte Bunsen eine dezidiert aufgeklärte Einstellung entgegen:

> Sie glauben in ihrem Rechte zu sein, ja zur Ehre Gottes zu handeln, wenn sie eine Forschung als irreligiös darstellen, welche an jüdische oder kirchliche Vorurtheile rührt. Es gibt darauf eine ganz kurze Antwort: daß ein solches Verfahren unsittlich ist und eines ehrlichen Mannes unwürdig. Es handelt sich in der Geschichte und der geschichtlichen Forschung, welche diesen Namen verdient, nicht um irgend eine Gefälligkeit oder Ungefälligkeit für irgend ein System, sondern um die heilige Wahrheit, wie sie der gewissenhaften Forschung sich darstellt.[284]

---

280 Poole, R. St., Horæ Ægyptiacæ, or, The Chronology of Ancient Egypt, London 1851, 210–211.
281 Lepsius, C. R., Briefe aus Aegypten, Aethiopien und der Halbinsel des Sinai, geschrieben in den Jahren 1842–1845 während der auf Befehl Seiner Majestät des Königs Friedrich Wilhelm IV. von Preußen ausgeführten wissenschaftlichen Expedition, Berlin 1852.
282 Poole, R. St., Egypt, Ethiopia, and the peninsula of Sinai, in: Journal of Sacred Literature and Biblical Record 6.12, July 1854, zu seinen snobistischen Kommentaren vgl. 316; zur Chronologie: 324–330.
283 Ebenda, 324.
284 Bunsen, Aegyptens Stelle in der Weltgeschichte 4, 36.

Wie aus dem Eingangszitat[285] hervorgeht, wusste Bunsen Lepsius in diesen grundsätzlichen Fragen auf seiner Seite. In das Korsett einer biblischen Chronologie wollten beide Gelehrte ihre Forschungen nicht hineinzwängen lassen. Diese Auseinandersetzungen verdeutlichen aber auch, dass noch zur Mitte des 19. Jh. und somit in den Anfangsjahren ägyptologischer Wissenschaft biblische Chronologie ein Thema war, an dem kein Gelehrter vorbeikam. Dabei lässt sich zwar eine gewisse (teilweise erhebliche) Bandbreite von Positionen feststellen, aber gleichgültig, ob es sich um fundamentalistische (protestantische) Christen oder aufgeklärte (gleichwohl katholische) französische Gelehrte handelte, die Grundüberzeugung, dass die Bibel immer noch eine der wichtigsten Quellen für die ältesten Phasen der Menschheitsgeschichte darstellte, war nach wie vor verbreitet.

Lepsius wählte wohl genau deswegen in der Einleitung seiner „Chronologie der Ägypter" einen besonderen Zugang zum Thema: Erst nachdem er alle anderen Kulturen des Altertums und ihre mögliche Bedeutung für die Erforschung der ägyptischen Chronologie erörtert hatte – darunter auch Indien und China! –, wandte er sich Israel zu und leitete diesen Abschnitt gleich mit einer ernüchternden, aber gleichwohl die besondere Bedeutung würdigenden Einschätzung ein:

> Umgekehrt steigert sich das hohe Interesse, welches die Geschichte des Israelitischen Volkes, des letzten, das wir hier in Betrachtung ziehen, sowohl an sich vom rein historischen Standpunkte aus, als auch in seiner unter allen christlichen Völkern stets fortlebenden praktischen Beziehung zur Gegenwart für uns haben muß, leicht zu einer anderen Ungerechtigkeit gegen die Verfasser und Ueberlieferer der alttestamentlichen Schriften.
>
> Statt sie zu bewundern für die erhabene Auffassung und Verklärung ihrer Geschichte von den hohen religiösen Standpunkten aus, welche das Volk und seine würdigsten Repräsentanten des Volkes in den Zeiten Mosis, der ersten Könige und der großen Propheten erreicht hatten, verlangt man oft von ihnen eine ihrer Aufgabe fernliegende, über das Vermögen und Verlangen ihrer Zeit hinausgehende Kritik des geschichtlichen Materials, selbst für Zeiten, in welchen anerkanntermaßen noch gar keine Geschichte in unserem wissenschaftlichen Sinne, sondern nur mündliche Ueberlieferung stattfinden konnte.[286]

Lepsius distanziert sich hier sehr vorsichtig von einer Auffassung, die das gesamte AT als historische Quelle betrachtet und v. a. auch seinen Schilderungen der weiter zurückliegenden Vergangenheit einen ebenso hohen Quellenwert bzw. eine historische Verwertbarkeit beimisst. Mit Bezug auf die Chronologie Ägyptens kommt er demgegenüber zu einem sehr deutlichen Schluss:

---

285 GStPK, VI. HA, FA Bunsen, v., Karl Josias, B, Nr. 94, Bl. 405, Lepsius an Bunsen, 04.11.1856.
286 Lepsius, Chronologie der Aegypter, 14.

> Wir kommen also auch zuletzt, doch auch für die israelitische Geschichte zu dem Endresultate, daß wir, weit entfernt sie der aegyptischen an Alter und chronologischer Sicherheit gleichstellen zu dürfen, ihren älteren Theil vielmehr erst durch die aegyptischen Gleichzeitigkeiten in einzelnen Punkten näher zu bestimmen suchen müssen.[287]

Hierin kommt eine Übereinstimmung mit Bunsens grundsätzlicher Auffassung von der herausgehobenen Bedeutung Ägyptens als dem „Denkmal-Land der Erde, wie die Ägypter das Denkmal-Volk der Geschichte sind", zum Ausdruck.[288] Denn auch nach Lepsius gilt: „Denkmäler bilden das Zifferblatt der Geschichte; solange diese nicht vorhanden sind, gehört einem Volke nur seine Gegenwart, nicht seine Vergangenheit, es lebt ohne Geschichte",[289] welche im Falle des israelitischen Volkes also durch ägyptische Quellen ermittelt werden muss. Fast scheint es, als ließe sich überhaupt kein grundsätzlicher Unterschied in den chronologischen Konzepten von Lepsius und Bunsen feststellen. Sicher mögen sie einzelne Fragen der ägyptischen Chronologie unterschiedlich betrachtet, die zugrundeliegenden Quellen anders gewichtet haben – insbesondere mit Bezug auf die Hyksoszeit, die Lepsius bei Bunsen ebenfalls als zu lang veranschlagt angesehen hat und dabei auch dessen Vertrauen auf Eratosthenes ausdrücklich in Frage stellte (vgl. Zitat Ebers oben).[290]

Dennoch scheinen die beiden Gelehrten vereint in dem Bemühen, ihre chronologischen Forschungen unabhängig von einem vermeintlichen Primat der biblischen Chronologie (oder jeder anderen Quelle) betreiben zu können. Erika Endesfelder hat bei Lepsius dabei allerdings gewisse „Hemmungen" wahrgenommen, sich auf „Auseinandersetzungen mit der Theologie" einzulassen.[291] Ähnlich, und wahrscheinlich in unmittelbarem Zusammenhang mit diesen „Hemmungen", verhielt sich Lepsius in Bezug auf die der historischen Zeit vorausgehende Vorgeschichte. Zwar pflichtete er Bunsen im Rahmen ihrer privaten Korrespondenz bei (vgl. Einleitungszitat), äußerte sich dazu jedoch nicht in seinen Veröffentlichungen. So offenbart sich gerade hier ein fundamentaler Unterschied. Während Bunsen „Aegyptens Stelle in der Weltgeschichte" ermitteln wollte, erforschte Lepsius die „Chronologie der Ägypter". Beide betrachteten ihre

---

287 Ebenda, 20.
288 Bunsen, Aegyptens Stelle in der Weltgeschichte 1, 58.
289 Lepsius, Chronologie der Aegypter, 1.
290 Ebenda, 510–521; vgl. auch Endesfelder, Der Beitrag von Richard Lepsius 231.
291 Endesfelder, Der Beitrag von Richard Lepsius, 236–238; zum Beweis der Brisanz solcher Forschungen zitiert sie übrigens eine Korrespondenz zwischen Karl Marx und Friedrich Engels (S. 238), was seinerseits wissenschaftsgeschichtlich bemerkenswert ist; vgl. zur ägyptologischen Fachgeschichtsschreibung: Gertzen, T. L., Strukturgefängnis und exotischer Freiraum: Die Wissenschaftsgeschichte der Ägyptologie in der DDR, in: GM 251, 2017, 149–157.

Forschungen als einen Beitrag zur allgemeinen Menschheitsgeschichte: Während aber Lepsius darum bemüht war, eine sichere chronologische Basis für Ägypten zu ermitteln und diese zu den Chronologien anderer Kulturen des Altertums in Beziehung zu setzen, war die ägyptische Chronologie für Bunsen der Hebel, um weiterreichende Aussagen über die Menschheitsgeschichte treffen zu können. Lepsius hielt sich demgegenüber zurück und hat dies auch gegenüber Bunsen eindeutig formuliert:

> Meine Chronologische Arbeit, [...] von weit beschränkteren Standpunkten ausgehend, und ein weit näheres Ziel ins Auge fassend, als ihr Geschichtswerk, wird nun im günstigsten Falle nachträglich die ergänzenden Stellen ausfüllen, die Sie ihr ursprünglich in ihrem weit umfassenden Plane zugedacht hatten. Meine Aufgabe ist nicht, Aegyptens Stelle in der Weltgeschichte, sondern nur in der äußerlichen Form derselben, in der Zeitgeschichte nachzuweisen, ist also nicht eine geschichtliche, nur eine chronologische.[292]

Und so findet sich, trotz der grundsätzlichen Übereinstimmung, in Lepsius' Arbeiten auch keine Aussage wie diese von Bunsen:

> Die Erinnerungen urkundlicher Völkergeschichte gehen bis gegen viertausend Jahre vor unserer Zeitrechnung, und es liegt vor ihnen notwendig eine lange Vor- und Urzeit. Wenn wir diese [...] zu sechs- bis neuntausend Jahre für Aegypten und zu fünfzehn bis sechzehn Jahrtausenden für die Menschheit ansetzen, so ist dieses nicht Willkür und Anmaßung der Forschung, sondern Befreiung von einer alles verwirrenden Willkür des Irrtums. [...] Der Verfasser sieht also ein Zusammentreffen entscheidender Gründe für jene oben angedeutete Annahme, daß unser Geschlecht in Asien etwa 20.000 Jahre vor unserer Zeitrechnung begonnen habe.[293]

Weiterhin und in Übereinstimmung mit dieser Beobachtung machen sich bei dem 19 Jahre jüngeren Lepsius die zunehmende Professionalisierung und Spezialisierung der Wissenschaften vom Orient bzw. die Selbstbeschränkung auf sein eigenes Fachgebiet bemerkbar.[294] Er äußert sich als Ägyptologe zu Fragen der ägyptischen Chronologie und versucht nicht als Universalhistoriker aufzutreten.[295]

Entsprechende Kritik an Bunsens Arbeit, insbesondere an den Bänden 4 und 5, hat es schon während ihres Erscheinens gegeben, und die Eskalation der gelehrten Auseinandersetzungen darum hat Bunsens Ansehen schweren Schaden

---

292 Lepsius, Chronologie der Aegypter, 3. Seite des Widmungstextes an Bunsen.
293 Bunsen, Aegyptens Stelle in der Weltgeschichte 4, ix und xi.
294 Dazu grundsätzlich: Mangold, S., Eine „weltbürgerliche Wissenschaft" – die deutsche Orientalistik im 19. Jahrhundert (Pallas Athene 11), Stuttgart 2004, 89–90.
295 Vgl. Endesfelder, Der Beitrag von Richard Lepsius, 228.

zugefügt.²⁹⁶ Der Orientalist Alfred von Gutschmid (1831–1887) hatte eine Rezension zu Bunsens Arbeiten veröffentlicht und diesem darin u. a. und mit Bezug auf eben jene Äußerungen zum Alter der Menschheit eine „Verirrung des ägyptologischen Bewußtseins"²⁹⁷ vorgeworfen. Bunsen war so empört, dass er in der Vorrede zu seinem 5. Band „Herr Alfred von Gutschmid, dessen Name nur wenigen bisher bekannt gewesen", mit einer scharfen Erwiderung belegte. Der so Gescholtene war aber bereits dabei, eine ohnehin schon angekündigte genauere Ausarbeitung seiner Kritik an Bunsens Werk vorzubereiten, und wurde dabei nun natürlich noch besonders motiviert. Er kam darin zu dem Schluss:

> Allein man musz [sic] endlich einmal lernen, die Gebiete auseinander zu halten: unter aller Anerkennung seiner sonstigen Verdienste musz es ausgesprochen werden, dasz der Verfasser, wo er aus den Grenzen der Aegyptologie im engeren Sinne (wo es mir nicht beikommt, seine Autorität in Zweifel zu ziehen) heraus und auf das Gebiet der Philologie und der alten Geschichte, namentlich Chronologie, getreten ist, durch den Mangel einer festen Methode mehr Schaden als durch manche geistreiche Idee Nutzen gestiftet hat. Es ist Pflicht der Kritik, unbeirrt durch anderweitige Rücksichten jenen Grundfehler des Werkes aufzudecken und den auf diesem Wege erzielten irrigen Resultaten mit Entschiedenheit entgegenzutreten, ehe sie sich festsetzen.²⁹⁸

Lepsius hat sich demgegenüber bewusst auf sein Gebiet, die Ägyptologie, beschränkt und im Übrigen, wie Bunsen auch, zum Ende der 1850er Jahre, nach dem Erscheinen der „Chronologie" (1849), der „Denkmäler" (1849–1859)²⁹⁹ und des „Königsbuches" (1858)³⁰⁰ und nach somit insgesamt 25-jähriger Forschungstätigkeit, die ägyptische Chronologie wohl für zumindest vorläufig abgeschlossen erachtet.³⁰¹

---

296 Vgl. Kaplony-Heckel, Bunsen – der erste deutsche Herold der Ägyptologie, 76–78, Anm. 48.
297 Gutschmid, A. v., Rezension: Bunsen, Aegyptens Stelle in der Weltgeschichte 4 & 5, in: Literarisches Centralblatt für Deutschland Nr. 43, 1856, 682.
298 Gutschmid, A. v., Beiträge zur Geschichte des alten Orients, Leipzig 1858, v.
299 Lepsius, C. R. / Naville, E. / Sethe, K. (Hg.), Denkmäler aus Ägypten und Äthiopien, nach den Zeichnungen der von Seiner Majestät dem Könige von Preussen Friedrich Wilhelm IV. nach diesen Ländern gesendeten und in den Jahren 1842–1845 ausgeführten wissenschaftlichen Expedition, Berlin 1849–1859.
300 Lepsius, C. R., Das Königsbuch der alten Aegypter, Berlin 1858.
301 Vgl. Endesfelder, Der Beitrag von Richard Lepsius, 244; dabei waren für die Chronologie immerhin noch zwei weitere Bände geplant gewesen; vgl. Quack, Karl Richard Lepsius als Historiker, 109–110. Ergänzend zu den genannten Publikationen sind noch zu erwähnen: Lepsius, C. R., Über die 12. Ägyptische Königsdynastie (Berl. Akad. Abh.), 1852; Lepsius, C. R., Über einige Ergebnisse der ägyptischen Denkmäler für die Kenntnis der Ptolemäergeschichte (Berl. Akad. Abh.), 1852; Lepsius, C. R., Einige Bemerkungen zu der voranstehenden Mittheilung des Herrn Dr. Brugsch, mit Bezug auf das Verhältniß der neugefundenen Apisdaten zu einer 25-jährigen Apis-

Dabei hat auch Lepsius' wissenschaftliche Reputation im Zuge seiner chronologischen Forschungen durch zwei Affären schweren Schaden genommen. Ende 1855 war der Königlichen Akademie in Berlin ein bemerkenswertes Angebot unterbreitet worden. Ein griechischer Antikenhändler, Konstantinos Simonides (1820 – 1867?),[302] bot eine als Palimpsest unter einer neueren Beschriftung erhaltene, bislang unbekannte Geschichte Ägyptens eines griechischen Historikers mit Namen Uranios[303] zum Preis von 5000 Thalern zum Kauf an: „eine ägyptische Geschichte in griechischer Sprache, mit den Thiniten beginnend und ohne Unterbrechung bis hinunter zu den Ptolemäern".[304] Eine Gelegenheit, die man sich im Berliner Wissenschaftsbetrieb nicht entgehen lassen wollte. Trotz erheblicher Vorbehalte gegen die Person des Verkäufers und des ausdrücklichen Wunsches, das Dokument zunächst gründlich auf seine Echtheit prüfen zu wollen, war Lepsius sogar bereit, persönlich den Vorschuss in Höhe von fast der Hälfte der Kaufsumme zu leisten, schließlich sollte ihm ja auch später die Publikation übertragen werden.[305] Und so soll er auch zunächst etwaige Zweifel an der Echtheit des Dokuments zu zerstreuen versucht haben: „Die meisterhaft im Stile der ersten Jahrhunderte nach Chr. geschriebenen Züge der Unizialschrift würden auch jetzt noch dem Paläographen keinen hinlänglichen Anhalt für eine Ver-

---

periode, in: Berl. Mon. Ber. 1853, 733 – 744; Lepsius, C. R., Über den Apiskreis, in: ZDMG 7, 1853, 417 – 436; Lepsius, C. R., Über den chronologischen Werth einiger astronomischer Angaben auf ägyptischen Denkmälern, in: Berl. Mon. Ber. 1854, 33 – 36; Lepsius, C. R., Über einige von Hrn. Mariette brieflich übersendete Apis-Daten, nebst den Folgerungen welche sich daraus für die Chronologie der 26ten Manethonischen Dynastie und der Eroberung Ägyptens durch Kambyses ergeben, in: Berl. Mon. Ber. 1854, 217 – 231 und 495 – 498; Lepsius, C. R., Über die manethonische Bestimmung des Umfangs der ägyptischen Geschichte, in: Berl. Mon. Ber. 1857, 420 – 421; Lepsius, C. R., Über mehrere chronologische Punkte, die mit der Einführung des Julianischen und des Alexandrinischen Kalenders zusammenhängen, in: Berl. Mon. Ber. 1858, 531 – 551.
302 Eine schillernde Persönlichkeit, bei der sich die Forschung noch nicht einmal über die Lebensdaten sicher sein kann; vgl. Mykoniati, A., Biographische Bemerkungen zu Konstantinos Simonides, in: Müller, A. E. et al. (Hg.), Die getäuschte Wissenschaft. Ein Genie betrügt Europa – Konstantinos Simonides, Göttingen 2017, 87 – 106.
303 Kein gänzlich unbekannter Autor, der allerdings bis dahin nur durch Zitate in dem Werk des Geografen Stephanos von Byzanz belegt war; vgl. Schaper, R., Die Odyssee des Fälschers, Die abenteuerliche Geschichte des Konstantin Simonides, der Europa zum Narren hielt und nebenbei die Antike erfand, München 2014, 136.
304 GStPK, VI. HA, FA Bunsen, v., Karl Josias, B, Nr. 94, Bl. 383 – 385, Lepsius an Bunsen, 01. 01. 1856; vgl. Mehlitz, H., Richard Lepsius. Ägypten und die Ordnung der Wissenschaft, Berlin 2011, 262.
305 Lepsius B. (Hg.), Das Haus Lepsius. Vom geistigen Aufstieg Berlins zur Reichshauptstadt, Berlin 1933, 179.

dächtigung darbieten."³⁰⁶ Schließlich erwiesen aber sowohl von Lepsius festgestellte inhaltliche Ungereimtheiten, u. a. in der Darstellung der Hyksoszeit,³⁰⁷ sowie Materialanalysen das Schriftstück als Fälschung.³⁰⁸ Die überaus peinliche Angelegenheit endete mit der Verhaftung des Simonides, wobei u. a. wohl auch eine Ausgabe von Bunsens „Aegyptens Stelle in der Weltgeschichte" in der Bibliothek des Fälschers sichergestellt wurde.³⁰⁹ Lepsius, der zuletzt mehrere Tage gebraucht hatte, seine Kollegen an der Akademie von dem Ankauf abzubringen, verfasste einen Abschlussbericht.³¹⁰

Doch damit war die Angelegenheit nicht vorüber. Die Affäre wurde in Berlin zu einem Theaterstück, einer Art Wissenschaftssatire verarbeitet: „Simonides oder die Wissenschaft muss umkehren".³¹¹ In Paris amüsierte man sich öffentlich so lautstark über den Irrtum des preußischen Ägyptologen, dass Lepsius sich sogar brieflich bei seinem Kollegen E. de Rougé darüber beschwerte.³¹² In mehreren Zeitungsartikeln versuchte Lepsius seinerseits seine Reputation wiederherzustellen und seine Rolle bei der Aufklärung des Schwindels ins rechte Licht zu rücken.³¹³ In der öffentlichen Wahrnehmung in Deutschland wurde Lepsius durchaus mit Nachsicht behandelt; inwieweit ihn das zufriedenstellte, bleibt zu bezweifeln:

> Lepsius, der unter den kritischen Prüfern der Akademie gewesen war und ein besonderes Interesse an dem Manuscript hatte, weil er selbst dasselbe herauszugeben gedachte, darf wohl entschuldigt werden, daß er einige Zeit an die Echtheit der Handschrift glaubte und

---

306 Lepsius, zitiert bei Tischendorf, K. v., Noch ein Wort zur Uranios-Frage, in: Lykurgos, A. (Hg.), Enthüllungen über den Simonides-Dindorffschen Uranios, Leipzig 1856, 74; Tischendorf bemühte sich auch um Schriftproben des vermeintlichen Uranios und wandte sich hierzu brieflich am 01.03.1856 an Lepsius' Intimfeind Heinrich Brugsch (1827–1894); vgl. Tischendorf, Lobegott Friedrich Constantin von, in: Kotte Autographs: https://www.kotte-autographs.com/de/autograph/tischendorf-lobegott-friedrich-constantin-von: „Meine paläographische Schrift wird schwerlich eine Ehrentafel für diesen ehrenwerthen Herrn Collegen werden."
307 Lepsius, zitiert nach: Steger, F. (Hg.), Ergänzungs-Conversationslexikon 11 = N.F. 4, Leipzig 1856, 746: „Der Auszug der Hyksos wurde unter einen König Psennathabis gelegt, auf welchen noch dreiundvierzig, uns unbekannte thebanische Könige folgten."
308 Mehlitz, Richard Lepsius, 263.
309 GStPK, VI. HA, FA Bunsen, v., Karl Josias, B, Nr. 94, Bl. 388–394, Lepsius an Bunsen, 03.02. 1856; vgl. Mehlitz, H., Richard Lepsius. Ägypten und die Ordnung der Wissenschaft, Berlin 2011, 264.
310 Lepsius, C. R., Über einen falschen Palimpsest, in: Berl. Mon. Ber. 1856, 8.
311 Lepsius, Das Haus Lepsius, 181.
312 Vgl. Mehlitz, Richard Lepsius, 264–265.
313 Lepsius, C. R., Über den falschen Uranios des Simonides, in: Vossische Zeitung, Nr. 33, 08.02. 1856, 6–8; Deutsche Allgemeine Zeitung, 10.02.1856; Allgemeine Augsburger Zeitung, Nr. 42, 11.02.1856, 663–664.

dafür sprach, denn die alte Königsgeschichte der Aegypter ist sein eigenstes Fach und wer in diese dunklen Studien vertieft ist, bei dem sind zur Zeit noch ganz andere Irrthümer und Rechnungsfehler erklärlich. [...] Und da fiel ihm mehreres Bedenkliche auf. Unter anderm war eine abenteuerliche Muthmaßung, welche vor einigen Jahren Bunsen in seinem Werke „Aegyptens Stellung [sic] in der Weltgeschichte" zur Ergänzung einer Lücke in unserem ägyptischen Wissen gemacht hatte, wörtlich von dem alten Griechen Uranios in seine Geschichte aufgenommen worden.[314]

Während Lepsius aber in der Uranios-Affäre fast das Opfer eines wissenschaftlichen Schwindels geworden war, geriet er bald darauf durch eigenes Fehlverhalten ins Zwielicht. 1860 war der Sethos-Tempel von Abydos auf Anordnung des ägyptischen Antikendienstdirektors Auguste Mariette (1821–1881) freigelegt worden. Johannes Dümichen (1833–1894), ein Schüler Lepsius', hielt sich zu dieser Zeit im Lande auf, besuchte die Ausgrabung und berichtete darüber brieflich nach Berlin – so weit, so gewöhnlich.[315] Mit seinem Bericht hatte Dümichen auch die eben dort entdeckte Königsliste in Kopie übermittelt. Lepsius, der gerade die Herausgeberschaft der „Zeitschrift für Ägyptische Sprache" übernommen hatte,[316] beeilte sich, die sensationelle Entdeckung zu publizieren[317] – ein Vorgang, der keineswegs nur als „bedenklich"[318] eingestuft werden muss, sondern damals wie heute einen Skandal darstellte. Lepsius veröffentlichte die archäologische Entdeckung eines Kollegen, bevor dieser selbst überhaupt auch nur die Möglichkeit dazu gehabt hatte. Die „Affaire Dümichen" sorgte für heftige Kritik am Verhalten des preußischen Gelehrten – Mariette empörte sich: „C'est moi qui tire le vin, il est bien juste que je le boive"[319] – gegen die Lepsius sich in mehreren Beiträgen der „Zeitschrift für Ägyptische Sprache" zu verteidigen suchte.[320] Die Tatsache, dass er bei seinen Veröffentlichungen noch nicht einmal

---

314 Freytag, G., Der falsche Uranios, Aus den Grenzboten 1856, Nr. 7, in: Gesammelte Werke² 16, Leipzig 1897, 379–385.
315 Wohl auch noch von den wissenschaftlichen Gepflogenheiten gedeckt war eine Mitteilung an die Mitglieder der Königlichen Akademie; vgl. Lepsius, C. R., Über die Entdeckung einer neuen ägyptischen Königsliste in den neu aufgedeckten Ruinen des Osiris-Tempels zu Abydos durch den Aegyptischen Reisenden Hr. Dümichen, in: Berl. Mon. Ber. 1864, 627–628.
316 Gertzen, T. L., ,Brennpunkt' ZÄS. Die redaktionelle Korrespondenz ihres Gründers H. Brugsch und die Bedeutung von Fachzeitschriften für die Genese der Ägyptologie Deutschlands, in: Bickel, S. et al. (Hg.), Ägyptologen und Ägyptologien zwischen Kaiserreich und der Gründung der beiden deutschen Staaten, Berlin 2013, 65–67.
317 Lepsius, C. R., Die Sethostafel von Abydos, in: ZÄS 2, 1864, 81–83.
318 Vgl. Quack, Karl Richard Lepsius als Historiker, 113.
319 David, E., Mariette Pacha 1821–1881, Paris 1994, 161.
320 Lepsius, C. R., Die neue Königstafel von Abydos und Herr Dümichen, in: ZÄS 4, 1866, 14–16 und 24.

den Namen Mariettes erwähnt hatte, rechtfertigte er dabei mit dem Argument: „Die zufällige Nichterwähnung desselben ist kein Mangel an Courtoisie, sondern Auslassung von etwas, das sich von selbst versteht."[321] Lepsius zeigte sich vollkommen uneinsichtig und war nicht bereit, sich für sein unanständiges Verhalten zu entschuldigen – eine schwere Hypothek für die deutsch-französischen Beziehungen in der Ägyptologie.

Nach diesen beiden Affären wandte sich Lepsius zunächst anderen Aufgaben und Forschungsinhalten zu. Zwar hat er auch danach noch vereinzelt zu chronologischen Fragen Stellung genommen,[322] aber erst 1870 wurde seine Überzeugtheit von den durch ihn entwickelten Konzepten grundsätzlich erschüttert, und zwar gerade durch neue Forschungen zur ägyptischen Vorgeschichte. Dazu nahm er in einem Artikel in der „Zeitschrift für Ägyptische Sprache" Stellung.[323] Er schwankte dabei aber zwischen einer Anpassung, d. h. ‚Verlängerung' seiner Chronologie in eine weiter zurückliegende Vergangenheit, und einer Zurückweisung einer „prähistorischen Steinzeit" in Ägypten.[324] Durch die ägyptologische Selbstbeschränkung auf eine denkmälergestützte Chronologie sah er sich außerstande, Aussagen über Zeiträume zu treffen, welche nicht durch Denkmäler belegt waren. Jenseits der ägyptologisch-philologischen Kompetenz besaß er keine Mittel, andere als textliche Quellen für die Erstellung einer Chronologie auszuwerten. Und so zog er sich auf ein durch Bunsen entwickeltes Theorem zurück, nämlich, dass Ägypten von Asien aus bevölkert worden sei, von Menschen, die „weit über den Jägerstand der wilden Urmenschen mit ihren rohen Feuersteinwaffen hinweggehoben waren".[325] Dadurch aber verlegte Lepsius nicht nur den Weg für die Entwicklung einer ägyptologischen Frühgeschichtsforschung, sondern bekannte sich zu der damals verbreiteten „Hamitenhypothese", welche durch eine Verquickung von biblischen und sprachwissenschaftlichen Anhaltspunkten ein prähistorisches Wanderungsnarrativ entwickelte.[326] Beides

---

321 Ebenda, 24.
322 Vgl. Lepsius, C. R., Rezension: Unger, G. F., Chronologie des Manetho, in: Literarisches Centralblatt für Deutschland Nr. 41, 1867, 1121–1124; Lepsius, C. R., Über den chronologischen Werth der assyrischen Eponymen und einige Berührungspunkte mit der ägyptischen Chronologie (Berl. Akad. Abh.), 1868; Lepsius, C. R., Das Sothisdatum im Dekret von Kanopus, in: ZÄS 6, 1868, 36; Lepsius, C. R., Die Kalenderreform im Dekret von Kanopus, in: ZÄS 7, 1869, 77–81.
323 Vgl. Lepsius, C. R., Über die Annahme eines sogenannten prähistorischen Steinalters in Ägypten, in: ZÄS 8, 1870, 89–97 und 113–123.
324 Dazu: Endesfelder, Der Beitrag von Richard Lepsius, 244–245.
325 Lepsius, Über die Annahme eines sogenannten prähistorischen Steinalters, 92.
326 Vgl. Rohrbacher, P., ‚Hamitische Wanderungen'. Die Prähistorie Afrikas zwischen Fiktion und Realität, in: Wiedemann, F. / Hofmann, K. P. / Gehrke, H.-J. (Hg.), Vom Wandern der Völker. Migrationserzählungen in den Altertumswissenschaften, Berlin 2017, 259–261.

sollte sich als eine schwere Hypothek für die weitere Entwicklung auf dem Gebiet der ägyptischen Prähistorie erweisen (vgl. Kap. II.5). In diesem Zusammenhang aber wichtiger ist die Feststellung, dass die bewusste Vermeidung sowohl zeitlich als auch räumlich weit ausgreifender Betrachtungen im Sinne C. J. v. Bunsens und die Selbstbeschränkung auf den Bereich einer eng (vornehmlich sprachlich bzw. textlich) definierten fachlichen Zuständigkeit bzw. Kompetenz von Lepsius letztlich nicht aufrechterhalten werden konnten. Gegen Ende seiner Laufbahn führten seine dezidiert sprachwissenschaftlichen Forschungen Lepsius doch wieder in den Bereich darüber hinausgreifender menschheitsgeschichtlicher Spekulationen zurück. Diese stützten sich auch wieder auf biblische Quellen und marginalisierten (prähistorische) archäologische Befunde.

Lepsius' grundsätzliches Verdienst um die Schaffung einer Chronologie des pharaonischen Ägypten bleibt davon unberührt. Das Fach verdankt ihm eine Reihe wichtiger Erkenntnisse und v. a. die Möglichkeit, ägyptische Chronologie vornehmlich auf Grundlage ägyptischer Quellen aufbauen zu können. Durch die klare Abgrenzung gegenüber Nachbardisziplinen, aber auch die zeitliche Beschränkung auf die historischen Phasen pharaonischer Geschichte hat Lepsius der Ägyptologie in Deutschland einen klar umgrenzten zeitlichen Rahmen gegeben, bei dem sowohl die Früh- und Vorgeschichtsforschung als auch die nachpharaonischen Epochen weitgehend oder zumindest grundsätzlich an den Rand gedrängt oder ausgeschlossen wurden. Dadurch hat er der disziplinären Eigenständigkeit und dem fortdauernden Bestand seines Faches eine unschätzbar wichtige Grundlage verliehen, allerdings um den Preis einiger Einschränkungen der Forschungsperspektiven.[327] Erst der durch seinen Nachfolger auf dem Berliner Lehrstuhl, Adolf Erman (1854–1937), vertretene Positivismus im Übergang vom 19. zum 20. Jh. vermochte dann allmählich, zumindest den größten Teil des forschungsgeschichtlichen Substrats des – auch in der Ägyptologie – „langen 19. Jahrhunderts" abzuschütteln, welches sich durch die enge Zusammenarbeit von Bunsen und Lepsius bis zum Tode des letzteren erhalten hatte.

3 Auf der Suche nach König Pul alias Tiglatpileser II. oder III.

> In seinen Tagen kam Pul, der König von Assur, in das Land. Menachem gab ihm tausend Talente Silber, damit er ihm helfe, seine Herrschaft zu festigen.
> 2. Könige, 15, 19

---

[327] S. dazu auch Gertzen, T. L., Eine allzu lange 2. Zwischenzeit? Die ersten Bemühungen zur Erstellung einer ägyptischen Chronologie, der falsche Uranios und Richard Lepsius als Historiker, in: ZÄS 149.1, 2022, *in Vorb.*

Der hier genannte König Pul, auch Phul, eigentlich *Pulu*, repräsentiert den babylonischen Namen des assyrischen Königs Tiglatpileser III. (745–727 v.Chr.), bzw. akkad. *Tukulti-apil-Ešarra*, dessen Identifikation die Schriftgelehrten spätestens ab dem 16. Jh. n.Chr. zwar beschäftigt, ihnen aber anscheinend kein allzu großes Kopfzerbrechen bereitet hat. Sie brachten die beiden Herrscher entweder gar nicht in Zusammenhang, setzten sie gleich oder beschrieben sie als zwei aufeinanderfolgende Herrscher:

1567:	Phul/König. Der König von Assyrien / der das Land Israel / zur Zeit des Königs Menahu / oberzoge / und nötiget Menahum / daß er im tausend Centner Silbers geben muste. [...] Josephus nennet ihn Phiolaum.[328]
1577:	Es werden auch die vorgehende Babylonische oder Assyrische König/Phul Beloch/ und Phul Assar/ welche die Heilige Schrift Phul und Tiglath Pillesser nennet/ dergleichen der nachfolgende Sanherib/ ein jeder auff diese weise an seinem ort gefunden.[329]
1726:	Phul enim Assyriorum Monarcha Regi Israëlitarum Menahem tamquam uindex a Deo immissus, eundem ad tributum grauissimum adegit constitutoque ilius regno discessit. Post illum Teglath-Phalassar, illius forte successor [...] [330]
1740:	Dann Phul-Assar, mit dem Zunamen Teglath genannt / oder / wie ihn die Heilige Schrift auch / mit einem Nahmen nennet / Teglathphalasar.[331]

Im 19. Jh. setzte sich dann zunächst die Auffassung durch, dass Tiglatpileser der Nachfolger des Königs Pul war und es sich folglich um zwei verschiedene Könige handeln müsse:[332]

1820:	Regenten desselben sind aber nicht früher als unter dem israelitischen Könige Menahem [...] genannt; nämlich der Zeitfolge nach: 1) Phul [...]; 2) Tiglat Pilesar; [...]

---

328 Heyden, J., Biblisch Namen-Buch. Darjnn die Hebreische, Caldeische, Syrische, Griechische, un[d] Lateinische, Namen, Gottes, un[d] deß Herrn Christi, Jtem, der Menschen Völcker, Abgötter, Götzen, Königreich, Länder, Stätt, Wasser un[d] aller anderen örter eigne Wort un[d] Namen ..., Frankfurt a.M. 1567, Bl. 319, vers.
329 Krenßheim, L., Chronologia, das ist gründtliche Jahrrechnung sampt verzeichnung der fürnemsten Geschichten, Verenderungen und Zufelle, so sich beyde in Kirchen und WeltRegimenten zugetragen haben ..., Görlitz 1577, Bl. 116, vers.
330 Schroeer, J. F., Imperium Babylonis et Nini ex monimentis antiquis, Frankfurt a.M. 1726, 144; s. auch 468.
331 Pockh, J. J., Güldener Denckring göttlicher Allmacht und menschlicher Thaten, welche sich begeben von Anfang der Welt durch die bißher etliche tausend verflossene Jahre, biß auf jetzt lauffende Zeit, Bd. 2, 1740, 184.
332 Einen Überblick bietet Holloway, St. W., Biblical Assyria and Other Anxieties in the British Empire, in: Journal of Religion & Society 3, 2001: http://moses.creighton.edu/jrs/2001/2001-12.pdf.

> Phul – [...] ein König von Assyrien, der unter Menahem [...] in Israel einfiel [...]. Bei griechischen und römischen Historikern ist er nicht erwähnt.[333]

> 1855: Tiglath Pileser, the successor of Pul.[334]

> 1865: Pul and Tiglath Pileser had already swept away a great part of the population from Syria.[335]

Mit der Entzifferung der Keilschrift, der Erschließung der assyrischen Königsliste und der königlichen Annalen war die Gelehrtenwelt daraufhin aber mit dem Problem konfrontiert, dass der biblische König Pul weder in den genannten Schriftquellen noch auf irgendwelchen assyrischen Monumenten nachgewiesen werden konnte. Austen Henry Layard (1817–1894) identifizierte die Darstellung eines assyrischen Königs auf einem Relief im Palast von Nimrud tentativ mit dem in der Bibel erwähnten König, wobei er sich allerdings lediglich auf die Lesung des Namens von Menachem in der Beischrift durch Edward Hincks (1792–1866) berufen konnte.[336]

Dieses vermeintliche Detail assyrischer Geschichte entwickelte sich im Laufe der Zeit jedoch zu einem durchaus heftig diskutierten Forschungsgegenstand und warf die grundsätzliche Frage auf, ob die Geschichtsschreibung sich im Zweifel immer an die Darstellungen der Bibel halten oder doch mehr auf den Befund der assyrischen Quellen stützen sollte. Auch wenn zunächst weder Layard noch Hincks den Namen des auf dem Relief dargestellten Königs lesen konnten, sollte sich die Identifikation letztlich als korrekt herausstellen.

In einem anderen Fall verleitete die (sich als falsch erweisende) Lesung des Namens von König Adad-nirari III. (810–783 v. Chr.) als „Phal-lukha" Henry C. Rawlinson (1810–1895) dazu, diesen König mit dem in der Bibel erwähnten Herrscher Pul zu identifizieren. Dies erschien umso verlockender, als dass sich hierdurch auch eine Verbindung zu der klassisch-antiken Überlieferung zum Reich der Assyrer herstellen ließ – war doch Phal-lukha für Rawlinson auch der Gemahl der Sammu-ramat, also der berühmten Semiramis.[337] Wie sich später herausstellen sollte, handelt es sich bei *Šammuramat* um die Mutter des Adad-

---

333 Winer, G. B., Biblisches Realwörterbuch zum Handgebrauch für Studirende, Candidaten, Gymnasiallehrer und Prediger, Bd. 1, Leipzig 1820, s.v. „Assyrien", 66, und Bd. 2, s.v. „Phul", 538.
334 Kenrick, J., Phoenicia, London 1855, 375.
335 Milman, H. H., The History of the Jews, from the Earliest Period Down to Modern Times, London 1865, 136.
336 Zu den genauen Hintergründen: Holloway, Biblical Assyria, Anm. 10 und 11.
337 Rawlinson, H. C., Babylonian Discovery: Queen Semiramis, in: Athenaeum 1381, 1854, April, 465–466.

Abb. 6: Tafel aus H. A. Layard, Discoveries in the Ruins of Nineveh and Babylon. With Travels in Armenia, Kurdistan and the Desert von 1853, S. 619, mit einer Abbildung von „Pul or Tiglath-Pileser".

nirari, deren Lebensgeschichte auch wenig bis gar keine Übereinstimmung mit den Schilderungen griechischer Autoren aufwies.[338]

Es soll an dieser Stelle jedoch nicht darum gehen, Irrtümer und Fehleinschätzungen von Gelehrten aufzulisten. Diese mussten auf Grundlage einer eben erst begonnenen Entzifferung keilschriftlicher Quellen die Geschichte des Assyrerreiches rekonstruieren und griffen dabei verständlicherweise auf die bereits bekannten Quellen des AT und griechischer Historiker zurück. Dennoch sind diese Irrtümer von einem besonderen wissenschaftsgeschichtlichen Interesse, denn sie erweisen sich eben nicht nur als Resultat unterschiedlich gut aufbereiteten Quellenmaterials, sondern zeigen oftmals eine weltanschaulich-religiös motivierte Tendenz in der Gewichtung der Quellen.[339]

Stephen W. Holloway hat deshalb eine Dreiteilung der Historiografie zu Assyrien vorgeschlagen und spricht von einem „biblical Assyria", einem „classical

---

[338] Holloway, Biblical Assyria, 9.
[339] Vgl. grundlegend: Chavals, M., Assyriology and Biblical Studies. A Century and a Half of Tension, in: Ders. / Younger, K. L. (Hg.), Mesopotamia and the Bible. Comparative Explorations (Journal for the Study of the Old Testament Supplement Series 341), New York 2002, 21–67.

Assyria" und einem „historical Assyria", wobei die ersten beiden nicht immer klar voneinander geschieden werden können, im Gegensatz zum letzten aber fast ausschließlich auf nicht-assyrische Quellen gestützt waren bzw. diesen den Vorzug gaben.[340]

Da die Geschichte bzw. Chronologie des neuassyrischen Reiches relativ gut durch Eponymenlisten (den einzelnen Jahren namengebender hoher assyrischer Beamter) dokumentiert waren, gelang es H. Rawlinson bereits in der zweiten Hälfte des 19. Jh., eine assyrische Herrscherabfolge zu erstellen, unter Angabe ihrer Regierungszeiten.[341] Dabei zeigten sich Unstimmigkeiten mit den biblischen Angaben. Weiterhin ließ sich auch der erwähnte König Pul nicht finden und seine Identifikation wurde dadurch erschwert, dass dieser relativ kurze Name so gar nicht zu der keilschriftlichen Schreibung von Tiglatpileser, die i. d. R. mindestens fünf Keilschriftzeichen erfordert, passen wollte.[342] Julius Oppert (1825–1905) postulierte demgegenüber eine Überlieferungslücke von bis zu 47 Jahren, in welchen die Herrschaft Puls anzusetzen sei, und vertrat diese Ansicht noch bis 1887.[343] Eberhard Schrader (1836–1908) kommentierte solche Versuche mit den Worten: „Palliativmittel, so gut sie gemeint sind, helfen hier nichts; man muß sich entschließen, den zu Tage liegenden Tatsachen offen in's Angesicht zu blicken."[344] Andere Verteidiger biblischer Chronologie unterstellten nicht den assyrischen Quellen, sondern ihren Bearbeitern Defizite, so z. B. auch Hincks, der zu dem so gescholtenen Rawlinson aber auch ein spannungsgeladenes Konkurrenzverhältnis unterhielt.[345] Dabei war sich Hincks sehr wohl des grundlegenden Problems bewusst und wies jedweden Verdacht einer Voreingenommenheit seinerseits weit von sich:

---

340 Holloway, St. W., The Quest for Sargon, Pul and Tiglath-Pileser in the Nineteenth Century, in: Chavals, M.W. / Younger, K. L. (Hg.), Mesopotamia and the Bible. Comparative Explorations (Journal for the Study of the Old Testament Supplement Series 341), New York, 2002, 69, Anm. 4.
341 Einen Überblick zum damaligen Forschungsstand bietet Schrader, E., Keilinschriften und das Alte Testament, Gießen 1872, 292–306: „Chronologischer Excurs" und 308–331 mit den Eponymenlisten.
342 Vgl. Holloway, The Quest for Sargon, 76.
343 Oppert, J., s.v. „Assyrie", in: La Grande Encyclopédie, inventaire raisonné des sciences, des lettres, et des arts par une société de savants et de gens de lettres 4, 1887, 339.
344 Schrader, Keilinschriften und das Alte Testament, 301–303.
345 Vgl. Adkins, L. Empires of the Plain. Henry Rawlinson and the lost languages of Babylon, London 2004, 219–305.

> And I do say that, taking the Hebrew book entitled the Second Book of Kings as a merely human composition – building nothing on its forming part of the Bible, or its having any claim to inspiration – it is far more worthy of credit, than this Assyrian Canon.[346]

Auch solchen Stellungnahmen gegenüber hat Schrader eindeutig Position bezogen:

> Wir fragen: Hat man irgend ein Recht eine größere Glaubwürdigkeit der Königsbücher bezüglich ihres chronologischen Systems [...] zu statuieren? Wir möchten dies bezweifeln und können es sachgemäß und den Thatbestand gerechtfertigt nur finden, wenn man sich bei den die frühere Zeit betreffenden chronologischen Bestimmungen an den Führer anschließt, welcher sich für die spätere Zeit so ganz und völlig bewährt hat: an die Monumente, bei welchen wir zugleich des Vortheils genießen, daß wir in ihnen Dokumente haben, welche nicht, wie dieses bei den biblischen Schriften der Fall, im Laufe der Jahrhunderte und der Jahrtausende notorisch mannigfache Veränderungen erlitten haben.[347]

Unter Berufung auf Berossos (vgl. Kap. I.4) argumentierte James Whatman Bosanquet (1804–1877), dass es sich bei König Pul nicht um einen Vertreter des assyrischen Königshauses gehandelt habe, sondern dass er als Chaldaerfürst zeitweilig eine Oberhoheit über Assyrien ausgeübt hätte, die erst durch Tiglatpileser beendet worden sei, und so:

> Such appears to be the simple explanation of a difficulty, which has led Dr. Hincks and M. Oppert to suggest, that the names of not less than thirty or forty archons at Nineveh have been omitted from the Assyrian Canon, between the reigns of Asshur-zallus and Tiglathpileser, in order to make room for the supposed reign of Pul.[348]

Schließlich hätten die assyrischen Schreiber kaum ein Interesse gehabt, eine Fremdherrschaft zu dokumentieren.

George Smith (1840–1876) wollte den Namen des Vorgängers von Tiglatpileser II. – der heute als Tiglatpileser III. gezählt wird –, Assur-nirari (Aššur-nārārī V.; 754–745 v. Chr.), als Vul-nirari lesen und so statt dem Reichsgott eine assyrische Sturmgottheit in dem Namen erkennen. Von „Vul" zu „Pul" war es kein ganz so weiter Weg mehr; zudem wollte er wohl einen Lautwandel ansetzen.[349]

---

346 Hincks, E., Bible History and the Rawlinson Canon, in: Athenaeum 1810, 05.07.1862, 21.
347 Schrader, Keilinschriften und das Alte Testament, 296–297.
348 Bosanquet, J. W., Assyrian and Hebrew Chronology compared, with the view of showing the extent to which the Hebrew Chronology of Ussher must be modified, in Conformity with the Assyrian Canon, in: The Journal of the Royal Asiatic Society of Great Britain and Ireland, N.S. 1.1/2, 1865, 153.
349 Smith, G., The annals of Tiglath Pileser II, in: ZÄS 7, 1869, 9.

Allen diesen Spekulationen setzte E. Schrader ein Ende, als er 1872 vorschlug, „daß Phul und Pôr und wiederum Phul und Tiglath-Pileser ein und dieselbe Person sind".[350] Diese Idee war zuvor auch schon von dem Ägyptologen Carl Richard Lepsius (1810–1884; vgl. Kap. II.2) geäußert worden:[351]

> Nun läßt sich nicht leugnen, daß der Ausfall des Phul in den assyrischen Listen und Inschriften auffallend ist. [...] Die natürlichste Annahme ist daher ohne Zweifel, daß Tiglat Pilesar [sic] in derselben Quelle, in welcher von dem Tribut des Menaxem erzählt wurde, auch als Wegführer jener Stämme verderbter Weise Phul genannt wurde.[352]

Den Kollegen jenseits der Ärmelkanals blieb nichts weiter übrig, als zähneknirschend darauf hinzuweisen, dass diese Idee noch davor bereits von H. Rawlinson in die Diskussion eingeführt, allerdings nicht weiter verfolgt worden war. Interessant ist in diesem Zusammenhang aber v. a. die grundsätzliche Feststellung, dass gerade in Deutschland die Forschungen zur Chronologie des Alten Orients entscheidend vorangebracht worden waren:

> In Germany the study of chronological questions has been pursued with characteristic ardour, the way being lead by Professor Lepsius, who published an excellent account of the Assyrian canon [...]
>
> After this came an admirable work by Professor Schrader,[353] [...] in which the bearings of the Assyrian inscriptions on all the passages of the Bible involved were excellently and critically discussed, and the best suggestions were given for correcting the chronology.
>
> It is true that in the main identification of Pul with Tiglath Pileser, Schrader had been preceded by Sir Henry Rawlinson, but the German scholar added so much weight to this argument that it may fairly be called his own.[354]

Offensichtlich war damit ein sehr grundsätzlicheres Problem, ja ein Dilemma der britischen Gelehrtenwelt berührt. Denn obwohl Smith die Plausibilität der Einschätzung seiner deutschen Kollegen anerkennen musste, versuchte er weiterhin, in den assyrischen Inschriften Fehler zu entdecken, um diese nicht der Bibel zuschreiben zu müssen:

---

350 Schrader, Keilinschriften und das Alte Testament, 133 und auch 124–128 und 131–133.
351 Vgl. auch die Darstellung in Tadmor, H., Nineveh, Calah and Israel. On Assyriology and the Origins of Biblical Archaeology, in: BAT. Proceedings of the International Congress of Biblical Archaeology 1984, Jerusalem 1985, 264–265.
352 Lepsius, C. R., Über den chronologischen Werth der assyrischen Eponymen und einige Berührungspunkte mit der ägyptischen Chronologie (Berl. Akad. Abh.), 1868, 56.
353 Schrader, Keilinschriften und das Alte Testament.
354 Smith, G., The Assyrian Eponym Canon, London 1875, 13.

> I must confess that the views held by the two Rawlinsons[355] and the German Professors is more consistent with the literal statements of the Assyrian inscriptions than my own, but I am utterly unable to see how the Biblical chronology can be so far astray as the inscription lead one to suppose.[356]

Auch H. Rawlinson konnte sich mit seinem eigenen Lösungsvorschlag nie richtig anfreunden. Zeitweilig wollte er die Möglichkeit in Betracht ziehen, dass es sich bei Pul um einen Feldherrn Tiglatpilesers gehandelt habe, und vermied es später in seinen Publikationen, die Frage nach der Identifikation von Pul überhaupt zu thematisieren.[357]

Die deutschen Kollegen haben spätestens ab 1872 jedoch keinen Zweifel mehr daran gelassen, dass eine Regentschaft eines König Pul von Assyrien „in Wirklichkeit gar nicht existirt" hat.[358] Erst 1886 äußerte mit Henry A. Sayce (1846– 1933) ein britischer Orientalist den Verdacht, dass es sich bei der biblischen Schilderung um einen Fehler in der ‚Heiligen Schrift' handeln müsse:

> Tiglath-Pileser overthrew the ancient kingdoms of Damascus and Hamath, with its nineteen districts, and after receiving tribute from Menahem (which a false reading in the Old Testament ascribes to a non-existent Pul) in 740, placed his vassal Hoshea on the throne of Samaria in 730.[359]

Tatsächlich handelte es sich ja aber gar nicht um einen Irrtum, sondern die Bibel gab an der inkriminierten Stelle lediglich den Namen Tiglatpilesers III. an, den dieser nach seiner Thronbesteigung in Babylon angenommen hatte.[360]

Auf diese Weise wäre das Dilemma einer fehlenden Übereinstimmung zwischen einem „biblical Assyria" und dem „historical Assyria" ja gelöst worden. St. Holloway weist allerdings zu Recht darauf hin, dass dies nicht das einzige Problem war, mit dem sich die frühe Assyriologie mit Bezug auf die Schilderungen der Bibel herumschlagen musste.[361] Denn während in dem hier geschilderten Fall ein in der Bibel genannter König keine Entsprechung in den assyrischen Quellen

---

355 George Rawlinson (1812–1902), Bruder von Henry Creswicke, war ein bedeutender Kirchenhistoriker.
356 Smith, The Assyrian Eponym Canon, 182.
357 Vgl. Holloway, The Quest for Sargon, 77–78, Anm. 36.
358 Hommel, F., Abriss der babylonisch-assyrischen und israelitischen Geschichte, Leipzig 1880, 19.
359 Sayce, H. A., s.v. „Babylonia", in: The Encyclopaedia Britannica or Dictionary of Arts, Sciences, and General Literature⁹, Bd. 3, New York 1886, 187.
360 Sayce hat dies auch später so erkannt; vgl. Holloway, The Quest for Sargon, 78, Anm. 37.
361 Vgl. Holloway, The Quest for Sargon, 78–80.

zu finden schien, gab es auch den umgekehrten Fall eines in den assyrischen Texten genannten Königs, der den griechischen Autoren des „classical Assyria" schlicht unbekannt war und im AT nur am Rande erwähnt wurde. Dabei handelt es sich um niemand geringeren als Sargon II. (*Šarru-kīn*; 722–705 v. Chr.). Sein Name stellt dabei eine Bezugnahme, nicht auf den altassyrischen Herrscher (1920–1880 v. Chr.), sondern vielmehr auf den legendären Sargon von Akkad, aus der zweiten Hälfte des 3. Jtsd. v. Chr. dar. Als Sohn von Tiglatpileser III. und einer Nebenfrau (vielleicht sogar einer Sklavin) bestieg er unter für die Forschung zunächst unklaren Umständen den assyrischen Thron, weshalb er lange Zeit sogar als Begründer einer eigenen Dynastie der Sargoniden galt.[362] Seine weitreichenden militärischen Unternehmungen in den unterschiedlichsten Regionen des Vorderen Orients und die Errichtung einer eigenen Residenzstadt haben zahlreiche Spuren in den Aufzeichnungen und im Denkmälerbestand hinterlassen. Für die Geschichte des Alten Orients stellte daher seine nur einmalige direkte Erwähnung in der Bibel (Jes. 20, 1) ein Problem dar. Zwar kann das Spottlied auf den König von Babel (Jes. 14, 1–21), an die sich auch die Ankündigung der Vernichtung des assyrischen Heeres (Jes. 14, 24–27) anschließt, auf Sargon bezogen werden, der während eines Feldzuges umgekommen ist, ohne dass sein Leichnam geborgen werden konnte:

> Auf Würmer bist du gebettet, Maden sind deine Decke [...] Alle Könige der Völker ruhen in Ehren, jeder in seinem Grab; du aber wurdest hingeworfen ohne Begräbnis, wie ein verachteter Bastard. Mit Erschlagenen bist du bedeckt, die vom Schwert durchbohrt sind, wie ein zertretener Leichnam. Mit denen, die in steinerne Grüfte hinabsteigen, bist du nicht vereint im Grab (Jes. 14, 11; 18–20).[363]

Auch die Geschichte von der Aussetzung des Mose (2. Mose 2, 3–10), die ja an den Ufern des Nil spielt, geht wahrscheinlich auf die Sargon-Legende zur Herkunft des Königs zurück.[364] Problematischer war die Zuschreibung der Eroberung Samarias im Jahr 722 an Sargon, die in der Bibel (2 Könige, 17, 3) seinem Vorgänger Salm-

---

362 Cancik-Kirschbaum, E., Die Assyrer. Geschichte, Gesellschaft, Kultur, München 2003, 67–68.
363 Younger, K. L., Recent Study on Sargon II, King of Assyria. Implications for Biblical Studies, in: Chavals, M.W. / Younger, K. L. (Hg.), Mesopotamia and the Bible. Comparative Explorations (Journal for the Study of the Old Testament Supplement Series 341), New York 2002, 319; vgl. den Hinweis von Richardson, S., The First „World Event". Senacherib at Jerusalem, in: Kalimi, I. / Richardson, S. (Hg.), Senacherib at Jerusalem. Story, History and Historiography, Leiden 2014, 458, Anm. 98.
364 Vgl. Bieberstein, K., Sargon und Mose im Binsenkörbchen. Geschichten schreiben und lesen, in: Lindner, K. et al. (Hg.), Erinnern und Erzählen. Theologische, geistes-, human- und kulturwissenschaftliche Perspektiven, Berlin 2013, 125–136.

anassar V. (727–722 v. Chr.) zugeschrieben wurde – es gilt als wahrscheinlich, dass Sargon den Feldzug erfolgreich beendet hat, in der Bibel wird er jedoch nicht als der Eroberer genannt.[365]

Das verleitete H. Rawlinson 1851 dazu, nicht mehr länger nach einem König Sargon in der Bibel zu forschen, sondern diesen mit dem König Salmanassar gleichzusetzen und ihm nicht nur die Errichtung der befestigten Residenz *Dur Šarrukin* (= Sargonsburg!) zuzuschreiben, sondern auch die einzige biblische Erwähnung Sargons als Eroberer der Stadt Aschdod auf diesen zu beziehen:

> The king who built the palace of Khorsabad, excavated by the French, is named Sargina [mit Verweis auf Jesaja]; but he also bears in some of the inscriptions, the epithet of Shalmaneser, by which title he was better known to the Jews. In the first year of his reign he came up against the city of Samaria [...]. Among the other exploits of Shalmaneser found in his annals, are, – the conquest of Ashdod [mit Verweis auf Jesaja].[366]

Wieder soll es hier nicht darum gehen, Fehler oder Irrtümer der frühen assyriologischen Forschung bloßzustellen. Die Lesung der Königsnamen bereitete Rawlinson Schwierigkeiten und die einzige Orientierung bot ihm in diesem Fall sogar die Bibel, da die griechischen Autoren einen König Sargon ja gar nicht erwähnten. Dennoch wird erkennbar, dass die Interpretation der assyrischen Quellen von dem Bestreben geleitet wurde, darin eine Übereinstimmung mit den Schilderungen der Bibel festzustellen. Ein in den assyrischen Quellen ausführlich erwähnter und wohl bedeutender Herrscher, der in der Bibel kaum vorkommt, musste einfach sehr viel häufiger darin nachzuweisen sein, und sei es unter einem anderen Namen. J. W. Bosanquet versuchte 1874 sogar eine zeitweilige Ko-Regentschaft zwischen Tiglatpileser III., Salmanassar V. und Sargon II. zu rekonstruieren, wodurch bestimmte Ereignisse in der Bibel zwar einem der Könige zugeschrieben erschienen, diese aber zeitgleich über Assyrien geherrscht hätten.[367]

Die Einschätzungen über das Ausmaß der hier geschilderten Beispiele für Voreingenommenheit gehen auseinander. Timothy Larsen weist darauf hin, dass:

> Despite having been standardly portrayed this way by scholars, these early archaeologists were not Christian apologists who exaggerated the scriptural connections of their discove-

---

365 Vgl. Soden, W. v., s.v. „Assyrien", in: Religion in Geschichte und Gegenwart³, Bd. 1 Tübingen 1957, 652; Younger, recent Study on Sargon II, 291–292.
366 Rawlinson, H. C., Assyrian Antiquities, in: Athenaeum 1243, 23.08.1851, 903.
367 Bosanquet, J. W., Synchronous History of the Reigns of Tiglath-Pileser and Azariah, Shalmanezer / Jotham, Sargon / Ahaz, Sennacherib / Hezekiah, from B.C. 745 to 688, in: Transactions of the Society of Biblical Archaeology 3, 1874, 25–27.

ries. To the contrary, subsequent developments, particular the deciphering of the cuneiform writing, revealed that Layard and his follow pioneering Assyriologist, Henry Rawlinson, had underestimated the extent to which these findings related to stories in the Bible.[368]

Um die Bibel sei es diesen frühen Altorientalisten also gar nicht in erster Linie zu tun gewesen, und folgerichtig hätte ihnen ein Widerspruch ihrer Entdeckungen zu den Schilderungen der ‚Heiligen Schrift' grundsätzlich keine Schwierigkeiten bereitet – zumindest weniger als bislang angenommen. Ebenso stellt er heraus, dass H. Rawlinson sich bei der Lesung assyrischer Königsnamen zunächst eher an den klassisch-antiken Quellen, also Holloways „classical Assyria", orientiert habe oder, wie Mogens Trolle Larsen es ausgedrückt hat: Rawlinson „was furthermore blocked by his curious insistence to look for the names of kings and dynasties in the classical writers, avoiding the names from the Bible."[369]

Sein Bruder George (1812–1902) machte Ende der 1850er Jahre mobil gegen die sogenannte „German Neology", wobei er allerdings auch erschreckt feststellte, dass „the evil in question [is not] confinded to Germany". Aber:

> The tone, moreover, of German historical writings generally is tinged with the prevailing unbelief; and the faith of the historical student is liable to be undermined, almost without his having his suspicions aroused.[370]

Hier schreibt der Kirchenhistoriker und Theologe – nicht sein Bruder, der Assyriologe. Womöglich war diese Warnung vor dem ‚deutschen Ungeist' ja sogar auch an diesen gerichtet. Deutschland wird hier explizit als Ursprungsort einer neuen Sicht auf die Dinge, der historisch-kritischen Methode oder des „higher criticism" und damit der Bereitschaft, die Schilderungen der Bibel in Frage zu stellen, ausgemacht.[371] In dieser Auseinandersetzung wird die Altertumswissenschaft allerdings keineswegs als Teil des Problems betrachtet, sondern verspricht vielmehr Unterstützung gegen die vermeintlichen Auswüchse der historisch-kritischen Methode. H. A. Sayce, der die Existenz eines Königs Pul rundheraus be-

---

368 Larsen, T., Austen Henry Layard's Nineveh. The Bible and Archaeology in Victorian Britain, in: Journal of Religious History 33.1, 2009, März, 66; er bezieht sich dabei kritisch (S. 71, Anm. 21) auf: Larsen, M. T., The Conquest of Assyria. Excavations in an Antique Land, 1840–1860, London 1994 und Kildahl, P. A., British and American Reactions to Layard's Discoveries in Assyria (1845–1860), unpubl. Diss., University of Minnesota, 1959.
369 Larsen, Conquest of Assyria, 180.
370 Rawlinson, G., The Historical Evidences of the Truth of the Scripture Records Stated Anew. With Special Reference to the Doubts and Discoveries of Modern Times, in Eight Lectures, London 1860, 11–12.
371 Vgl. grundlegend: Rogerson, J. W., Old Testament Criticism in the Nineteenth Century. England and Germany, London 1984.

stritten hatte (vgl. Zitat oben) und obwohl er vielen seiner Zeitgenossen ebenfalls als Vertreter der „German critical theology" galt,[372] betrachtete sie jedenfalls als ein Mittel genau hierzu:

> Enough has been brought to light and interpreted by the student of antiquity to enable us to test and correct the conclusions of the critic, and to demonstrate that his skepticism [sic] has been carried to an extreme. The period of skepticism is over, the period of reconstruction has begun. We shall find that the explorer and decipherer have given back to us the old documents and the old history, in a new and changed form it may be, but nevertheless substantially the same.[373]

Die Frontlinien in dieser Auseinandersetzung verlaufen also nicht einfach zwischen progressiven „Skeptikern" und orthodoxen Bibeltreuen und auch nicht bloß zwischen protestantischen Gelehrten in Deutschland und Anglikanern auf den britischen Inseln. Hierbei hilft der sowohl internationale als auch interkonfessionelle Vergleich, der allerdings ein (noch) sehr viel differenzierteres Bild ergibt.

Zwar lehnte auch die katholische Kirche die historisch-kritische Methode – in Teilen sogar noch bis zur Mitte des 20. Jh. – ab,[374] dennoch beteiligten sich katholische Gelehrte an der Diskussion. Im konkreten Fall des Königs Pul vertrat u. a. Guiseppe Massaroli SJ die Ansicht, dass dieser nicht mit Tiglatpileser II./III. gleichzusetzen sei, wobei er an der Gleichsetzung von Salmanasser V. und Sargon II. festhalten wollte.[375] Das provozierte aber sogar umfangreichen Widerspruch in der „Civilta Cattolica":

> Venendo ora a dire alcun che delle Questioni del Massaroli, egli in entrambe prende l'esatto contrappiede [sic] della nostra sentenza. Noi facemmo di Phul e Tuklatpalasar un solo personaggio: egli sostiene che „debbono considerarsi come due persone distinte." Noi facemmo di Salmanasar e Sargon due personaggi: egli propugna che „Sargon non fu se non il Salmanasar della Bibbia sotto nome diverso" Ed entrambe queste sue sentenze egli non le difende già sol come probabili, ma presume dimostrarle come assolutamente certe, affer-

---

372 Zink MacHaffie, B., Monument Facts and Higher Critical Fancies. Archaeology and the Popularization of Old Testament Criticism in Nineteenth Century Britain, in: Church History 50.3, 1981, 324.
373 Sayce, H. A., The „Higher Criticism" and the Verdict of the Monuments⁴, London 1894, 24–25.
374 Vgl. dazu: Maron, G., Die römisch-katholische Kirche von 1870 bis 1970, Göttingen 1972, 312–313.
375 Vgl. Massaroli, G., Phul e Tuklatpalasar II e Salmanasar V e Sargon. Questioni biblico-assire, Rom 1882.

mando che, a suo giudizio, „e impossibile sostenere il contrario senza fare la più crudele violenza ai testi scritturali".[376]

Eine vergleichsweise progressive Einstellung, ja Offenheit gegenüber den Erkenntnissen der Wissenschaften vom alten Orient ist in den Publikationen von Vincent Ermoni (1858–1910), Mitglied der Congregatio Missionis (CM) bzw. der Lazaristen oder Vinzentiner, feststellbar. Noch 1910 erwartete er, ähnlich wie Sayce, sowohl von der ägyptologischen wie der assyriologischen Forschung eine Bestätigung biblischer Schilderungen:

> L'Assyriologie n'est pas moins d'importance pour la Bible, que l'Égyptologie. On peut même dire que les textes cunéiformes ont parlé plus clairement et surtout sur une plus vaste échelle ques les textes égyptiennes en faveur des récits et des faits bibliques.[377]

Und er hatte dabei auch kein Problem damit, die Gleichsetzung von Pul und Tiglatpileser zu akzeptieren.[378] Mit solchen und anderen Stellungnahmen setzte er sich allerdings dem Verdacht des Modernismus aus, was ihn schließlich seine Stellung am Institut Catholique in Paris kosten sollte.[379]

So werden zwar sehr wohl das Vorhandensein von (religiösen) Extrempositionen ebenso erkennbar wie der Wunsch, die Erkenntnisse der Wissenschaften vom Alten Orient im Interesse einer Bestätigung biblischer Offenbarung zu instrumentalisieren, genauso aber auch die Bereitschaft, sich damit auseinanderzusetzen und eben nicht einfach religiöse Dogmen über wissenschaftliche Erkenntnisse zu stellen.

Letztlich konnte die Altertumswissenschaft die in sie gesetzten Hoffnungen moderater ‚Verteidiger' der Historizität und Korrektheit biblischer Schilderungen aber nur selten erfüllen, und das wohl v. a., weil ihre Vertreter dies auch nicht als ihre primäre Aufgabe ansahen – im Übrigen genauso wenig wie ihre Widerlegung. Andererseits wäre es naiv zu glauben, dass diese Fragen keinen oder doch nur geringen Einfluss auf die Entwicklung der Disziplin genommen hätten – bei allem Bemühen um eine größere Differenziertheit der Bewertung sollte man dabei nicht von einer Extremposition in die andere verfallen. Dass der Bezug altertumswissenschaftlicher Forschung im Raum des Vorderen Orients zu den Schilderungen

---

376 Anonymus, Rezension: Massaroli, Phul e Tuklatpalasar II e Salmanasar V e Sargon, in: La Civiltà Cattolica 34, 1883, 465.
377 Ermoni, V., L'Orientalisme et la Bible, 2 Bde., Paris 1910; Bd. 2: La Bible et l'Assyriologie, 3.
378 Vgl. ebenda, 37.
379 Rybolt, J. E., The Vincentians. A General History of the Congregation of the Mission, Bd. 5: An Era of Expansion: 1878–1919, Kap. 1.

des Alten Testaments eine entscheidende Motivation, insbesondere auch für ihre potentiellen Förderer und Unterstützer, darstellte, ist unbestritten und ebenso, dass die allermeisten Wissenschaftler bis in die zweite Hälfte des 20 Jh. hinein und z.T. noch bis heute dieses Interesse zu bedienen suchten (vgl. Kap. II.7). Geprägt von ihrer christlichen Erziehung und einer im Verlauf des 19. Jh. in Reaktion auf die Herausforderungen von Aufklärung, Revolution und Moderne erfolgten Rückbesinnung auf religiös-konfessionelle Identitäten, mussten sich diese Wissenschaftler dazu verhalten und auf die damit verbundenen Fragestellungen eingehen.

4 Welche Sprache sprachen die Erbauer der Pyramiden?

> Bis zur Regierungszeit des Psammetichos hielten sich die Ägypter für das älteste Volk der Erde. [...] als Psammetichos gar kein Mittel fand, diese Frage, welches die ältesten Menschen auf Erden seien, zu entscheiden, [...] gab [er] einem Hirten zwei neugeborene Kinder von beliebigen Eltern [...]. Niemand sollte in ihrer Gegenwart ein Wort sprechen [...], weil er gern wissen wollte, was für ein Wort die Kinder wohl zuerst aussprechen würden, [...] und als der Hirt [...] eines Tages [...] hereintrat [riefen sie ihm] bittend das Wort ‚Bekos' entgegen [...]. Psammetichos hörte nun das Wort gleichfalls und forschte nach, in welcher Sprache dies Wort Bekos vorkäme. Da fand er, dass die Phryger das Brot Bekos nennen. Hieraus schlossen denn die Ägypter, dass die Phryger noch älter seien als sie.
>
> Herodot, Historien II, 2

Dieses berühmte Experiment, welches der griechische Geschichtsschreiber dem ägyptischen Pharao zuschreibt, verbindet gleich zwei Topoi antiker Chronologie – die Vorstellung von dem hohen Alter ägyptischer Zivilisation und das Konzept einer Ursprache, wobei letzteres hier dazu benutzt werden sollte, die zeitliche Stellung bzw. den Primat einer Kultur vor allen anderen zu belegen: Welche Sprache die erste gesprochene Sprache war, deren Sprecher sind als Repräsentanten der ersten menschlichen Kultur anzusehen. Durch ein Isolationsexperiment sollte die Sprachentwicklung erneut nachvollzogen werden.

Die Suche nach einer Ursprache scheint also bereits im Altertum die Menschen beschäftigt zu haben. In der jüdisch-christlichen Tradition wird die Frage danach schon durch die Erzählung von der babylonischen Sprachenverwirrung (Gen. 11, 6–7) aufgeworfen. Bereits ab dem 4. Jh. n.Chr. haben die Kirchenväter darüber gestritten, welches die Ursprache der Menschheit gewesen sei.[380] Dabei wurde dem favorisierten Hebräisch durchaus auch schon Syrisch entgegenge-

---

380 Vgl. für einen Überblick: Olender, M., Die Sprachen des Paradieses. Religion, Rassentheorie und Textkultur. Revidierte Neuausgabe, Berlin 2013, 22–29;

stellt. Ab der Renaissance wurde die Suche nach der Ursprache zunehmend national eingefärbt, so dass man sich mehr oder weniger ernsthaft fragte, ob Adam und Eva im Paradies nicht womöglich Flämisch, Schwedisch oder Französisch gesprochen hätten.[381] Im 18. Jh. richtete Johann Gottfried Herder (1744–1803) die Aufmerksamkeit erstmals auf Indien und damit auf das Sanskrit.[382] Damit werden die Grundlagen gelegt für eine spätere sprachgeschichtliche ‚Zweiteilung' zwischen indoeuropäischen und semitischen Sprachen sowie ihren diversen ‚völkerkundlichen' Implikationen.[383]

Parallel zu den hier skizzierten Entwicklungen war auch die ägyptische Sprache spätestens ab dem 17. Jh. in den Blickpunkt der Forschung gerückt, wobei das durch die klassischen Autoren verbürgte hohe Alter der ägyptischen Zivilisation auch die dort gesprochene Sprache zu einer Kandidatin für die Ursprache der Menschheit werden ließ. Allerdings war diese Sprache in einer nicht (mehr) lesbaren Schrift festgehalten worden. Die ersten neuzeitlichen Bemühungen darum, die schließlich auch einige Grundlagen für die später geglückte Entzifferung zu liefern vermochten, verbinden sich mit dem Namen des deutschen Jesuitenpaters Athanasius Kircher (1602–1680),[384] der als katholischer Gelehrter in der kulturprotestantisch geprägten Fachgeschichtsschreibung der Ägyptologie in Deutschland gezielt diskreditiert und an den Rand gedrängt worden ist.[385] Kirchers Verdienst liegt v. a. in der Grundlegung der späteren Koptologie, wobei sich in seinen Arbeiten dazu in der Bibliothèque Nationale in Paris noch heute die Marginalien von Jean-François Champollion (1790–1832) finden.[386] Mit seinen Hieroglyphenstudien verfolgte der jesuitische Gelehrte einen sehr praktischen Zweck: Er ging davon aus, dass diese älteste Schriftform bild- bzw. symbolhaft aufzufassen sei und so auch dazu dienen könnte, praktisch alle Sprachen der Welt auszudrücken und die „Sprachverwirrung" zu überwinden, wodurch im Übrigen

---

381 Vgl. die umfängliche Aufbereitung in Borst, A., Der Turmbau von Babel. Geschichte der Meinungen über Ursprung und Vielfalt der Sprachen und Völker, 4 Bde., Lahnstein 2019.
382 Zur weiteren Entwicklung: Olender, Die Sprachen des Paradieses, 30–36.
383 Vgl. ebenda, 36–48.
384 Vgl. Strasser, G. F., La Contribution d'Athanase Kircher à la tradition humaniste hiéroglyphique, in: XVIIe Siècle 158, 1988, 79–92.
385 Gertzen, T. L., Ägyptologie im „Kulturkampf"? Der Fall Athanasius Kircher 1602–1680, in: Kemet. Zeitschrift für Ägyptenfreunde 2012.2, 54–55; zuletzt: Beinlich, H., Zu Adolf Ermans Kritik an Athanasius Kircher, in: GM 261, 2020, 179–188.
386 Dabei ist es Kircher immerhin gelungen, eine (!) Hieroglyphe korrekt zu entziffern. Durch die Rekonstruktion des ursprünglichen Lautwerts der drei Wasserlinien über das koptische Wort ⲙⲟⲟⲩ für „Wasser" hatte er so aber einen Weg aufgezeigt, über den auch später andere Zeichen würden entziffert werden können.

insbesondere die Missionstätigkeit erleichtert werden sollte.[387] Wichtig dabei ist, dass Kircher nichtsdestotrotz davon ausging, dass das Hebräische die Ursprache der Menschheit darstellte, weil dies die Sprache Gottes gewesen sei und ihr daher metaphysisch Priorität vor allen anderen Sprachen zuzuschreiben wäre.[388] Und obwohl Kircher sich sogar mit Fossilien beschäftigt hat und auch bereit war zu akzeptieren, dass in hieroglyphischen Texten Weisheiten aus einer Zeit vor Moses festgehalten waren, versuchte er den Primat der christlichen Lehre dadurch zu bewahren, indem er in alldem göttliche und eben letztlich christliche Weisheit offenbart gesehen hat.[389]

Damit war er nicht allein. Indem man die alten Ägypter zu Vorläufern der Hebräer erklärte und Moses als einen Ägypter[390] bzw. als durch deren Weisheit geprägt betrachtete, umging man das Problem des offenkundig höheren Alters dieser Kultur. Sogar die Gegner Kirchers und seiner mystischen Interpretationen konnten akzeptieren, dass Moses in Ägypten schreiben gelernt hatte. Der anglikanische Bischof William Warburton (1698–1779) formulierte dies dann allerdings so:

> Though I think it next to certain that Moses brought letters, with the rest of his learning, from Egypt, yet I could be easily persuaded to believe that he both enlarged the alphabet and altered the shape of the letters.[391]

Schließlich stand auch in der Apostelgeschichte (7, 22) geschrieben: „Und Mose wurde in aller Weisheit der Ägypter ausgebildet."[392] Seit dem Mittelalter bestand

---

387 Vgl. grundlegend: Leinkauf, T. Mundus combinatus. Studien zur Struktur der barocken Universalwissenschaft am Beispiel Athanasius Kirchers SJ (1602–1680)², Berlin 2009, 235–267; s. auch Strasser, G. F., Lingua realis, lingua universalis und lingua cryptologica. Analogiebildung bei den Universalsprachen des 16. und 17. Jahrhunderts, in: Berichte zur Wissenschaftsgeschichte 12, 1989, 209–215; Eco, U., Die Suche nach der vollkommenen Sprache, München 1994, 163–167; Strasser, G. F., Das Sprachdenken Athanasius Kirchers, in: Coudret, A. P., (Hg.) Die Sprache Adams (Wolfenbütteler Forschungen 84), Wiesbaden 1999, 151–169.
388 Vgl. Leinkauf, Mundus combinatus, 238.
389 Vgl. Rossi, P., The Dark Abyss of Time: The History of the Earth and the History of Nations from Hooke to Vico, Chicago 1987, 123–124.
390 Grundlegend: Assmann, J., Moses der" Ägypter. Entzifferung einer Gedächtnisspur⁷, Frankfurt a. M. 2011; dazu und im Hinblick auf viele hier behandelte Aspekte des Themas äußerst lesenswert: Feingold, M., „The Wisdom of the Egyptians". Revisiting Jan Assmann's Reading of the Early Modern Reception of Moses, in: Aegyptiaca. Journal of the History of Reception of Ancient Egypt 4, 2019, 99–124, darin speziell zu Kircher: 112.
391 Zitiert nach: Rossi, The Dark Abyss of Time, 244.
392 Allerdings bemühte sich eine Reihe von Zeitgenossen Kirchers, diese Aussage zu relativieren; vgl. Feingold, The Wisdom of the Egyptians, 112–117.

in Europa „an almost mystic veneration for the wisdom of the Egyptians".[393] Die Vorstellung, dass etwa die Hebräer die Ägypter während ihres Aufenthaltes im Land am Nil ihrerseits beeinflusst hätten, erschien dagegen weniger überzeugend. John Spencer (1630–1693) bemerkte in seinem „De legibus hebraeorum" von 1686:

> No one who is not supinely credulous could hold that the Egyptians, through a pure desire to imitate, suddenly rejected their own institutions to conform to the customs of the Hebrew people, who came of servile blood.[394]

Und John Marsham (1602–1685) kam in seiner vergleichenden Studie „Canon chronicus aegyptiacus, hebraicus, graecus" von 1671 zu dem Schluss:

> Even from the Holy Scriptures we know that the Hebrews were long inhabitants of Egypt, and not unjustly can we conjecture that they had not completely abandoned Egyptian customs and had conserved some remnants of Egyptian culture.[395]

Jenseits kultureller oder geistesgeschichtlicher Bezüge versuchte Marsham damit auch ein immer drängender werdendes Problem zu lösen, nämlich die wachsende Differenz zwischen der *historia sacra* und der *historia profana* oder anders ausgedrückt: den chronologischen Angaben der Bibel und den zunehmend besser ausgewerteten Quellen klassisch-antiker Autoren.[396]

Kircher, Spencer und Marsham repräsentieren dabei in ihren Arbeiten das Resultat eines Paradigmenwechsels, dessen Anfänge im Übergang vom Mittelalter zur Renaissance lagen:

> From about the fifteenth century [...], and as one of the results of the general evolution which transformed the Middle Ages into the Renaissance, grew an entirely new conception of Ancient Egypt and its relation to Western culture.[397]

Ägypten wurde nun immer weniger durch die Überlieferung der Bibel wahrgenommen, galt dabei aber dennoch untrennbar mit dieser verbunden. Dadurch,

---

393 Iversen, E. The Myth of Egypt and its Hieroglyphs in European Tradition, Kopenhagen 1961, 59.
394 Zitiert nach Rossi, The Dark Abyss of Time, 125; vgl. Levitin, D., John Spencer's De Legibus Hebraeorum (1683–1685) and ‚enlightened' Sacred History. A New Interpretation, in: Journal of the Warburg and Courtauld Institutes 76, 2013, 49–92.
395 Zitiert nach Rossi, The Dark Abyss of Time, 125.
396 Vgl. Feingold, The Wisdom of the Egyptians, 123.
397 Iversen, The Myth of Egypt, 59.

und in gewisser Weise nun auch darüber hinaus, wurde Ägypten als Ursprung und Anfang der eigenen Kultur wahrgenommen, als eine:

> Vergangenheit, die auch die von Israel und Griechenland und damit auch die eigene war. Diese Tatsache unterscheidet den Fall Ägyptens grundsätzlich von dem Chinas, Indiens oder dem des „Orientalismus" im allgemeinen.[398]

Daraus resultierte aber auch die Notwendigkeit zu einer neuen Positionsbestimmung mit weitreichenden Auswirkungen auf kulturelle Selbst- und Fremdbilder und im Hinblick auf eigene Identitäten. Allerdings gab es ab dem Ende des 17. Jh. zunächst keine weiteren Bemühungen bzw. wesentliche Fortschritte zur Entzifferung der ägyptischen Hieroglyphenschrift. Vielmehr rückten zunehmend die architektonischen Hinterlassenschaften der Ägypter in den Fokus, wobei auch dieser Ansatz zunächst durch die relative Unzugänglichkeit Ägyptens für europäische Reisende behindert wurde. Dennoch befeuerten insbesondere die in den Erzählungen fast aller Ägyptenreisender erwähnten und vielfach abgebildeten Pyramiden die Fantasie der Gelehrten. Hielten viele – wenngleich auch damals schon nicht alle[399] – diese Bauwerke noch im Mittelalter für die Kornspeicher Josephs und damit für Manifestationen der historischen Wahrheit biblischer Erzählungen,[400] galt es diese nun – unter dem Eindruck der Lektüre der Werke klassischer Autoren – aus der (profanen) ägyptischen Geschichte heraus zu erklären und sodann biblische Traditionen mit dem altertumswissenschaftlichen Befund (neu) in Einklang zu bringen.

Zu dem bislang vornehmlich philologischen Ansatz kam nun ein denkmalkundlicher bzw. mathematischer hinzu. Dieser hatte zudem den Vorteil, dass anders als bei der textlichen Überlieferung, die im Laufe der Zeit korrumpiert worden war, die steinernen Monumente der ältesten Vergangenheit diese unbeschadet überstanden hatten. So bemühte sich der britische Astronom John Greaves (1602–1658) während eines Aufenthaltes in Kairo in den Jahren 1638–1639 darum, die Cheops-Pyramide zu vermessen, um diese Daten mit biblischen Maßangaben zur Arche Noah, der Bundeslade und dem salomonischen Tempel abzugleichen und in seiner „Pyramidographia" von 1646 zu veröffentlichen.[401]

---

398 Assmann, Moses der Ägypter, 27.
399 Vgl. Graefe, E., A propos der Pyramidenbeschreibung des Wilhelm von Boldensele aus dem Jahre 1335, in: Hornung, E. (Hg.), Zum Bild Ägyptens im Mittelalter und in der Renaissance, Freiburg (Breisgau) 1990, 9–28.
400 Diese Interpretation geht zurück auf Julius Honorius, einen römischen Staatsmann aus dem 4. bis 5. Jh. n.Chr., und wird auch bei dem irischen Grammatiker Dicuil aus dem 9. Jh. Erwähnt; vgl. Iversen, The Myth of Egypt, 59, Anm. 7
401 Greaves, J., Pyramidographia or a Description of the Pyramids in Ægypt, London 1646.

Abb. 7: Mosaik mit der Darstellung des Joseph beim Einlagern von Korn in den Pyramiden (Gen. 41, 47–48), in der dritten Kuppel des nördlichen Narthex der St. Markus-Basilika in Venedig.

Gemeinsam mit Greaves führte der italienische Architekt Tito Livio Burattini (1617–1681) Messungen in Gizeh durch, die allerdings verloren gegangen sind. Er berichtete hierüber jedoch brieflich an A. Kircher.[402] Niemand Geringeres als Isaac Newton (1643–1727) versuchte den „sacred cubit" oder die „biblische Elle" zu ermitteln, um so die Schilderungen der Heiligen Schrift nachvollziehen zu können.[403] Es handelt sich bei den hier genannten Gelehrten um einen äußerst überschaubaren Kreis, der erstmals den bis dahin doch sehr ungefähren Vor-

---

[402] Vgl. Beinlich, H., Kircher und Ägypten. Information aus zweiter Hand: Tito Livio Burattini, in: Ders. et al. (Hg.), Spurensuche. Wege zu Athanasius Kircher, Dettelbach 2002, 57–72.
[403] Newton, I., A Dissertation upon the Sacred Cubit of the Jews and the Cubits of the several Nations, übers. v. J. Greaves, in: Miscellaneous Works of Mr. John Greaves, Professor of Astronomy in the University of Oxford, Bd. 2, London 1737, 405–433: The Newton Project: http://www.newton project.ox.ac.uk/view/texts/normalized/THEM00276; dazu: Oeser, E., Cheops' Geheimnis. Die wissenschaftliche Eroberung Ägyptens, Darmstadt 2013, 68–77.

stellungen ihrer Zeitgenossen und Vorgänger belastbare, an den ägyptischen Monumenten selbst gewonnene Angaben entgegenzustellen versuchte.[404]

J. Greaves benützte seine durch Autopsie gewonnenen Erkenntnisse auch dazu, der Vorstellung der Pyramiden als Kornspeicher entgegenzutreten:

> But the sacred scriptures clearly expressing the slavery of the Jews to have consisted in making and burning of brick [...] whereas all this Pyramids consist of stone. I cannot be induced to subscribe to [this] assertion. Much less can I assent to that opinion [...] that [...] these were built by the Patriarch Joseph, as Receptacles, and Granaries of the seven plentiful years. For, besides that this figure is most improper for such a purpose, a Pyramid being the least capacious of any regular mathematical body, the straightness, and fewness of the rooms within [...] does utterly overthrow this conjecture. Wherefore the relations of Herodotus, Diodorus Siculus, and of some others, but especially of these two, both of them having travelled into Egypt, and conversed with the Priests (besides that the later made use of their Commentaries) will give us the best and clearest light, in matters of so great antiquity.[405]

Gestützt auf die Autorität klassisch-antiker Autoren, bekräftigte Greaves deren Deutung der Pyramiden als Grabmäler.[406] Was er dabei nur implizierte, war die Feststellung, dass die Pyramiden vor der Anwesenheit der Israeliten in Ägypten errichtet worden sein mussten und folgerichtig nicht durch diese erbaut worden sind.

Im Verlaufe des 18. Jh. gelangten zwar immer noch europäische Reisende nach Ägypten und veröffentlichten auch ihre Eindrücke von dem Land, doch erst im 19. Jh. wurden die Bemühungen zur Vermessung und genaueren Erforschung der Pyramiden wieder aufgenommen. 1836 reiste Colonel Richard William Howard Vyse (1784–1853) nach Ägypten und engagierte den italienischen Abenteurer und früheren Kapitän zur See, Giovanni Battista Caviglia (1770–1845), der zuvor schon mit einigen spektakulären Entdeckungen von sich reden gemacht hatte,[407] dazu, Freilegungsarbeiten an den Pyramiden von Gizeh durchzuführen. Der Italiener scheute aber den Aufwand und begab sich mit den angeheuerten einheimischen Arbeitskräften lieber auf die Suche nach Mumien. Vyse übernahm daraufhin selbst die Leitung der Arbeiten und begann eine umfangreiche Aufnahme der Baudenkmäler des Pyramidenplateaus von Gizeh, wozu er den Ingenieur John Shae Perring (1813–1869) hinzuzog, auf dessen Vermessungen z.T. noch heute

---

404 Vgl. Wortham, J. D., British Egyptology 1549–1906, Newton Abbot 1971, 8–9.
405 Greaves, Pyramidographia, 1–2; vgl. auch die nachfolgende Diskussion: „Of the Time in which the Pyramids were built", 16–41, die die Pyramiden von Gizeh den Königen der 4. Dynastie zuschreibt, den Exodus jedoch, später, nicht vor der 18. Dynastie ansetzen möchte.
406 Vgl. ebenda, 43–64.
407 Vgl. Wortham, British Egyptology, 70–72.

zurückgegriffen wird.⁴⁰⁸ Dennoch ist die Bilanz dieses Forschungseinsatzes aus ägyptologischer Sicht mehr als durchwachsen:⁴⁰⁹ Vyse setzte bei seinen Freilegungsarbeiten Schießpulver ein – noch heute ist die Pyramide des Cheops durch das sogenannte ‚Vyse's hole' sichtbar beschädigt – und entfernte den Granitsarkophag des Mykerinos aus dessen Pyramide, wofür er Türdurchgänge und Vorkammern demolieren musste. Das Schiff, welches den Sarkophag nach England transportieren sollte, ist dann auf dem Weg dorthin gesunken.⁴¹⁰

Vyse wird in der Literatur als konservativer Christ beschrieben, der an eine wörtliche Auslegung der Bibel glaubte.⁴¹¹ In seinen Publikationen zu den Pyramiden von Gizeh scheint diese Einstellung punktuell durch, wobei aber eine durchaus differenzierte Haltung zum Alten Ägypten und seiner Kultur formuliert wird:

> It seems, also, more immediately connected with the Bible than almost any other country. [...] when most other nations were immersed in darkness, and living in the most savage ignorance, Egypt [...] preserved distinct and accurate traditions of the antediluvian world, originally derived from revelation; and [...] the Egyptians, for especial purposes, were endowed with great wisdom and science.⁴¹²

Zwar hat Vyse auch auf die negativen Bezugnahmen auf Ägypten in der Bibel hingewiesen, sich ansonsten aber auf die Vermessung und Dokumentation der Pyramiden beschränkt. Anders verhielt es sich im Falle des Verlegers John Taylor (1781–1864), der 1859 in einer umfänglichen Publikation die Fragen beantworten wollte: „The Great Pyramid. Why was it built and who built it?" Darin widersprach er nicht nur der Auffassung, dass es sich bei dieser lediglich um ein Grabmal handelte, sondern schlug, unter ausdrücklicher Berufung auf die von Vyse und Perring durchgeführten Messungen, vor, in der Pyramide des Cheops vielmehr ein Monument eines alten Maßsystems zu erkennen.⁴¹³ Ausgehend von dem „sacred cubit" besprach Taylor ausführlich verschiedene antike und moderne Maßein-

---

408 Vgl. ebenda, 308, Anm. 699.
409 Vgl. Cottrell, L., The Mountains of Pharaoh. 2,000 years of Pyramid Exploration, London 1975, 129–141.
410 Vgl. Stadelmann, R., Die ägyptischen Pyramiden. Vom Ziegelbau zum Weltwunder³, Mainz 1997, 267; Lehner, M., Das Geheimnis der Pyramiden, München 1999, 50–53.
411 Vgl. Wortham, British Egyptology, 72.
412 Vyse, R. W. H., Operations carried on at the Pyramids of Gizeh in 1837, with an Account of a Voyage into Upper Egypt, and an Appendix, Bd. 1, London 1840, 28.
413 Taylor, J., The Great Pyramid. Why was it built and who built it, London 1859, 1–5; vgl. zu den Hintergründen: Schaffer, S., Metrology, Metrication, and Victorian Values, in: Lightman, B. (Hg.), Victorian Science in Context, Chicago 1997, 449–459.

heiten bzw. Maßsysteme.⁴¹⁴ Besondere Aufmerksamkeit schenkte er dem Inneren der Pyramide und dabei insbesondere dem dort befindlichen Sarkophag und setzte die so gewonnenen Daten des „pyramid cubit" zu hebräischen Maßeinheiten in Bezug. Dabei ergab sich für ihn eine Übereinstimmung, die sich ansonsten nur noch bei einem Abgleich mit dem in England gebrauchten Maßsystem wiederholte.⁴¹⁵

Unter Berufung auf die Erzählung Herodots (II, 128), welcher zwei der Erbauer der Pyramiden von Gizeh, Cheops und Chephren, als den Ägyptern verhasst schilderte – so sehr, dass man ihre Namen nicht nannte und die Pyramiden stattdessen einem Hirten „Philition" zuschrieb –, erklärte Taylor, dass es sich bei dem genannten Erbauer um eine Personifikation der Israeliten handelte. Dieses Hirtenvolk habe die Pyramiden errichtet und stehe im Zusammenhang mit den von Manetho erwähnten Hirtenkönigen, den Hyksos.⁴¹⁶ Hier gehen verschiedene Elemente der ägyptischen Geschichte wild durcheinander: Ob die Pharaonen der 4. Dynastie in der Erinnerung der Zeitgenossen Herodots wirklich ein so schlechtes Image besessen haben, mag dahingestellt sein.⁴¹⁷ Die Interpretation des Namens Philition erscheint ebenfalls fragwürdig.⁴¹⁸ Für Taylor stand jedoch fest, dass es sich bei den Erbauern der Pyramiden um ein semitisches Hirtenvolk bzw. Israeliten gehandelt habe, nicht um „die Söhne von Ham" (vgl. Gen. 10, 6–31).⁴¹⁹ Dabei erörtert er auch eine Gleichsetzung der Hyksos mit Arabern, unterscheidet diese dann aber von den Israeliten, die Moses aus der Knechtschaft herausgeführt hat:

> The first shepherds were lords and conquerors: the others were servants [...]. These latter are manifestly a separate and distinct people; and [...] from the name of their leader and lawgiver (Moses), it is plain that they were Israelites. As to the first, they are supposed to have been Arabians [...].⁴²⁰

---

414 Taylor, The Great Pyramid, 47–100.
415 Vgl. Schaffer, Metrology, Metrication, and Victorian Values, 450: „Taylor and his disciples urged that the dimensions of the Pyramid showed the divine origin of the British units of length."
416 Vgl. Taylor, The Great Pyramid, 218.
417 Vgl. Wildung, D., Die Rolle ägyptischer Könige im Bewußtsein ihrer Nachwelt (MÄS 17), Bd. 1, Berlin 1969, zu Cheops: 177–188; zu Chephren: 209–210; Morenz, S., Traditionen um Cheops. Beiträge zur überlieferungsgeschichtlichen Methode in der Ägyptologie 1, in: ZÄS 97, 1971, 111–118.
418 Wenngleich Herodots Bericht auch später noch für zutreffend oder zumindest möglich erachtet wurde; vgl. Lüddeckens, E., Herodot und Ägypten, in: ZDMG 104.2, 1954, 336, unter Berufung auf Georg Möller.
419 Vgl. Taylor, The Great Pyramid, 206–211.
420 Ebenda, 210–211.

Dies mag zusätzlich dadurch motiviert gewesen sein, dass er den Indern bzw. den „Hindoos" den Anspruch auf die erste Verwendung der arabischen (!) Zahlen absprechen wollte[421] und davon ausging, dass die Verwendung dieser Ziffern der Ausbildung einer Alphabetschrift vorangegangen sei[422] – alles, um den Primat seines ‚semitischen' Maßsystems zu beweisen.

Taylor schlug sogar einen konkreten Architekten vor, Noah, denn: „he who built the Ark was, of all men, the most competent to direct the building of the Great Pyramid."[423] Weiterhin war in der Bibel zu lesen (Gen. 8, 20): „Dann baute Noah dem Herrn einen Altar" und ebenso (Jes. 19, 19): „An jenem Tag wird es für den Herrn mitten in Ägypten einen Altar geben". Die Maße für dieses fromme Bauvorhaben wurden von Taylor als göttlich inspiriert aufgefasst, denn in der Bibel stand ebenfalls geschrieben (Ijob 38, 5–6): „Wer setzte ihre [der Erde] Maße? Du weißt es ja. Wer hat die Messschnur über ihr gespannt? Wohin sind ihre Pfeiler eingesenkt? Oder wer hat ihren Eckstein gelegt?" Und musste es nicht als Zeichen einer göttlichen Inspiration gewertet werden, dass der Umfang der quadratischen Grundfläche der Cheopspyramide näherungsweise π mal ihrer Höhe entsprach? Bleibt noch zu erwähnen, dass Taylor auch dem Stamme Hams ein bedeutendes Bauwerk zugeschrieben hat, nämlich den Turm von Babylon und damit natürlich auch die Ursache der Sprachverwirrung.[424]

Taylors Veröffentlichung erfreute sich trotz der darin vorgestellten, mindestens dem heutigen Leser wirr und unsinnig anmutenden Gedankengänge einer gewissen Beliebtheit beim englischen Publikum.[425] Das hatte wahrscheinlich drei Gründe: Erstens kam Taylors Bibelfestigkeit bei seinen Lesern grundsätzlich gut an; zweitens fühlte sich sein angelsächsisches Publikum sicher geschmeichelt, im Besitz eines göttlich inspirierten Maßsystems zu sein, welches Taylor, drittens,

---

421 Vgl. ebenda, 289–294; vgl. dazu, Haarmann, H., Weltgeschichte der Zahlen, München, 2008, 109.
422 Vgl. Taylor, The Great Pyramid, 285–287; tatsächlich haben die Araber erst durch die Übersetzung indischer mathematischer Texte deren Zahlennotationssystem übernommen und zuvor mit Zahlbuchstaben ihrer eigenen Alphabetschrift gerechnet. Die erste numerische Notation der Weltgeschichte datiert hingegen tatsächlich weit vor der Schriftentwicklung, vor ca. 22.000 Jahren; vgl. Haarmann, Weltgeschichte der Zahlen, 110–111 und 11.
423 Taylor, The Great Pyramid, 228.
424 Vgl. ebenda, 250–261.
425 Der Rezensent des Athenaeum 1676, 1859, Dezember, 772 verglich Taylor, trotz einer gewissen Skepsis, sogar mit Kolumbus, der zwar nicht den von ihm gesuchten Seeweg nach Indien, dafür aber Amerika entdeckt habe und so auch Taylor womöglich durch fehlerhafte Annahmen gleichwohl zu bedeutenden Erkenntnissen gelangt sein könnte.

wenige Jahre später in seinem Werk „The Battle of the Standards" (1864) im Kampf gegen die Einführung des metrischen Systems in Großbritannien verteidigte.[426]

Kennzeichnend für diesen Kampf ist die enorme Komplexität und Vielfalt verschiedener Sachverhalte und kulturgeschichtlicher Fragestellungen, die darin verhandelt wurden. Dieser Komplexität und den damit notwendigerweise verbundenen Unsicherheiten wollte man durch (vermeintlich) exakte Vermessungen eindeutige wissenschaftliche Erkenntnisse gegenüberstellen, so dass Fragen nach der Historizität biblischer Schilderungen, dem Alter der Menschheit, der Ursprache, göttlicher Offenbarung und religiöser Überzeugung ‚nachgemessen' und somit eindeutig geklärt werden konnten.

Obwohl die Frage des in Großbritannien zu verwendenden Maßsystems tagespolitisch hochaktuell war – mit dem 1864 verabschiedeten „Metric Weights and Measures Act" wurde das metrische System in Großbritannien legalisiert,[427] wenngleich seine Benutzung freiwillig blieb –, wäre das oben geschilderte Kuriosum in der Geschichte der Erforschung der ägyptischen Pyramiden wohl eine wissenschaftsgeschichtliche Episode geblieben.

Doch J. Taylor fand einen Nachfolger in dem schottischen Astronomen Charles Piazzi Smyth (1819–1900). Dieser, nachdem er sich zunächst wenig für die Arbeiten Taylors hatte begeistern können, revidierte 1864 jedoch seine Meinung und verteidigte dessen Thesen öffentlich.[428] Noch im selben Jahr brach er nach Ägypten auf, um die Cheops-Pyramide selbst zu vermessen und seine Erkenntnisse in einer dreibändigen Publikation zu veröffentlichen.[429] Die Pyramiden von Gizeh, vor denen noch ein halbes Jahrhundert zuvor Napoleon eine neue Ära imperialer Konflikte zwischen Frankreich und Großbritannien begonnen hatte, wurden auch jetzt zum Gegenstand einer grundlegenden weltanschaulichen Auseinandersetzung. In seinem Buch „Our Inheritance in the Great Pyramid" von 1874 machte Smyth aus dieser weltpolitischen Dimension seiner Studien keinen Hehl:

> The French metrical system [...] is [...] an attempt [...] to dethrone the primeval system of weights and measures amongst all nations; [...] brought to the light of day [...] by the wildest, most bloodthirsty, and most atheistic revolution of a whole nation [...] The French nation [...]

---

426 Vgl. Reisenauer, E. M., The battle of the standards. Great Pyramid metrology and British Identity, 1859–1890, in: The Historian 65.4, 2003, 931–978.
427 Zu den Hintergründen: Kramper, P., The Battle of the Standards. Messen, Zählen und Wiegen in Westeuropa 1660–1914, Berlin 2019, 386–408, bes. 391–394.
428 Smyth, Ch. P., On the reputed Metrological System of the Great Pyramid. A paper read before the Royal Society of Edinburgh, 21st March 1864, in: Transactions of the Royal Society of Edinburgh, 1864, 667–699.
429 Smyth, Ch. P., Life and Work at the Great Pyramid, 3 Bde., Edinburgh 1867.

did for themselves formally abolish Christianity, burn the Bible, declare God to be a nonexistence [...], while they also ceased to reckon time by the Christian era [...].[430]

Obwohl die Franzosen von Smyth also für ‚gottlos' erklärt wurden, fühlte er sich zugleich auch durch den Katholizismus bedroht, und dies umso mehr, als politische Kräfte innerhalb des Königreiches nicht nur für die verbindliche Einführung des metrischen Systems, sondern sogar für ein säkulares Schulwesen eintraten. Die Frontverläufe (die sich auch durch seine metrologischen Forschungen bestätigen ließen) waren für Smyth dabei klar:

> It is not a little striking to see all the Protestant countries standing first and closest to the Great Pyramid; than Russia and her Greek, but freely Bible-reading, Church; than the Roman Catholic lands; than after a long interval, and last but one on the list, France, with its metrical system [...] under an atheistical form of government, [...]; and last of all Mohammedan Turkey.[431]

Die Maße der Cheops-Pyramide waren also göttlich offenbart. Sie entsprachen dem hebräisch-biblischen Maßsystem. Die größte Nähe dazu wiesen das britische Maßsystem und das der übrigen protestantischen Nationen auf. Weiter davon entfernt hatten sich die orthodoxe Christenheit und der Katholizismus. Dann folgt ein großer Abstand, bevor die atheistischen Franzosen angeführt werden konnten. Nur eine Religion/Nation hat sich noch weiter von dem biblischen Maßsystem entfernt: die Muslime/Türken. Bei der letzten (angeblich ja durch objektiven Zahlenvergleich bestätigten) Vorrangstellung der Atheisten vor den Muslimen – wo doch ansonsten die Nähe zu Gott ein entscheidendes Kriterium zu sein schien und im Protestantismus in der vollendetsten Form in Erscheinung treten sollte – handelte es sich wahrscheinlich um eine ‚rassistische Gefälligkeit' für die ja immerhin noch ‚weißen' Franzosen. Jenseits solchen Chauvinismus' gilt es allerdings noch ein anderes Motiv von Smyth herauszuarbeiten. Hatte er doch seine umfassende Darstellung seiner Vermessungstätigkeit in Ägypten mit einer Beschreibung der dortigen Arbeits- und Lebensverhältnisse begonnen und beendete den ersten Band auch mit einer Schilderung des Unverständnisses der einheimischen „Araber" für seine technische Ausrüstung. Das Ziel war der Beweis der eigenen Überlegenheit und der vermeintlichen Unfähigkeit der Einheimischen, das kulturelle Erbe, das sich in den Pyramiden manifestierte, zu verstehen und zu pflegen.[432] Erben der Pyramidenbauer waren die Engländer, die Briten![433] Solche

---

430 Smyth, Ch. P., Our Inheritance in the Great Pyramid, Edinburgh 1874, 217–218.
431 Smyth, Life and Work, Bd. 3, 595.
432 Vgl. Schaffer, Metrology, Metrication, and Victorian Values, 453.

Ansichten sind im Zusammenhang des sogenannten „British Israelism"[434] zu verorten, der wahlweise in Kelten oder den Angelsachsen – durch den Verweis auf vermeintliche sprachliche, ethnisch-rassische und kulturelle Bezüge – die Überzeugung vertrat, dass die Bewohner der britischen Inseln Nachfahren eines verlorenen Stammes Israels seien. Übrigens sollte das die Engländer aber keinesfalls zu Juden machen.[435]

Im dritten Band von „Life and Work" hatte Smyth sich bereits auf einen prominenten Vertreter des British Israelism, John Wilson (1799–1870), berufen:

> And Mr. Wilson does follow it up further, showing satisfactory indications, after eliminating the Persian and Median imported additions, that there is a small portion of Egyptian or Coptic, similarly imported; but that the structure and foundation of the [English] language is Hebraic.[436]

Der Versuch, die Geschichte der Menschheit, jenseits biblischer und klassischantiker Quellen, durch Mathematik und Berechnung zu ergründen, der im Übrigen auch einen unbestreitbaren Gewinn an Vermessungsdaten zu den Pyramiden bedeutete, erwies sich letztlich als ein zukunftsweisender Ansatz. Dieser lässt sich bis ins 17. Jh. zurückverfolgen und hat der ägyptischen Frühgeschichtsforschung, wenn auch nur indirekt, im ausgehenden 19. Jh. zum Durchbruch verholfen (vgl. Kap. II.5). Für Smyth und die übrigen ‚Pyramidologen' oder auch ‚Pyramidiots'[437] ging es dabei aber nicht um ein möglichst objektives Untersuchungsverfahren, sondern um den Beweis einer völkisch-religiös aufgeladenen Ideologie, welche die Bibel, ihre Schilderungen und chronologischen Angaben für unantastbar erachtete. Die Pyramiden waren für sie eine „Bibel in Stein".[438]

---

433 Hier geraten einige Begrifflichkeiten durcheinander. Den Zeitgenossen war durchaus bewusst, dass das britische Königreich ethnisch nicht homogen war bzw. ein Staatsvolk der Briten nicht existierte. Der in diesem Zusammenhang häufig gebrauchte Begriff der (Ancient) Britons [sic] bezieht sich auf die (keltische) Urbevölkerung der römischen Provinz Britannien. Er bot aber hinreichend Identifikationspotential, z. B. auch noch für die 1919 gegründete antisemitische Organisation „The Britons"; vgl. hierzu: Lebzelter, G. C., Political Anti-Semitism in England 1918–1939, Oxford 1978, 49–67.
434 Vgl. Reisenauer, The battle of the standards, 954, Anm. 73; zum British Israelism allgemein: Wilson, J., The Relation between Ideology and Organization in a Small Religious Group: The British Israelites, in: Review of Religious Research 10.1, 1968, 51–60; Michell, J. F., Jews, Britons and the Lost Tribes of Israel. Eccentric lives and peculiar notions, Kempton (Illinois) 1999, 171–177.
435 Vgl. Reisenauer, E. M., Anti-Jewish Philosemitism. British and Hebrew Affinity and Nineteenth Century British Antisemitism, in: British Scholar 1.1, 2008, 94–99.
436 Smyth, Life and Work, Bd. 3, 587.
437 Vgl. Cottrell, The Mountains of Pharaoh, 164.
438 Jánosi, P., Die Pyramiden. Mythos und Archäologie, München 2004, 24.

Die Idee, dass es sich bei ihren Erbauern um Hebräer gehandelt habe und die übrige altägyptische Architektur nur „obszöne heidnische Imitationen" darstellte,[439] sollte übrigens noch späte Nachwirkungen zeigen. Ob nun Noah, Joseph, die Hyksos (= Hirten = Semiten = Hebräer) oder Moses bzw. das von ihm aus ägyptischer (Bau-)Fron herausgeführte Volk Israels – das Alte Testament scheint eine Reihe möglicher Kandidaten zu bieten. Hinzu kommt das Bemühen der Pyramidologen, das Alter der Pyramiden möglichst herabzusetzen, um sie mit der biblischen Chronologie insgesamt und natürlich mit den Lebenszeiten der oben aufgeführten Personen in Einklang zu bringen. Solche Überlegungen veranlassten die damalige Leitung des ägyptischen Antikendienstes im Jahr 2001 dazu, die geplante Untersuchung der DNS von Königsmumien der 18. Dynastie zu untersagen, u. a. weil Gerüchte im Umlauf waren, dass der israelische Geheimdienst Mossad das internationale Forscherteam infiltriert habe, um Beweise zu fälschen, dass die Erbauer der Pyramiden Hebräer gewesen seien.[440] Schließlich hatte man ja auch den israelischen Premierminister Menachem Begin (1913–1992) noch 1979 bei seinem Besuch in Ägypten und bei den Pyramiden von Gizeh davon überzeugen müssen, dass die Pyramiden nicht von Hebräern gebaut worden seien: Beim Überflug soll er gesagt haben: „To think that the People of Israel were once slaves in Egypt, and then to actually see the places that our forefathers may have built ..."[441]

5 Geschichtsschreibung ohne Texte, W. M. Flinders Petrie und die sequence dates

> If in some old country mansion one room after another had been locked up untouched at the death of each successive, then on comparing all the contents it would easily be seen which rooms were of consecutive dates; and no one could suppose a Regency room to belong between Mary and Anne, or an Elizabethan room to come between others of George III. The order of rooms could be settled to a certainty on comparing all the furniture and objects. Each would have some links of style in common with those next to it, and much less connection with others which were farther from its period. And we should soon frame the rule that the order of the rooms was that in which each variety or article should have as short a range of date as it could. Any error in arranging the rooms would certainly extend the period

---

439 Vgl. Wortham, British Egyptology, 79.
440 Vgl. Glain, St. J., Effort to unwrap lineage of mummies hits wall, in: The Wall Street Journal, 03.05.2001, online: https://www.deseret.com/2001/5/3/19584238/effort-to-unwrap-lineage-of-mummies-hits-wall.
441 The Librarians. The Blog of the National Library of Israel, Begin discovers Egypt: https://blog.nli.org.il/en/begin-discovers-egypt.

> of a thing over longer number of generations. This principle applies to graves as well as rooms, to pottery as well as furniture.
> W. M. Flinders Petrie

Der britische Ägyptologe William Mathew Flinders Petrie (1853–1942) gilt heute als „Gründervater" der „scientific archaeology" in Ägypten. Dabei ist der englische Ausdruck hier ganz besonders wichtig, bezieht sich „science" in dieser Sprache – wie im Übrigen auch seine französischen und italienischen Entsprechungen – doch nur auf „Naturwissenschaft" und schließt, anders als die deutsche „Wissenschaft", die „Geisteswissenschaften" oder „humanities" ausdrücklich nicht mit ein.[442] Hinzu kommt, dass Petrie zu einer Zeit, als die Ägyptologie an Universitäten in Deutschland und Frankreich längst fest etabliert war, 1892 zum ersten „Professor of Egyptology" in Großbritannien ernannt wurde und selbst nur kurzzeitig an einer Universität Mathematik studiert hat. Seine Biografin Margaret S. Drower (1911–2012) schreibt dazu:

> Indeed the only formal education he had was when, at the age of twenty-four, he took a University Extension course on Wednesday evenings in algebra and trigonometry; he had already discovered Euclid for himself, when he was fifteen.[443]

Die hier geschilderte autodidaktische Frühbegabung darf sicher, und noch mehr für das 19. Jh., als ein gängiger Topos der Gelehrtenbiografie gewertet werden. Petrie war aber überzeugt davon, herausragende mathematische Fähigkeiten zu besitzen.[444] So vermachte er schließlich auch seinen Schädel der Wissenschaft, um zukünftigen Studierendengenerationen die Möglichkeit zu geben, seine mathematische Ausnahmebegabung anatomisch nachzuvollziehen.[445]

Seine ersten Schritte in der Welt der Altertumswissenschaft tat er denn auch 1874/77 bei der Vermessung von Stonehenge[446] und behauptete später, die von ihm publizierten Pläne seien bis auf ein Zweitausendstel korrekt. Allerdings

---

442 Vgl. Daston, L., Die Kultur der wissenschaftlichen Objektivität, in: Hagner, M. (Hg.), Ansichten der Wissenschaftsgeschichte, Frankfurt a. M. 2001, 137–138.
443 Drower, M. S., Flinders Petrie. A Life in Archaeology, London 1985, 18.
444 Vgl. Galton, F., Inquiries into Human Faculty and its Development, London 1883, 95, Taf. 2, Abb. 34.
445 Hierzu: Drower, Flinders Petrie, 424; Silberman, N. A., Petrie's Head. Eugenics and Near Eastern Archaeology, in: Kehoue, A. B. / Emmerichs, M. B. (Hg.), Assembling the Past. Studies in the Professionalization of Archaeology, Albuquerque 1999, 69–79; Ucko, P. J., The Biography of a Collection. The Flinders Petrie Palestinian Collection and the Role of University Museums, in: Museum Management and Curatorship 17.4, 1998, 391–394.
446 Petrie, W. M. Flinders, Stonehenge. Plans Description and Theories, London 1880.

dürfte er sich vielfach auch schlicht selbst überschätzt haben. Dies legen jedenfalls Schilderungen wie diese nahe:

> It is related of his later years that a student holding the other end of the tape for him on a tell, ventured to point out to the Professor that the wind was blowing the tape in a curve and the measurement would not therefore be accurate – Petrie replied that he had already made the necessary mathematical adjustment.[447]

Derartige Anekdoten sind Teil einer wissenschaftsgeschichtlichen Legendenbildung und erfreuen sich stets großer Beliebtheit, insbesondere bei den nachgeborenen Fachkollegen. Auf Grundlage seiner intensiven Auseinandersetzung mit Petries Arbeiten kam aber auch der Mathematiker David Kendall (1918–2007) zu dem Schluss, dass Petrie „should be ranked with the greatest applied mathematicians of the nineteenth century".[448]

Die mathematischen Fähigkeiten Petries und seine Selbstdarstellung bzw. -vermarktung spielen für das in diesem Kapitel behandelte Fallbeispiel eine entscheidende Rolle, wobei gleich zu Anfang angemerkt werden sollte, dass Petrie selbst, als es darauf ankam, die Grenzen seiner eigenen Fähigkeiten sehr wohl erkannt und auch mehr oder weniger offen eingeräumt hat. An dieser Stelle soll auch nicht verschwiegen oder auch nur relativiert werden, dass der große englische Gelehrte tatsächlich am Anfang der wissenschaftlichen (!) Archäologie in Ägypten steht und im Übrigen als Begründer der ägyptologischen Frühgeschichtsforschung zu gelten hat.

Wie bei vielen angelsächsischen Gelehrten, die sich der Erforschung des Alten Orients verschrieben, steht auch am Beginn von Petries Ägyptologenlaufbahn eine ‚biblische' Motivation,[449] die von ihm 1880 mathematisch gelöst werden sollte: die Feststellung über das Vorhandensein der von dem schottischen Astronomen Charles Piazzi Smyth (1819–1900) postulierten Maßeinheit des

---

[447] Drower, Flinders Petrie, 24.
[448] Kendall, D. G., Seriation from abundance matrices. Mathematics in the Archaeological and Historical Sciences, in: Hodson, F. R. et al. (Hg.), Mathematics in the Archaeological and Historical Sciences, Edinburgh 1971, 231; s. auch Kendall, D. G., A Statistical Approach to Flinders Petrie's Sequence-Dating, in: Bulletin de l'Institute International de Statistique, actes de la 34^e session, 40.2, 1963, 657–681; Kendall, D. G., Some Problems and Methods in Statistical Archaeology, in: World Archaeology 1, 1969, 66–76.
[449] Dazu allgemein: Gange, D., Dialogues with the Dead. Egyptology in British Culture and Religion, 1822–1922, London 2013; Gange, D. / Ledger-Lomas, M. (Hg.), Cities of God. The Bible and Archaeology in Nineteenth-Century Britain, Cambridge 2013.

„pyramid-inch", welche eine metrologische[450] Verbindung zwischen „ägyptischer Fron" und dem „verlorenen Stamme Israels" in Großbritannien beweisen sollte (vgl. Kap. II.4). Obwohl anfänglich von dessen Theorien begeistert, hat Petrie diese schließlich eindeutig widerlegt.[451]

Es sei hier auch noch erwähnt, dass Petrie 1890 als erster die aus der Geologie vertraute Methodik der Stratigrafie bei einer Ausgrabung in Vorderasien zur Anwendung gebracht hat.[452] Allerdings hat er sie vorrangig dazu benützt, die relativchronologische Stellung der von ihm gefundenen Keramik zu ermitteln. Diese erlaubte ihm dann zwar auch Vergleiche mit dem Material, das an anderen Ausgrabungsstätten gefunden wurde, allerdings war seine Dokumentation der vorgefundenen *strata* eher schematisch und ermöglichte eben keinen Abgleich mit anderen Stratigrafien.[453]

Die hier genannten Beispiele dürften genügen, um klar werden zu lassen, dass Petries Zugang zur Archäologie ein v.a. mathematischer gewesen ist.[454] Neben der exakten Vermessung antiker Monumente ließ sich dieser Ansatz besonders gut auf die großen Massen von Keramik anwenden, die an praktisch jedem Ausgrabungsort im Mittleren Osten anzutreffen waren und sind. Nicht das einzelne Objekt sollte aufgrund seines künstlerischen Wertes bzw. stilistischer Kriterien oder historisch relevanter Inschriften im Zentrum der Betrachtung stehen, sondern die statistische Auswertung der Häufigkeit und räumlichen Verteilung. Dieser Ansatz war zum einen gewiss auch Petries fehlender altertumswissenschaftlicher bzw. philologischer Ausbildung geschuldet, darf aber nichtsdestotrotz als wegweisend für alle zukünftigen Forschungen betrachtet

---

450 Zum damals herrschenden „metrologischen" Zeitgeist: Schaffer, S., Metrology, Metrication, and Victorian Values, in: Lightman, B. (Hg.), Victorian Science in Context, Chicago 1997, 438–474.
451 Petrie, W. M. Flinders, Researches on the Great Pyramid, London 1874; später publiziert er noch eine grundlegende Arbeit zum Thema: Petrie, W. M. Flinders, Inductive Metrology or the Recovery of Ancient Measures from the Monuments, London 1877; zu den Hintergründen: Drower, Flinders Petrie, 27–64, sowie: Reisenauer, E. M., The battle of the standards. Great Pyramid metrology and British Identity, 1859–1890, in: The Historian 65.4, 2003, 931–978; s. auch Oeser, E., Cheops' Geheimnis. Die wissenschaftliche Eroberung Ägyptens, Darmstadt 2013, 171–174, der schildert, dass sich Smyth keineswegs sofort geschlagen gegeben hat.
452 Petrie, W. M. Flinders, Tell el-Hesy, London 1891; dazu: Matthers, J. M., Excavations by the Palestine Exploration Fund at Tell el-Hesi, in: Dahlberg, B. T. / O'Connell K. G. (Hg.), Tell el-Hesi. The Site and the Expedition, London 1989, 37–67.
453 Vgl. Lucas, G., Critical Approaches to Fieldwork. Contemporary and Historical Archaeological Practice, London 2001, 31: „One could argue that Petrie [...], was not really concerned to understand how a site worked or developed in itself – the site was merely the context of the finds."
454 Vgl. zu den nachfolgenden Ausführungen auch: Gertzen, T. L. / Grötschel, M., Flinders Petrie, The Travelling Salesman Problem, and the Beginning of Mathematical Modeling in Archaeology, in: Documenta Mathematica, Sonderband: Optimization Stories, 2012, 199–210.

werden, insbesondere für die Erforschung der ägyptischen Frühgeschichte, in der stilistische bzw. auf Textquellen basierende Datierungen nicht oder nur äußerst eingeschränkt möglich sind. Dabei muss man sich auch die bis dahin geübte Praxis in der ägyptischen Archäologie vergegenwärtigen. So entgegnete etwa noch 1892 der Schweizer Ägyptologe Henri Edouard Naville (1844–1926) auf Petries Kritik an seiner vermeintlich mangelhaften Dokumentation der archäologischen Funde und Befunde: „You might as well make a plan of the position of raisins in a plum pudding."[455]

Petrie blieb von solchen Einwürfen jedoch unbeeindruckt. Ende der 1890er Jahre intensivierte er seine Bemühungen um „a relative dating of all the prehistoric things into successive periods".[456] 1895 hatte er einen Typenkatalog für die in Naqada und Ballas in Oberägypten gefundene Keramik erstellt.[457] Er unterteilte sie in die folgenden Klassen: Black-Topped (B); Polished Red (P); Fancy Forms (F); Cross-Lined (C); Incised Black (N); Wavy-Handled (W); Decorated (D); Rough-Faced (R) und Late (L). Diese Klassifikation diente ihm als Grundlage zur Keramikbestimmung an seinem nächsten prähistorischen Ausgrabungsort im Jahr 1899 in den Friedhöfen von Diospolis Parva bzw. dort auch zur Präzisierung und teilweisen Korrektur seiner zuvor präsentierten Forschungsergebnisse.[458]

Es ist festzuhalten, dass die Klasse der Late Pottery bereits eine chronologische Einordnung darstellt, und anzumerken, dass die Wavy Handled Pottery bzw. die Wellenhenkelgefäße später noch von entscheidender Bedeutung sein sollten. Doch zunächst soll noch einmal verdeutlicht werden, dass eine solche Klassifikation verschiedener Keramiktypen damals keinesfalls selbstverständlich (gewesen) ist und sich in der Archäologie erst durchsetzen musste. Im Falle Petries darf davon ausgegangen werden, dass er diesen Ansatz von Augustus Henry Lane-Fox Pitt-Rivers (1827–1900) übernommen hat[459] und damit auch dessen chronologische Implikation:

---

455 Zitiert nach Drower, Flinders Petrie, 283.
456 Zitiert nach ebenda, 249.
457 Petrie, W. M. Flinders / Quibell, J. E., Naqada and Ballas, London 1896, Taf. 18–38.
458 Dazu kritisch: Sowada, K., The Politics of Error. Flinders Petrie at Diospolis Parva, in: BACE 7, 1996, 89–96.
459 Zum engen Verhältnis der beiden vgl. Stevenson, A., ‚We Seem to be Working in the Same Line': A. H. L. F. Pitt-Rivers and W. M. F. Petrie, in: Bulletin of the History of Archaeology 22.1, 2012, 4–13: https://www.archaeologybulletin.org/articles/10.5334/bha.22112.

> [if] the date cannot be given, then recourse must be had to the sequence of type, and that is what I term ‚Typology' It is not an accepted term, and I am not aware that it has been applied before to the study of sequence of the types of the arts.[460]

Die Übernahme aus dem Bereich der Naturwissenschaften hat Pitt-Rivers dabei unumwunden eingeräumt, ja, sie seinen archäologischen Arbeiten sogar ganz ausdrücklich zugrunde gelegt: „The problems of the naturalist and thus of the typologist are analogous."[461]

Jede einzelne Keramik-Klasse wurde von Petrie in Naqada daraufhin ihrerseits nach verschiedenen Varianten unterteilt:

> Each class of pottery is denoted by its initial letter; [...]. Each form in a class is numbered, from 1 to 99, and each subvariety is lettered. [...]. The numbers are not always continuous, but gaps in the series are left where there is much difference between the forms. In this manner it is possible to add new forms without upsetting the system, and new sub-varieties can be brought by using small letters. [...] The practical utility of such a corpus is found at once when excavating. Formerly it was needful to keep dozens of broken specimens, which were of no value except for the fact of being found along with other vases. Now the excavator merely needs to look over the corpus of plates, and writes down on the plan of the tomb, B23, P35b, C15, F72, thus the whole record is made, and not a single piece need be kept unless it is a good specimen.[462]

Die Klassifikation sollte also offen gehalten werden für das Aufkommen neuer Keramiktypen bzw. Varianten bereits bekannter Typen. Die einfache alphanumerische Typenbezeichnung sollte die Dokumentation erleichtern und die großen Mengen gefundenen Materials handhabbar werden lassen.

Für die Erarbeitung einer relativchronologischen Abfolge bemühte Petrie den zu Beginn dieses Kapitels zitierten Vergleich verschiedener Räume in einem Haus (zu den von ihm behandelten Gräbern in einem Friedhof), wobei die relative Häufung stilistischer Gemeinsamkeiten bzw. gleichen Mobiliars die zeitliche Nähe einzelner Räume zueinander und damit schließlich die zeitliche Abfolge aller Räume erkennbar werden lässt.

---

460 Pitt-Rivers, A. H., Typological Museums. As exemplified by the Pitt Rivers Museum at Oxford and his Provincial Museum at Farnham, in: Journal of the Society of Arts 40, 1891, 116; dazu: Kunst, M., Intellektuelle Information – genetische Information, in: Acta Praehistorica et Archaeologica 13/14, 1982, 1–2.
461 In einem Vortrag vor der Society of Arts, 1891, zitiert nach: Thompson, M.W., General Pitt-Rivers. Evolution in Archaeology in the Nineteenth Century, Bradford-on-Avon 1977, 41.
462 Petrie, W. M. Flinders, Methods and Aims in Archaeology, London 1904, 125.

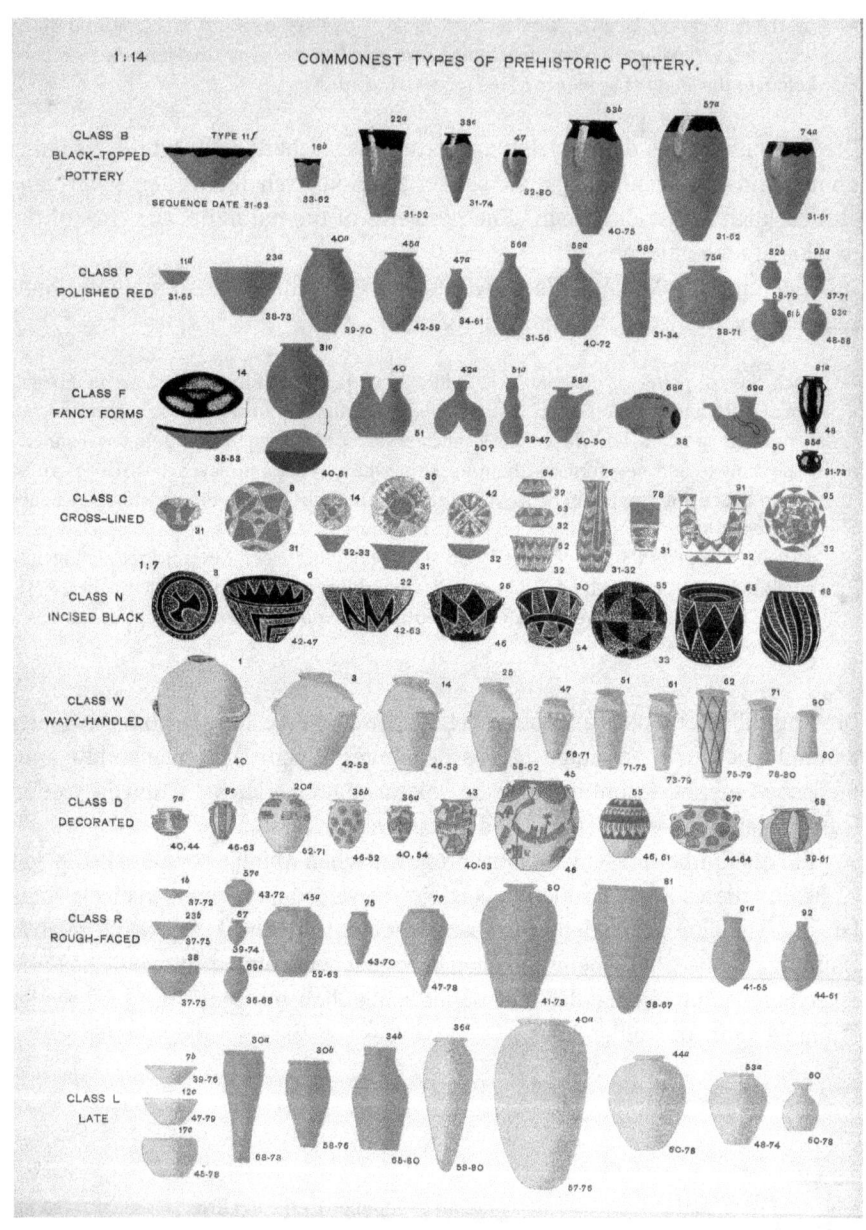

Abb. 8: Übersicht über die von W. M. Flinders Petrie bestimmten Typen-Klassen der Naqada-Keramik mitsamt ihren zugehörigen „sequence dates".

Natürlich sind für die Anwendung dieses Prinzips in der Archäologie mehrere verschiedene Keramiktypen notwendig, die auch in jeweils genügender Zahl in jedem Grab vorhanden sein müssen. Petrie führte hierzu aus:

> In this and all the later stages only graves with at least five different types of pottery were classified, as poorer instances do not give enough ground for study.[463]

Nur so ließen sich die Konzentration bestimmter Typen bzw. das gemeinsame Auftreten mit anderen statistisch überhaupt auswerten. Durch die alphanumerische Kodierung der verschiedenen Keramiktypen war eine erste Grundlage geschaffen, nun galt es jedoch das Inventar einzelner Gräber übersichtlich darzustellen:

> To deal simultaneously with the records of some hundreds of graves it is needful to state them as compactly as possible. This was done by writing out the numbers, which express the forms of pottery that were found, on a separate slip of card for each tomb. [...] All the slips were ruled in 9 columns, one of each kind of pottery. [...] Every form of pottery found in a given tomb was then expressed by writing the number of that form in the column of that kind of pottery. [...] The means were thus provided for exact definition and rapid comparison.

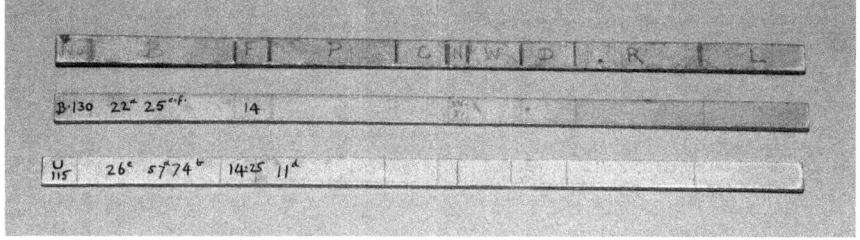

Abb. 9a: Drei der von W. M. Flinders Petrie gefertigten „slips" zur Aufzeichnung kompletter Grabinventare. Oben die Spalten für die Grabnummer und die verschiedenen Keramik-Klassen: Black Topped; Fancy Forms; Polished Red; Cross Lined; Incised Black; Wavy Handled; Decorated, Rough und Late. Darunter auf den einzelnen „slips" eingetragen das Inventar des jeweiligen Grabes, mit den verschiedenen „subvarieties" von Keramik-Typen.

In der Mathematik ist die Aufgabe, vor die sich Petrie nun gestellt sah, als das „Travelling Salesman Problem" (TSP) bekannt. Dabei muss der imaginierte Handelsreisende mehrere Städte hintereinander besuchen und dabei die möglichst kürzeste Wegstrecke zurücklegen. Das Problem besteht nun darin, dass die

---

463 Petrie, W. M. Flinders / Mace, A. C., Diospolis Parva, the cemeteries of Abadiyeh and Hu, London 1901, 6.

Städte nicht entlang einer Straße linear aufgereiht sind und einfach nacheinander bereist werden können, sondern sie über das ganze Land verstreut sind. Der Mathematiker Martin Grötschel hat dies folgendermaßen auf Petrie und seine hier vorgestellten „slips" übertragen:

> In modern TSP-terminology Petrie did the following: He started out with a large number of cities and dispensed those who were irrelevant for the problem, due to insufficient data, to reduce the TSP-instance to a manageable size. (We call this data reduction today). Then he identified a certain subset of cities which he was able to identify a satisfactory solution (identification of important cities for which a good solution can be found). After that he used a clustering-based insertion-method to produce a feasible and hopefully good solution of the overall problem.

Machen wir uns zunächst noch einmal die praktische Situation klar: Petrie hatte zunächst eine Keramiktypologie erstellt und diese in einem alphanumerischen Typenkatalog zusammengefasst. Daraufhin hatte er das Inventar der von ihm freigelegten Gräber im Raum von Diospolis Parva auf einen statistisch auswertbaren Keramikbestand hin durchgesehen und das Inventar der einzelnen, jeweils ausreichend bestückten Gräber auf „paper slips" notiert. Doch trotz der so geleisteten „data reduction" stand er nun einem großen Tisch mit 900 Papierstreifen gegenüber, die er in einem kombinationsstatistischen Verfahren in eine relativchronologische Reihenfolge bringen musste. Auch ein mathematisch hochbegabter Wissenschaftler dürfte mit dieser Aufgabe – ohne die Unterstützung von Computern – wohl überfordert gewesen sein. Allerdings hatte er ja zuvor schon eine Klasse von Late Pottery identifiziert, deren Vorkommen eine entsprechende Datierung der betreffenden Gräber nahelegte: „there is a class [...] we have seen to be later (L) than the rest, as it links on to the forms of historic age."[464] Allerdings benötigte Petrie immer noch einige „important cities" (vgl. Zitat oben), die es ihm erlauben würden, sein Material vorzusortieren. Hierzu bediente er sich des Verfahrens einer stilistischen Datierung der Wellenhenkelgefäße:

> The most clear series of derived forms is that of the wavy-handled vases (W). Beginning almost globular, [...] they next become more upright, then narrower with degraded handles, then the handle becomes a mere wavy line, and lastly an upright cylinder with an arched pattern or a mere cord line around it.

Danach konnte er auch die übrigen Typ-Klassen grob vorsortieren:

---

464 Ebenda, 5–6; auch im Folgenden.

> This rough placing can be further improved by bringing together as close as may be the earliest and the latest examples of any type; as it is clear that any disturbance of the original order will tend to scatter the types wider, therefore the shortest range possible for each type is the probable truth.

Um dieses chronologische Verhältnis (ohne Angabe konkreter, absoluter Jahreszahlen) darstellen zu können, entwickelte er das Konzept der sogenannten „sequence dates".[465] Er beschrieb die dann folgenden Arbeitsschritte so:

> a first division into fifty equal stages, numbered 30 to 80, termed sequence dates or S.D. [...] a list of all the types of pottery, stating the sequence date of every example that occurs in theses graves.

Auch in diesem Fall berücksichtigte Petrie die mögliche Notwendigkeit einer späteren Erweiterung nach vorne oder hinten, indem er die S.D. 1–29 sowie 81–100 nicht vergeben hat. Das Vorkommen eines bestimmten Typs von Keramik konnte nun abstrakt in S.D. angegeben werden, also etwa S.D. 33–42, 37–70 oder 45–48.[466] Das gemeinsame Vorkommen verschiedener Keramiktypen unterschiedlicher „Laufzeiten" in einem Grab erlaubte es ihm daraufhin, die relativchronologische Stellung dieses Grabes einzugrenzen, wobei der „jüngste" Typ den *terminus post quem*, der „älteste" den *terminus ante quem* definierten und dadurch die „Laufzeit" bzw. die relative Datierung des Grabes ermöglichten:

	Sequence Dates	Sequence Dates
	30–36	35–68
	32–68	60–69
	30–42	68–78
	31–34	68–78
Limits	32–34	68

Das Ergebnis von Petries Bemühungen war schließlich die Anordnung der erwähnten 900 Pappstreifen in ihrer relativchronologischen Reihenfolge, die sich in den Archiven des Petrie Museum am University College, London bis heute erhalten hat.

---

465 Erstmals erläutert in: Petrie, W. M. Flinders, Sequences in Prehistoric Remains, in: The Journal of the Anthropological Institute of Great Britain and Ireland 29, 1899, 295–301.
466 Vgl. hierzu und im Folgenden: Petrie, Methods and Aims, 129.

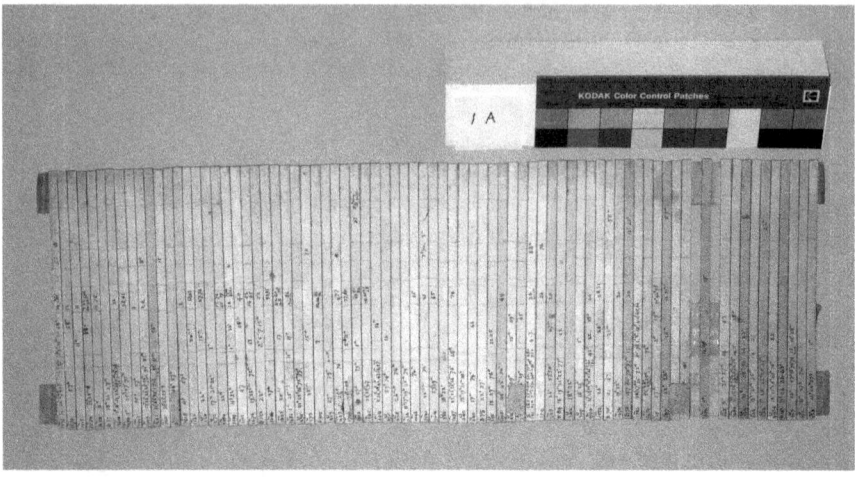

Abb. 9b: Die nach dem Verfahren der Seriation erfolgte Anordnung der „slips" durch W. M. Flinders Petrie.

Petrie hat also die Seriation[467] der Gräber von Diospolis Parva bzw. des in ihnen enthaltenen Keramikbestandes nicht allein mittels eines mathematischen, kombinationsstatistischen Verfahrens ermittelt. Schließlich konnte er ja neben den Tongefäßen noch andere Bestandteile des Grabinventars zur Datierung heranziehen: „the other objects – stone vases, slate palettes, flints & c. – when arranged according to the results of the study of the pottery serve as checks on the correctness of those results."[468] Er hat aber auch gar nicht behauptet, 900 ‚Datenträger' im Kopf in die statistisch wahrscheinlichste Reihenfolge gebracht zu haben. Sein Verdienst liegt vielmehr in der theoretischen Grundlegung eines solchen Datierungsverfahrens und, wie es der bereits erwähnte Mathemtiker Kendall ausdrückte, in einer „masterly combination of subjective and objective methods".[469]

Wie beinahe jede methodische Neuerung und wissenschaftliche Erkenntnis, so stießen auch die „sequence dates" zunächst auf Ablehnung. So kommentierte etwa der klassische Altertumswissenschaftler George Francis Legge (1853–1922):

---

[467] Vgl. grundlegend: Narr, Karl J., Typologie und Seriation, in: Bonner Jahrbücher 178, 1978, 24–25; O'Brien, M. J. / Lyman, R. L., Seriation, Stratigraphy and Index Fossils. The Backbone of Archaeological Dating, New York 1999, zu Petrie: 91.
[468] Petrie / Mace, Diospolis Parva, 4.
[469] Kendall, A Statistical Approach, 661.

> As those who have followed the subject will no doubt have gathered from the title of this Paper, its object is to bring to the Society's notice the overthrow of the system of dating what are generally called ‚prehistoric' graves in Egypt by the pottery found in them. [...] Within the last two years, Dr. Naville's investigations at Abydos have shown that the system is founded on a fallacy, and M. Maspero, in an article in the Revue Critique which will be presently quoted, has given that view his approval.[470]

Mit bloßen Autoritätsargumenten ließ sich die Methode der „sequence dates" allerdings nicht aufhalten. In einem ähnlichen Maße, wie Petrie dem damals üblichen Werdegang eines studierten Altertumswissenschaftlers nicht entsprochen hatte, fehlte vielen von diesen das grundlegende mathematische Verständnis, seine Methoden auch nur nachvollziehen zu können. Letztlich hat sich Petrie durchgesetzt, allerdings bedurfte sein Ansatz einer entscheidenden Erweiterung. Der belgische Ägyptologe Stan Hendrickx hat die Kritik an Petries Datierungsverfahren wie folgt zusammengefasst:

> 1) It is obvious that Petrie makes no clear distinction between typology and chronology.
> 2) Petrie treats cemeteries from different sites as an entity. He accepts cultural uniformity of the predynastic culture as guaranteed, leaving no place for local variation. This is characteristic for the time when Petrie was working; far more attention was paid to cultural diffusion than to local growth and evolution.
> 3) However, the most striking omission of Petrie's way of working remains the fact that he never took horizontal distribution of the graves into consideration.[471]

Der erste Kritikpunkt ist, vor dem Hintergrund der oben geschilderten Übernahme grundlegender Vorstellungen von A. H. Pitt-Rivers, ohne Weiteres nachvollziehbar. Darüber hinaus hat Petrie ja auch eine Late Pottery typologisiert, ebenso wie er die Wellenhenkelgefäße nach einem evolutionistischen Prinzip von bauchigen Gefäßen mit deutlich ausgearbeiteten Wellenhenkeln zu schlanken Gefäßen, mit nur mehr angedeuteten Wellenlinien, zeitlich eingeordnet hat – hier verschwimmen eindeutig die Grenzen zwischen Typologie und Chronologie. Zwar hat Petrie Varianten der von ihm an einem Grabungsplatz vorgefundenen Typen an anderen Grabungsorten in seinem System vorgesehen bzw. dieses dafür offen und erweiterbar gestaltet. Tatsächlich ist er aber von der weitgehend uneingeschränkten Übertragbarkeit seiner Ergebnisse auf alle prähistorischen Fundplätze ausgegangen.

---

470 Legge, F., New Light on Sequence-Dating, in: PSBA 35, 1913, 101.
471 Hendrickx, S., The Relative Chronology of the Naqada Culture. Problems and Possibilities, in: Spencer, J. (Hg.), Aspects of Early Egypt, London 1993, 37–38.

Die Überlegung aber, dass die horizontale Verteilung der Gräber auf einem Friedhof einen weiteren Anhaltspunkt für ihre chronologische Stellung bieten könnte, scheint ihm nicht in den Sinn gekommen zu sein. Dies hat erst der deutsche Ägyptologe Werner Kaiser (1926–2013) in seinen „Studien zur Vorgeschichte Ägyptens" von 1955 geleistet.[472]

Es scheint fast ein bisschen ironisch, dass Petrie ein mathematisches Prinzip anwandte, welches heute als „Travelling Salesman Problem" bezeichnet wird, und dabei die räumliche Verteilung der untersuchten Gräber in der Fläche nicht berücksichtigte.

6 Hundsstern und Hyksos – keine Zweite Zwischenzeit in Ägypten?

> In short, an already difficult period has been shuffled to the point of contradiction.
> John A. Wilson

Chronologie, das zeigen die verschiedenen Fallbeispiele in diesem Band, ist Gegenstand fortlaufender Diskussionen und andauernder Forschungen. Neben neuentdeckten Quellen und veränderter Auswertung der bereits bekannten spielen auch weltanschauliche, methodische und konzeptionelle Hintergründe sowie die zeitgeistigen Rahmenbedingungen hierbei eine Rolle. Es kann daher nicht verwundern, wenn immer wieder neue Ansichten geäußert sowie absolute und relative Datierungen verschoben werden. Dennoch handelt es sich dabei meistens um Veränderungen in Details (ein Herrscher erhält ein paar mehr oder weniger Regierungsjahre oder tritt früher oder später auf der ‚historischen Bühne' auf bzw. von dieser ab). Auch möglich ist eine neue Einordnung der „schwimmenden (relativen) Chronologie" (vgl. Kap. I.4) in den absolut-chronologischen Rahmen. Ebenso vorstellbar ist eine Veränderung der Epochen-Nomenklatur, die oftmals auf eine veränderte historiografische Betrachtungsweise zurückzuführen ist. Dass dabei z.T. auch ältere, schon früher vorgeschlagene Vorstellungen bewusst oder unbewusst repliziert werden, ist an sich nicht ungewöhnlich. Da die Auseinandersetzung mit chronologischen Fragen aber, anders als vielleicht anzunehmen wäre, längst nicht für alle Altertumswissenschaftler ihr ‚täglich Brot' ist, sondern im Gegenteil häufig einigen ausgesuchten Spezialisten vorbehalten bleibt, kommt es mitunter immer wieder zu doch recht eigenwilligen Neuinterpretationen. Ein Beispiel hierfür soll im Folgenden näher betrachtet werden.

---

472 Unveröffentlichte Dissertationsschrift; vgl. Kaiser, W., Stand und Probleme der ägyptischen Vorgeschichtsforschung, in: ZÄS 81, 87–109.

In der zweiten Hälfte der 1920er Jahre veröffentlichte der französische[473] Ägyptologe Raymond Weill (1874–1950) eine zweibändige Arbeit zu „Bases, méthodes et resultats de la Chronologie Égyptienne".[474] Die Doppel-Monografie wurde von seinen Kollegen als eine Art Standardwerk aufgefasst, das „nichts wichtiges Neues geben" könne, aber „als eine gute Einführung in die ägyptische Chronologie dienen kann". Dabei wurden „seine gründlichen kritischen Untersuchungen über einige Abschnitte der ägyptischen Geschichte"[475] ausdrücklich anerkannt. Weills Publikation war allerdings weniger als ein Standard- oder Einführungswerk, sondern vielmehr als Beitrag zu einer damals hochaktuellen Forschungsdiskussion gedacht. Der deutsche Ägyptologe Ludwig Borchardt (1863–1938) hatte sich in den Jahren 1924–1926 gemeinsam mit dem Astronomen und Mathematiker Paul Viktor Neugebauer (1878–1940) bemüht, antike Beobachtungen zum Aufgang des Sirius (auch Hundsstern, griech. Σωθις, ägypt. *Spd.t*) nachzuvollziehen.[476]

Durch die Aufzeichnung des heliakischen (~ „zur aufgehenden Sonne gehörenden") Aufgangs des Sothis im Jahr des Regierungsantritts Amenhoteps I. auf der Rückseite des medizinischen Papyrus Ebers (pEbers; erworben 1872/73)[477] und einer weiteren in der Regierungszeit Sesostris' III. auf der Rückseite eines Papyrus

---

473 Seine Biografie weist einige bemerkenswerte Aspekte auf: Die Familie war elsässischer Herkunft und entschied sich, nach dem deutsch-französischen Krieg von 1870/71 und der anschließenden Annexion Elsaß-Lothringens durch das neuentstandene Deutsche Reich, für die Beibehaltung der französischen Staatsbürgerschaft. Der daraus resultierende Verlust der Heimat wird wohl einer der Gründe gewesen sein, weshalb sich der junge Raymond dazu entschlossen hat, eine militärische Laufbahn einzuschlagen. Im Alter von 40 Jahren diente er als Offizier im Ersten Weltkrieg und erlebte im Alter von 65 Jahren den Ausbruch des Zweiten, den er in dem von den Deutschen besetzten Paris verbrachte; vgl. Pillet, M., Raymond Weill (1874–1950), in: Revue Archéologique 42, 1953, 93–96.
474 Weill, R., Bases, méthodes et résultats de la Chronologie Égyptienne, 2 Bde., Paris 1926–1928.
475 Černý, J., Rezension: Weill, Bases, méthodes et résultats, in: AfO 5, 1928/29, 113; vgl. Clère, J. J., Bibliographie de Raymond Weill, in: RdE 8, 1951, vii–xvi.
476 Vgl. Borchardt, L. / Neugebauer, P. V., Beobachtung des Frühaufgangs des Sirius in Ägypten, in: OLZ 5, 1926, 310–316; Borchardt, L. / Neugebauer, P. V., Beobachtungen des Frühaufgangs des Sirius in Ägypten im Jahre 1926, in: OLZ 6, 1930, 441–448; grundlegend: Krauss, R., Sothis- und Monddaten. Studien zur astronomischen und technischen Chronologie Altägyptens (HÄB 20), Hildesheim 1985; rezent: Krauss, R., Ronald A. Wells on astronomical techniques in ancient Egyptian chronology, in: DE 57, 2003, 51–56; Gautschy, R., Der Stern Sirius im Alten Ägypten, in: ZÄS 138, 2011, 116–131, hier bes. 125–127.
477 Voss, S., Ludwig Borchardts Recherche zur Herkunft des pEbers, in: MDAIK 65, 2009, 373–376.

Abb. 10: Personifizierte Darstellung des Sothis als Göttin in einer Deckenmalerei aus dem Grab des Petamenophis aus der 25./26. Dynastie in Theben (TT 33).

aus Lahun (pBerlin 10012; erworben 1899)[478] bot sich die Möglichkeit, die Chronologie des Neuen und des Mittleren Reiches, und zwar durch die Sothisperiode in Korrelation mit dem 365-tägigen ‚bürgerlichen' ägyptischen Kalender, mit absoluten Daten zu verknüpfen.[479]

Dabei ist zu bedenken, dass der Zeitpunkt der Beobachtung des Sothisaufgangs grundsätzlich von der Position des Beobachters abhängt, d. h. je nachdem, ob sich der Beobachter weiter nördlich oder südlich in Ägypten befindet, wird der

---

[478] Luft, U., Die chronologische Fixierung des ägyptischen mittleren Reiches nach dem Tempelarchiv von Illahun, Wien 1992.
[479] Vgl. Luft, U., s.v. „Sothisperiode", in: LÄ 5, Wiesbaden 1984, 1117–1124.

Stern entsprechend früher oder später gesichtet – und weiterhin, dass der ägyptische Kalender (mit Ausnahme eines entsprechenden Reformversuches unter Ptolemaios III.)[480] nicht durch einen Schalttag erweitert worden ist. Um historische Sothisbeobachtungen nachzuvollziehen, musste schon Borchardt darüber hinaus feststellen, dass Luft- und Lichtverschmutzung im modernen Ägypten dies erschwerte.

Erste Überlegungen, die ägyptische Chronologie durch den Abgleich von astronomischen Beobachtungen mit dem ägyptischen Kalender auf eine gesichertere Grundlage zu stellen, hatte Borchardt bereits 1899 publiziert.[481] R. Weill stützte sich in seinen Ausführungen jedoch vornehmlich auf die „Aegyptische Chronologie" von Eduard Meyer (1855–1930) aus dem Jahr 1904, in der das Verfahren ausführlich besprochen worden war.[482] Interessant ist in diesem Zusammenhang nicht nur, dass Weill Borchardts 1926 publizierte Beobachtungen bzw. die daraus abgeleiteten Berechnungen für falsch erachtete,[483] sondern auch seine Einlassungen über den Gegensatz einer „chronologischen" und „astronomischen Berechnung".[484] Dabei waren sich die beiden Gelehrten jedoch grundsätzlich über den Nutzen der Sothisdaten für die Erstellung der ägyptischen Chronologie sowie über deren Gesamtdauer weitgehend einig. Weill bekannte sich in diesem Zusammenhang ausdrücklich als Vertreter einer „kurzen" Chronologie:

> La contestation historique se circonscrit alors entre les adversaires des datations par les calculs „sothiaques", qui considèrent les faits historiques et les monuments et pensent, [...] qu'il faut 500 ou 600 ans entre la 12ᵉ dynastie et la 18ᵉ, et les partisans de „la théorie sothiaque", qui en déduisent la *chronologie courte*[485] de 208 ans dans ce même intervalle, durée qu'ils trouvent d'ailleurs parfaitement suffisante du point de vue des faits historiques.[486]

Der eigentliche Gegenstand der Auseinandersetzung war also, seiner Ansicht nach, die Dauer der Zweiten Zwischenzeit zwischen der 12. und der 18. Dynastie, die ja schon länger die Ägyptologie beschäftigt hatte (vgl. Kap. II.2) und die im

---

480 Vgl. dazu: Tietze, C. / Maksoud, M. / Lange, E., Ein Schaltjahr für das Königspaar, in: Portal. Die Potsdamer Universitätszeitung 4/5, 2004: https://www.uni-potsdam.de/fileadmin/projects/up-entdecken/docs/portal/Archiv/2004/2.pdf, 41.
481 Borchardt, L., Der zweite Papyrusfund von Kahun und die zeitliche Festlegung des mittleren Reiches der ägyptischen Geschichte, in: ZÄS 37, 1899, 99–103.
482 Meyer, E., Aegyptische Chronologie, Berlin 1904, bes. 3–44.
483 Vgl. Weill, Bases, méthodes et résultats 2, 27–37.
484 Vgl. Weill, Bases, méthodes et résultats 1, 14–15: „Au calcul ‚chronologique' on oppose [...] un calcul ‚astronomique' [...] les résultats, fort heureusement, ne s'éloignent pas sensiblement de ceux du simple calcul ‚chronologique'."
485 Hervorhebung im Original.
486 Weill, Bases, méthodes et résultats 1, 49.

Übrigen auch Borchardt mit ca. 200 Jahren ansetzte,[487] während die Gegner des „sothiatischen" Datierungsverfahrens diese Epoche mit 500 bis 600 Jahren (oder mehr) veranschlagten:

> La chronologie de la fin de la [12ᵉ] dynastie en résulte, et considérant d'autre part la fixation précédemment obtenue pour la 18ᵉ, il en ressort que l'intervalle entre la fin de la 12ᵉ dynastie et l'avènement d'Amosis est, à un petit nombre d'années près, de 210 ans.[488]

Obwohl Weill die Vertreter der kurzen Chronologie im Umfeld der sogenannten Berliner Schule[489] der Ägyptologie ausmachte, schlossen sich auch Vertreter anderer Forschungsnationen dieser Auffassung an, so dass die Zugehörigkeit zu einem der beiden Lager eher Ausdruck eines generationellen Unterschieds als denn der Zugehörigkeit zu einer bestimmten Gelehrtenformation oder Nationalität war:

> Autour d'Ed. Meyer se groupent, adeptes de la méthode et de ses résultats, tous les égyptologues de l'imposante phalange dite *de Berlin*[490]; [...] ils sont suivis par des étrangers tels que [James Henry] Breasted [1865–1935] et [Auguste] Bouché-Leclercq [1842–1923],[491]

Für die Anhänger der langen Chronologie hat Weill, neben „la vieille école", die zusätzliche Bezeichnung „Manethonier" gefunden, da diese die Auflistung der Dynastien aus der „Aegyptiaca" des ptolemäerzeitlichen Priesters und Historikers (vgl. Kap. I.4) dazu benutzt hätten, eine besonders lange Zweite Zwischenzeit von 1000 bis zu 1600 Jahren Dauer zu rekonstruieren.[492]

Wie bereits aus den zitierten Einschätzungen zu Weills Arbeit hervorgeht (s. Zitate oben), hatte sich die kurze Chronologie zum Zeitpunkt der Veröffentlichung bereits mehr oder weniger als *communis opinio* durchgesetzt. Auch die Relevanz der auf Papyri aus dem Mittleren und Neuen Reich erhaltenen Aufzeichnungen über den heliakischen Sothisaufgang wurde nicht mehr ernsthaft in Zweifel gezogen. Über die zu ihrer Auswertung und Interpretation anzuwendende Methodik

---

487 Vgl. Borchardt, Der zweite Papyrusfund von Kahun, 103.
488 Ebenda, 14.
489 Grundlegend: Gertzen, École de Berlin, bes. 20–37.
490 Hervorhebung im Original.
491 Weill, Bases, méthodes et résultats 1, 28.
492 Vgl. ebenda, 28–48, mit einer ausführlichen Diskussion der unterschiedlichen Positionen und ihrer „arithmetischen" Grundlagen; s. auch ebenda, 1–6 zur „vieille chronologie manéthonienne".

bestand demgegenüber sehr wohl noch Dissens unter den Gelehrten; die Diskussionen darüber dauern bis heute an.[493]

Weills „Bases, méthodes et résultats" stellen also gewissermaßen eine Art Zwischenbilanz ägyptologisch-chronologischer Forschung dar und verdeutlichen dabei, wie lange an den schon durch Carl R. Lepsius (1810–1884) u. a. zurückgewiesenen Auffassungen zur langen Dauer der Zweiten Zwischenzeit festgehalten wurde. Bei der Lektüre von Weills Darstellung entsteht jedoch der Eindruck, dass der Verfasser selbst nicht völlig frei von einem gewissen wissenschaftlichen Konservativismus gewesen ist und sich etwa zu den „astronomischen Berechnungen" seines Kollegen Borchardt sehr skeptisch geäußert hat.

Dennoch wäre Weill so kaum zu einem interessanten Fallbeispiel für die Geschichte chronologischer Forschungen innerhalb der Ägyptologie geworden – allenfalls sowohl als ein besonders repräsentatives Beispiel für den zeitgenössischen Stand der Forschung wie auch für die offensichtlich verbreitete Zurückhaltung gegenüber (methodischen) Neuerungen.

Doch der französische Gelehrte, Professor für Orientalische Geschichte an der Universität Sorbonne in Paris und Präsident der Société française d'Égyptologie, hatte sich seit 1910 intensiv mit „La fin du Moyen Empire" auseinandergesetzt, 1918 hierzu bereits eine umfassende Studie vorgelegt[494] und bis zum Ende seines Lebens weiter zu diesem Thema geforscht.[495] Auch in seine grundlegenden Betrachtungen zur Chronologie Ägyptens sind diese Forschungen zum Übergang vom Mittleren zum Neuen Reich mit eingeflossen, wie von Rezensenten durchaus auch bemerkt worden ist:

> M. Weill reprend et complète une théorie, qu'il avait déjà esquissée dans un ouvrage précédent [...].
>
> Cette brillante hypothèse à la force et à la fragilité des constructions faites en cabinet. Dans l'état actuelle de la science égyptologique, rien ne peut ni la confirmer, ni l'infirmier [...].
>
> Une bonne fortune peut maintenant d'un moment à l'autre faire surgir un témoignage nouveau qui confirmer ou infirmer les postulats de la chronologie courte, résultant de la „théorie sothiaque".[496]

---

493 Vgl. Gautschy, Der Stern Sirius im Alten Ägypten.
494 Weill, R., La fin du Moyen Empire Égyptien. Étude sur les monuments et l'histoire de la période comprise entre la 12ᵉ et la 18ᵉ dynastie, Paris 1918.
495 Vgl. den Nachruf von: Vandier, J., Raymond Weill (1874–1950), in: RdE 8, 1951, iii.
496 Vgl. Drioton, E., Rezension: Weill, Bases, méthodes et résultats, in: Journal des Savants, Mai 1928, 220–222.

Nach seinem Tod jedoch ist nochmals eine Publikation von ihm zum Thema erschienen, in der er sich mit der „Douzième Dynastie, royauté de Haute-Égypte et domination Hyksos dans le nord" auseinandergesetzt hatte.[497] Waren seine Arbeiten bislang von Kollegen wohlwollend aufgenommen und zumindest die Möglichkeit eingeräumt worden, seine chronologischen Hypothesen könnten zutreffen, stieß diese letzte Publikation auf deutliche Ablehnung, wie dies auch in dem Einleitungszitat zum Ausdruck kommt.

Zwar hatten zuvor bereits Ägyptologen die im Turiner Königspapyrus (vgl. Kap. I.4) für die Zweite Zwischenzeit genannten 160 Könige in den dafür veranschlagten 200 Jahren ‚unterzubringen' versucht, indem sie einige Dynastien als zeitgleich angesetzt hatten. Weill jedoch ging deutlich weiter, indem er (1) die Sothis-basierte Datierung der 12. Dynastie anzweifelte, (2) den Verlust der Kontrolle der Könige über das gesamte Reich bereits in dieser Periode ansetzte und dies (3) durch den Versuch einer Synchronologie mit Angaben aus dem vorderasiatischen Raum zu belegen suchte. Sowohl die bis dahin den lokalen 13. und 14. Dynastien, in Ober- und Unterägypten, nach dem Ende der 12. Dynastie, zugeschriebenen Herrscher als auch die Hyksos-Herrscher der 15. und 16. Dynastien hätten demnach zeitgleich mit Königen der 12. Dynastie Teile des Landes beherrscht. Der zeitliche Abstand von den letzten Königen der 12. Dynastie zu denen der 18. Dynastie schrumpfte dadurch auf eine verschwindend geringe Zeitspanne von ein bis zwei Herrschergenerationen zusammen. Der eingangs zitierte John A. Wilson (1899–1976) kommentierte:

> This revolutionary telescoping of dynasties and rulers is energetically argued on the basis of „chaines de personnages associés" the material finds from [...] Byblos, and the scarabs of the period. [...] Yet it seems like a feat of juggling, in which so many plates are kept in the air that more important pieces fall to the ground and are broken.[498]

Unter Verweis auf eine Reihe von historischen Ungereimtheiten berief sich Wilson auf die in seinen Augen überzeugendere Darstellung des schwedischen Ägyptologen Torgny Säve-Söderbergh (1914–1998) zum selben Thema, die kurz zuvor erschienen war.[499]

---

[497] Weill, R., Douzième Dynastie, Royauté de Haute-Égypte et Domination Hyksos dans le nord, Paris 1953 (posthum); vgl. hierzu die zuvor noch publizierte Vorstudie: Weill, R., Les Nouvelle Propositions de Reconstruction Historique et Chronologique du Moyen Empire, in: RdE 7, 1950, 89–105.

[498] Wilson, J. A., Rezension: Weill, Douzième Dynastie, royauté de Haute-Égypte, in: JNES 14.2, 1955, 132.

[499] Säve-Söderbergh, T., The Hyksos Rule in Egypt, in: JEA 37, 1951, 53–71.

Um die durch ihn vorgeschlagene ‚Stauchung' des zeitlichen Abstands zwischen dem Mittleren und Neuen Reich vornehmen zu können, musste Weill die bis dahin weitgehend akzeptierte Bestimmung des zeitlichen Abstands der beiden Sothisdaten für die Regierungszeit Sesostris III. und Amenhoteps I. in Frage stellen.[500] Einige Jahre zuvor hatte L. Borchardt nochmals deren Berechnung und auch den Abstand von ca. 200 Jahren bestätigt bzw. nur geringfügig auf 235 Jahre erweitert.[501]

Zwischen einem der letzten bedeutenden Könige der 12. Dynastie, Amenemhet III., und dem ersten der 18., Ahmose, wollte Weill aber nur maximal 45 Jahre ansetzen.[502] Dazu stellte er die Grundannahme, dass der ägyptische ‚bürgerliche' Kalender bis in die Ptolemäerzeit hinein aus 365 Tagen bestanden hätte und nicht die 365 plus ¼ Tage des ‚natürlichen' Kalenders berücksichtigt habe, in Frage[503] und äußerte weiterhin die Vermutung, dass Hyksos-Herrscher, in Analogie zu entsprechenden Maßnahmen unter der 1. Dynastie und anlässlich ihres Herrschaftsantritts, den ‚bürgerlichen' mit dem ‚natürlichen' Kalender in Einklang zu bringen versucht hätten. Weill kam zu dem folgenden Schluss: „Pour faire l'histoire, au-dessus du milieu du IIe millénaire, il ne nous reste plus que la propre documentation historique."[504] Seine bereits zuvor gegenüber „astronomischen Berechnungen" der Chronologie geäußerten Vorbehalte kamen nun vollends durch. Den eigentlichen Beweis, dass es tatsächlich zu entsprechenden Kalenderreformen in pharaonischer Zeit gekommen sei, blieb er allerdings schuldig. Die Berechnungen von Sothisdaten für die 18. Dynastie erkannte er weiter als gültig an.

Schon J. A. Wilson hatte darauf hingewiesen, dass auch Weills historiografische Rekonstruktionen wenig plausibel erschienen.[505] Dieser hatte selbst eingeräumt, dass die Vorstellung einer parallelen Regentschaft Sesostris III. mit drei bis sechs Königen in Theben, El-Kab und Gebelein-Edfu[506] erklärungsbedürftig wäre:

> Que se passait-il pour qu'on en fût arrivé à cet état d'une dissémination tranquille et nombreuse, en quelque sorte courante, de la qualité royale, dont les indices sont tels qu'il paraît positivement que la grande autorité des rois de la XIIe dynastie, dans leur résidence

---

500 Ausführlich: Weill, Douzième Dynastie, 147–158.
501 Borchardt, L., Quellen und Forschungen zur Zeitbestimmung der Ägyptischen Geschichte, Bd. 2: Die Mittel zur zeitlichen Feststellung von Punkten der ägyptischen Geschichte und ihre Anwendung, Kairo 1935, 10–35.
502 Vgl. Weill, Douzième Dynastie, 147.
503 Vgl. ebenda, 148, 150 und 152–153.
504 Ebenda, 158.
505 Wilson, Rezension: Weill, 132.
506 Vgl. Weill, Douzième Dynastie, Taf. zwischen S. 52 und 53.

des environs du Fayoum, acceptait de donner délégation et protection – rien ne plus, en toute probabilité – à une royauté thébaine qui transmettait pouvoir, à son tour, à nombre de maisons secondaires plus ou moins loin autour d'elle?
Il est difficile de répondre.[507]

Dabei blieb er jedoch eine Erklärung dafür schuldig, wie es Sesostris III. dennoch gelungen sei, mehrere Feldzüge nach Nubien, Expeditionen auf die Sinai-Halbinsel und, trotz einer angeblichen Hyksos-Präsenz im Delta, auch eine militärische Unternehmung gegen die Stadt Sichem in der Levante zu unternehmen.[508]

Ebenso hinterfragte Wilson die Versuche Weills, die Chronologie der 12. Dynastie mit der der 1. Dynastie von Babylon und der der Levante zu korrelieren,[509] was im Übrigen auch eine ‚Stauchung' der Herrscherabfolge der Stadt Byblos (heute nördlich von Beirut im Libanon) zur Folge gehabt hätte: Wenn [Yantin/]*Intn*[-hamu] von Byblos auf einem Relief zusammen mit Pharao Neferhotep dargestellt ist, der von Weill als einer der Nebenkönige zur Zeit Amenemhets III. betrachtet wurde, wie erklärte sich dann das Vorhandensein von Geschenken Amenemhets III. im Grab des Abischemu von Byblos,[510] der immerhin vier Herrschergenerationen bzw. mehr als 50 Jahre vor [Yantin/]*Intn*[-hamu] seine Herrschaft angetreten hatte?[511] Setzt man den auf dem Relief als *Intn* bezeichneten Herrscher mit dem im Archiv von Mari in Mesopotamien erwähnten Yantin-hamu gleich,[512] wäre dieser wiederum als Zeitgenosse von Hammurapi von Babylon anzusprechen. Das Ende von dessen Regierung datierte Weill zwischen 1790 und 1785 v. Chr.,[513] während er Neferhotep gegen Ende des 17. Jh. v. Chr. verortet hatte.

Es kann angesichts dieser offensichtlichen Ungereimtheiten und nicht ausreichend argumentativ untermauerten Postulate, die im Übrigen auch den damaligen Forschungsstand nicht ausreichend reflektiert haben, nicht verwundern, dass Weills Theorien zur Zweiten Zwischenzeit keinen nachhaltigen Einfluss auf

---

507 Ebenda, 55.
508 Vgl. Tallet, P., Sésostris III et la fin de la XIIe dynastie, Paris 2015, 31–108, 143–164 und 172–177.
509 Vgl. Wilson, Rezension: Weill, 132–133.
510 Vgl. Montet, P., Byblos et l'Egypte. Quatre Campagnes des Fouilles 1921–1924, Paris 1928, 155–157, mit der Beschreibung einer Vase aus Obsidian, die den Thronnamen Amenemhets III. trägt.
511 Vgl. Jideijan, N., Byblos through the Ages, Beirut 1968, 209–212.
512 Wilson verweist hierzu auf: Albright, W. F., An Indirect Synchronism between Egypt and Mesopotamia, cir. 1730 B.C., in: BASOR 99, 1945, 9–10; Albright, W. F., Further Observations on the Chronology of the Early Second Millennium B.C., in: BASOR 127, 1952, 28–30.
513 Weill, Douzième Dynastie, 179.

die ägyptologische Forschung genommen haben.[514] In diesem Zusammenhang wäre allenfalls auf eine Zeitungsnotiz von Pierre Montet (1885–1966) aus dem Jahr 1951 zu verweisen, die die von Weill ausgelösten Kontroversen in einen Zusammenhang mit grundlegenden und langanhaltenden Forschungsdiskussionen in der Geschichte der Ägyptologie gestellt hat:

> Une autre querelle mit aux prises les partisans de la chronologie longue et ceux de la chronologie courte. Plus récemment[515] Raymond Weill, quand il voulut réduire à quelques années la seconde période intermédiaire, suscita, si l'on veut, une sorte de querelle.[516]

Allerdings sollte diese Auseinandersetzung, anders als die von Montet zuvor erwähnte über die Zugehörigkeit der ägyptischen Sprache zur semitischen Sprachfamilie, keine 30 Jahre lang andauern. Seine Bemerkung deutet aber bereits an, dass in der Geschichte der Ägyptologie Einzelmeinungen und stark von der bisherigen Forschung abweichende Theorienbildungen häufiger aufgetreten sind und, angesichts des doch überschaubaren Personalbestandes des Faches,[517] höchstwahrscheinlich auch größere Auswirkungen gehabt haben als in anderen Disziplinen. Ein gutes Beispiel hierfür – ebenfalls aus dem Bereich chronologischer (Re-)Konstruktionen – sind die Thesen von Kurt Sethe (1869–1934; vgl. Kap. II.8) zur Thutmosidensukzession, also zur Herrscherabfolge einiger Pharaonen der 18. Dynastie.[518] Die Herrschaft der Königin Hatschepsut, die, anders als frühere Beispiele in der ägyptischen Geschichte, über eine bloße Regentschaft für

---

514 Vgl. den Überblick in: Eaton-Krauss, M., Middle Kingdom Coregencies and the Turin Canon, in: JSSEA 12, 1982, 17–20.
515 Dies bezieht sich auf: Weill, R., Les Nouvelle Propositions de Reconstruction Historique et Chronologie du Moyen Empire, in: RdE 7, 1950, 89–105.
516 Montet, P., Le Temple Pharaonique et la Querelle des Égyptologues, in: Le Monde, 18.07.1951: https://www.lemonde.fr/archives/article/1951/07/18/le-temple-pharaonique-et-la-querelle-des-egyptologues_2075105_1819218.html.
517 Vgl. den bezeichnenden Titel der wissenschaftssoziologischen Studie von Trümpener, H.-J., Die Existenzbedingungen einer Zwergwissenschaft. Eine Darstellung des Zusammenhanges von wissenschaftlichem Wandel und der Institutionalisierung einer Disziplin am Beispiel der Ägyptologie, Bielefeld 1981.
518 Vgl. Sethe, K., Die Thronwirren unter den Nachfolgern Königs Thutmosis' I. Ihr Verlauf und ihre Bedeutung (UGAÄ 1), Leipzig 1896; Sethe, K., Altes und Neues zur Geschichte der Thronstreitigkeiten unter den Nachfolgern Thutmosis I., in: ZÄS 36, 1898, 24–81; Sethe, K., Das Hatschepsut-Problem noch einmal untersucht, in: Berl. Akad. Abh. Phil.-hist. Kl., 1932; zu Hintergrund und Verlauf der Diskussion vgl. Gertzen, École de Berlin, 361–378; die Thesen Sethes abschließend widerlegt durch: Edgerton, W. F., The Thutmosid Succession, Chicago 1933, bes. 1–4.

den männlichen Thronfolger Thutmosis III. hinausging,[519] regte Sethe zu umfangreichen Spekulationen über die „Thronwirren" in diesem Abschnitt ägyptischer Geschichte an (die Herrschernummerierung entspricht hier der gängigen Zählung): Nach Sethes Auffassung übernahm nach dem Tod des ohne direkten Thronfolger verstorbenen Amenhotep I. der in die Königsfamilie eingeheiratete Thutmosis I. die Herrschaft durch seine Frau Ahmose, dankte aber, nach deren Hinscheiden, zugunsten seines ältesten Sohnes Thutmosis III. ab, verheiratete diesen aber zugleich mit seiner Tochter Hatschepsut. Nachdem Thutmosis III. einige Jahre unumschränkt geherrscht habe, hätte sich seine Gemahlin gegen ihn verschworen und ihre gleichberechtigte Mitregentschaft erzwungen. Als Reaktion darauf betreibt Thutmosis III. später eine *damnatio memoriae* der Hatschepsut auf allen gemeinschaftlich errichteten Monumenten.[520] Es kommt zu einer erneuten Verschwörung, diesmal angeführt von dem jungen Prinzen Thutmosis II., der noch dazu von dem, immer noch lebenden, Thutmosis I. unterstützt wird. Zeitweilig teilen sich drei Thutmosiden die Herrschaft. Nach dem Tode Thutmosis II. zwingen die Verschwörer Thutmosis III., sich mit seiner Frau zu versöhnen und seinem Vater, seinem einstigen Mitregenten und seiner Frau eine prominente Stellung auf den von ihm errichteten Monumenten einzuräumen. Im Alter von 50 Jahren, nach dem Tode der Hatschepsut, heiratet Thutmosis III. eine Hatschepsut II., die ihm sodann noch seinen Thronerben, Amenhotep II., gebiert. Stellt man die Rekonstruktion Sethes der heute gängigen gegenüber, wird die ‚Komplexität' seiner Überlegungen deutlich:

Stand heute:	Sethe:
Amenhotep I.	Amenhotep I.
Thutmosis I. + Ahmose	Thutmosis I. + Ahmose
Thutmosis II. + Hatschepsut	Thutmosis III. + Hatschepsut
Hatschepsut	Thutmosis III.
	Thutmosis I./II./III.
Thutmosis III.	Thutmosis III. + Hatschepsut
	Thutmosis III. + Hatschepsut II.
Amenhotep II.	Amenhotep II.

Sethes Rekonstruktion konnte sich letztlich nicht durchsetzen, erfuhr aber vergleichsweise weniger unmittelbaren Widerspruch, sieht man von den heftigen

---

519 Übersichtlich dargestellt in: Martinssen-von Falck, S. (Hg.), Die großen Pharaonen. Vom Neuen Reich bis zur Spätzeit, Wiesbaden 2018, 55–69, bes. 58.
520 Dazu ebenda, 67–69.

Protesten seines Schweizer Kollegen Edouard Naville (1844–1926) einmal ab.[521] Wolfgang Helck (1914–1993) kommentierte später: „Obgleich nicht nur der gesunde Menschenverstand, sondern auch die Quellen der Zeit selbst dagegen sprachen, wurde der Scharfsinn des Gelehrten höher bewertet."[522]

Hierin deutet sich womöglich auch eine Begründung für die Ausbildung solch eigensinniger Einzelmeinungen zu bestimmten (chronologischen) Forschungsfragestellungen an. Denn anders als bei den meisten in diesem Buch behandelten Fallbeispielen haben weder R. Weill noch K. Sethe mit ihren Theorien eine ‚hidden agenda' verfolgt. Weder traten sie als religiös motivierte Verteidiger einer biblischen Chronologie auf noch für oder gegen eine bestimmte Methodik ein. Zwar zweifelte Weill an den „astronomischen Berechnungen" seines Kollegen L. Borchardt, jedoch erkannte er den Nutzen zumindest der Aufzeichnung der Sothisbeobachtung aus der Zeit des Neuen Reiches bis zum Ende an. Auch die in der Geschichte der Ägyptologie immer wieder zu Tage kommende Rivalität zwischen der „französischen" und „deutschen" Schule[523] spielte bei diesen Auseinandersetzungen keine entscheidende Rolle – zumindest Weill berief sich ja auch weiterhin auf Erkenntnisse seiner deutschen Kollegen und wandte sich nicht grundsätzlich gegen die Methodik der „Berliner Schule".[524] Offenbar ging es beiden Gelehrten darum, ihren Scharfsinn unter Beweis zu stellen und vermeintliche Einsichten in Zusammenhänge zu publizieren, die nur ihnen möglich gewesen sind. Offensichtliche Schwachstellen, innere Widersprüche oder auch die Unwahrscheinlichkeit ihrer Thesen fochten sie dabei nicht an. Obwohl die Ausbildung der jeweiligen Theorien sich bereits früh im Œuvre der beiden Gelehrten nachweisen lässt, mag das fortgeschrittene Alter gerade im Falle Weills

---

521 Vgl. Naville, E., La succession des Thoutmès d'après un mémoire récent, in: ZÄS 35, 1897, 30–67; Naville, E., Un dernier mot sur la succession des Thoutmès, in: ZÄS 37, 1899, 48–55.
522 Helck, W., Ägyptologie an deutschen Universitäten, Wiesbaden 1969, 10.
523 Vgl. dazu: Marchand, S., The end of Egyptomania. German Scholarship and the Banalization of Egypt, 1830–1914, in: Seipel, W. (Hg.), Ägyptomanie. Europäische Ägyptenimagination von der Antike bis heute, Wien 2000, 125–133; Gady, É., Le regard égyptologues français sur leurs collègues allemands, de Champollion à Lacau, und Voss, S., La représentation égyptologique allemande en Égypte et sa perception par les égyptologues français, du XIXe au milieu du XXe siècle, in: Baric, D. (Hg.), Archéologies méditerranéennes, Paris 2012, 151–166 und 167–188; Gertzen, École de Berlin, 24–37.
524 Es ist zumindest im Falle E. Navilles denkbar, dass seine grundsätzliche Ablehnung der Methoden der Berliner Kollegen eine wesentliche Motivation für seine Kritik an Sethes Theorien dargestellt hat. Dieser Konflikt hatte im Übrigen auch noch ein durchaus amüsantes Nachspiel in der Fachgeschichte; vgl. Gertzen, T. L., Ein „Mann der philologischen Kleinarbeit" in Theben und die Begegnung der „École de Berlin" mit ihrem Namensgeber in Ägypten, in: Blöbaum, I. / Eaton-Krauss, M. / Wüthrich, A. (Hg.), Pérégrinations avec Erhart Graefe. Festschrift zu seinem 75. Geburtstag (ÄAT 87), Münster 2018, 189–202.

dazu beigetragen haben, nun noch, bevor es ‚zu spät' wäre, die eigenen Überlegungen dem Fachpublikum mittzuteilen, auch wenn dabei einige Ungereimtheiten zu Tage treten würden.

Neben den zahlreichen zeitgeistigen, religiös-weltanschaulichen oder forschungsstrategischen Motivationen müssen eindeutig auch das ‚Ego' von Wissenschaftlern und die Gefahr einer Selbstüberschätzung als Faktor bei der Bewertung chronologischer Forschungsdebatten berücksichtigt werden, in denen manchmal auch *idées fixes* eine Rolle spielen.

7 Leonard Woolley, die Sintflut und ‚public archaeology'

> I got into the pit once more, examined the sides, and by the time I had written up my notes was quite convinced of what it all meant; but I wanted to see whether others would come to the same conclusion. So I brought up two of my staff and, after pointing out the facts, asked for their explanation. They did not know what to say. My wife came along and looked and was asked the same question, and she turned away remarking casually, „Well, of course, it's the Flood."
>
> Leonard Woolley

Die biblische Schilderung der Sintflut (Gen. 7, 10 – 8, 13) ist sowohl für die Verfechter der aus dem Alten Testament abgeleiteten Chronologie als auch für zahlreiche Altertumswissenschaftler lange Zeit von herausragender Bedeutung gewesen.[525] Für beide bot ein solch katastrophales Ereignis von globalem Ausmaß einen Fixpunkt, vor bzw. nach dem historische Ereignisse datiert werden konnten. Zwar hatten Geologen und Paläontologen frühzeitig Zweifel an einer solchen globalen Katastrophe angemeldet und spätestens ab dem Beginn des 20. Jh. Assyriologen auch plausibel darlegen können, dass die biblische Sintflutgeschichte höchstwahrscheinlich auf literarische Vorlagen aus Mesopotamien zurückgeht.[526]

---

[525] Vgl. als ein Beispiel für die langanhaltende Verknüpfung beider Bereiche: Macnaughton, D., A Scheme of Babylonian Chronology. From the Flood to the Fall of Niniveh, with notes thereon including notes on Egyptian and Biblical Chronology, London 1930.

[526] Schon die Sumerische Königsliste (SKL, Ende 3. Jtsd. v. Chr.) unterteilt zwischen Königen vor und nach der Flut; der Atraḫasīs-Epos (Anfang 2. Jtsd. v. Chr.) schildert bereits, wie der Protagonist der Erzählung eine ‚Arche' baut; diese Schilderung wurde später im Gilgamesch-Epos (etwa Mitte 2. Jtsd. v.Chr.) übernommen; vgl. Noort, E., The Stories of the Great Flood. Notes on Genesis 6:5 – 9:17 in its Context of the Ancient Near East, in: Martínez, F. G. / Luttikhuizen, G. P. (Hg.), Interpretations of the Flood (Themes in Biblical Narrative 1), Leiden 1998, 1 – 38.

Das berührte aber zunächst nur die Frage der Originalität[527] der biblischen Überlieferung und nicht notwendigerweise deren Historizität, wenngleich man nunmehr nur noch von einem regional begrenzten Ereignis ausging.

Trotz der inzwischen vielfach enttäuschten Erwartungen an die Altertumswissenschaft, von der sich viele eine Bestätigung biblischer Schilderungen erhofft hatten und damit auch eine Bekämpfung der durch die historisch-kritische Methode verursachten Zweifel, war die Bibel nach wie vor von zentraler Bedeutung für archäologische Unternehmungen in den Regionen des Vorderen Orients. Mochte auch die inzwischen professionalisierte Wissenschaft vom ‚Alten Orient' viel vom ‚biblischen Ballast' abgeworfen haben, erfreute sich dieser Aspekt in der öffentlichen Wahrnehmung nach wie vor großer Beliebtheit und Aufmerksamkeit, gerade in Großbritannien.[528] Da die meisten archäologischen Unternehmungen von privaten Förderern abhingen und dabei z.T. auch durch Kleinstbeträge von Subskribenten finanziert wurden, galt es für viele britische Forscher, ihre Arbeit durch populäre Themen möglichst öffentlichkeitswirksam zu ‚vermarkten'. Dies trifft auch auf den Archäologen und Sohn eines Geistlichen Leonard Woolley (1880–1960) zu,[529] der ab 1922 die Grabungen des British Museum und der University of Pennsylvania in Ur leitete.[530] Die Grabungsstätte des heutigen Tell el-Muqayyar war einst ein bedeutender sumerischer Stadtstaat in Südmesopotamien und ursprünglich direkt am Meer gelegen. Sie befindet sich heute, nach der schon vor langer Zeit erfolgten Verlagerung der Küste nach Süden,[531] 16 km von der irakischen Stadt Nasiriya entfernt, am südlichen Ufer des Euphrat.

---

527 Vgl. Gertzen, T. L., Die Vorträge des Assyriologen Friedrich Delitzsch über Babel und Bibel und die Reaktionen der deutschen Juden. Orientalismus und Antisemitismus in der Altorientalistik, in: ZRGG 71.3, 2019, 257.

528 Dieses Interesse hatte sich bis zum Ende des 19. Jh. immer weiter gesteigert; vgl. Korte, B., Archäologie in der Viktorianischen Literatur: Faszination und Schrecken der ‚tiefen' Zeit, in: Middeke, M., Zeit und Roman. Zeiterfahrung im historischen Wandel und ästhetischer Paradigmenwechsel vom sechzehnten Jahrhundert bis zur Postmoderne, Würzburg 2002, 111–131; Gange, D. / Ledger-Lomas, M. (Hg.), Cities of God. The Bible and Archaeology in Nineteenth-Century Britain, Cambridge 2013; Gange, D., Dialogues with the Dead. Egyptology in British Culture and Religion, 1822–1922, London 2013.

529 Vgl. Millerman, A. J., The Spinning of Ur. How Sir Leonard Woolley, James R. Ogden and the British Museum interpreted and represented the past to generate funding for the excavation of Ur in the 1920s and 1930s, Diss., Manchester 2015, bes. 97–113: https://www.research.manchester.ac.uk/portal/files/54575218/FULL_TEXT.PDF.

530 Zu dieser Kooperation: Meade, C. W., Road to Babylon. Development of U.S. Assyriology, Leiden 1974, 106–107.

531 Vgl. hierzu: Larsen, C. E., The Mesopotamian Delta Region: A Reconsideration of Lees and Falcon, in: JAOS 95.1, 1975, 43–57; Waetzoldt, H., Zu den Strandverschiebungen am Persischen

Besondere Bedeutung kam dem Grabungsplatz zu, weil er mit dem in der Bibel erwähnten Geburtsort des Abraham identifiziert wurde (Gen. 11, 27–28; 31 und 15, 7 sowie Neh. 9, 7). Woolley musste sich aber bereits frühzeitig keine Gedanken mehr über die Öffentlichkeit begeisternde Funde und die daraus resultierende Aufmerksamkeit und Unterstützung für seine Grabung machen, denn die Expedition konnte bald schon die Königsfriedhöfe von Ur freilegen und dabei teilweise spektakuläre Grabbeigaben entdecken.[532] Der Nachweis von sogenannten Gefolgschaftsbestattungen, bei denen Hofdamen, Diener und Soldaten den Bestatteten auf deren Reise ins Totenreich folgen mussten, sorgte zusätzlich für große öffentliche Aufmerksamkeit.[533]

Auf diese so reichen Funde folgte gegen Ende der 1920er Jahre die Entdeckung einer ca. 2–3 Meter dicken Tonschicht ohne die sonst üblichen Keramikscherben. Zuerst wollten die Grabungsarbeiter an einer anderen Stelle weitermachen, aber Woolley forderte sie auf, weiter zu graben, und nach einer Weile stießen sie erneut auf Keramik und Flintwerkzeuge, die sich der prähistorischen Obed-Kultur (6500–3900 v. Chr.) zuordnen ließen.[534]

Für Woolley war die Situation schnell klar, so dass er zu dem im Einleitungszitat[535] geschilderten Schluss kam. Die später berühmte Ehefrau eines seiner Assistenten, Max Mallowan (1904–1978), attestierte ihm dabei zudem hohe Überzeugungs- bzw. Suggestivkraft:

> Leonard Woolley saw with the eye of imagination: [...] Wherever he happened to be, he could make it come alive. While he was speaking I felt in my mind no doubt whatever that the house on the corner had been Abraham's. It was his reconstruction of the past and he believed in it, and anyone who listened to him believed in it also.[536]

Er wertete die eben entdeckte Flutschicht als archäologischen Beleg für die aus sumerischen Texten bekannte Sintflut, welche er als die Grund- bzw. Vorlage für

---

Golf und den Bezeichnungen der Hors, in: Schäfer, J. / Simon, W. (Hg.), Strandverschiebungen in ihrer Bedeutung für Geowissenschaften und Archäologie, Heidelberg 1981, 159–184.
532 Einen guten Überblick bietet: Zettler, R. L. / Horne Lee (Hg.), Treasures from the Royal Tombs of Ur, Philadelphia 1998; bes. die Beiträge von Zettler, R. L., Ur of the Chaldees, 9–20 (zur Forschungsgeschichte) und The Royal Cemeteries of Ur, 21–25.
533 Vgl. Selz, G. J., Sumerer und Akkader. Geschichte, Gesellschaft, Kultur, München 2005, 45: „Zwar handelte es sich bei den Bestatteten kaum ausschließlich um Herrscher und deren Gemahlinnen; doch zu einer Führungsschicht gehörten sie ohne Zweifel."
534 Vgl. Woolley, L., Ur Excavations 4: The early periods, Philadelphia 1955, 2.
535 Aus: Woolley L., Excavations at Ur. A Record of Twelve Years' Work, New York 1954, 27, mit einer ausführlichen Schilderung: 19–36.
536 Christie, A., An Autobiography, London 1977, 474.

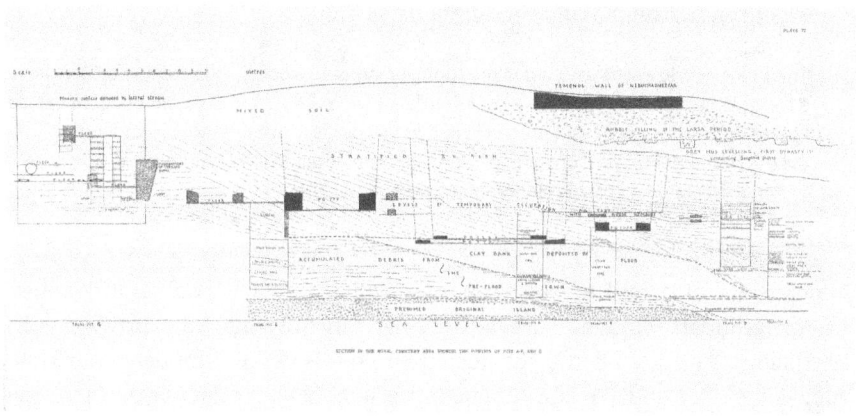

Abb. 11: Stratigrafie der Grabungen von Ur mit der von L. Woolley bestimmten „Flutschicht".

die biblische Geschichte von Noah ansah.[537] Weiterhin vertrat er die Auffassung, dass es sich bei der durch ihn nachgewiesenen Flut zwar um eine weitreichende und enorme Naturkatastrophe gehandelt haben müsse, schränkte jedoch ein, dass Überflutungen im Raum des südlichen Mesopotamien keinesfalls selten und jenes Ereignis auf diesen Raum begrenzt gewesen sein müsse. Im Übrigen betonte er auch, dass er weder archäologische Spuren von Noah noch von dessen Arche[538] gefunden habe. Dennoch stand für ihn fest: „We have proved that the flood really happened."[539]

Für heutige Betrachter mag diese, wiewohl ja durchaus differenzierende, Schlussfolgerung recht weit hergeholt erscheinen. Allerdings sollte man sich dabei die tiefgreifenden naturräumlichen Veränderungen in Südmesopotamien ins Gedächtnis rufen:[540] und zwar einerseits, dass die Stadt Ur ursprünglich eine Küstenstadt mit direktem Zugang zum Meer gewesen ist, und andererseits, dass die Region bis zur Mitte des 20. Jh. durch Sumpflandschaften geprägt wurde, die die einzigartige ‚amphibische' Kultur der Marsh Arabs hervorgebracht hat.[541]

---

537 Woolley, L., Ur of the Chaldees. A Record of Seven Years of Excavation, London 1929, 29.
538 Vgl. Maul, S. M., Wer baute die babylonische Arche? Ein neues Fragment der mesopotamischen Sintfluterzählung aus Assur, 2008: https://www.uni-heidelberg.de/fakultaeten/philosophie/ori/assyriologie/forschung/gilga.html.
539 Woolley, L., The Flood, in: The South African Archaeological Bulletin 8.30, 1953, 53.
540 Vgl. für eine die verschiedenen Aspekte überblicksartig zusammenstellende Darstellung: Kramer, S. N., Reflections on the Mesopotamian Flood. The Cuneiform Data, New and Old, in: Expedition, Sommer, 1967, 12–18.
541 Vgl. Thesiger, W., The Marsh Arabs, London 1964.

Woolleys Assistent Mallowan erinnerte sich:

> There was hardly a season either in the spring or autumn, when the desert did not, at least for a few days, assume the appearance of a lake [...]. I remember a day in the month of November [...], when in a torrential downpour we had to use our two hundred workmen to complete a dyke across the courtyard of our expedition house in order to save it from being swept away; within a few minutes of this cloud-burst, we were standing chest-deep in water outside our own front-door.[542]

Andererseits ist darauf hinzuweisen, dass frühzeitig auch Zweifel an Woolleys Thesen geäußert wurden. Ausgerechnet der Bibelforscher John Bright (1908 – 1995) mochte nicht an den archäologischen Beweis der Sintflut des Alten Testamentes glauben und hat dies, immerhin schon 1942, so dargelegt. Zu diesem Zeitpunkt waren an verschiedenen anderen Grabungsplätzen in Mesopotamien ebenfalls sogenannte Flutschichten dokumentiert worden. Gerade das aber nährte Brights Zweifel:

> Do any of these levels represent the Flood of Genesis 6 – 9? It would appear that the answer must be made in the negative. There are several reasons for this.
>
> 1) No two of the inundation levels as yet discovered can be dated in the same period [...].
> 2) Further, all seem to be inundations of a purely local character. Sites nearby show no evidence of flooding at all. For example, Woolley's own excavations at el-Obeid, only four miles from Ur, showed no flood level at all, nor did the great tell of Uruk or Warka (ancient Erech) some forty miles upstream and on the opposite side of the Euphrates. [...].
> 3) It should also be noted that at Ur, at least, the levels both before and after the flood level were of the same general civilization. In other words, there is no such break in the continuity of culture as would occur if a deluge of giant proportions wiped out an entire population.
>
> The Mesopotamian flood strata, then, represent purely local inundations of the type which still occur when the Euphrates River bursts its banks.[543]

Es dauerte etwas, bis sich diese Sichtweise durchgesetzt hat bzw. so deutlich aus dem Umfeld Woolleys artikuliert wurde.[544] Und dies, obwohl bereits ein Jahr vor dessen Entdeckung eine ‚Flutschicht' in der weiter nördlich gelegenen Stadt Kisch freigelegt worden war, die sich in ihrer Datierung oberhalb, d. h. nach der Dschemdet Nasr-Zeit (ca. 3100 – 2900 v. Chr.), besser mit den in den sumerischen Fluterzählungen geschilderten Ereignissen in Verbindung bringen ließ – chro-

---

542 Mallowan, M. E. L., Noah's Flood Reconsidered, in: Iraq 26.2, 1964, 64.
543 Bright, J., Has Archaeology Found Evidence of the Flood?, in: The Biblical Archaeologist 5.4, 1942, 58.
544 Vgl. Mallowan, M., Noah's Flood reconsidered, in: Iraq 26. 2, 1964, 62 – 82.

nologisch aber nicht mit der früheren Schicht aus Ur in Übereinstimmung zu bringen war.⁵⁴⁵ Woolley hat die Befunde seines Kollegen Stephen Langdon (1876– 1937) auch zunächst in Zweifel gezogen.⁵⁴⁶ An der Vorstellung, dass die verschiedenen Sintflutberichte eine reale Grundlage besessen haben und womöglich auf ein bestimmtes Flutereignis außerordentlichen Ausmaßes zurückgingen, wollte er aber in jedem Fall festhalten.⁵⁴⁷

Dabei können zwei bemerkenswerte Beobachtungen gemacht werden: Erstens hat L. Woolley seine Flut-These, trotz aller im Laufe der Zeit zu Tage geförderten Indizien, die dagegensprachen, in zahlreichen Publikationen weiter vertreten. Zweitens hat sich die Diskussion um die Historizität der Sintfluterzählung zwar inzwischen auf andere mögliche zugrundeliegende Ereignisse und Regionen (etwa den Schwarzmeerraum) verlagert, für den Raum Mesopotamien jedoch hat sich dieses Thema nachhaltig mit dem Namen Woolleys verbunden.⁵⁴⁸

Als mögliche Gründe hierfür können drei Umstände angeführt werden:
(1) Vielleicht ist Woolley seiner eigenen, ihm von Agatha Christie (vgl. Zitat oben) attestierten Suggestivkraft erlegen, wobei der Umstand, dass der von ihm erforschte Grabungsplatz mit dem biblischen Ur und der Heimat Abrahams identifiziert wurde, verstärkend gewirkt hat.
(2) Womöglich wollte er das so populäre Vermarktungsinstrument eines biblischen Bezuges, der im Übrigen sowohl Gläubige wie Rationalisten ansprechen konnte, nicht aus der Hand geben.
(3) Auffällig ist die Bezugnahme auf ein biblisches Motiv in Publikationen aus der frühen zweiten Hälfte des 20. Jh., während, nach den Schrecken des Zweiten Weltkrieges, eine gesellschaftliche Tendenz zur Re-Christianisierung bzw. Rückbesinnung auf entsprechende Werte beobachtet werden kann. Obwohl biblische Bezüge in der Orientarchäologie eigentlich als ein Kennzeichen des 19. Jh. gewertet wurden, könnten Woolley und Ur Teil eines solchen ‚Biblical Revival' im Fach bzw. in dessen Wahrnehmung durch die Öffentlichkeit gewesen sein.

---

545 Vgl. Parrot, A., The Flood and Noah's Ark (Studies in Biblical Archaeology 1), New York 1955, 45–53, bes. 52, Abb. 5.
546 Woolley, L., Excavations at Ur 1929–30, in: The Antiquaries Journal 10.4, 1930, 341–342.
547 Eine gute und kritische Zusammenfassung von Woolleys Befunden und Theorien bietet: Lenzen, H. J., Zur Flutschicht in Ur, in: BaM 3, 1964, 52–64; dort heißt es deutlich: „Lassen wir aus unserer Betrachtung die Auffassung, daß die Bibel eine Offenbarung Gottes ist, an die man nicht zu tasten hat, aus, dann ist jeder Beweis für eine Flut von vorn herein unsinnig" (S. 55); dagegen: Raikes, R. L., The Physical Evidence for Noah's Flood, in: Iraq 28.1, 1966, 52–63, bes. 58.
548 Vgl. Dundes, A., The Flood Myth, Berkeley 1988, 89–99.

Der oben erwähnte ‚Standortvorteil' des biblischen „Ur in Chaldäa" sowie Woolleys familiärer Hintergrund als Sohn eines anglikanischen Geistlichen und sein Theologiestudium in Oxford,[549] in Verbindung mit seinem erzählerischen Talent, bildeten unzweifelhaft eine hervorragende Grundlage für die Popularisierung der Vorderasiatischen Archäologie.[550] Dies erklärt ebenso seine Bereitschaft, sich auf biblische Stoffe einzulassen, wie auch seinen enormen Erfolg. Dieser Ansatz wurde zusätzlich motiviert durch die wirtschaftlich schwierige Lage im Großbritannien der Zwischenkriegszeit. Mehr noch als zuvor musste um öffentliche Aufmerksamkeit und Unterstützung für archäologische Forschung geworben werden. Alison Millerman gelangt sogar zu dem Schluss:

> Perhaps it is this aspect of the Ur excavation, its marketing strategy and involvement of the public that should more rightly be seen as Woolley's legacy, rather than his claims to have uncovered the ‚City of Abraham' and the site of the ‚Biblical Flood'. The ‚Spinning of Ur' was a well-choreographed, coordinated and ultimately highly successful strategy to involve the public in raising the necessary funding for an excavation faced with closure.[551]

Tatsächlich geht sie sogar davon aus, dass der biblische Bezug letztlich ein Mittel zum Zweck wurde, d. h. die Frage nach der Historizität biblischer Schilderungen – sei es auch auf dem ‚Umweg' literarischer Vorlagen aus Mesopotamien – für Woolley im Grunde gar keine oder doch zumindest eine äußerst untergeordnete Rolle gespielt hat:

> In retrospect however, it is clear that Woolley's popularisation of the message, though more successful in generating public subscription, meant the essence of the message was lost. It was the popularisation that was eventually to be remembered, not the facts as Woolley became remembered for ‚Abraham's City' and the ‚City of the Flood'.[552]

---

549 Vgl. British Museum and the Penn Museum, Ur Online, Charles Leonard Woolley: http://www.ur-online.org/personorg/10.
550 Woolley war dabei sicher nicht der Erste, wohl aber einer der erfolgreichsten Vertreter seines Faches; vgl. Melman, B., Empires of Antiquities. Modernity and the Rediscovery of the Ancient Near East, 1914–1950, Oxford 2020, 159–190, die auch Woolleys Darstellung von Ur als internationale Metropole mit weitreichenden Kulturkontakten (S. 167–170) und infolgedessen die Stilisierung Abrahams als „prototype of the modern urban man", der so „de-pastoralized" und „de-orientalized werden sollte, bespricht (S. 172–173); zur finanziellen Dimension dieses ‚Marketings': Ebenda, 184–190; für die Zeit davor: Thums, B., Ausgraben, Bergen, Deuten: Literatur und Archäologie im 19. Jahrhundert, in: Samida, S. (Hg.), Inszenierte Wissenschaft: Zur Popularisierung von Wissen im 19. Jahrhundert, Bielefeld 2011, 43–59; für die gegenwärtige Lage: Kircher, M., Wa(h)re Archäologie. Die Medialisierung archäologischen Wissens im Spannungsfeld von Wissenschaft und Öffentlichkeit, Bielefeld 2012.
551 Millerman, The Spinning of Ur, 220.
552 Ebenda, 210.

In diesem Zusammenhang lohnt ein Vergleich mit der Rezeption von Woolleys Forschung in der deutschsprachigen populärwissenschaftlichen Literatur der Nachkriegszeit. In dem Archäologie-Klassiker „Götter, Gräber und Gelehrte" von 1949 erscheint Woolley im Kontext der „tausendjährigen Könige und d[er] Sintflut"[553], eine Formulierung, die wahrscheinlich auf den Titel der deutschen Ausgabe von Woolleys „Ur of the Chaldees" von 1929 zurückgeht: „Ur und die Sintflut".[554] Auch ein weiterer Klassiker der deutschsprachigen biblischarchäologischen Populärliteratur, „Und die Bibel hat doch recht" von 1955, griff Woolleys Forschungen auf – und obwohl darin die Grabungen in Kisch erwähnt werden, erklärt der Autor mit großer Überzeugung:

> Eine große Flutkatastrophe, die an die Sintflut der Bibel erinnert, von Skeptikern häufig als Märchen oder Sage abgetan, hatte nicht nur stattgefunden, sie war obendrein ein Ereignis in historisch greifbarer Zeit.
>
> [...] in Ur am Unterlauf des Euphrat, konnte man auf einer Leiter in einen schmalen Schacht hinabsteigen und die Hinterlassenschaft einer ungeheuren Flutkatastrophe [...] in Augenschein nehmen und mit der Hand betasten. Und [...] es läßt sich auch bestimmen, wann die große Flut hereinbrach.
>
> Es geschah um das Jahr 4000 v. Chr.![555]

Einmal abgesehen davon, dass hier Woolleys Darstellung verkürzt wiedergegeben wird und auch die keilschriftlichen Sintfluterzählungen als Vorlage der biblischen Schilderung geflissentlich verschwiegen werden, ignoriert der Autor archäologische Befunde, die seiner Interpretation und Datierung des Flutgeschehens widersprechen. Wichtiger in diesem Zusammenhang ist jedoch eine Beobachtung von David Oels:

> Zweifellos steht [das] Buch [„Und die Bibel hat doch recht"] im Zusammenhang mit den „Rechristianisierungs-Hoffnungen" in den fünfziger Jahren. Die „Wahrheit der Bibel" konnte für das Konzept eines rationalen, „säkularisierten Christentums" und einer modernen, der Welt zugewandten Kirche zumindest eine nicht unwillkommene Ergänzung sein.[556]

---

553 Ceram, C. W., Götter, Gräber und Gelehrte. Roman der Archäologie, Hamburg 1949, 328–340.
554 Woolley, L., Ur und die Sintflut. Sieben Jahre Ausgrabungen in Chaldäa, der Heimat Abrahams, Leipzig 1930.
555 Keller, W., Und die Bibel hat doch recht. Forscher beweisen die historische Wahrheit, Düsseldorf 1955, 38–39.
556 Oels, D., Ceram – Keller – Pörtner. Die archäologischen Bestseller der fünfziger Jahre als historischer Projektionsraum, in: Hardtwig, W. / Schütz, E. (Hg.), Geschichte für Leser. Populäre Geschichtsschreibung in Deutschland im 20. Jahrhundert, Stuttgart 2005, 364, unter Verweis auf Schildt, A., Zwischen Abendland und Amerika. Studien zur westdeutschen Ideenlandschaft der 50er Jahre, Berlin 1999, 21–24. Oels weist aber auch darauf hin, dass sich bei dem ehemaligen

Es stellt sich daher die Frage, ob die „essence of the message" in Woolleys Darstellungen zur Historizität der biblischen Sintfluterzählung nicht gerade in den 1950er Jahren auf einen fruchtbaren Boden gefallen ist. Eine besondere (erneute) Wertschätzung für das Christentum, christliche Werte und seine (biblischen) Grundlagen könnte auch in Großbritannien und den USA in dieser Zeit eine Rolle für die Rezeption von Woolleys Schriften gespielt haben.[557]

Allerdings sollte man die öffentliche Wahrnehmung von dem wissenschaftlichen Befund und dessen Interpretation durch den Archäologen unterscheiden und dann nochmals die persönliche Anschauung Woolleys hiervon differenzieren.

Auffällig ist z. B., dass er in seinen Publikationen weitaus häufiger von „flood" spricht als von „deluge". In seiner Grabungspublikation[558] kommt der erste Begriff insgesamt 147 Mal vor, der Begriff der „Sintflut" wird demgegenüber nur vier Mal (!) verwendet und in keinem der letztgenannten Fälle tritt der Begriff mit biblischen Bezügen auf: Zweimal wird er im Zusammenhang mit mesopotamischen Flutschilderungen (S. 16), einmal im Kontext des Nicht-Vorhandenseins entsprechender Berichte aus dem Alten Ägypten (S. 18) und zuletzt einmal direkt bezogen auf die Verhältnisse in Ur gebraucht (S. 162). In seinem „Ur of the Chaldees" von 1929 ist der Begriff „deluge" auf den Seiten 22 und 31 zwar verwendet worden, wird aber auch hier von dem bedeutend häufiger benutzten Begriff „flood" übertroffen und im Gegensatz zu diesem gar nicht erst ins Register am Ende des Bandes aufgenommen. Selbst die im Titel gewählte Bezeichnung „Ur der Chaldäer" zeugt von Zurückhaltung. Der Vergleich mit der bereits oben besprochenen deutschen Ausgabe macht dies erneut deutlich, denn auch der Untertitel „A Record of Seven Years of Excavation" wurde dort erweitert: „Sieben Jahre Ausgrabungen in Chaldäa, der Heimat Abrahams". Zwar hatte bereits Henry C. Rawlinson (1810 – 1895) vorgeschlagen, den Tell el-Muqayyar als den in der Bibel genannten Geburtsort Abrahams zu identifizieren,[559] doch bei den Chal-

---

NSDAP-Mitglied Werner Keller völkische Motive wiederfinden lassen, die unter weitgehender Ausblendung der Shoah mit der Geschichte des „Volkes Israel" gleichwohl ein Beispiel für kulturelle und eben völkische Widerstandskraft gegen ‚fremdkulturelle' Einflüsse konstruieren möchten, um so dem deutschen Volk im Kampf gegen eine vermeintlich drohende „Verwestlichung" Mut zuzusprechen.

557 Vgl. die zeitgenössische Stellungnahme von Gilkey, C. W., Religion in the Post-War World, in: Journal of Bible and Religion 13.1, 1945, 3 – 7, der allerdings nach dem Krieg eine „widespread disintegration of morals both public and private" (S. 4) befürchtete; zur Problematik entsprechender Einschätzungen: Forster, P. G., Secularization in the English Context: Some Conceptual and Empirical Problems, in: Sociological Review 20, 1972, 153 – 168.
558 Woolley, Ur Excavations 4.
559 Vgl. Rawlinson, H. C., Biblical Geography, in: Athenaeum 1799, April 19, 1862, 531.

däern, die Woolley archäologisch nachgewiesen hatte, handelte es sich um eine im 7. Jh. v. Chr. in Babylon und von dort aus auch über Ur herrschende und schon seit dem 9. Jh. im südlichen Mesopotamien ansässige Bevölkerungsgruppe, die so aber natürlich nicht mit den Zeiten Abrahams in Verbindung gebracht werden konnte.[560] In einem kleinen Bändchen zu „The Excavations at Ur and the Hebrew Records" von 1929 schrieb er sogar in der Einleitung:

> The main link, that which first presents itself to the mind, between Ur and the Hebrew records is the name of Abraham, and the name of Abraham has never yet occurred in our discoveries. [...] But up to the present what we have found is – I do not say confirmative, for any case that would be the wrong word – but illustrative[561] of Hebrew traditions in a very general way.[562]

Die Wahl des oben erwähnten Buchtitels „Ur of the Chaldees" ließ biblische Assoziationen weiterhin zu. Nicht die biblischen Geschehnisse zu beweisen, aber ihre Umwelt vor den Augen seiner Leser wiedererstehen zu lassen, hatte sich Woolley also zum Ziel gesetzt, bzw. er bot diesen möglichen Nutzen seiner Forschung dem geneigten Publikum an. Das wurde auch bereitwillig so aufgegriffen, und in der Presseberichterstattung über Woolleys öffentliche Vorträge finden sich dann sehr wohl direkte Bezugnahmen auf „Abraham's City".[563] Er selbst hat zwar ebenfalls auf Ur als möglichen Geburts- und Wohnort Abrahams Bezug genommen, dies aber insgesamt weniger plakativ hervorgehoben bzw. letztlich ausdrücklich offengelassen.

Am Ende lautete auch seine These zu der von ihm entdeckten Flutschicht, dass darin eine Naturkatastrophe großen Ausmaßes zu erkennen sei, die höchstwahrscheinlich eine Inspiration für die in keilschriftlichen Quellen geschilderte große Flut oder Sintflut war, deren literarische Schilderung dann Eingang in das AT gefunden habe. Geschickt wusste Woolley dies alles zu seinem Vorteil auszulegen:

---

560 Vgl. Arnold. B. T., Who Were the Babylonians? (Archaeology and Biblical Studies Book 10), Leiden 2004, 87–89; Jursa, M., Die Babylonier. Geschichte, Gesellschaft, Kultur, München 2004, 35–38.
561 Vgl. Delitzsch, F., Babel und Bibel. Zweiter Vortrag, 1. bis 10. Tausend, Stuttgart 1903, 3, der dort Babel gleichfalls als „Interpret und Illustrator der Bibel" beschrieben hatte; dazu: Gertzen, T. L., „Der Studierstube der Theologen erwachsen"? Zum Verhältnis von Assyriologie, Vorderasiatischer Archäologie und Ägyptologie – Einige Beobachtungen aus der Perspektive Adolf Ermans (1854–1937), in: Neumann, H. / Hiepel, L. (Hg.), Aus der Vergangenheit lernen. Altorientalistische Forschungen in Münster im Kontext der internationalen Fachgeschichte, Münster 2021, in Vorb.
562 Woolley, L., The Excavations at Ur and the Hebrew Records, London 1929, 15–16.
563 Vgl. Anonymus, Abraham's City, in: Taunton Courier, and Western Advertiser, 05.10.1932, 3.

> For a long time it has been generally conceded that the Genesis story of the Flood is either based upon or derived from the same source as the Babylonian or Sumerian versions; perhaps it is partly for that reason that critics and commentators have been too ready to relegate the whole narrative to the domain of legend or mythology. The coincidence is really the strongest argument in the opposite sense; the Sumerian story is far inferior in moral content but it does most clearly contain a substratum of historical truth. In the first place the details are altogether consistent with the local conditions of southern Mesopotamia – the disaster as described could have occurred there and could not have occurred in a country of different character; it was local, not universal.[564]

Hiermit erkannte Woolley die Abhängigkeit der biblischen Schilderung von mesopotamischen Vorlagen an. Eine Spitze gegen „critics", also die Vertreter der historisch-kritischen Methode, war dabei gewiss populär. Weiterhin erklärte er, die sumerische Erzählung sei „inferior in moral content" – sicher Balsam für die Seele der Bibeltreuen –, gehe aber gleichwohl auf eine „historical truth" zurück. Die Beschreibung der Flut in den keilschriftlichen Texten stimme mit den naturräumlichen Gegebenheiten in Mesopotamien überein – und nur mit diesen.

Dadurch ließ Woolley viele Möglichkeiten der Auffassung offen: Gläubige konnten darin eine archäologisch nachgewiesene Grundlage der Schilderungen der Heiligen Schrift erkennen; Rationalisten ebenso, wenngleich im Sinne einer wissenschaftlich-kulturgeschichtlichen Erklärung, die einen göttlichen Zorn auf die Menschheit, ja einen Gott nicht mehr brauchten. Die einzige Problematik bestand in der lokalen Begrenztheit des Ereignisses und der fehlenden Möglichkeit, an anderen Grabungsplätzen Flutschichten, welche mit der in Ur korrespondierten, nachweisen zu können. Mochten auch überdurchschnittliche Überflutungen des Zweistromlandes die Inspiration für entsprechende literarische Darstellungen gewesen sein, gab es keinen Beweis dafür, dass die Flutschicht in Ur ein singuläres Ereignis dokumentierte, welches allein die Grundlage aller späterer Schilderungen dazu bildete. Im Gegenteil, die Befunde aus Kisch schienen sich, aufgrund ihrer Datierung besser dafür zu eignen. In der öffentlichen Wahrnehmung aber hatte Ur den Vorteil, schon unmittelbar mit der biblischen Vorzeit assoziiert worden zu sein, und Woolley wusste diesen Umstand für die ‚Vermarktung' seiner Forschungsarbeit zu nutzen. Als Wissenschaftler hat er dabei allenfalls ‚seiner' Grabung und ihren Befunden eine besondere Bedeutung zugeschrieben, eine z.T. auch noch heute verbreitete Schwäche von Grabungsleitern, die aber nicht notwendigerweise deren wissenschaftliche Integrität in Frage stellt.

Dennoch rief sein Vorgehen bei Kollegen auch Kritik hervor. Besonders sein hemdsärmeliger Umgang mit den Erkenntnissen der historisch-kritischen Me-

---

564 Woolley, Hebrew Records, 16–17.

thode wurde – auch von Archäologen – kritisch gesehen. Dies wohl v. a., weil Woolley sich hierbei zu Dingen äußerte, von denen er im selben Atemzug bekannte, nur eingeschränkte Kenntnis zu besitzen. Ein Beispiel hierfür ist seine 1936 veröffentlichte Schrift über Abraham, in der er die hebräische Überlieferung mit seinen archäologischen Forschungsergebnissen in Beziehung zu setzen versucht hat.[565] Sein Kollege Reginald Campell Thompson (1846–1941) übte daran scharfe Kritik in seiner Rezension des Bandes:

> To say (p. 12) that „Biblical criticism or ‚Higher Criticism', as it has been called, is a specialized science lying wholly outside the province of archaeology; the archaeologist can only take over the findings of the critics", apart from indicating a limited appreciation, is hardly a satisfactory apologia; there can surly be no two opinions about the impropriety of ill-equipped theorizing, and since, as Sir Leonard Woolley himself says, „at Ur no concrete memorial of Abraham was brought to light" (p. 9), the criticism is reinforced.[566]

Das Spiel mit Andeutungen bzw. biblischen Allusionen ging manchen Fachkollegen also eindeutig zu weit. Die Grenzen der eigenen Fachkompetenz sollten nicht als Ausrede für letztlich unhaltbare bzw. einer kritischen Überprüfung nicht standhaltende Spekulationen dienen – im Übrigen hatte der Archäologe hier wohl auch etwas mit seiner vermeintlich beschränkten Kompetenz kokettiert, schließlich hatte Woolley in Oxford Theologie studiert. Wie immer können hinter einer so scharfen Kritik aber andererseits auch persönliche Motive vermutet werden, denn Thompson hatte 1918 selbst kurzzeitig Voruntersuchungen in Ur durchgeführt, war dann aber zu anderen Grabungsplätzen weitergezogen.[567] Dennoch zeigt seine Kritik zweierlei: Zum einen ist Woolleys Vorgehen durchaus von seinen Kollegen grundsätzlich hinterfragt worden, zum anderen fielen diese kritischen Stimmen zunächst kaum ins Gewicht bzw. haben keine Breitenwirkung entfaltet.

Die Frage, ob Woolley selbst an die Sintfluterzählung der Bibel, ihre Historizität bzw. an die darauf aufbauenden religiösen Überzeugungen ‚geglaubt' hat, lässt sich nicht ohne Weiteres beantworten. Sein familiärer Hintergrund und seine

---

565 Woolley, L., Abraham. Recent Discoveries and Hebrew Origins, London 1936.
566 Thompson, R. C., Rezension: Woolley, Recent Discoveries and Hebrew Origins, in: The Antiquaries Journal 16.4, 1936, 476–480.
567 Hall, H. R., A Season's Work at Ur, Al-'Ubaid, Abu Shahrain (Eridu) and Elsewhere. Being an Unofficial Account of the British Museum Archaeological Mission to Babylonia, 1919, London 1930, viii: „Captain Thompson was therefore obliged to select Ur and its district for his work: a fortunate choice, as the subsequent work of Mr. Woolley has proved."

Ausbildung als Theologe lassen immerhin eine gewisse Religiosität oder Respekt davor vermuten.[568]

Für das Verhältnis von Bibel und Altertumswissenschaft zeigt diese Fallstudie allerdings deutlich, dass in der Wissenschaft inzwischen nicht mehr ernsthaft über ein Primat biblischer Schilderungen vor anderen Quellen bzw. archäologischen Befunden diskutiert wurde. Andererseits hat die Archäologie die Hoffnungen derjenigen, die sich von ihr eine Bestätigung der Heiligen Schrift erwartet hatten, auch nicht gänzlich enttäuscht. Geschickt nutzte Woolley diese Erwartungshaltungen dazu aus, finanzielle Unterstützung für seine Forschungen einzuwerben, ohne gleichzeitig deren wissenschaftliche Integrität zu gefährden. Mochte sein Publikum auf verschiedene biblische Anspielungen an- oder aufspringen, er selbst übte sich bei der Interpretation seiner Befunde in Zurückhaltung bzw. legte sich nicht auf eine biblische Interpretation fest.

8 Mythohistorie? Kurt Sethes Urgeschichte der Ägypter

> Wie geologische Schichten lagern diese aus verschiedenen Entwicklungsstufen stammenden Elemente der ägyptischen Religion übereinander. Wenn man sie vorsichtig abhebt oder herauslöst, läßt sich daraus ein mehr oder minder klares Bild von der Urgeschichte des ägyptischen Volkes, dem allmählichen Aufwachsen des ägyptischen Staates gewinnen.
> Kurt Sethe

Anders als das Einleitungszitat vermuten lässt, geht es im Folgenden nicht um die Anwendung naturwissenschaftlicher Untersuchungsmethoden im Bereich der Altertumswissenschaften. Obwohl sich der Ägyptologe Kurt Sethe (1869–1934) darin und auch später noch eindeutig auf die Geologie als Metapher berufen hat, war seine Arbeit zur ägyptischen Frühgeschichte die eines veritablen ‚Stubengelehrten'. Um dies richtig einordnen zu können, muss man sich drei grundlegende Aspekte der Fachgeschichte in Deutschland bzw. der Biografie dieses Gelehrten vergegenwärtigen:
(1) Die feste Einbindung in die ‚Berliner Schule' der Ägyptologie.
(2) Die zu Beginn der 20er Jahre einsetzende existenzielle Krise der altorientalistischen Wissenschaften.

---

568 Wiewohl schon sein Vater George aus eher pragmatischen Erwägungen eine ‚Zweitkarriere' als Geistlicher eingeschlagen hatte und auch für Leonard die theologischen Studienbemühungen mit eher ernüchternden Erfahrungen verbunden waren; vgl. Winstone, H. V. F., Woolley of Ur. The Life of Sir Leonard Woolley, London 1990; zum Vater: 9–10; zu Woolleys eigenen Erfahrungen an der Universität: 15–16.

(3) Die große fachliche Autorität Sethes als philologische Letztinstanz und sein entsprechend ausgeprägtes Selbstbewusstsein.

(1) Die Ägyptologie in Deutschland war von Anfang an v. a. sprachwissenschaftlich ausgerichtet gewesen. Nachdem Carl R. Lepsius (1810–1884) die dafür nötigen Grundlagen geschaffen und das Fach in Berlin an Universität und Museum verankert hatte, sollte sein Schüler und Nachfolger Adolf Erman (1854–1937) diese Ausrichtung konsequent durchsetzen. Durch die Einwerbung staatlicher Unterstützung für ein „Altaegyptisches Woerterbuchvorhaben" aller deutschen Akademien im Jahre 1897 und die dadurch erlangte zentrale Rolle auch für die weltweite Entwicklung des Faches wurde die Berliner Schule der Ägyptologie unter Ermans Führung zur bedeutendsten, wenn nicht sogar einzigen derartigen Gelehrtenformation in der Geschichte der Disziplin.[569] Für das „Woerterbuch" mussten v. a. ägyptische Inschriften und Texte verlässlich kopiert und in ihrem Wortbestand erfasst, „verzettelt" werden. Hierzu bedurfte es einer großen Anzahl von Mitarbeitern und einer einheitlichen Methodik. So kam es, dass Erman zahlreiche bedeutsame Fachvertreter als Studenten und Woerterbuchmitarbeiter geschult und nach den von ihm entwickelten Methoden ausgebildet hat. Einer dieser Schüler war K. Sethe, der, noch vor seinem Abitur 1887 am Joachimsthal'schen Gymnasium in Berlin, als 16-jähriger Schüler bei Erman Hieroglyphen studierte. Dieser erinnerte sich später:

> Aber bei ihm nahm dieses jugendliche Interesse früh ernste Gestalt an und schon 1886 sprach mir [Theodor] Mommsen von diesem Primaner aus seiner Familie, der mit Ernst und Eifer Ägyptisch treibe. So wurde er denn mein Schüler, noch ehe er 1887 die Universität bezog, und die Treue und der Fleiß, mit denen er arbeitete, waren schon damals bewundernswert. Das Studium der Ägyptologie entsprach nun freilich nicht der Tradition seiner Familie, in der es seit Menschengedenken nur Juristen gegeben hatte. So mußte er denn auch in den ersten Semestern juristische Studien betreiben, und es ist mir immer merkwürdig gewesen, wie die Gewöhnung an scharfes, juristisches Denken auch auf seine philologischen Arbeiten eingewirkt hat.[570]

Mit Ausnahme eines einsemestrigen Studienaufenthaltes in Tübingen im Sommersemester 1888 verbrachte Sethe sein gesamtes Studium in Berlin, wo er 1892 mit einer Arbeit über „De Aleph prosthetico in lingua Aegyptiaca verbi formis praepositio" promoviert wurde. 1895 habilitierte er sich mit einer „Untersuchung zur ägyptischen Königsgeschichte" und setzte seine akademische Laufbahn als

---

569 Zuletzt umfassend dazu: Gertzen, École de Berlin.
570 Erman, A., Gedächtnisrede des Hrn. Erman auf Kurt Sethe (1934), in: Peek, W. (Hg.), Leipziger und Berliner Akademieschriften (1902–1934) (Opuscula 11), Berlin 1976, 7.

Hilfsarbeiter am Ägyptischen Woerterbuchvorhaben sowie als stellvertretender Assistent am Berliner Ägyptischen Museum fort. 1900 übernahm er die Privatdozentur für Ägyptologie an der Georg-August-Universität Göttingen und trat 1904 eine Reise nach Ägypten an. 1907 konnte er gemeinsam mit Erman sein seit Langem angestrebtes Ordinariat in Göttingen durchsetzen, nachdem er zuvor 1906 einen Ruf nach Wien abgelehnt hatte. 1915 wurde er Mitglied der Königlichen Gesellschaft der Wissenschaften zu Göttingen und in der Folgezeit zwei Mal Dekan der Philosophischen Fakultät (1916 und 1921). Obwohl er während des Ersten Weltkriegs zunächst für diensttauglich gemustert wurde, verhinderte seine durch Erman erreichte Ernennung zum Geheimen Regierungsrat (1916) die Einberufung. Die beinahe symbiotische Beziehung zwischen Lehrer und Schüler verhinderte nicht, dass es nicht auch zu Meinungsverschiedenheiten zwischen ihnen gekommen wäre, oder wie Sethe es ausgedrückt hat: „Es gibt Dinge, über die sich der Horus von Göttingen und der Seth von Berlin wohl nie einigen werden."[571] Dieser mythologische Vergleich wird später noch von Bedeutung sein. Festzuhalten bleibt aber, dass K. Sethe einer der ersten Schüler und engsten Mitarbeiter von A. Erman gewesen ist und innerhalb der Berliner Schule eine herausragende Sonderstellung eingenommen hat.

Kein Wunder also, dass Erman 1923 niemand anderen als seinen Nachfolger auf dem Berliner Lehrstuhl wünschte als Sethe, um die klar philologische Ausrichtung der Berliner Schule aufrechtzuerhalten. Längst war es aber innerhalb der deutschsprachigen Ägyptologie zu einer methodischen Neuausrichtung gekommen, und die Vertreter der Berliner Schule wurden von ihren jüngeren Kollegen inzwischen als Vertreter eines unzeitgemäßen Positivismus betrachtet.

(2) Zu Beginn der 20er Jahre des 20. Jh. befand sich die Ägyptologie in Deutschland in einer existentiellen Krise.[572] Staatliche Forschungsförderung war durch die katastrophale wirtschaftliche Lage nach dem Ersten Weltkrieg nicht nur merklich reduziert, sondern wurde, unter den Vorzeichen einer neuen demokratischen Gesellschaftsordnung, auch an neue Bedingungen geknüpft. So wurde damals ganz offen die Frage gestellt, warum mit öffentlichen Geldern ein ‚Orchideenfach' wie die Ägyptologie finanziert werden sollte. Darüber hinaus erwartete die Gesellschaft von der Wissenschaft auch Antworten auf die drängenden Fragen der Zeit. Die Reaktionen der Ägyptologen darauf fielen unterschiedlich aus. Die Mehrzahl wandte nun einen archäologisch-anthropologischen, mitunter auch durchaus rassenkundlichen Forschungsansatz an und griff so den Zeitgeist auf. Erst dadurch rückte die einseitig-philologische Aus-

---

571 Sethe, zitiert nach Kees, Kurt Sethe, 74.
572 Die Zusammenhänge umfassend aufbereitet in Voss, Wissenshintergründe ..., 106–120.

richtung der Berliner Schule ins Bewusstsein einer zunehmend diversifizierten und hergebrachten Methoden gegenüber kritisch eingestellten Forschungslandschaft. Ein Prozess, der aber auch unabhängig von den Zeitumständen in Gang gekommen war, oder, wie Wolfhart Westendorf (1924–2018) in Bezug auf K. Sethe ausgeführt hat: „Mit Sethe setzt die unvermeidbare Aufsplitterung der Ägyptologie in die verschiedenen Fachrichtungen ein."[573] Dieser wiederum begegnete dem neuen Zeitgeist offensiv, indem er auf den hergebrachten wissenschaftlichen Werten beharrte. H. Kees erinnerte sich:

> Trat er ausnahmsweise vor einen größeren Zuhörerkreis, so geschah dies, wie z. B. 1921 bei einem Vortrag in Berlin, als er durch die dekadente Geisteshaltung der Nachkriegszeit die Zukunft seines Faches bedroht glaubte und er es daher verteidigen wollte.[574]

Dabei muss man seine öffentlichen Stellungnahmen immer an zwei Adressatenkreise gerichtet auffassen: zum einen die breitere Öffentlichkeit, die nach dem Nutzen ägyptologischer Wissenschaft fragte, und zum anderen die Fachkollegen, die mit ihrer Neuausrichtung ägyptologischer Forschung auf rassenkundlich-anthropologische Fragestellungen seine eigene Arbeit in Frage stellten:

> Wissenschaft und Leben, so lautet ein in neuester Zeit ganz besonders beliebtes Schlagwort […]. Hinter diesem Schlagwort verbirgt sich meistens, mehr oder weniger schamhaft, eine reine Nützlichkeitsauffassung, die Anschauung, daß nur das, was praktischen Nutzen bringe, Daseinsberechtigung habe. Wollte man sich auf diesen Standpunkt stellen, so wäre der Ägyptologie freilich von vornherein das Urteil gesprochen. […]
>
> Aber, warum treiben wir denn die Wissenschaft? Wir tun es, weil wir einem Naturtriebe folgen, der uns tief eingewurzelt ist, dem Erkenntnisdrang, der sich schon im Kinde wie im niedrigstehenden Wilden als Neugier äußert.[575]

Just zu dieser Zeit hatte Sethe auch sein Lebenswerk, die Herausgabe der „Altägyptischen Pyramidentexte", deren letzte Bände 1922 erschienen sind, abgeschlossen und sah diese Arbeit, ebenso wie das von ihm maßgeblich mitgestaltete Woerterbuchvorhaben, grundsätzlich in ihrem Wert in Frage gestellt. Wohl auch deshalb versuchte er durch seinen Beitrag zur Erforschung der ägyptischen Vorgeschichte die Relevanz philologischen Arbeitens auch für solche Zeitabschnitte

---

573 Westendorf, W., Kurt Sethe, in: Arndt, K. et al. (Hg.), Göttinger Gelehrte. Die Akademie der Wissenschaften zu Göttingen in Bildnissen und Würdigungen 1751–2001, Göttingen 2001, 344.
574 Kees, Kurt Sethe, 70.
575 Sethe, K., Die Ägyptologie. Zweck, Inhalt und Bedeutung dieser Wissenschaft und Deutschlands Anteil an ihrer Entwicklung (Der Alte Orient 23), Leipzig 1921, 4–5.

nachzuweisen, die bis dahin der Archäologie und Anthropologie vorbehalten gewesen waren.

(3) Erst aus dieser Gemengelage und dem persönlichen Hintergrund des Autors wird ersichtlich, warum Sethes „Urgeschichte und älteste Religion der Ägypter" von 1930 eine solche Bedeutung in der Fachgeschichte erlangt hat. Seine Zeitgenossen schilderten ihn als eine Art philologischer Letztinstanz. So berichtete der Herausgeber der, auch international, lange Zeit einzigen rein ägyptologischen „Zeitschrift für Ägyptische Sprache und Altertumskunde", Georg Steindorff (1861–1951):

> War es dem Herausgeber zweifelhaft, ob ein Aufsatz trotz vielerlei Mängel doch noch eine Veröffentlichung verdiene, so wurde Sethe befragt; er hielt die Waage und gab den Ausschlag. [...] Bat man ihn um die Auffassung irgendeiner dunkeln Inschriftstelle, so löste er in 90 von 100 Fällen mit ebenso großem Wissen wie Scharfsinn das Rätsel, und vermochte er es nicht zu lösen, so konnte man sich wohl mit dem Bewusstsein begnügen, daß im gegenwärtigen Augenblick eine Lösung überhaupt nicht möglich sei.[576]

Ebenso äußerte sich der Ägyptologe Alexander Scharff (1892–1950):

> Wie mancher Kollege wird sich nach S[ethe]'s Tod schon gefragt haben, an wen er nunmehr schreiben solle, wenn er diese oder jene Textstelle nicht verstand? Sethe war für viele die Ultima ratio. Trotz seiner eigenen Arbeitslast beantwortete er alle schriftlich an ihn gestellten Fragen rasch und gründlich, und in den meisten Fällen kam von ihm die belehrende Aufklärung; wenn er einmal versagte, dann war eben wirklich nichts mehr zu machen.[577]

Dies stimmte im Übrigen auch mit dessen Selbsteinschätzung überein. Sein Nachfolger auf dem Göttinger Lehrstuhl, Hermann Kees (1886–1964), berichtet:

> Sethe hat sich selbst stets als Analytiker bezeichnet (er glossierte es wohl scherzhaft in einem Brief „Sie werden als moderner Mensch sagen: Mann der philologischen Kleinarbeit!").[578]

Gegründet auf dieses Selbstverständnis und sein – von allen Kollegen anerkanntes – Fachwissen, trat Sethe entsprechend selbstbewusst auf. Sein Nachfolger auf dem Berliner Lehrstuhl, Hermann Grapow (1885–1967), formulierte dies so:

---

576 Steindorff, G., Kurt Sethe, in: ZÄS 70, 1934, 133–134.
577 Scharff, A., Kurt Sethe, in: Egyptian Religion 2.3, 1935, 117.
578 Kees, H., Kurt Sethe, in: Nachrichten der Gesellschaft der Wissenschaften zu Göttingen. Jahresbericht 1934/35, 1935, 72.

Konziliant war Sethe gar nicht: seine Entgegnung begann: „Nein, das ist so und so." [...]. In den Diskussionen mit ihm gab es kein „könnte", „möchte", „vielleicht", sondern nur ein „ja" oder „nein", „so" oder „so".[579]

Kompetenz, Status und Charakter des Verfassers verliehen Sethes „Urgeschichte" ein ganz besonderes Gewicht, welches A. Scharff sogar als „gefährlich"[580] bezeichnet hat, um an anderer Stelle die unzeitgemäße Herangehensweise des älteren Kollegen klar zu benennen:

> Allerdings haften gerade den Schlußfolgerungen dieser Arbeit manche der oben gekennzeichneten Mängel an, wozu hier noch die Vernachlässigung einer nicht minder wichtigen Seite unserer Wissenschaft, nämlich der Archäologie, kommt, die einschließlich der Kunstforschung Sethe offenbar nichts zu bieten hatte.[581]

Für Scharff war die Urgeschichte, wie andere Arbeiten der Berliner Schule, nur mehr eine „Stoffsammlung", welche das Fach aber „nicht weiter" bringe: „Eine Arbeit wie Sethes Urgeschichte verliert sich doch in derart winzige Tüfteleien, dass man überhaupt kein Bild erhält."[582] Auch bei anderen Kollegen fand die Arbeit keine freundliche Aufnahme. Der bereits erwähnte Herausgeber inzwischen mehrerer Reihen und Fachzeitschriften, G. Steindorff, musste von Sethe offenbar ausdrücklich auf eine Danksagung in der Publikation aufmerksam gemacht werden:

> Der Passus, den Du lesen solltest, lautet: „Ich gedenke mit Dankbarkeit der anregenden und fördernden Korrespondenz, die ich mit meinem Freunde Georg Steindorff hatte, als ich im Wintersemester 1901/2 für meine Vorlesung über aeg. Geschichte die Grundzüge dieses Bildes festzulegen suchte."[583]

---

579 Grapow, H., Meine Begegnung mit einigen Ägyptologen, Berlin 1973, 39; allerdings darf das Verhältnis dieses Zeitzeugen zu Sethe als angespannt beschrieben werden; vgl. Gertzen, T. L., Die Berliner Schule der Ägyptologie im „Dritten Reich". Begegnung mit Hermann Grapow, Berlin 2015, 61–67.
580 Vgl. Helck, W., Ägyptologie an deutschen Universitäten, Wiesbaden 1969, 11.
581 Scharff, A., Kurt Sethe, in: Jahrbuch der Bayerischen Akademie der Wissenschaften Jg. 1934/35, 36.
582 ÄMULA, NL Georg Steindorff, Korrespondenz, Scharff an Steindorff, 06.12.1934; vgl. auch Scharff, A., Die Ausbreitung des Osiriskultes in der Frühzeit und während des Alten Reiches (Sitzungsberichte der Bayerischen Akademie der Wissenschaften. Philosophisch-historische Klasse, Jg. 1947.4), München 1948, 5.
583 ÄMULA, NL Georg Steindorff, Korrespondenz, Sethe an Steindorff, 27.03.1930.

Wenige Monate später monierte Sethe gegenüber dem Kollegen eine unzulässige Verkürzung des Titels seiner Arbeit in den Publikationsankündigungen der „Zeitschrift der Deutschen Morgenländischen Gesellschaft":

> In der neuen Nummer der ZDMG finde ich im offiziellen Anzeigen-Anhang der DMG mein Buch mit einem Titel angekündigt, den ich entschieden beanstanden muß: „Die ältesten Religionen der Ägypter". Ich kann auf die Urgeschichte nicht verzichten.[584]

Steindorffs Leipziger Kollege Walther Wolf (1900 – 1973) kündigte diesem gegenüber an, den „Setheschen Anschauungen über die Vorgeschichte" in seinen Lehrveranstaltungen „die archäologischen Ergebnisse gegenüberstellen" zu wollen.[585]

Zusammenfassend bleibt festzuhalten:
(1) K. Sethe war einer der wichtigsten Vertreter der ihrerseits überaus wirkmächtigen Berliner Schule der Ägyptologie. Diese war vornehmlich philologisch ausgerichtet.
(2) Zu Beginn der 20er Jahre geriet die Ägyptologie in Deutschland in eine tiefe Krise, der zahlreiche Forscher durch eine archäologisch-anthropologische Neuausrichtung zu begegnen suchten.
(3) Aufgrund von Sethes Stellung im Fach einerseits und der sich verändernden wissenschaftspolitischen Rahmenbedingungen andererseits sind die Auseinandersetzungen um die ägyptologische Vorgeschichtsforschung immer auch Ausdruck eines Kampfes um Deutungshoheit innerhalb der Ägyptologie.

Sethe verfolgte in seiner Urgeschichte einen Forschungsansatz, der als euhemerisch (nach dem griechischen Historiker Euhemeros von Syros, aus dem 4. Jh. v.Chr.) bezeichnet wird.[586] Dabei werden mythologische[587] bzw. religiöse Texte als Widerspiegelung historischer Ereignisse interpretiert. Ein späterer Kritiker von Sethes Arbeit, der Ägyptologe Wolfgang Helck (1914 – 1993), hat diesen Ansatz treffend beschrieben. Zu Sethe und seiner Urgeschichte heißt es dort:

---

584 ÄMULA, NL Georg Steindorff, Korrespondenz, Sethe an Steindorff, 04.05.1930 (Hervorhebung im Original).
585 ÄMULA, NL Georg Steindorff, Korrespondenz, Wolf an Steindorff, 20.11.1930.
586 Vgl. Pehal, M., Interpreting Ancient Egyptian Mythology. A Structural Analysis of the Tale of the Two Brothers and the Astarte Papyrus, Prag 2008, 7, Anm. 2.
587 Über das Vorhandensein bzw. den Zeitpunkt der Entstehung mythologischer Texte herrscht in der Ägyptologie Uneinigkeit; vgl. hierzu zusammenfassend Goebs, K., A Functional Approach to Egyptian Myth and Mythemes, in: JANER 2, 2002, 27 – 59, bes. 27 – 30.

[...] in der er aus der geistigen Haltung seiner eigenen Zeit heraus Aussprüche religiöser Texte und Mythen als durch politische Verhältnisse hervorgerufen ansah, wie sie in der Vorgeschichte geherrscht haben sollten. Dabei vernachlässigte er nicht allein die Erkenntnisse, die durch archäologische Forschung über die Vorgeschichte Ägyptens gefunden worden waren, sondern – was noch entscheidender sein dürfte – er sah nicht, daß sein Ansatz religiöser Entwicklungen als Folge historischer Geschehnisse eine Voraussetzung war, die keine Allgemeingültigkeit beanspruchen durfte.[588]

Zwar ist die durch Martin Pehal vorgebrachte Kritik unzutreffend, Sethe habe seinen Ausführungen ausschließlich die Erzählung vom „Streit zwischen Horus und Seth", aus der Zeit Ramses' V. (20. Dynastie, um 1150 v. Chr.), zugrunde gelegt und damit Ereignisse aus der Zeit des 5. Jtsd. v. Chr. zu rekonstruieren versucht. Bevor aber Sethes Thesen einer genaueren Betrachtung unterzogen werden, lohnt es sich, Pehals grundsätzliche Kritik an den Vertretern der euhemerischen Methode zu zitieren:

> Scholars who decide to use this method are therefore very often amazed by the fact that there are several, often contradictory, versions of one myth or that one character plays different, often contradictory roles. In order to cope with such a fact, they tend to construct complicated historical reconstructions which (1) cannot be proved at all (2) do not tell us anything about the mythical material in question [...]. These scholars also very often decide to select one version of a text as the „correct/authentic" version or they conflate „discrepant variations into an internally consistent narrative".[589]

Tatsächlich hat Sethe die Unbeweisbarkeit bzw. Subjektivität seiner Schilderung der Urgeschichte unumwunden zugegeben:

> Es bedarf nach dem Gesagten eigentlich kaum des Hinweises, daß dieses Bild wie jede Rekonstruktion, und zumal so weit zurückliegender Dinge, durchaus hypothetischen Charakter hat. Es ist ein persönliches Vorstellungsbild, das sich selbstverständlich nicht beweisen, sondern nur wahrscheinlich oder wenigstens glaubhaft machen läßt.[590]

Das von Pehal beschriebene zweite Defizit der euhemerischen Methode, die fehlende Auseinandersetzung mit der zugrunde gelegten Mythologie selbst, lässt sich für Sethes Urgeschichte hingegen nachvollziehen, zumindest insofern, als

---

588 Helck, W., Herkunft und Deutung einiger Züge des frühägyptischen Königsbildes, in: Anthropos 49.5/6, 1954, 961–962.
589 Pehal, Interpreting Ancient Egyptian Mythology, 8, unter Bezugnahme auf K. R. Walters, vgl. Anm. 11.
590 Sethe, K., Urgeschichte und älteste Religion der Ägypter (Abhandlungen für die Kunde des Morgenlandes 18.4), Leipzig 1930, 2–3.

dass er über sein methodisches Vorgehen nicht weiter reflektiert zu haben scheint und eine Beschreibung oder grundlegende Klassifizierung der von ihm herangezogenen religiösen Texte unterlassen hat.

Der dritte Kritikpunkt einer ausschließlichen Berufung auf eine als einzig korrekt angesehene Version des zugrunde gelegten Mythos trifft allerdings nur bedingt zu. Zum einen, weil Sethe sich nicht explizit und ausschließlich auf die Erzählung vom Streit zwischen Horus und Seth, sondern u. a. auch auf die von ihm intensiv erforschten Pyramidentexte aus der Zeit von Pharao Unas (5. Dynastie, ca. 2342–2322 v.Chr.)[591] berufen hat; zum anderen, weil seine mitunter äußerst detailversessene Analyse altägyptischen Textmaterials gerade auf tatsächliche oder vermeintliche Widersprüche gerichtet war, die dann allerdings in einer von Sethe vorgeschlagenen Lösung aufgehoben werden sollten.

Zum besseren Verständnis seiner Ausführungen sollen hier zunächst eine knappe Einführung in die ägyptische Frühgeschichtsforschung und dann eine Zusammenfassung der Erzählung vom Streit zwischen Horus und Seth geboten werden.

Der Begriff der ägyptischen Frühzeit, auch Vorgeschichte bis hin zur prädynastischen und protodynastischen Zeit verdeutlicht schon durch diese Bezeichnungen, dass jener Zeitraum vielfach von der durch Textquellen belegten historischen Zeit aus betrachtet und von dieser geschieden worden ist.[592] Während die neuzeitliche Erforschung des pharaonischen Ägypten spätestens mit der Entzifferung der Hieroglyphen durch J. F. Champollion im Jahr 1822 einsetzt (vgl. Kap. II.1), beginnt die wissenschaftliche Auseinandersetzung mit der ägyptischen Frühzeit erst in den 1890er Jahren mit den Entdeckungen von W. M. Flinders Petrie (1853–1942) im oberägyptischen Naqada.[593] Allerdings identifizierte der Begründer der modernen Archäologie in Ägypten das von ihm gefundene Material als die Überreste von Invasoren, einer „New Race" aus der Zeit vom Ende des Alten Reiches.[594] Seinen enormen Beitrag zur Etablierung der prähistorischen Chronologie in Ägypten konnte dieser Irrtum allerdings nicht schmälern (vgl. Kap. II.5). Erst mit Beginn des 20. Jh. entwickelte sich dann eine ägyptologische Vor-

---

591 Vgl. Gestermann, L., s.v. „Pyramidentexte", in: WiBiLex. Das wissenschaftliche Bibellexikon im Internet, 2006: https://www.bibelwissenschaft.de/stichwort/31660; dort auch Ausführungen zum Entstehen bzw. früheren Vorläufern.
592 Zur Einführung: Midant-Reynes, B., The Prehistory of Egypt. From the First Egyptians to the First Pharaohs, Oxford 2000; einen konzisen Überblick bietet: Köhler, E. Ch., Vor den Pyramiden. Die ägyptische Vor- und Frühzeit, Darmstadt 2018.
593 Petrie, W. M. Flinders / Quibell, J. E., Naqada and Ballas, London 1896.
594 Dazu: Challis, D., The Archaeology of Race. The Eugenic Ideas of Francis Galton and Flinders Petrie, London 2013, 167–185.

geschichtsforschung, die ab den 20er Jahren im deutschsprachigen Raum zunehmend eine anthropologisch-rassenkundliche Ausrichtung erfuhr, damit aber in gewisser Weise die durch britische Archäologen, wie Petrie, begründete Verknüpfung der beiden Themenfelder fortsetzte.[595] Hierin tat sich u. a. der deutsch-österreichische Ägyptologe Hermann Junker (1877–1962) hervor, der 1929 auch zum Direktor des Deutschen Archäologischen Instituts in Kairo ernannt wurde.[596] Nach 1945 traten rassenkundliche Fragestellungen in den Hintergrund der Forschungen, wenngleich eine gewisse personelle Kontinuität die Nachkriegsägyptologie weiter geprägt haben dürfte. Die UNESCO-Rettungskampagne der 1960er Jahre im Rahmen des Assuan-Staudammbaus führte nicht nur zu einer weiteren räumlichen Ausweitung des Forschungsgebietes, sondern, durch die verstärkte Einbeziehung von Prähistorikern und Kulturanthropologen, zu einem Professionalisierungsschub. Zunehmend rückte jetzt auch wieder das Nildelta in den Fokus. Die ägyptische Frühgeschichtsforschung wurde spätestens ab den 1980er Jahren dann auch mehr und mehr im Rahmen internationaler Kongresse etabliert.[597] Dennoch bleibt festzuhalten, dass sie einen relativ jungen Forschungszweig innerhalb des Faches darstellt.

Die ältesten Spuren menschlicher Besiedelung Ägyptens sind mehrere hunderttausend Jahre alt. Die meisten von ihnen stammen aus der ägyptischen Wüste, die damals so noch nicht bestanden hat, denn erst im Zeitraum vor 75.000 bis 15.000 Jahren v. Chr. nahmen die globalen Niederschlagsmengen langsam ab, in der Region Nordafrika unterbrochen von der sogenannten „African Humid Period" zwischen 15.000 und 5500 Jahren v. Chr., in der durch wieder erhöhte Niederschlagsmengen inzwischen entstandene Trockengebiete wieder bewohnbar wurden.[598] Erst danach wurden die Regionen, die wir heute als Wüsten kennen, zunehmend unwirtlich und verengte sich der für menschliche Besiedelung geeignete Raum auf das 7000 km lange Niltal, mit allerdings durchaus unterschiedlichen klimatischen Bedingungen (vgl. Kap. II.10). Während das Nildelta im Norden vom Mittelmeerklima geprägt ist, wird Oberägypten durch das Wüstenklima der Sahara bestimmt. Eine Sesshaftwerdung von Menschen lässt sich für Ägypten – bei einem insgesamt eher spärlichen archäologischen Befund – erst für

---

595 Vgl. Voss, Wissenshintergründe ..., bes. 212–225; zu Petrie 113.
596 Vgl. Voss, S., Die Geschichte der Abteilung Kairo des DAI im Spannungsfeld deutscher politischer Interessen, Bd. 2: 1929–1966 (Menschen – Kulturen – Traditionen 8.2), Rahden (Westf.) 2017, 18–19.
597 Seit 2002 finden all drei Jahre die „Egypt at its Origins"-Konferenzen statt und werden jeweils in der Reihe „Orientalia Lovaniensia analecta" veröffentlicht.
598 Kuper, R. / Kröpelin, St., Climate-Controlled Holocene Occupation in the Sahara: Motor of Africa's Evolution, in: Science 313, Nr. 5788, 2006, 803–807.

das Ende des 6. bzw. das 5. Jtsd. im nördlichen Niltal, in Merimde Benisalame, Sais und el-Omari bzw. der Oase Fayum feststellen. Diese Kulturen beherrschten bereits Ackerbau, Viehzucht und Keramikherstellung. Ihre Lebensweise bleibt für etwa 1000 Jahre relativ unverändert und lässt sich zeitversetzt auch an Fundplätzen in Mittel- und Oberägypten feststellen. Trotz regionaler und wohl naturräumlich bedingter Unterschiede weisen diese Populationen Gemeinsamkeiten in ihrer materiellen Kultur auf. Ab Mitte des 5. Jtsd. lassen sich im mittelägyptischen Badari[599] technologische Fortschritte bei der Bearbeitung verschiedenster Materialien sowie eine zunehmende soziale Ausdifferenzierung erkennen.[600] Mit Beginn des 4. Jtsd. setzt dann eine rasante technologische Weiterentwicklung ein, die, begünstigt durch die klimatischen Bedingungen und eine immer weiter entwickelte Arbeitsteilung, die Grundlagen für die spätere Staatsentstehung in Ägypten legt. Zum Ende des Jahrtausends bestehen im Lande zahlreiche lokale Handelszentren, die über das gesamte Niltal vom Delta bis zum ersten Katarakt im Raum Assuan miteinander verbunden waren. Gewaltsame Konflikte zwischen diesen verschiedenen Zentren sind archäologisch nicht bzw. nur durch künstlerische Darstellungen nachzuweisen.[601] Diese wiederum sind womöglich eher als Dokumentation einer zunehmenden Bedrohung durch Menschen von außerhalb des Niltales zu werten.[602] Das mag dazu beigetragen haben, dass die Nillandbewohner ein stärkeres Zusammengehörigkeitsgefühl entwickelt haben und ihnen eine zentrale Steuerung nicht nur der Rohstoff- und Warenströme, sondern auch der Abwehr äußerlicher Bedrohungen zunehmend wichtig oder erstrebenswert erschien. Ob der legendäre erste Reichseiniger Narmer also seine regionalen Mitbewerber um die Vorherrschaft mit Waffengewalt oder durch überzeugende Argumente zur Unterordnung bewogen hat, wäre jeweils zu differenzieren. Ab 3100 v. Chr. jedoch gelang in Ägypten zum ersten Mal die Schaffung eines zentralistisch verwalteten Flächenstaates, was den Beginn der altägyptischen Geschichte markierte.

---

599 Brunton, G. / Caton-Thompson, G., The Badarian Civilisation and Prehistoric Remains near Badari, London 1928.
600 Vgl. Köhler, Vor den Pyramiden, 20–21.
601 Ebenda, 24.
602 Köhler, E. Ch., History or Ideology? New Reflections on the Narmer Palette and the Nature of Foreign Relations in Pre- and Early Dynastic Egypt, in: Levy, T. E. / van den Brink, E. C. M. (Hg.), Egypt and the Levant, London 2002, 499–513.

Chronologische Übersicht der ägyptischen Frühgeschichte[603]

Absolute Chronologie (in Jahren v. Chr.)	Historische/Kulturgeschichtliche Chronologie		Relative Chronologie	Klimaentwicklung und Kulturgeschichte
300.000–10.000	Paläolithikum			ab 75.000 v. Chr. Rückgang der globalen Niederschlagsmengen
7000	Epi-Paläolithikum			Ab 15.000 v. Chr. African Humid Period Ackerbau/Viehzucht/ Keramikherstellung
ab 5300	Frühes Neolithikum		El-Omari Merimde Benisalame Fayum A	
ab 4400	Spätes Neolithikum		Naqada I A/B Badari	technologischer Fortschritt und soziale Ausdifferenzierung
ab 3800	Frühes Chalkolithikum		Naqada IC–IIB	
ab 3500	Spätes Chalkolithikum		Naqada C/D–IIIA	
ab 3300	Frühe Bronzezeit	Protodynastisch (0. Dynastie)	Naqada IIIA–B	Ausbildung komplexerer Verwaltungsstrukturen
3080–2700		Frühzeit (1.–2. Dynastie)	Naqada IIIC–D	Schaffung und Ausbau eines zentralistisch verwalteten Flächenstaates
2700–2100		Altes Reich (3.–8. Dynastie)		

Im Streit zwischen Horus und Seth[604] geht es um das Erbe und die Nachfolge von Horus' Vater Osiris, welcher von Seth ermordet wurde. Danach hatte Seth den Leichnam des Osiris zerstückelt und die Teile über das ganze Land verstreut. Isis, die Gemahlin des Osiris, sammelte diese wieder zusammen. Einzig der Penis blieb verschwunden und musste durch eine magische Prothese ersetzt werden. Durch Zauberei erweckte Isis ihren Gatten zum Leben und empfing von ihm Horus, den

---

603 Nach Köhler, Vor den Pyramiden, 29.
604 Die hier gebotene Darstellung stellt eine vereinfachte Zusammenfassung dar. Für eine umfassende Darstellung zu den verschiedenen Versionen der Erzählung s. Griffith, J. G., The Conflict of Horus and Seth. From Egyptian and Classical Sources. A Study in Ancient Mythology, Liverpool 1960.

sie zunächst vor Seth verstecken musste. Als Horus alt genug war, den Usurpator Seth heraus- bzw. sein Erbrecht einzufordern, rief er den Höchsten der Götter, Atum, als Richter an. Dieser verfügte, dass der Streit durch eine Art ‚Gottesurteil' gelöst werden sollte: durch einen Wettstreit oder Kampf. Im Zuge der Auseinandersetzung wird Horus am Auge, Seth an seinen Hoden verletzt. Schließlich kommt es sogar zu einem (homo-)sexuellen Kontakt zwischen beiden. In den unterschiedlichen Versionen der Erzählung ist Seth aber entweder der Onkel oder der Bruder des Horus. Hierdurch erhält die Schilderung eine inzestuöse Komponente, wobei wohl vor allem an ein sexuelles Dominanzverhältnis oder sexualisierte Gewalt zu denken ist.[605]

Seth unterliegt schließlich und wird in die Wüste verbannt. Seine vermeintlich negative Rolle verhinderte jedoch nicht, dass er in anderen Zusammenhängen – etwa als Beschützer des Sonnengottes[606] bei dessen nächtlicher Fahrt durch die Unterwelt – oder in entsprechenden Bezugnahmen in Königsnamen in einer positiven Gestalt in Erscheinung treten kann.

Es erscheint grundsätzlich nicht unplausibel, die hier geschilderten Geschehnisse als mythische Verarbeitung historischer Ereignisse zu interpretieren und in dem Streit zwischen Horus und Seth entweder dynastische Auseinandersetzungen oder auch Konflikte frühgeschichtlicher Gruppierungen unter ihrer jeweiligen Lokalgottheit im Kampf um die Vorherrschaft im Nilland zu erkennen – allerdings ist diese Interpretation eben keinesfalls zwingend.

K. Sethe ging bei seiner Arbeit an der Urgeschichte davon aus, dass in Texten aus historischer Zeit Überreste vorgeschichtlicher Vorstellungen und Verhältnisse erhalten geblieben wären, die, richtig interpretiert, eine Rekonstruktion dieser ‚Vor-Vergangenheit' erlauben würden:

> Bei den Ägyptern trifft man denn auch auf Schritt und Tritt Überbleibsel aus vergangenen Perioden, die nur aus ganz anderen Verhältnissen zu verstehen sind, als sie in geschichtlicher Zeit bestanden haben, unbewußte Reminiszenzen aus vorgeschichtlicher Zeit, die uns über diese z.T. recht merkwürdige Aufschlüsse zu geben geeignet sind.[607]

---

605 Vgl. Barta, W., Zur Reziprozität der homosexuellen Beziehung zwischen Horus und Seth, in: GM 129, 1992, 33–38, mit weiterführenden Literaturhinweisen, der in dem wechselseitigen Geschlechtsakt eine Aufhebung des Konfliktes bzw. ein „Unentschieden" erkennen möchte; zur Homosexualität im Alten Ägypten allgemein Parkinson, R., ‚Homosexual' Desire and Middle Kingdom Literature, in: JEA 81, 1995, 57–76.
606 Vgl. Sethe, K., Die Sprüche für das Kennen der Seelen der heiligen Orte (Totb. Kap. 107–109, 111–116). Göttinger Totenbuchstudien von 1919, in: ZÄS 59, 1924, 73–75.
607 Sethe, Urgeschichte und älteste Religion, 1.

Eine weitere Grundannahme war die ja auch von Helck (s. Zitat oben) kritisierte Korrelation religiöser Entwicklungen mit politischen Ereignissen. Anschließend an das zu Beginn dieses Kapitels besprochene Einleitungszitat fuhr Sethe fort:

> [D]enn Staat und Religion, die beiden großen Formen des Gemeinschaftslebens der Menschen, sind wie überall so auch in Ägypten auf das engste miteinander verbunden, ja geradezu verwebt gewesen.[608]

Nach der einleitenden Vorstellung dieser Grundannahmen geht Sethe zur Auseinandersetzung mit der religiösen Topografie des vorgeschichtlichen Ägypten über. Dabei argumentiert er schlüssig und in Analogie zu den Verhältnissen im zeitgleichen Mesopotamien, dass sich erst später aus lokalen Stadtgottheiten ein gesamtägyptisches Pantheon entwickelt hat, abhängig von politischen Umbrüchen und regionalen Machtverschiebungen, u. a. durch Synkretismen:

> In diesem Partikularismus oder besser Individualismus der ägyptischen Stadtreligionen hat man gewiß ein sprechendes Zeugnis für die ursprüngliche politische Selbstständigkeit der Städte zu erkennen. Wir werden uns danach als älteste staatliche Verbände für das untere Niltal ebenso wie in Babylonien Stadtstaaten zu denken haben, d. h. natürlich Städte mit dem zugehörigen Landbesitz, von dem sie lebten.

Im nachfolgenden Abschnitt widmet sich Sethe dann der nächsthöheren Ebene und behandelt die ägyptischen Gaue (= Verwaltungsbezirke) und die zugehörigen Gaugottheiten. Jedoch weist er in diesem Zusammenhang, unter Verweis auf die topografischen Gegebenheiten, auch schon auf einen Gegensatz zwischen den später vereinigten Landesteilen von Ober- und Unterägypten hin:

> Die Texte der geschichtlichen Zeit stellen gern den „Städten Oberägyptens" die „Gaue Unterägyptens" gegenüber. [...] Das könnte in der Tat in der Verschiedenheit der Verhältnisse beider Landesteile begründet sein. In Oberägypten folgen sich die „Städte" und ihre Gebiete von Süden nach Norden in dem schmalen Flußtal; in Unterägypten fehlte es an einer solchen natürlichen Aufreihung der Staaten in der Richtung des Stromlaufes, und es mußte hier vielmehr zu einer kreisförmigen Gruppierung um einen Kern wie in unseren Landen kommen.[609]

Mit der Auseinandersetzung mit der Entstehung einer kosmischen und damit zwangsläufig von lokalen Eigenheiten unabhängigeren Religion kommt im nachfolgenden Abschnitt die Bestandsaufnahme der ägyptischen Götterwelt zu einem vorläufigen Abschluss. In diese Phase der ägyptischen Urgeschichte:

---

608 Ebenda, 3.
609 Ebenda, 31.

reicht aber jedenfalls noch eine andere Stufe der ägyptischen Religionsentwicklung zurück, das Aufkommen höherer, universaler Gottheiten, die selbst nicht fetischistischer Natur und nicht örtlich, sozusagen an der Scholle gebunden waren, wie die alten Ortsgottheiten, sondern kosmischer Natur waren: Götter, die ursprünglich wohl an keinem Orte auf Erden eine besondere, von Menschenhand erbaute Kultstätte hatten, sondern eben in dem kosmischen Element selbst verehrt wurden, das sie vertraten oder genauer gesagt personifizierten und dessen Benennung sie statt eines Eigennamens führten.[610]

Damit ist der Weg bereitet für den ersten Abschnitt in Sethes Mythohistorie des vorgeschichtlichen Ägypten, „Der Zusammenschluß der westlichen und östlichen Deltagaue zu zwei Staaten in Unterägypten".[611] Aufgrund linguistischer Argumente, aber auch dem Vorkommen von „Hirtengeräten" in der Herrscherikonografie des Ostdeltareiches vermutet Sethe einen vorderasiatischen Einfluss:

> Es würde dann notwendig auf einer Invasion von Asien her beruht haben, wie sie für einen gegebenen Zeitpunkt der Urzeit aus der eigentümlichen Natur der ägyptischen Sprache, die kaum anders als aus einer Mischung von semitischen und nichtsemitischen Sprachelementen zu begreifen ist und aus den a priori sehr wahrscheinlichen Kulturzusammenhängen mit Babylonien zu vermuten ist.

Ganz besonders bemerkenswert an dieser Stelle ist, dass Sethe hier „a priori" von einer Beeinflussung aus dem mesopotamischen Raum ausgeht, ohne jedoch solche Indizien aus der frühgeschichtlichen Ikonografie (Schlangenhalspanther) oder Architektur (Palastfassade) zu erwähnen, die zumindest grundsätzlich ein solches Postulat untermauern helfen könnten. Hierin kommt wahrscheinlich keine Unkenntnis Sethes zum Ausdruck als vielmehr der Wunsch, ohne archäologische Belege auskommen zu können.[612] Nur vereinzelt hat er in der Urgeschichte auf solche Bezug genommen, etwa auf die von W. M. Flinders Petrie in Koptos gefundenen Min-Statuen,[613] nicht zuletzt, um dadurch seine Auffassung über die frühe Kunst der Ägypter zu bestätigen, die ihm dann wiederum die Möglichkeit stilistischer Datierung bestimmter Darstellungen in der ägyptischen Hieroglyphenschrift eröffnet:

---

610 Ebenda, 57.
611 Ebenda, 63–66.
612 Für einen umfassenden Überblick vgl. Wengrow, D., The archaeology of early Egypt. Social transformations in North-East Africa, 10,000 to 2650 BC, Cambridge 2006.
613 Ebenda, 17.

Dieser Mangel an Gliederung ist ein Kennzeichen primitiver, noch stark behinderter Kunst und zeugt immerhin für ein verhältnismäßig hohes Alter auch dieser Götterbilder gegenüber der Kunst der geschichtlichen Zeit.[614]

Damit ist er jedoch wieder zur Analyse von Inschriften zurückgekehrt – dem ‚Markenkern' der Berliner Schule.

Kehren wir zu der historischen Schilderung Sethes zurück, so folgt auf die Entstehung der beiden Deltareiche im darauffolgenden Abschnitt die Schilderung, wie ein unterägyptischer „Gesamtstaat" entstand.[615] Dazu heißt es allerdings: „In welchen Etappen sich dieser Zusammenschluss Unterägyptens aber vollzogen hat, ist uns verborgen."[616] Sethe identifizierte in dem Horus von *Bḥd.t* die Hauptgottheit von Unterägypten, da er das Toponym nicht mit dem späteren Hauptkultort des Gottes im oberägyptischen Edfu[617], sondern mit einem älteren Verwaltungsbezirk in Unterägypten, in der Nähe der modernen Stadt Damanhur, identifizieren wollte. Der britische Ägyptologe Alan Henderson Gardiner (1879 – 1963) kommentierte die hierüber bereits einige Jahre zuvor begonnenen Auseinandersetzungen wie folgt:

> If this seemingly innocent conjecture had remained the purely geographical matter it was at first, it might have been dealt with much more summarily than it will be here. In point of fact the location of Beḥdet has become a crucial factor in what I may term the new Euhemerism – the doctrine that the titles and myths of the early gods reflect successive periods in the predynastic history of Egypt.[618]

Sethes stärkster Widersacher war sein Nachfolger auf dem Göttinger Lehrstuhl, H. Kees, der 1923 eine zweibändige Arbeit über „Horus und Seth als Götterpaar" vorgelegt hatte und darin Sethes Thesen widersprach.[619] Auch später zeigte sich Kees nicht überzeugt und widersprach 1941 erneut in seiner Arbeit zum „Götterglauben im Alten Ägypten". Allerdings heißt es auch dort:

> Trotz dieser entschiedenen Abweichung möchte ich Sethes Versuch keinesfalls missen. Die Darstellung der Tatbestände zeigt alle Vorzüge dieses unübertrefflichen Meisters der Textanalyse; eine zielstrebig ausgerichtete Auffassung ermöglicht die Entwirrung verwickelter

---

614 Ebenda, 11.
615 Ebenda, 66–70.
616 Ebenda, 67.
617 Vgl. demgegenüber Kees, H., Kultlegende und Urgeschichte. Grundsätzliche Bemerkungen zum Horusmythos von Edfu, in: Nachrichten der Gesellschaft der Wissenschaften zu Göttingen, phil.-hist. Kl., 1930, 345–362.
618 Gardiner, A. H., Horus the Beḥdetite, in: JEA 30, 1944, 24.
619 Kees, H., Horus und Seth als Götterpaar, Bd. 2, Leipzig 1924, 78.

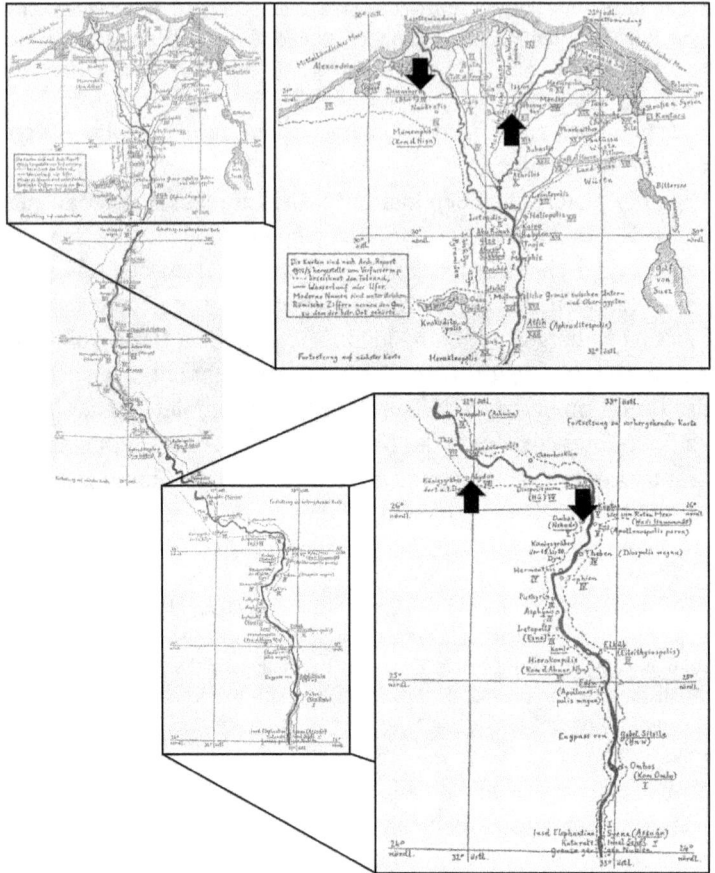

Abb. 12: Karten 1–3 aus K. Sethes „Urgeschichte und ältester Religion der Ägypter", mit den Kultorten Behdet des Gottes Horus und Ombos des Gottes Seth in Unter- und Oberägypten (schwarze Pfeile nach unten) sowie den Kultorten des Gottes Osiris im oberägyptischen Abydos und dem von Sethe vermuteten älteren Kultort im unterägyptischen Busiris (schwarze Pfeile nach oben).

Vorgänge, wobei mit der Sachlichkeit einer anatomischen Sektion oder einer geometrischen Lösung alle Schichten abgehoben werden, so daß die verschiedensten Einflußfelder klar erkennbar werden.[620]

---

[620] Kees, H., Götterglaube im Alten Ägypten, Leipzig 1941, vi; die gegensätzlichen Positionen übersichtlich dargestellt in Vandier, J., La Religion Égyptienne (Mana. Introduction à l'histoire des Religions), Paris 1944, 24–30.

In gewisser Weise ist die „Urgeschichte" als Ergebnis dieser lange andauernden Auseinandersetzungen zu werten, in welcher Sethe seine Ansichten noch einmal umfassend dargelegt hat.

Als oberägyptische Entsprechung zu dem nördlichen Horusreich in Unterägypten rekonstruierte Sethe darin auch ein südliches Reich des Gottes Seth in Oberägypten, mit seinem Hauptsitz in der Stadt Ombos. Hierbei bemühte er durchaus auch archäologische Argumente:

> Ein handgreifliches Zeugnis für die Bedeutung, die diese Stadt Ombos des Gottes Seth in vorgeschichtlicher Zeit einmal besessen haben muß, haben wir darin, daß der Ort zwischen den heutigen Dörfern, Neḳade und Ballas die Hauptfundstätte für die archäologischen Überreste der älteren vorgeschichtlichen Kultur Oberägyptens ist, die hier in tausenden von Gräbern vertreten ist.[621]

Durch zahlreiche spätere Texte fand er die Zuweisung der beiden Landesteile Unterägypten für Horus und Oberägypten für Seth bestätigt. Der für den ägyptischen Staat in historischer Zeit konstitutive Dualismus der beiden Landesteile einerseits und die negative Darstellung des Gottes Seth im Rahmen der oben skizzierten mythologischen Schilderungen andererseits, so Sethe,

> steh[en] in dem denkbar schroffsten Widerspruch zu den Verhältnissen der geschichtlichen Zeit. Denn deren Staat soll ja durch den oberägyptischen König Menes aus This (im 8. Oberägyptischen Gau) gegründet worden sein, und dementsprechend hat Oberägypten in geschichtlicher Zeit offiziell immer den Vorrang vor Unterägypten.[622]

Warum aber, so fragte Sethe weiter, wurde dann dem unterägyptischen Gott Horus ein Vorrang gegenüber dem oberägyptischen Gott Seth eingeräumt, letzterer sogar als eher finstere Gottheit dargestellt? Denn:

> In der Tat knüpft der ganze Mythus von Horus und Seth, die bald als feindliche Brüder, bald als Neffe und Oheim einander gegenüber gestellt werden, eben an den Gegensatz der beiden von Bḥd.t und Ombos aus regierten Länder und die kriegerische Auseinandersetzung zwischen ihnen an, in der offenbar das unterägyptische Reich die Oberhand behalten hatte.[623]

Doch Sethe ging noch weiter und behauptete, dass der militärischen Auseinandersetzung zwischen den Horus- und Seth-Reichen, bei der Oberägypten unterlag und das Land unter Horus vereinigt worden war, womöglich schon eine frühere

---

621 Sethe, Urgeschichte und älteste Religion, 74.
622 Ebenda, 77.
623 Ebenda, 78.

Reichseinigung[624] vorangegangen war, „die sich in dem Mythus des Osiris abzuspiegeln scheint". Dabei berief er sich u. a. auf die Ausführungen seines Kollegen H. Junker.[625] Auch hierzu musste Sethe den ursprünglichen Kultort des Gottes, aus dem oberägyptischen Abydos, ins Delta verlegen:

> Man könnte danach denken, daß Osiris in der Tat der alte König des Ostdeltareiches gewesen sei, das, wie gesagt, in dem busirischen Gau (der selbst wieder in der Mitte des ganzen Deltas lag), seinen Mittelpunkt gehabt haben muss.[626]

Auf Grundlage vornehmlich ikonografischer Merkmale der späteren Darstellungen des Osiris kommt Sethe zu dem Schluss, dass Osiris

> so tatsächlich als ein Vereiniger von Ober- und Unterägypten, als ein König von ganz Ägypten [erscheint], wie es der Mythus von ihm behauptet. Folgen wir diesem Mythus weiter, so hat das Reich des Osiris sein Ende gefunden durch Seth, der ihn ermordete und seine Leiche zerstückeln ließ. Daran schloß sich dann der Streit zwischen Horus und Seth, der nach vorübergehender Teilung des Reiches zwischen beiden schließlich zum Siege des Horus und der Wiedervereinigung des ganzen Reiches in seiner Hand führte.[627]

Der siegreiche Horus bzw. das durch ihn vertretene unterägyptische Königtum hätten dann seinen Hauptsitz nach Heliopolis verlegt, welches fürderhin als das älteste und ehrwürdigste geistig-religiöse Zentrum des Landes gegolten habe. Dort wurde ein gesamtägyptisches Pantheon durch die Götter-Neunheit von Heliopolis geschaffen, mit Atum an der Spitze und Osiris und Seth als Vertretern der letzten Göttergeneration.[628] Ebenso entstand dort die auf Horus bezogene Titulatur des Pharao, darüber hinaus die Einrichtung eines zentralen Nilstandsmessers sowie die Einführung eines einheitlichen Kalenders.[629]

Schließlich untermauert Sethe sein Postulat eines heliopolitanischen Reiches noch durch einige bemerkenswerte historische Analogien:

---

624 Zu dem Begriff und den mit diesem Konzept verbundenen Problematiken vgl. Förster, F., Die „Reichseinigung". Stand, Probleme und Perspektiven eines ägypt(olog)ischen Phänomens. Magisterarbeit an der Philosophischen Fakultät der Universität zu Köln, Köln 1997, 113–116.
625 Konkret auf Junker, H., Die Entwicklung der vorgeschichtlichen Kultur in Ägypten, in: Koppers, W. (Hg.), Festschrift P. W. Schmidt. 76 sprachwissenschaftliche, ethnologische, religionswissenschaftliche, prähistorische und andere Studien, Wien 1929, 892.
626 Sethe, Urgeschichte und älteste Religion, 80–81.
627 Ebenda, 81.
628 Vgl. dazu: Schott, S., Spuren der Mythenbildung, in: ZÄS 78, 1942, 1–27.
629 Auch hierzu hatte Sethe schon zuvor gearbeitet; vgl. Sethe, K., Die Namen von Ober- und Unterägypten und die Bezeichnungen von Nord und Süd, in: ZÄS 44, 1907, 26.

Da Heliopolis in geschichtlicher Zeit nie eine andere Rolle gespielt hat, als die einer eben durch ihre Vergangenheit geheiligten Stadt, die Stätte alter geistiger und religiöser Traditionen, wie etwa Rom, Jerusalem und Mekka in neuerer Zeit, so kann es diese dominierende Stellung nur in der vorgeschichtlichen Zeit, in der Periode seiner Königsherrschaft über das ganze Land erworben haben, gerade wie Rom, Jerusalem und Mekka die ihrige in der Zeit, als Rom Hauptstadt des römischen Weltreiches, Jerusalem die Hauptstadt der jüdischen Könige und Mekka die Stadt Muhammeds war.[630]

Einen weiteren Abschnitt seiner Arbeit widmet Sethe daraufhin der unterägyptischen Kolonisation Oberägyptens,[631] die auch die allmähliche Verlagerung der Hauptkultorte der nördlichen Gottheiten Richtung Süden erklären helfen soll.

In der Ausbildung eines alternativen Schöpfungsmythos und eines anders besetzten Pantheons in der Stadt Hermopolis[632] erkennt Sethe den mythopolitischen Nachhall einer oberägyptischen Aufstandsbewegung gegen die heliopolitanische Herrschaft.[633] Als Folge davon

stand nun [wieder] ein selbstständiges oberägyptisches Reich einem unterägyptischen gegenüber, aber inzwischen hatte sich vieles geändert. Beide Reiche dienten jetzt demselben Königsgotte Horus, mit dem sich ihre Könige ebenso identifizierten, wie es zuvor die Könige von Heliopolis getan hatten. [...] Aus dem ursprünglich im Westen des Deltas heimischen, spezifisch unterägyptischen Falkengotte Horus war in Heliopolis ein allgemeiner ägyptischer Reichs- und Königsgott geworden.[634]

Nach der erneuten Teilung des Landes, so Sethe weiter, musste die Hauptstadt des unterägyptischen Reiches wieder weiter nach Norden verlagert werden, und zwar nach Buto. Dennoch behielt Heliopolis die nunmehr erlangte zentrale religionspolitische Bedeutung und blieb auch weiterhin Bestandteil des unterägyptischen Königtums. Sethe schreibt dazu:

Das Königtum von Buto wird die eigentlich legitime Fortsetzung des heliopolitanischen Königtums gewesen sein, während die Oberägypter im Grunde Abtrünnige waren, die ohne sich dessen bewußt zu werden, geschweige denn es zu wollen, doch tatsächlich in die Praxis des Sethreiches zurückgefallen waren.[635]

---

630 Sethe, Urgeschichte und älteste Religion, 90.
631 Ebenda, 116–133.
632 Sethe verweist hierzu auf: Sethe, K., Amun und die acht Urgötter von Hermopolis. Eine Untersuchung über Ursprung und Wesen des aegyptischen Götterkönigs, Berlin 1929.
633 Sethe, Urgeschichte und älteste Religion, 133–137.
634 Ebenda, 137.
635 Ebenda, 143.

Auch die Oberägypter hatten sich eine neue Hauptstadt gewählt und residierten nun in Hierakonpolis. Begünstigt wurde dieser Schritt, laut Sethe, durch den Umstand, dass an diesem Ort schon seit alters her eine Falkengottheit verehrt worden war, die nun mit Horus gleichgesetzt werden konnte.[636] Von Oberägypten aus erfolgte dann schließlich auch die – historische – allerdings nurmehr ‚zweite' Reichseinigung, oder wie Sethe es ausdrückte:

> In der Gründung des geschichtlichen Einheitsstaates von Oberägypten her haben wir einen Vorgang zu erkennen, der sich im Verlauf der ägyptischen Geschichte, ebenso wie die Verlegung der Hauptstadt in die Gegend südlich der Deltagabelung, mehrmals wiederholt hat, weil er wie diese auf gewissen zwingenden geopolitischen Gründen beruhte.[637]

Die Abgelegenheit und daraus resultierende vermeintliche kulturelle Rückständigkeit Oberägyptens, die seiner Ansicht nach wohl auch ursächlich für die anfängliche Dominanz des Nordens gewesen war, wandelten sich im Laufe der Zeit zu einem Vorteil: Aus sicherer Distanz gelangen von dort aus im Verlaufe der ägyptischen Geschichte immer wieder die „Regeneration des ägyptischen Staates",[638] die (Wieder-)Vereinigung der beiden Länder und auch die Beseitigung von Fremdherrschaft, wobei allerdings bald darauf das politische Machtzentrum auch wieder nach Norden verlagert wurde.

In seiner Urgeschichte hat Sethe sein „Testament" an die Ägyptologie sehen wollen,[639] auch wenn er sich darüber im Klaren war, dass er und sein Lehrer Erman (und mit ihm viele seiner Kollegen) sich darüber als „der Horus von Göttingen und der Seth von Berlin" nicht würden einigen können. Übrigens hat Sethe sich bei diesem Vergleich, trotz der relativen Namensgleichheit wohl aus Respekt vor dem älteren Erman, die Rolle des ‚Neffen' Horus zugedacht – ein Schelm, wer Böses dabei denkt ...

K. Sethes Ansatz einer Rekonstruktion vorgeschichtlicher Ereignisse aus mythischen Darstellungen bzw. religiösen Texten heraus hat sich in der Ägyptologie tatsächlich nicht durchsetzen können. Gleichwohl plädieren einige Ägyptologen dafür, in den genannten Quellen durchaus ein Substrat geschichtlicher Ereignisse zu erkennen – wenn auch unter unbedingter Berücksichtigung der anderen zur Verfügung stehenden (v. a. archäologischen) Quellen und mit großer Vorsicht im Hinblick auf die gezogenen Schlussfolgerungen bzw. Rekonstruktionen. So schrieb Jan Assmann zwar 1983:

---

636 Ebenda, 154–155.
637 Ebenda, 180.
638 Ebenda, 181.
639 Vgl. Kees, Kurt Sethe, 74.

Sethes scharfsinniger Versuch, die Komplexität der in den Pyramidentexten manifestierten Vorstellungswelten in Gestalt weit in die Vorgeschichte zurückführender „Reiche" zu entwirren, mutet heute fast abwegig an.[640]

Er verteidigt diesen aber gegen die Kritik von Kees und erkennt sein Bemühen um „Entwirrung von Komplexität" an:

> Auch die Fiktion der vorgeschichtlichen „Reiche" hatte ihr Verdienst und ihre Leistung, insofern „mit der Sachlichkeit einer anatomischen Sektion oder einer geometrischen Lösung alle Schichten abgehoben werden, sodass die verschiedensten Einflussfelder klar erkennbar werden" (Kees, a.a.O., IV). Auch Sethe ging es um Entwirrung von Komplexität, nur dass er die zeitliche Dimension für die einzig massgebliche hielt.[641]

Ludwig Morenz legt in seiner Auseinandersetzung mit „Diskursgeschichte" und der ikonografischen Inszenierung frühgeschichtlicher Ereignisse eine gewisse Ambivalenz dem großen Vorgänger gegenüber an den Tag:

> Dieser Versuch einer Spurenlesung ist kein Zurück zu Kurt Sethes Versuch in „Urgeschichte und älteste Religion", aber seine Grundüberlegung einer Transformation bestimmter Ereignisse und Vorstellungen in die religiöse Welt bekommt damit einen neuen Aufwind.[642]

Ohne Sethe zu nennen und auch mit Bezug auf die nach dessen Rekonstruktionen der Vorgeschichte anzusiedelnde Zeit des ägyptischen Frühdynastikums, ist zuletzt David Warburton dafür eingetreten, Mythen für die ägyptische Geschichtsschreibung nicht als weitgehend irrelevant zu erklären, sondern sie vielmehr als Bindeglied zwischen „Ereignis" und „Geschichte" bzw. „Geschichtsschreibung" zu begreifen. Dabei erteilt er der Vorstellung, man könne bzw. man müsse eine literarische bzw. mythische Darstellung der Vergangenheit streng von einer vermeintlich objektiven und auf Tatsachenfeststellungen beruhenden Historiografie unterscheiden, eine Absage. Dies geschehe insofern, als dass a) auch Geschichtsschreibung bzw. deren Quellen keineswegs frei von subjektiven Einflüssen sind, b) Mythen selbst Einfluss auf Geschichte bzw. c) die Wahrnehmung von Geschichte durch die Ägypter hatten und d) Geschichtsschreibung durchaus Ge-

---

640 Assmann, J., Re und Amun. Die Krise des polytheistischen Weltbilds im Ägypten der 18.–20. Dynastie, Göttingen 1983, 8.
641 Ebenda, Anm. 11. Einen konstruktiven Versuch dazu hat Assmann, J., Ägypten. Eine Sinngeschichte², Frankfurt a. M., 2000, 41–46; zum Streit von Horus und Seth: 55–59, geleistet.
642 Morenz, L., Ereignis Reichseinigung und der Fall Buto. Inszenierungen von Deutungshoheit der Sieger und – verlorene – Perspektiven der Verlierer, in: Fitzenreiter, M., Das Ereignis. Geschichtsschreibung zwischen Vorfall und Befund, Workshop vom 03. bis 05.10.2008 (IBAES 10), London 2009: https://www.ibaes.de/ibaes10/publikation/morenz_ibaes10.pdf, 206, Anm. 34.

fahr laufen kann, unter dem Eindruck bestimmter vorherrschender Paradigmen, Modelle bzw. Präsuppositionen selber ‚Mythen' zu produzieren.[643]

Allerdings ist der Fall von K. Sethes Urgeschichte doch anders gelagert als die von Warburton behandelten Fallbeispiele. Die Kritik von Sethes Zeitgenossen an der weitgehenden Nicht-Beachtung archäologischer Befunde trifft – trotz einiger Ausnahmen – zu. Seine Annahme, aufgrund der „Primitivität" einiger Darstellungen der ägyptischen Kunst bzw. der ägyptischen Hieroglyphenschrift eine relativchronologische Einordung vornehmen zu können, ist ebenso zweifelhaft wie sein (vereinfachtes) evolutionäres Verständnis von Religionsgeschichte: von (lokalen) Tier- und Pflanzengottheiten über den Fetischismus zu kosmischen und schließlich (überregionalen) gesamtägyptischen Gottheiten. Doch war es ja gerade die „Gleichzeitigkeit des Ungleichzeitigen" in ägyptischen Hieroglyphentexten, die ihn auf die Spur der ägyptischen Urgeschichte gebracht hat. Dieser von Ernst Bloch in den 30er Jahren des vergangenen Jahrhunderts geprägte Begriff eröffnet natürlich noch weitere Betrachtungsmöglichkeiten: Ungleichzeitig war sicher Sethes Methodik, die in einer sich wandelnden Wissenschaftslandschaft die nach wie vor bestehende Relevanz der philologisch-positivistisch ausgerichteten Berliner Schule unter Beweis stellen sollte. Ungleichzeitig war auch sein Selbstverständnis als Wissenschaftler, der nur einem natürlichen „Erkenntnisdrang" verpflichtet sein und von zeitgeistigen Strömungen nichts wissen wollte. Und ungleichzeitig war auch seine Auffassung der ägyptischen Kultur, als Bewahrerin einer im Grunde unverändert weitertradierten ‚Form' und untrennbaren Einheit von Religion und (politischer) Geschichte. Am Ende sollte es nicht darum gehen, die Abwegigkeit (vgl. das obige Zitat Assmanns) von Sethes Ausführungen herauszustellen, sondern vielmehr ihre Bedingtheit durch die Umstände und Hintergründe ihrer Entstehung zu berücksichtigen. Dann jedoch vermögen Sethes Ausführungen, wenn schon nicht die ägyptische Urgeschichte, so doch etwas über den Charakter wissenschaftlichen Arbeitens zu enthüllen und zur Reflexion darüber anzuregen.

---

643 Warburton, D., Egyptian History: Definitely! Myth as the Link between Event and History, in: Fitzenreiter, M., Das Ereignis. Geschichtsschreibung zwischen Vorfall und Befund, Workshop vom 03. bis 05.10.2008 (IBAES 10), London 2009: https://www.ibaes.de/ibaes10/publikation/warburton_ibaes10.pdf, 283.

9 Ra oder: Out of Egypt? Diffusion oder Konvergenz?

The very fact that Egypt's culture began to be a power in Europe at an exceedingly remote period long before the dawn of history and the contact of Asia with Europe, makes it all the more difficult for us to realize the sway she exerted.
Grafton Elliot Smith

Spätestens im Übergang vom 19. zum 20. Jh. entstand, auch angesichts des fortgesetzten Bedeutungs- oder Autoritätsverlustes der Bibel, in den Altertumswissenschaften ein Bedürfnis nach alternativen Erklärungsmustern für den Ursprung der Menschheit bzw. menschlicher Kultur. Dies wurde zusätzlich befördert durch die ja seit langem aus den Texten klassischer Autoren bekannte Beeinflussung der Griechen durch die Kulturen des Vorderen Orients, die zunehmend durch die Auswertung von altorientalischen Quellen und die Auseinandersetzung mit der Kunst- und Architekturgeschichte Ägyptens und Mesopotamiens besser nachzuvollziehen war. In diesem Kontext widmete man sich sehr bald der Frage, wann und wo in der Welt Menschen zum ersten Mal Arbeitsteilung, komplexe staatliche Strukturen, Landwirtschaft mit Vorratshaltung, Schrift, abstrakte, kosmologische bzw. universelle religiöse Vorstellungen und andere kulturelle Errungenschaften bzw. Kulturtechniken entwickelt haben.

Dabei lassen sich zwei theoretische Ansätze grundsätzlich voneinander unterscheiden: die Diffusionstheorie und die Konvergenztheorie. Die erste geht davon aus, dass die Entstehung von (Hoch-)Kultur[644] ein äußerst seltener Vorgang ist, der nur unter ganz bestimmten Voraussetzungen stattfinden kann – daher habe dieser nur äußerst selten stattgefunden und sich von diesen wenigen Ursprüngen aus durch Wanderungsbewegungen, Eroberungen und Handelskontakte über die ganze Welt verbreitet. Im englischen Sprachraum ist hierzu noch die Kategorie der ‚Hyperdiffusionisten' eingeführt worden, die diesen Vorgang sogar als womöglich einmalig in der gesamten Menschheitsgeschichte postulieren, im Gegensatz zu den (gemäßigten) Diffusionisten, die sich immerhin noch verschiedene Ursprungsorte zumindest einzelner Elemente menschlicher Zivilisation vorstellen können und auch den Kulturtransfer als nicht immer einseitig

---

[644] Der Begriff soll hier als Ausdruck für Gesellschaften einer bestimmten Komplexität gebraucht werden. Eine allgemeinverbindliche Definition existiert bislang nicht. Der wertende Charakter dieses Ausdrucks ist grundsätzlich problematisch. Auch die Frage, welche Kulturen unter diesen Begriff fallen, wird durchaus unterschiedlich beantwortet. Auch die englische Entsprechung „civilisation" ist, gerade im deutschsprachigen Raum, konzeptionell aufgeladen und keinesfalls als neutraler Begriff zu gebrauchen, wurde sie im Übergang vom 19. zum 20. Jh. doch vielfach der deutschen „Kultur" gegenübergestellt.

erfolgt ansehen. Darin stimmen sie zumindest tendenziell mit den Vertretern der Konvergenztheorie überein: Diese führen bestimmte grundlegende Kulturleistungen zwar ebenfalls auf spezifische Bedingungen zurück, welche aber in ihren Augen zu verschiedenen Zeiten an verschiedenen Orten bestanden haben und so eine mehrfache und unabhängige, wiewohl vergleichbare Entwicklung von (Hoch-)Kultur ermöglicht hätten.

Dabei gilt es zu betonen, dass die Kulturen des Altertums frühzeitig zueinander in Kontakt getreten sind und wechselseitige Beeinflussungen zwischen dem Niltal und Mesopotamien bzw. von dort zum Industal in der Forschung seit langem diskutiert wurden bzw. sich z. T. auch archäologisch und sprachgeschichtlich nachvollziehen lassen.

Größere Probleme bereitete dem diffusionistischen Konzept aber die Entdeckung der mesoamerikanischen Kulturen, die infolgedessen schnell als ‚Ableger' der (Hoch-)Kulturen der alten Welt interpretiert worden sind – so etwa als Nachfahren eines verlorenen Stammes Israels, welche zuvor noch die Pyramiden Ägyptens errichtet und diese Art von Bautätigkeit dann auch in der Neuen Welt fortgesetzt hätten (vgl. Kap. II.4).[645] Auch die vermeintlich ‚afrikanischen' Gesichtszüge der Großplastik der Olmeken luden zu Spekulationen ein.[646] Ähnlichkeiten des indischen Kalender- und Zahlensystems mit dem der Maya sorgten ebenfalls für Diskussionen.[647]

Unvergessen sind in diesem Zusammenhang auch die Expeditionen von Thor Heyerdahl (1914–2002), der, nach einem ersten gescheiterten Versuch 1969 mit dem Papyrusboot „Ra", 1970 mit der „Ra II" erfolgreich den Atlantik überquerte, um zu beweisen, dass solche weitreichenden Schifffahrten bereits im Altertum möglich gewesen sind und so die Grundlage für kulturelle Ähnlich- bzw. Gemeinsamkeiten zwischen Altägypten und Altamerika gebildet haben könnten.[648] Der Beweis dieser Möglichkeit ist ihm damit gelungen – mehr als das aber nicht.

Zwei Dinge gilt es im Zusammenhang diffusionistischer Konzepte hervorzuheben: Zum einen verknüpfte sich die Frage nach den ersten bzw. nach Lesart der

---

645 Vgl. z. B.: Anonymus, The Pyramids – Who built them? And When?, in: Blackwood's Edinburgh Magazine 94, 1863, 352; zum weiteren kulturgeschichtlichen Hintergrund: Medina-González, I., ‚Trans-Atlantic Pyramidology', Orientalism and Empire: Ancient Egypt and the 19th Century Experience of Mesoamerica, in: Jeffreys, D. (Hg.), Views of Ancient Egypt since Napoleon Bonaparte: Imperialism, Colonialism and Modern Appropriations, London 2011, 107–125.
646 Vgl. dazu: Peters, U., Das Alte Mexiko und seine Hochkulturen, Wiesbaden 2015, 36.
647 Vgl. ebenda, 28; zu transpazifischen Kulturkontakten allgemein und mit weiterführenden Literaturhinweisen: Prem, H. J., Geschichte Altamerikas, München 1989, 103.
648 Vgl. Heyerdahl, T., The Ra-Expeditions, London 1972; zu seiner Einstufung als Diffusionist: Langham, I., The Building of British Social Anthropology (Studies in the History of Modern Science 8), London 1981, 118.

(Hyper-)Diffusionisten einzigen Kulturschöpfern frühzeitig mit der nach deren Ethnizität oder Rasse. Darin war sogleich auch die Vorstellung einer grundsätzlichen Überlegenheit eingeschlossen, die nicht nur die kulturellen Errungenschaften, sondern natürlich auch deren weltweite Verbreitung erklären sollte. Auffällig ist, dass praktisch alle Vertreter entsprechender Theorien sich selbst als Nachfahren dieser ersten Kulturschöpfer betrachtet haben. Die wohl am häufigsten für diese Rolle in Aussicht genommene Gruppe waren die ‚Indoarier'. ‚Semiten' oder gar ‚Negroide' wurden i. d. R. als unfähig zu eigenständigen kulturellen Leistungen betrachtet, Gleiches galt auch für die ‚indianischen' Bewohner Amerikas – sofern sie nicht als Nachfahren indoarischer Einwanderer betrachtet wurden. Die hierbei zugrundeliegende Gleichsetzung von Sprachfamilien und Ethnizität ist wissenschaftlich ebenso wenig haltbar wie die Einteilung der Menschheit in verschiedene Rassen.[649]

Der zweite wichtige Aspekt bei der Betrachtung diffusionistischer Konzepte ist die Chronologie, bei der die postulierte ‚Urkultur' natürlich möglichst alt erscheinen muss, jedenfalls aber älter als alle anderen. Bemerkenswerterweise haben die Vertreter diffusionistischer Konzepte im Umgang mit dem sich dabei auftuenden Problem spärlicher oder überhaupt nicht aufzufindender Belege für kulturelle Entwicklungen in weitester Vorzeit einen sehr unbekümmerten Gebrauch von vermeintlichen Beweisen in Texten oder auch der materiellen Kultur aus sehr viel späteren Epochen gemacht.

Im Kontext der Wissenschaften vom Alten Orient haben die sogenannten Panbabylonisten lange Zeit, mit unterschiedlichsten Argumenten, das Zweistromland als Ursprungsort aller menschlichen Zivilisation postuliert.[650] Dafür wurden sie schon von Zeitgenossen mit viel Spott bedacht:

> Ich erinnere nur an den Panbabylonismus mit allem, was daran hing [...]. Da erzählte der eine dieser Herren einmal allen Ernstes, er habe gefunden, daß das Tabakrauchen schon im alten Orient üblich gewesen sei. Er hatte nämlich eines der Bilder gesehen, wo ein Mann [...] das Bier durch ein Rohr trinkt, und hielt nun Rohr und Krug für eine Wasserpfeife. Ein anderer hatte wirklich ein kleines babylonisches Gewicht gefunden und fragte sich nun, ob nicht noch mehr solche Gewichte unerkannt in der Sammlung [der Berliner Museen] stecken möchten. So wog er denn geduldig auch alle die kleinen zylindrischen Steine, die die Babylonier als Siegel benutzten, und da erschien es ihm doch beachtenswert, daß auf manchen

---

[649] Hierzu sei nur eine konzise Stellungnahme angeführt: Kattmann, U., Warum und mit welcher Wirkung klassifizieren Wissenschaftler Menschen?, in: Kaupen-Haas, H / Saller, C. (Hg.), Wissenschaftlicher Rassismus. Analysen einer Kontinuität in den Human- und Naturwissenschaften, Frankfurt a. M. 1999, 65–83.
[650] Einen einführenden Überblick bietet: Weichenhan, M., Der Panbabylonismus. Die Faszination des himmlischen Buches im Zeitalter der Zivilisation, Berlin 2016.

von ihnen ein Gott dargestellt ist, der zwei Löwen an den Schwänzen hochhebt – hielt er die etwa auch im Gleichgewicht?[651]

Es handelte sich bei den Vertretern dieser Denkrichtung allerdings teilweise durchaus um ernstzunehmende Altertumswissenschaftler.[652] Die Gegner der Panbabylonisten rekrutierten sich zum einen aus den Kreisen von Theologen und Bibelwissenschaftlern,[653] zum anderen insbesondere aus dem Umfeld der Ägyptologie. Auch der Althistoriker Eduard Meyer (1855–1930) meinte:

> Auf keinem Gebiet hat sich der Dilettantismus so arg versündigt wie auf diesem. Unbedenklich werden die letzten Ergebnisse der chaldaeischen Wissenschaft, das Resultat langanhaltender methodischer Forschungen des 1. Jahrtausends v. Chr., an den Uranfang gesetzt und aus ihnen Religion und Denken der Urzeit abgeleitet.[654]

Aber auch im Umfeld der Ägyptologie sind diffusionistische Konzepte entstanden.[655] Da sich deren Vertreter v. a. auf die Verehrung der Sonne als Gottheit durch die Ägypter beriefen, spricht man in diesem Fall auch von einem heliozentrischen und – wegen des Bezugs zu ‚Megalithkulturen' – auch heliolithischen Diffusionismus, der in gewisser Weise sicher auch durch die Ra-Expeditionen Heyerdahls reflektiert worden ist. Dieser hat sich allerdings nicht auf eine ‚Urkultur' festgelegt und versuchte z. B. auch die Möglichkeit der Hochseeschifffahrt für die Sumerer

---

651 Vgl. etwa Erman, A., Mein Werden und mein Wirken. Erinnerungen eines alten Berliner Gelehrten, Leipzig 1929, 229; s. dazu auch Gertzen, T. L., „Der Studierstube der Theologen erwachsen"? Zum Verhältnis von Assyriologie, Vorderasiatischer Archäologie und Ägyptologie – Einige Beobachtungen aus der Perspektive Adolf Ermans (1854–1937), in: Neumann, H. / Hiepel, L. (Hg.), Aus der Vergangenheit lernen. Altorientalistische Forschungen in Münster im Kontext der internationalen Fachgeschichte, Münster 2021, in Vorb.
652 Vgl. Parpola, S., Back to Delitzsch and Jeremias. The Relevance of the Pan-Babylonian School to the Melammu Project, in: Panaino, A. / Piras, A. (Hg.), School of Oriental Studies and the Development of Modern Historiography. Proceedings of the Fourth Annual Symposium of the Assyrian and Babylonian Intellectual Heritage Project, held in Ravenna, October 13–17, 2001 (Melammu Symposia 4), Mailand 2004, 237–247.
653 Wobei einer der prominenteste Kritiker Katholik gewesen ist; vgl. Hiepel, L., Der Jesuit, Astronom und Assyriologe Franz Xaver Kugler (1862–1929) – sein Leben, Werk und Denken in der Zeit des Babel-Bibel-Streits und des Panbabylonismus, in: Gertzen, T. L. / Cancik-Kirschbaum, E. (Hg.), Der Babel-Bibel-Streit und die Wissenschaft des Judentums. Beiträge einer internationalen Konferenz vom 4. bis 6. November 2019 in Berlin (Investigatio Orientis 6), Münster 2021, 163–179.
654 Meyer, E., Geschichte des Altertums³, Bd. 1, 2. Hälfte: Die ältesten Geschichtlichen Völker und Kulturen bis zum sechzehnten Jahrhundert, Stuttgart 1910, 593.
655 Grundlegend dazu: Champion, T., Egypt and the Diffusion of Culture, in: Jeffreys, D. (Hg.), Views of Ancient Egypt since Napoleon Bonaparte: Imperialism, Colonialism and Modern Appropriations, London 2011, 127–145.

nachzuweisen.[656] Die bedeutendsten Vertreter der helio- bzw. ägypto-zentrischen Denkrichtung waren der Australier Grafton Elliot Smith (1871–1937), der Brite William James Perry (1887–1949) und dessen Landsmann William Halse Rivers Rivers (1864–1922).

Keiner der Genannten war Ägyptologe. Elliot Smith[657] hatte zunächst in Sydney Medizin studiert und verlegte sich, nach einem anfänglichen Interesse für Neurologie, zunehmend auf anatomische Studien. Dank eines Stipendiums konnte er ab 1896 in Cambridge studieren, wo er am Department für Anatomy tätig war. Hier fand er ein außerordentlich vielfältiges und interdisziplinäres akademisches Umfeld vor.[658] Sein unmittelbarer Vorgesetzter Alexander Macalister (1844–1919) war, seiner Ausbildung nach, Zoologe, der sich erst später auf die menschliche Anatomie spezialisiert hatte und im Übrigen auch Aufsätze zur biblischen Archäologie veröffentlichte. Ebenfalls in Cambridge wirkte zu dieser Zeit Alfred Cort Haddon (1855–1940), der seine Karriere ebenso als Zoologe begonnen hatte, sich dann aber auf den Gebieten der Anthropologie und Ethnologie einen Namen machen sollte. Den größten Einfluss auf Elliot Smith sollte aber der bereits erwähnte W. H. R. Rivers ausüben, der seine Forschungen zu Anthropologie und Ethnologie mit solchen zu Neurologie und Psychiatrie verknüpfte.

Elliot Smith schloss zunächst sein Studium in Cambridge erfolgreich ab und wurde 1900 zum Professor für Anatomie an der Cairo School of Medicine berufen. Nach einem Wechsel an die Universität von Manchester im Jahr 1909 wurde er zum Leiter des Department of Anatomy am University College London ernannt. Während seiner Laufbahn setzte er die in Cambridge begonnenen Studien zum menschlichen Gehirn und dessen Entwicklung weiter fort, beschäftigte sich aber spätestens seit seinem Aufenthalt in Kairo auch mit ägyptischer Archäologie. Auch dazu wurde er durch Rivers angeregt, der bei einem Forschungsaufenthalt in Ägypten die Farbwahrnehmung der ägyptischen Arbeitskräfte auf den Ausgrabungen David Randall-MacIvers (1873–1945) in El Amrah nahe Abydos in Oberägypten untersuchte. Rivers wies seinen ehemaligen Studenten darauf hin, dass in einigen Mumienschädeln aus Ägypten Gehirngewebe erhalten war und untersucht werden konnte.[659] Die intensive Beschäftigung mit altägyptischen Mumifi-

---

656 Heyerdahl, T., The Tigris Expedition. In Search of Our Beginnings, New York 1980.
657 Zu seinem Doppel-Nachnamen vgl. Crook, P., Grafton Elliot Smith. Egyptology and the Diffusion of Culture. A Biographical Perspective, Brighton 2012, 128, Anm. 2.
658 Dazu ausführlicher Champion, Egypt and the Diffusion of Culture, 127–128.
659 Vgl. Elliot Smith, G., On the Natural Preservation of the Brain in the Ancient Egyptians, in Journal of Anatomy and Physiology 36, 1902, 375–380; s. auch Elliot Smith, G., Studies in the morphology of the human brain, with special reference to that of the Egyptians, in: Records of the Egyptian Government School 2, 1904, 123–172; Elliot Smith, G., The so-called „Affenspalte" in the

zierungstechniken brachte Elliot Smith in Kontakt mit dem damaligen Antikendienstinspektor und späteren Entdecker des Grabes von Tutanchamun, Howard Carter (1874–1939), und ermöglichte ihm schließlich die ersten Röntgenuntersuchungen altägyptischer Mumien.[660] 1907 fungierte Elliot Smith auch als Berater für den Archaeological Survey of Nubia.[661] Auch in der deutschsprachigen Ägyptologie sollte er einen nachhaltigen Einfluss ausüben und zu einem der Gewährsmänner für die völkische Neuausrichtung der Disziplin zu Beginn der 1920er Jahre werden.[662]

Auch W. J. Perry studierte 1906 in Cambridge. Zwar hatte er sich für das Fach Mathematik entschieden und schlug nach Abschluss seines Studiums zunächst die Laufbahn als Lehrer ein, allerdings besuchte er schon während des Studiums Vorlesungen von Haddon und Rivers. Letzterer wollte eine diffusionistische Verbreitung kultureller Errungenschaften in den Raum von Ozeanien aus dem Westen nachweisen und ermutigte Perry dazu, anthropologische Studien in Indonesien durchzuführen, wodurch er eine wichtige ‚Zwischenstation' für seine These belegen wollte. Spätestens zu Beginn des Ersten Weltkriegs war Perry auch direkt mit Elliot Smith in Kontakt gekommen, der nun seinerseits eine nach Osten gerichtete Diffusion von Mumifizierungstechniken nachweisen wollte. Perry war aber keinesfalls ein bloßer ‚Erfüllungsgehilfe' und hatte sich sowohl in seinen Studien zur indonesischen Megalithkultur von 1918[663] als auch in seiner nächsten größeren Arbeit zu „The Children of the Sun" im Jahr 1923[664] als durchaus unabhängig von Rivers und Elliot Smith gezeigt. Gleichwohl übernahm er von Rivers das Konzept

---

human (Egyptian) brain, in: Anatomischer Anzeiger 24, 1904, 74–83; Elliot Smith, G., Catalogue of the Royal Mummies in the Museum of Cairo, Kairo 1912; laut: Fritze, R. H., Egyptomania. A History of Fascination, Obsession and Fantasy, Glasgow 2016, 279–280, interessierte sich Elliot Smith jedoch auch für andere Körperteile, weshalb sich seine Angehörigen, nach seinem Tod, dazu veranlasst sahen, seine Sammlung von mumifizierten Penissen zu vernichten. Seine Aufzeichnungen hierüber sind ihnen allerdings entgangen, obwohl er, wie Fritze bemerkt, seine Beobachtungen zu Mumiengenitalien nie publiziert hat.

660 Vgl. Dawson, W. R. (Hg.), Sir Grafton Elliot Smith: A Biographical Record by his Colleagues, London 1938, 38–39.

661 Dadurch hat Smith nachhaltigen Einfluss auf die ägyptologische Forschung gehabt; vgl. Morkot, R. G., On the priestly origin of the Napatan kings. The adaptation, demise and resurrection of ideas in writing Nubian history, in: Reid, A. / O'Connor, D. (Hg.), Ancient Egypt in Africa, London 2003, 156.

662 Voss, Wissenshintergründe …, 114–115, 124, 127, 139 und 223.

663 Vgl. Perry, W. J., The Megalithic Culture of Indonesia, London 1918.

664 Vgl. Perry, W. J., The Children of the Sun. A Study in the Early History of Civilization, London 1923.

des Hyperdiffusionismus und von Elliot Smith die Grundthese, dass der Ursprung menschlicher Zivilisation in Ägypten zu verorten sei.[665]

Bevor im Folgenden ihre Thesen noch etwas ausführlicher vorgestellt und besprochen werden sollen, gilt es noch auf zwei grundlegende Charakteristika ihrer Arbeiten hinzuweisen: Zum einen bemühten sie zur Untermauerung ihrer Theorien auch und gerade die mythische Überlieferung verschiedener Völker,[666] und zum anderen betonten sie die Rolle von Muttergottheiten und Frauen. Das konnte, für den heutigen Leser, durchaus komische Züge annehmen: etwa, wenn Elliot Smith schilderte, dass der Gebrauch von Malachit der „Proto-Egyptian women" zu kosmetischen Zwecken ihre Männer zur Entdeckung des Werkstoffes Kupfer geführt und sie so zumindest indirekt zum kulturellen Fortschritt der Menschheit beigetragen hätten.[667]

An dieser Stelle sollte aber dem Eindruck entgegengewirkt werden, als handelte es sich bei den hier besprochenen Gelehrten um Außenseiter oder Vertreter einer eher abseitigen Denkrichtung. Tatsächlich hatten Rivers und später auch Elliot Smith für einen kurzen Zeitraum sogar entscheidenden Einfluss auf die Ausbildung der britischen (Kultur-)Anthropologie,[668] dem ein Nachwirken v.a. deshalb versagt blieb, weil sich eine konkurrierende ‚Schule' gegen sie durchsetzen konnte. Noch 1919 hatte Elliot Smith seinem Kollegen Perry einen Lehrauftrag für Vergleichende Religionswissenschaft an der Manchester University verschafft, während er selbst die Stellung als Leiter des Department of Anatomy am University College antrat. 1923 folgte ihm Perry dorthin und erhielt gleichfalls einen Lehrauftrag.[669] Die enge Verbindung von Physischer und Kultur-Anthropologie entsprach dabei den erklärten Zielen von Elliot Smith. Weil er und Rivers im Nachgang des Ersten Weltkrieges umfangreiche Forschungen zur Behandlung von „shell shocks" (im deutschsprachigen Raum bezeichnete man die davon betroffenen Patienten als „Kriegszitterer") geleistet hatten, empfing das University College reiche Förderung durch die Rockefeller Foundation. U.a. finanzierte die Stiftung ein neues Gebäude für das von Elliot Smith geleitete Department,

---

665 Damit waren er und Elliot Smith übrigens keineswegs allein. Vgl. die bibliografische Zusammenstellung in: Van Binsbergen, W., Black Athena. Ten Years Later. Towards a constructive reassessment, in: Ders. (Hg.), Black Athena comes of age. Towards a constructive reassessment, Münster 2011, 25–26, Anm. 32; zu dem späteren Wiederaufkommen solcher Konzepte: Ebenda, Anm. 34–35.
666 Vgl. Champion, Egypt and the Diffusion of Culture, 132.
667 Elliot Smith, G., The ancient Egyptians and the origin of civilization, London 1923, 9–10.
668 Vgl. Stocking, After Tylor. British Social Anthropology 1888–1951, London 1999, 184–220.
669 Vgl. Champion, Egypt and the Diffusion of Culture, 132 und 134–135.

welches übrigens in ägyptisierendem Stil gestaltet wurde.[670] Sieben Jahre lang konnte man von dieser großzügigen Förderung profitieren und auch entsprechenden Einfluss auf die Forschung nehmen. 1927 jedoch wurden die Mittel der Stiftung umgeleitet, um fortan der funktionalistischen Schule um Bronisław Malinowski (1884–1942) an der London School of Economics zugute zu kommen.[671] Im Umfeld von Elliot Smith hatte sich eine Zeit lang auch der später einflussreiche Archäologe Vere Gordon Childe (1892–1957; vgl. Kap. II.12) bewegt. Zwar zeigte sich dieser in seinen Arbeiten durchaus von der diffusionistischen Schule beeinflusst, hat sich jedoch nicht von ihrer hyperdiffusionistischen Ausprägung überzeugen lassen.[672]

Worin aber bestanden die Kernaussagen und die wesentlichsten Argumente der heliolithischen Schule? 1911 hatte Elliot Smith in seiner Arbeit zu „The Ancient Egyptians and their Influence upon the Civilization of Europe"[673] den Einfall „armenoider", „alpiner" bzw. „slawischer" Rassen nach Ägypten um 3000 v. Chr. postuliert, was ihn im Übrigen später auch für die Anhänger der Ex septentrione lux (~ aus dem Norden kommt das Licht)-Theorien im Bereich der Ägyptologie zum Gewährsmann werden ließ[674] – an sich paradox, weil Elliot Smith, wie noch zu zeigen sein wird, sich klar gegen den ‚Ariermythos' stellen sollte.[675]

Aus dem Vorwort der zweiten Auflage von 1923, welche bezeichnenderweise unter dem Titel „The Ancient Egyptians and the Origin of Civilization" erschienen ist, geht eindeutig hervor, dass die ursprüngliche Veröffentlichung für Smith den (damals nicht bewussten) Beginn seiner diffusionistischen Theorie markiert:

> Little did I realize when I was writing what was intended to be nothing more than a brief interim report upon a long and very intricate investigation that this little book was destined

---

670 Price, C. / Humbert, J.-M., Introduction: An Architecture between Dream and Meaning, in: Price, C. / Humbert, J.-M. (Hg.), Imhotep Today. Egyptianizing Architecture, London 2011, 13–15.
671 Vgl. Champion, Egypt and the Diffusion of Culture, 135.
672 Vgl. ebenda, 135–136, mit weiteren Gelehrten aus dem Umfeld des Departments.
673 Elliot Smith, G., The Ancient Egyptians and their Influence upon the Civilization of Europe, London 1911.
674 Vgl. Voss, Wissenshintergründe, 120–129; zu dem Konzept grundlegend: Wiwjorra, I., „Ex oriente lux" – „Ex septentrione lux". Über den Widerstreit zweier Identitätsmythen, in: Leube, A. / Hegewisch, M. (Hg.), Prähistorie und Nationalsozialismus. Die mittel- und osteuropäische Ur- und Frühgeschichtsforschung in den Jahren 1933–1945 (Studien zur Wissenschafts- und Universitätsgeschichte 2), Heidelberg 2002, 73–106.
675 Unter den zahlreichen völkischen Publikationen aus dem deutschsprachigen Raum gab es allerdings sehr wohl auch solche, die Europa durch das Alte Ägypten geprägt sahen; vgl. Wirth, A., Männer, Völker und Zeiten, Berlin 1912, 12, Karte.

to open up a new view – or rather to revive and extend an old and neglected method of interpretation – of the history of civilization.[676]

Denn seiner Meinung nach waren die von ihm festgestellten Einwanderer in das Niltal dort, bzw. eigentlich erst dort, zu Kulturschöpfern geworden, die ihre Errungenschaften dann über die ganze Welt verbreitet und benachbarte Völker zur Nachahmung angeregt hätten. Folgerichtig hieß es bei Elliot Smith:

> I became convinced that the rude stone monuments of the Mediterranean littoral and Western Europe were not really the most primitive stages in the evolution of architecture but were crude copies of the more finished and earlier monuments of the Pyramid Age in Egypt, made in foreign countries by workmen who lacked the skill and the training of the makers of the Egyptian prototypes.[677]

Hier wird deutlich, weshalb die Forschungen W. J. Perrys zu Megalithkulturen in Indonesien für Smith später von zentraler Bedeutung sein sollten. Aber auch dessen Karten zur globalen Verteilung von Erzlagerstätten und wertvollen Rohstoffen waren seiner Theorienbildung dienlich, da sie nicht nur als Grundlage zu Ausbildung und Unterhalt von (Hoch-)Kultur betrachtet wurden, sondern im Übrigen auch eine mögliche Motivation für weitreichende Wanderungsbewegungen darstellen konnten.[678] Wichtig hervorzuheben ist auch die in dem Zitat zum Ausdruck kommende Vorstellung der Degradation von Kulturtechniken über größere Entfernungen und Zeiträume, was sein Kollege W. H. R. Rivers als ein grundsätzliches Phänomen menschlicher Kulturentwicklung beschrieb.[679]

Für Elliot Smith erschien die Entwicklung der Kupferverarbeitung, an der ja auch Frauen, wegen ihrer vermeintlichen Putzsucht, einen nicht unerheblichen Anteil gehabt haben sollten (s. o.), der entscheidende Faktor für den Erfolg und die Verbreitung der „proto-ägyptischen Kultur". Dadurch nämlich wären die Männer dazu angeregt bzw. in die Lage versetzt worden, Waffen aus Kupfer herzustellen, Ober- und Unterägypten zu vereinigen und bis in die Levante hinein vorzustoßen. Von dort aus seien sie auf diese Weise sogar bis in das jungsteinzeitliche Europa gekommen. In Ägypten selber wäre das Kupfer nun aber vermehrt zur Herstellung von Werkzeugen zur Bearbeitung von Stein benutzt worden, was schließlich unter den Herrschern der ersten Dynastien zum Bau immer gewaltiger werdender Mo-

---

676 Elliot Smith, The Ancient Egyptians and their Influence, i.
677 Ebenda, ii.
678 Vgl. zu den zugrundeliegenden Arbeitsweisen: Pear, T. H., Some Early Relations Between English Ethnologists and Psychologists, in: The Journal of the Royal Anthropological Institute of Great Britain and Ireland 90.2 (Juli–Dez. 1960), 227–237, bes. 232.
679 Rivers, W. H. R., The Disappearance of Useful Arts, London 1912.

numente geführt hätte. Diese wären den Vertretern benachbarter Mittelmeerkulturen durch Handelskontakte direkt oder indirekt bekannt geworden und sie hätten versucht – freilich ohne die ägyptische Expertise –, die Pyramiden in einfachen, gleichwohl ebenfalls möglichst monumentalen Steinarchitekturen nachzubilden.[680]

Neben der monumentalen Steinarchitektur erschien die Mumifizierung als ein weiteres wesentliches Kennzeichen altägyptischer Kultur und angesichts der Tatsache, dass Elliot Smith über die Auseinandersetzung damit überhaupt erst in das Thema eingestiegen war, verwundert es nicht, dass er dadurch nun weitere Anhaltspunkte für seine diffusionistischen Theorien zu gewinnen suchte. Auch hierbei bemühte er wieder das Argument der Degradation:

> [F]or the subsequent account will make it abundantly clear that the practice of embalming leaves its impress upon the burial customs of a people long ages after other methods of disposal of their dead have been adopted.[681]

Man musste also keineswegs überall auf der Welt noch dieselben Mumifizierungstechniken oder auch nur Mumien nachweisen. Spuren dieser Bestattungspraxis ließen sich auch noch in anderen Bestattungsformen erschließen. Auf der anderen Seite traten die Praxis der Einbalsamierung der Toten bzw. die Haltbarmachung ihrer sterblichen Überreste, so Elliot Smith, häufig gemeinsam mit anderen kulturellen Phänomenen in Erscheinung, u. a.: Megalith-Bauten; die kultische Verehrung der Sonne und von Schlangen; bestimmte Formen von ‚body-art' (durchstochene Ohrläppchen und Tattoos), aber auch (männliche) Beschneidung; sowie immaterielle kulturelle Phänomene, wie etwa Sintfluterzählungen oder die Vorstellung vom göttlichen Ursprung des Königtums.[682] Dabei kam den ersten beiden Phänomenen, der monumentalen Steinarchitektur und dem Sonnenkult, die größte Bedeutung zu. Den darauf angewandten Begriff der „heliolithischen Kultur" entlehnte Elliot Smith von „Professor [Charles Alexander Bro-

---

680 Elliot Smith, G., The Foreign Relations and Influence of the Egyptians under the Ancient Empire, in: Man. The Journal of the Royal Anthropological Institute of Great Britain and Ireland 11, 1911, 176.
681 Elliot Smith, G., The Migrations of Early Culture. A Study of the Significance of the Geographical Distribution of the Practice of Mummification as Evidence of the Migrations of Peoples and the Spread of certain Customs and Beliefs, London 1915, 19.
682 Was übrigens zu diffusionistischen Erklärungsansätzen in höchst unterschiedlichen Disziplinen anregte; vgl. Townend, B. R., The Story of the Tooth-Worm, in: Bulletin of the History of Medicine 15.1, 1944, 56–58.

die-]Brockwell [1875–1965]".[683] Aufgrund der besonderen naturräumlichen Gunstfaktoren des Niltales sei diese Kultur um 3000 v. Chr. in Ägypten entstanden und habe sich von dort aus entlang der Wasserwege (Flüsse und Meeresküsten) über die Welt verbreitet. Während Elliot Smith zuvor noch eine Ausstrahlung dieser „proto-ägyptischen Kultur" in den Mittelmeerraum und, durch kriegerische Eroberungen über Syrien und Anatolien, auch bis nach Europa verbreitet gesehen hatte, publizierte er nun Weltkarten, in denen er das Vorkommen der oben erwähnten Kulturphänomene und deren allmähliche Verbreitung aus dem Niltal u. a. auf den afrikanischen Kontinent sowie über Vorderasien und die arabische Halbinsel nach Indien und bis nach Ozeanien und Australien nachzeichnete. Über den Pazifik sei diese Kultur schließlich auch nach Amerika gelangt. Bemerkenswerteweise sind die britischen Inseln in diesen Karten so dicht mit Vorkommen der entsprechenden Kulturphänomene markiert wie sonst nur Ägypten, Mesopotamien, Indien, China und Mesoamerika.

Die Verbreitung dieser Kultur erfolgte, laut Elliot Smith, sowohl durch Wanderungsbewegungen ihrer Träger als auch durch Nachahmung benachbarter, mit ihr in Kontakt stehender oder unterworfener Populationen. Paul Crook weist darauf hin, dass Elliot Smith nicht an eine biologistische oder rassistische Erklärung für die kulturelle Überlegenheit der Vertreter der heliolithischen Kultur geglaubt hat.[684] Seine Formulierung „stirring into new and distinctive activity the sluggish uncultured peoples which in turn were subjected to this exotic leaven"[685] sieht er zwar als Ausdruck eines etwas elitären Kulturkonzepts, bei dem die „träge Masse" durch kulturelle „Säuerung" gewissermaßen zur „Gärung" gebracht werden müsste; der „democratic Australian" Elliot Smith habe aber keinerlei

---

[683] Vgl. Elliot Smith, The Migrations of Early Culture, 4; dieser taucht auch als Korrespondenzpartner von Elliot Smith in den Archiven des Royal Anthropological Institute in London auf: RAI Archives & Manuscripts, Abbie, Andrew Arthur collection (MS 423), 1915, die aber v. a. Briefwechsel mit W. J. Perry enthält. Eine Anfrage bei der zuständigen Archivarin, Sarah Wolpole, führte zu einem Eintrag in den McGill Universtiy Archives, Montreal, Fonds MG 4248 – Charles Alexander Brodie-Brockwell Fonds, CA MUA MG 4248: https://archivalcollections.library.mcgill.ca/index.php/charles-alexander-brodie-brockwell-fonds: „Brodie-Brockwell, Charles Alexander (1875–1965) [...] professor of Hebrew and Semitic Languages at McGill University from 1907 to 1937 and was Head of the Oriental Department. [...] This fonds [...] consists of unpublished manuscripts and notes on early Mediterranean cultures and civilisation, pre-Christian Hebrew, Semitic and Arabian culture, as well as investigations into early calendars and methods of counting [...]. Other files include: hand-drawn maps of peoples of Europe in different times". – Ich halte diese Identifikation für sehr plausibel und bedanke mich recht herzlich bei Ms. Walpole für diesen wertvollen Hinweis.
[684] Vgl. Crook, Grafton Elliot Smith, 22–23.
[685] Elliot Smith, The Migrations of Early Culture, 1.

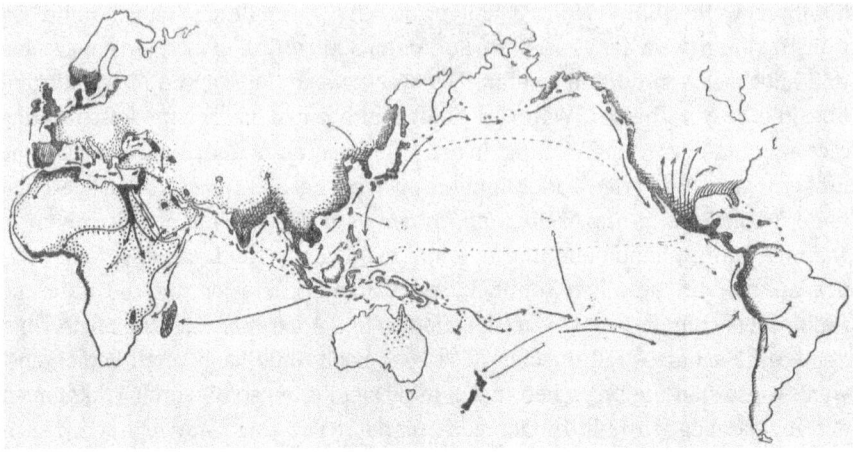

Abb. 13: Karte aus Elliot Smith, The Migrations of Early Culture von 1915 mit der Markierung von Regionen, die stärker durch die „heliolithische Kultur" beeinflusst worden seien, und den vermeintlichen Migrationsrouten, über die diese verbreitet wurde.

Neigung zu autoritären Ideen gehabt. – Hier möchte der nicht-australische bzw. nicht-angelsächsische Leser gewisse Zweifel anmelden. Zuallererst kann an dem elitären Charakter des von Elliot Smith entwickelten Kulturkonzepts überhaupt kein Zweifel bestehen. Der Hinweis von Crook, dass solche Ansichten ein „product of the age" gewesen seien, trifft sicher zu, ändert aber nichts daran bzw. enthebt den Autor nicht seiner persönlichen Verantwortung dafür. Der später von W. J. Perry tatsächlich so benannte „culture hero",[686] der in der Folgezeit von den kulturell inspirierten Indigenen mitunter sogar als Gott verehrt worden wäre, unterstreicht diesen Aspekt eher noch und man fragt sich, ob hierin nicht sogar noch das Konzept der „white man's burden" von Joseph Rudyard Kipling (1865– 1936) durchscheint. Immerhin hatte Elliot Smith Ägypten ja vor der Entstehung der heliolithischen Kultur von „alpinen", „armenoiden" und „slawischen" Ethnien bevölkert werden lassen. Die von Crook in diesem Zusammenhang hervorgehobene Ablehnung der nationalsozialistischen Theorien zur angeblichen Überlegenheit der ‚Arier' durch Elliot Smith[687] bedeutet keinesfalls, dass er rassenkundlichen bzw. rassistischen Konzepten gegenüber grundsätzlich abgeneigt

---

[686] Perry, The Children of the Sun, 123: „Culture-heroes may then be looked upon as peoples of higher civilization that settle among others in a low stage of civilization, influence them, and depart without forming a social class."
[687] Dazu auch: Crook, Grafton Elliot Smith, 108–112.

war.⁶⁸⁸ Es darf aber angenommen werden, dass er und Perry ihre „Kulturhelden" als durch vorteilhafte Umweltfaktoren in ihrer Entwicklung begünstigte⁶⁸⁹ und herausragend begabte Menschen aufgefasst haben, so dass der bloßen Abstammung dabei tatsächlich eine untergeordnete Bedeutung zukam.

Umso bedeutsamer war für Elliot Smith die Zurückweisung der Möglichkeit, dass die von ihm aufgezeigten kulturellen Ähnlichkeiten unabhängig voneinander, an verschiedenen Orten zu verschiedenen Zeiten hätten entstanden sein können. Die unabhängige „Evolution" vergleichbarer kultureller Phänomene, also die Konvergenztheorie, lehnte er als grundsätzlich unwahrscheinlich ab.⁶⁹⁰

Für den hier schwerpunktmäßig zu behandelnden Aspekt der Chronologie stellt sich natürlich die Frage, wann bzw. in welchen zeitlichen Abständen die oben skizzierten kulturellen Entwicklungen bzw. ihre Verbreitung stattgefunden haben sollen. Dabei sind absolute Daten, wie etwa die Angabe, dass die heliolithische Kultur um 3000 v. Chr. in Ägypten entstanden sei, von untergeordneter Bedeutung. Man darf annehmen, dass Elliot Smith und Perry auch bereit gewesen wären, dieses Datum weiter in die Vergangenheit zurück zu verlegen, um den Primat ihrer proto-ägyptischen Zivilisation weiter behaupten zu können. Dennoch haben sie die Verbreitung der heliolithischen Kultur durchaus mit den historischen Epochen des pharaonischen Ägypten zu verknüpfen versucht. Wobei einer der Rezensenten von Perry's „Children of the Sun" sogar ausdrücklich zu dem Schluss kam: „Mr. Perry's method is historical."⁶⁹¹ Laut Perry wären die „children of the sun" in Ägypten zur Zeit der 5. Dynastie endgültig an die Macht gelangt. Er

---

688 So räumt auch Crook (ebenda, 141, Anm. 30) ein, dass Elliot Smith „was traditional enough to assert that the Australian aborigines were of [...] lowly status and poorly equipped intellectually"; unter Verweis auf: Elliot Smith, G., The Galton Lecture, in: Eugenics Review 16.1, 1924, 3; s. auch ebenda, 6.
689 Eine damals verbreitete Vorstellung, wie sie auch durch Ägyptologen vertreten worden war; vgl. Petrie, W. M. Flinders, The Use of Diagrams, in: Man. The Journal of the Royal Anthropological Institute of Great Britain and Ireland 61, 1902, 81–85, wobei darin allerdings die zeitgenössischen Bewohner Afrikas in ihrer intellektuellen Entwicklung durch das Klima als benachteiligt dargestellt wurden und im Übrigen die Briten ein wenig intelligenter erschienen als die Franzosen. Diese durch und durch lächerliche und natürlich rassistisch-chauvinistische Sichtweise findet in Großbritannien allerdings bis heute ‚wissenschaftliche' Unterstützung; vgl. die Berichterstattung der „Times" vom 27.03.2006: „Germans are brainiest (but at least we're smarter than the French)": https://www.thetimes.co.uk/article/germans-are-brainiest-but-at-least-were-smarter-than-the-french-w86q5665ws3, die die Veröffentlichungen von Richard Lynn zur Korrelation von naturräumlichen Gegebenheiten und der Intelligenzquotienten der Bevölkerung verschiedener Erdteile aufgriff.
690 Vgl. Elliot Smith, The Migrations of Early Culture, 6–7.
691 Fallaize, E. N., Rezension: Perry, Children of the Sun und Perry, The Origin of Magic and Religion, in: Folklore 34.4 (31.12.1923), 399.

datierte den Zeitpunkt der sogenannten ‚Reichseinigung' oder Vereinigung der beiden Länder von Ober- und Unterägypten um 3300 v. Chr.⁶⁹² Für die Schilderung des Prozesses der ägyptischen Staatsentstehung berief er sich ausdrücklich auf den deutschen Ägyptologen Kurt Sethe (1869–1934; vgl. Kap. II.8). Unmittelbare Vorläufer des ‚Reichseinigers' Menes wären demnach die sogenannten „Horusdiener", die als oberägyptische Könige von Hierakonpolis und als unterägyptische Könige von Buto aus geherrscht hätten.⁶⁹³ Unter Menes und seinen Nachfolgern hätten sich der ursprüngliche Dualismus und mit ihm auch ein gewisser Antagonismus der beiden Reichsteile erhalten, der sich dann auch in dem Mythos vom Streit zwischen Horus und Seth niedergeschlagen hätte.⁶⁹⁴ Dieser wurde erst zur Zeit der 5. Dynastie überwunden, als unter dem Einfluss der Priesterschaft von Heliopolis das Königtum von Horus auf den Sonnengott übergegangen sei. Durch die Entwicklung eines Kalenders und die Beobachtungen des Sothis- oder Hundssterns sei es den heliopolitanischen Priestern gelungen, Vorhersagen über das Eintreffen der Nilflut zu machen und so die (landwirtschaftlichen) Grundlagen der Königsherrschaft zu stabilisieren.⁶⁹⁵ Durch die zentrale Organisation des Bewässerungsfeldbaus wäre nicht nur eine staatliche Struktur entstanden, sondern auch ein Überschuss erwirtschaftet worden, der in zunehmend monumentale Bauprojekte, v. a. Grabmäler, investiert worden sei. Diese Entwicklungen setzte Perry auch mit der Entwicklung von Mumifizierung in Verbindung und schloss sich dadurch eng an die Forschungen von Elliot Smith an. Dieser wiederum hatte in der monumentalen Grabarchitektur die Vorbilder für Megalithkonstruktionen im Mittelmeerraum erkannt und so eine Anschlussfähigkeit zu den Forschungen Perrys geschaffen.⁶⁹⁶

Mit der 5. Dynastie kamen, laut Perry, drei wichtige kulturelle Entwicklungen zum Durchbruch: (1) die Verlagerung der göttlichen Legitimation der Herrscher durch Horus auf den Sonnengott, worin übrigens auch eine Abwendung von der, mit Horus assoziierten, „Muttergöttin" verbunden gewesen wäre;⁶⁹⁷ (2) ein immer

---

692 Perry, Children of the Sun, 429.
693 Vgl. Sethe, K., Beiträge zur ältesten Geschichte Ägyptens (Untersuchungen zur Geschichte und Altertumskunde Ägyptens 3), Leipzig 1905, 20–21.
694 Perry, The Children of the Sun, 431.
695 Dazu ebenda, 439–448.
696 Ebenda, 432–437.
697 Ebenda, 446–447; der Hinweis an dieser Stelle ist nötig, weil auf Grundlage solcher oberflächlichen Darstellungen und Interpretationen Vorstellungen eines ursprünglichen „Matriarchats" im alten Ägypten aufgebaut werden, welches, basierend auf der kultischen Verehrung von Muttergottheiten, eine friedliche Vorzeit geprägt hätte, bis diese durch das Aufkommen ‚kriegerischer' männlicher Götter gewaltsam beendet und durch ein Patriarchat ‚arischer' Eindringlinge ersetzt worden sei. Im Rahmen der mit diesen Überlegungen zwangsläufig verbundenen Ver-

weiter steigender Bedarf an Luxusgütern und Ressourcen, der eine Expansion und eine immer weiter ausgreifende Rohstofferschließung beförderte (wodurch die „children of the sun" auch Einfluss auf benachbarte Kulturen nahmen)[698] und – gewissermaßen als eine natürliche Konsequenz – (3) zu einem zunehmend kriegerischen Vorgehen führte. Dieses wäre aber auch durch den Machtzuwachs lokaler Eliten zu erklären gewesen, der die Könige, um von ihrer inneren Schwäche abzulenken, zu einer aggressiveren Außenpolitik verleitet hätte, was beides schließlich zum Zusammenbruch des (Alten) Reiches führte.[699]

Gleicht man diese Schilderungen mit der Chronologie und dem weiteren Verlauf der ägyptischen Geschichte ab, wird offensichtlich, dass die heliolithische Kultur, selbst wenn man die „archaic civilisation" (Perry) der „proto-Egyptians" (Elliot Smith) als Vorgeschichte begreift, erst gegen Ende des 4. Jtsd. v. Chr. begonnen hat und erst zur Zeit der 5. Dynastie oder zur Mitte des 3. Jtsd. v. Chr. vollständig ausgebildet worden ist bzw. in der relativ kurzen Zeit bis zum Zusammenbruch des Alten Reiches Einfluss auf benachbarte Kulturen nehmen konnte. Die weltweite Verbreitung der heliolithischen Kultur datierte Elliot Smith aber sogar erst auf den Zeitraum um 800 v. Chr. Am Ende seiner Arbeit zu den „Migrations of Early Culture" hat er einen chronologischen Überblick hierzu gegeben:[700]

4000 v. Chr.   The earliest known Egyptians practised weaving and agriculture, performed [...] the prototype of complete circumcision, and probably were sun-worshippers.
3400 v. Chr.   They began to work copper and gold.
3000 v. Chr.   They had begun the practice of embalming, making rock-cut tombs, stone superstructures and temples. [...] the sun, serpent and Horus-hawk (the older symbol of royalty) became blended in the symbol of sun-worship and as the emblem of the king, who was regarded as the son of the sun-god.
2800 v. Chr.   The peculiar beliefs regarding the possibility of animate beings dwelling in stone-statues [...] developed out of the Egyptian practices of the Pyramid Age.
900 v. Chr.   Practically the whole of the complex structure of the „heliolithic" culture had become built up and definitely conventionalized in Egypt, with numerous purely accidental additions from neighbouring countries.
800 v. Chr.   The great migration of the „heliolithic" culture-complex [...] began.

An dieser chronologischen Übersicht fällt mindestens dreierlei auf: (1) der lange Zeitraum bis zur vollständigen Ausbildung der „heliolithischen Kultur", beinahe

---

schwörungserzählungen erscheint die Ägyptologie als eine patriarchale, faschistoide Männerverschwörung, die diese historische ‚Wahrheit' zu unterdrücken versucht.
698 Perry, The Children of the Sun, 456–460.
699 Ebenda, 462–463.
700 Elliot Smith, Migrations of Early Culture, 132–133.

über das gesamte 3. und 2. Jtsd. hinweg – auch wenn die ersten Ägypter im 4. Jtsd. „wahrscheinllich [schon] Sonnenanbeter gewesen" seien; (2) das Herunterspielen von „purely accidental additions from neighbouring countries" und (3) das relativ späte Einsetzen der Verbreitung ab dem 8. Jh. v. Chr.

Letzteres lässt sich vergleichsweise einfach erklären, denn anders, als später Thor Heyerdahl dies tat (s. o.), hielt Elliot Smith die alten Ägypter nicht für ein Volk von Seefahrern, und so schrieb er an Perry: „I have no doubt whatsoever that the Phoenicians were the distributors of the ‚goods' we are dealing with. It was loot that let them to colonize certain definite spots."[701]

Diese Überlegung hatte gleich mehrere Vorteile: Zum einen waren die Phönizier als herausragende Seefahrernation bekannt und in den Quellen klassischantiker Autoren auch entsprechend belegt. Zum anderen entzogen sie sich aber, mangels eigener Quellen, vielfach einer genauen Bestimmung durch die Altertumswissenschaft.[702]

Insgesamt muss festgestellt werden, dass die Vertreter des heliozentrischen Diffusionismus einen recht pragmatischen Umgang mit chronologischen Fragen gepflegt haben. Die Angaben in den Arbeiten von Elliot Smith und Perry weichen mitunter stark voneinander ab. Auch wird nicht klar, wann sich die „Sonnenanbeter" als distinkte kulturelle Einheit herausgebildet haben bzw. ab wann sie entscheidenden Einfluss nicht nur auf die Kultur des Niltales, sondern auch auf andere genommen haben. Der Umstand, dass die heliolithische Kultur dann erst um 800 v. Chr., also gut 1300 Jahre (!) nach dem Zusammenbruch des Alten Reiches in Ägypten, durch phönizische Seefahrer über die Welt verbreitet worden sein soll, stellt dabei nur ein Problem dar.

Der zwangsläufig zu erwartenden Kritik und Ablehnung seiner Thesen begegnete Elliot Smith ebenfalls mit Flexibilität. Kritik aus Amerika sah er durch einen fehlgeleiteten Nationalstolz motiviert, der die indigenen Kulturen der ‚Neuen Welt' nicht als Ableger der ‚Alten Welt' akzeptieren könne. Kritik aus den klassischen Altertumswissenschaften begegnete er ausweichend, indem er auf die Schwierigkeit hinwies, den ägyptischen Einfluss unter dem „Palimpsest" zahlreicher späterer Kulturentwicklungen nachzuvollziehen (vgl. auch das Einleitungszitat zu diesem Kapitel).[703] Seine daraufhin erklärte Absicht, seine Untersuchungen verstärkt auf solche Regionen zu konzentrieren, „where among less

---

[701] Zitiert nach: Shephard, B., Headhunters. The Search for a Science of the Mind, London 2015, 191.
[702] Bis heute durchaus ein definitorisches Problem der Forschung; vgl. Sommer, M., Die Phönizier. Geschichte und Kultur, München 2008, 11–15.
[703] Crook, Grafton Elliot Smith, 30–31.

cultured peoples it blazed its track and left a record less disturbed",[704] ist ihrerseits als problematisch zu bezeichnen und verdeutlicht noch einmal die Probleme des Konzeptes von „Hochkultur".

Eine besonders ernstzunehmende Gegnerschaft zu seinen Thesen erwuchs Elliot Smith aber v. a. unter den Vertretern der Vorderasiatischen Archäologie, die, wie er, durch populärwissenschaftliche Veröffentlichungen und Vorträge ein über die engeren Fachkreise hinausgehendes Publikum ansprachen und für die, wie z. B. für Leonard Woolley (1880 – 1960), die öffentliche Aufmerksamkeit auch ein zentrales Mittel zur Forschungsfinanzierung darstellte (vgl. Kap. II.7):

> Until recently it was thought that the Egyptian civilisation was the oldest in the world and that it was the fountain-head wherefrom the later civilisations of other Western countries drew at any rate the inspiration which informed them. But in 3500 B.C. Egypt was still barbarous, divided into petty kingdoms not yet united by ‚Menes', the founder of the First Dynasty, into a single state.
>
> When Egypt does make a start, the beginnings of a new age are marked by the introduction of models and ideas which derive from that older civilisation which, as we now know, had long been developing and flourishing in the Euphrates valley, and to the Sumerians we can trace much that is at the root not only of Egyptian, but also of Babylonian, Assyrian, Hebrew, and Poenician art and thought, and so see that the Greeks also were in debt to this ancient and long forgotten people, the pioneers of the progress of Western man."[705]

Dabei war Woolley wohl kein Vertreter einer ‚pan-sumerischen' Diffusionstheorie. Auffällig sind allerdings die chronologische Argumentation und die Darstellung der Sumerer als Vorläufer „westlicher" Zivilisation. Insgesamt erscheinen solche Aussagen als Ausdruck eines Wettbewerbes um die Bedeutung der untersuchten Kulturen und damit auch zwangsläufig um die Bedeutung ihrer Erforschung und der sie betreibenden Forscher.

Kritik, Widerstand und Konkurrenz führten Elliot Smith beinahe zwangsläufig zu immer neuen Superlativen und der Behauptung immer weiter reichender Abhängigkeiten. Die hyperdiffusionistische Weltanschauung zwang darüber hinaus dazu, die Entwicklung bestimmter zentraler Kulturtechniken in unterschiedlichen Weltgegenden miteinander in Beziehung zu setzen. Unter Berufung auf einen Vortrag des Ägyptologen Alan Henderson Gardiner (1879 – 1963), welcher darin die Möglichkeit erörtert hatte, dass das phönizische Alphabet auf den Vorläufer der

---

704 Elliot Smith, G., The Influence of Ancient Egyptian Civilization in the East and in America, in: Bulletin of the John Rylands Library 3.1 (Januar–März), 1916, 48.
705 Woolley, L., Ur of the Chaldees. A Record of Seven Years of Excavation, London 1929, 88 – 89.

kürzlich entdeckten proto-sinaitischen Schrift zurückginge,⁷⁰⁶ behauptete Elliot Smith nicht nur, dass die Schrift in Ägypten (zum ersten Mal) erfunden worden sei, sondern dass praktisch alle anderen Schriftsysteme der Welt sich auf diesen Ursprung zurückführen ließen. Dabei machte er gewisse Konzessionen und ließ z. B. offen, ob die Akkader oder die Phönizier diese Kulturtechnik an den indischen Subkontinent weitergegeben hätten. Es kam ihm dabei sicher zugute, dass die in Südindien verbreitete, und von ihm in diesem Zusammenhang ausdrücklich erwähnte, dravidische Sprache sich bis heute einer Zuordnung zu einer bestimmten Sprachfamilie entzieht, andererseits für die Zeit um 1000 v. Chr. eine Megalithkultur in diesem Raum nachgewiesen wurde.⁷⁰⁷ Das wiederum führte ihn zu der Frage, ob nicht auch die chinesische Schrift auf diesen Einfluss aus dem südlichen Indien zurückzuführen sei, aber, so Elliot Smith weiter, natürlich bestünde weiterhin die Möglichkeit, dass die Schrift aus Ägypten China bereits früher und auf dem Landweg erreicht habe.⁷⁰⁸ Das Alter der chinesischen Schrift müsse aber in jedem Fall in Frage gestellt werden. Geschickt nutzte Elliot Smith verschiedene Forschungsmeinungen und bestehende Forschungslücken dazu aus, seine eigene Theorie plausibel und wissenschaftlich fundiert erscheinen zu lassen. Ein namentlich nicht genannter Rezensent brachte es 1919 auf den Punkt, wenn er schrieb: „When Professor Elliot Smith writes ‚it is certain', he appears to mean ‚I have just read something in a book making it not unlikely'."⁷⁰⁹ Chronologische Details spielten für ihn dabei eine untergeordnete Rolle, und er verfuhr nach dem Grundsatz ‚Was nicht passt, wird passend gemacht' oder doch zumindest in Frage gestellt. Jedenfalls schienen ihm die abenteuerlichsten Spekulationen über eine Verwandtschaft des chinesischen mit dem ägyptischen Schriftsystem unter Ausblendung räumlicher und zeitlicher Distanzen allemal plausibler als die Vorstellung, dass zu verschiedenen Zeiten, an verschiedenen

---

706 Vgl. Gardiner, A. H., The Egyptian Origin of the Semitic Alphabet, in: JEA 3, 1916, 1–16; weiterhin: Sass, B., The Genesis of the Alphabet and its Development in the Second Millennium B.C. (ÄAT 13), Wiesbaden 1988 und Morenz, L. D. / Sabel, D., Sinai und Alphabetschrift. Die frühesten alphabetischen Inschriften und ihr kanaanäisch-ägyptischer Entstehungshorizont im zweiten Jahrtausend v.Chr. (Studia Sinaitica 3), Berlin 2019.
707 Witzel, M., Das Alte Indien², München 2010, 14–15, Karte; 47–48; ohne dass dadurch Elliot Smith' späteres Engagement gegen die menschenverachtende Ideologie der Nationalsozialisten über die vermeintliche Überlegenheit der ‚arischen Rasse' geschmälert würde, gilt es dennoch darauf hinzuweisen, dass er an dieser Stelle die nördlichen, sprachlich indoarisch geprägten Regionen des Landes geflissentlich ignorierte. Andernfalls hätte er sich wohl auch mit allzu vielen alternativen Diffusionstheorien auseinandersetzen müssen.
708 Elliot Smith, The Influence of Ancient Egyptian Civilization in the East, 62.
709 Anonymus, Rezension: Elliot Smith, The Evolution of the Dragon, in: Athenaeum 4652, 27.06.1919, 522.

Orten Menschen auf ähnliche Lösungen praktischer Probleme verfallen seien – ohne Zweifel eine hyperdiffusionistische Auffassung.

Dabei muss allerdings darauf hingewiesen werden, dass die Methoden der heliozentrischen oder heliolithischen Schule, anders als von einem Rezensenten behauptet, nicht primär „historisch" waren (vgl. Zitat oben). Weder W. H. R. Rivers noch W. J. Perry noch G. Elliot Smith waren ausgebildete Altertumswissenschaftler und stützten sich in ihren Thesen gleichwohl auf die Arbeiten von renommierten Fachvertretern. Ihrer Ausbildung nach Mediziner, Naturwissenschaftler oder Mathematiker, hatten sie einen anderen methodischen Zugang zu den von ihnen untersuchten Fragestellungen. Statistiken, räumliche Verteilung kultureller Phänomene, physiologische, biologische, psychologische, soziologische und kulturanthropologische Faktoren waren für sie wichtiger als Fragen der Chronologie oder der Geschichtsschreibung. Ihre „culture heroes" blieben immer abstrakte Gestalten oder Archetypen.[710] Obwohl von den rassenkundlichen bzw. rassistischen Konzepten ihrer Zeit geprägt und mit einem auffälligen Drang, die britische Inselwelt in ihr weltumspannendes Diffusionsmodell einzubeziehen, ging es ihnen dennoch nicht darum, eine bestimmte ‚kulturschaffende' Ethnie zu identifizieren. Allerdings bleibt ebenso festzuhalten, dass die Vertreter dieser Denkrichtung einen schlüssigen Beweis ihrer Theorien schuldig geblieben sind, und das v. a. deshalb, weil sie sich nicht auf die Auseinandersetzung mit vermeintlichen Details eingelassen haben und auch solche Erkenntnisse oder Forschungsmeinungen, die ihren Thesen widersprachen, geflissentlich ignorierten. Es kann daher nicht verwundern, dass die von ihnen so nachlässig und oberflächlich behandelten Altertumswissenschaften ihrerseits über die heliozentrische Schule der Anthropologie hinweggegangen sind. Theorien müssen bewiesen werden oder zumindest grundsätzlich beweis- oder widerlegbar sein, damit sich die Wissenschaft damit auseinandersetzen kann.[711] Disziplingrenzen tran-

---

710 Auch wenn, laut Crook, Grafton Elliot Smith, 41, dieser wenig von den Theorien C. G. Jungs gehalten hat.
711 Was sie übrigens auch tut. So untersucht z. B. ein von der Deutschen Forschungsgemeinschaft gefördertes und von der Kommission für Archäologie Außereuropäischer Kulturen des Deutschen Archäologischen Instituts durchgeführtes Projekt den „Beginn von Nahrungsmittelproduktion im semiariden Nordosten Brasiliens am Beispiel der Serra da Capivara, Piauí"; vgl. DFG-Magazin, Serra da Capivara – älteste Siedlungsspuren in Amerika? Fotoausstellung zu brasilianischem Weltkulturerbe, 06.04.2017: https://www.dfg.de/dfg_magazin/veranstaltungen/ausstellungen/serra_di_capivara/index.html. Dadurch und durch die Entdeckung von Felszeichnungen und Steinwerkzeugen durch französische Archäologen erscheint eine frühere Besiedelung des amerikanischen Kontinents wahrscheinlich, was so auch von der brasilianischen Archäologin Niède Guidon vertreten wird; vgl. Guidon, N. / Delibrias, G., Carbon-14 dates point to man in the Americas 32.000 years ago, in: Nature 321, Nr. 6072, 1986, 769–771. Ihre These aber, dass Brasilien vor rund 100.000 Jahren von Afrika aus

szendierende Modelle oder auch kluge Fragestellungen können die Forschung voranbringen, erfordern aber ebenso eine kritische Überprüfung. Die Forschungen der hier behandelten Wissenschaftler blieben weit hinter diesem Anspruch zurück.

10 „Schwimmer in der Wüste" – Zeit und Ökologie

> Ismételten, hangsúlyozom, hogy a Szahara már geológiai idők, tehát sok százezer év óta éppen olyan sivatag, mint ma.
> – Ich betone noch einmal, dass die Sahara in geologischen Zeiten, also vor Hunderttausenden von Jahren, genauso eine Wüste war wie heute.
>
> Szerzőnek ezekkel a kultúra-történeti fejtegetéseivel semmiképpen sem érthet egyet a.
> – Der Herausgeber kann diesen kulturhistorischen Erklärungen in keiner Weise zustimmen.[712]

Diese Fußnotentexte finden sich in der ersten Publikation des ungarischen Forschungsreisenden László Ede Almásy (1895–1951), besser bekannt als „Der Englische Patient",[713] über seine Entdeckungen in der Libyschen Wüste von 1934, die fünf Jahre später auf Deutsch unter dem Titel „Unbekannte Sahara" erschienen ist.[714] Sie beziehen sich auf die Theorien des Verfassers, der aufgrund der von ihm als Darstellung von Schwimmern gedeuteten Felsmalereien sowie der Abbildung verschiedener Tierarten im Wadi Sura[715] in der Gilf Kebir-Region, im südwestlichen Ägypten, nahe der Grenze zu Libyen, einen prähistorischen Klimawandel postuliert hat. Demnach wäre die Region in früheren Zeiten durch größere Niederschlagsmengen ein fruchtbarer Lebensraum gewesen und das

---

besiedelt worden sei, wird dadurch nicht gestützt; vgl. Berg, L., Auf den Spuren der ersten Amerikaner. Ein Weltkulturerbe im Nordosten Brasiliens untergräbt die klassische Theorie zur Besiedlung des Kontinents, in: Frankfurter Allgemeine Zeitung, 07.06.2018: https://www.faz.net/aktuell/wissen/archaeologie-altertum/weltkulturerbe-auf-den-spuren-der-ersten-amerikaner-15624830.html.

712 Ich danke meiner Kollegin Katalin Kóthay für die Überprüfung der hier gebotenen Übersetzungen aus dem magyarischen Original durch Google-Translate.

713 Spielfilm des britischen Regisseurs Anthony Minghella aus dem Jahr 1996, der auf dem gleichnamigen Roman des kanadischen Autors Michael Ondaatje basiert – die Filmfigur entspricht aber nur sehr bedingt ihrem historischen Vorbild.

714 Almásy, L. E., Az ismeretlen Szahara, Budapest 1934; Almásy, L. E., Unbekannte Sahara. Mit Flugzeug und Auto in der Libyschen Wüste, Leipzig 1939; zum Verhältnis der beiden Werke, die beide von Almásy geschrieben wurden, wobei der ungarische Text nicht einfach übersetzt worden ist, vgl. Michael Forcher, Editorische Notitz, in: Almásy, Schwimmer in der Wüste, 19–20.

715 Vgl. Kuper, R. et al., Wadi Sura – The Cave of Beasts: A rock art site in the Gilf Kebir (SW-Egypt) (Africa Praehistorica 26), Köln 2013.

Niltal womöglich von dort aus besiedelt worden, bevor sich diese Lebensbedingungen durch klimatische Veränderungen verschlechtert hätten – eine damals so revolutionäre Idee, dass der ungarische Herausgeber sich davon offensichtlich lieber distanzieren wollte.[716] Der Herausgeber der deutschen Ausgabe verzichtete zwar auf solche Stellungnahmen, merkte aber stattdessen an:

> Insbesondere habe ich die arabischen Quellen, aus denen er [Almásy] seine Theorie von dem Vorhandensein einer verschollenen Oase im Inneren der Libyschen Wüste ableitete, einer eingehenden Überarbeitung unterzogen. Almásy hatte sich vielfach auf ältere europäische Übersetzungen arabischer Geographen des Mittelalters verlassen, die bei näherer Prüfung eine ganze Reihe von sinnstörenden Übertragungsfehlern aufwiesen.[717]

Darüber hinaus verwies er auch noch auf eine an ein Fachpublikum gerichtete Publikation des Autors zur besseren Einordnung der von Almásy publizierten Aufzeichnungen.[718]

Einer der Gründe, weshalb die deutschsprachige Ausgabe von Almásys Berichten weniger kontrovers diskutiert bzw. durch den Herausgeber zurückhaltender kommentiert worden ist, liegt in dem Umstand, dass Almásy bei der Übertragung ins Deutsche einige Kapitel des ungarischen Textes ausgelassen hat, u. a. ein eigenes über „Őskori sziklaképek" (= Urzeitliche Felsbilder). Glücklicherweise sind diese Kapitel inzwischen durch Adrienne Kloss-Elthes ebenfalls ins Deutsche übersetzt worden.[719]

Mit Bezug auf die Felsbilder schilderte Almásy zunächst deren Entdeckungsgeschichte und betonte dabei das Verdienst der einheimischen Forscher[720] – dies v. a. auch, weil die Oasen der libyschen Wüste zu Beginn des 20. Jh. europäischen und v. a. nicht-muslimischen Reisenden zunächst nicht zugänglich waren. Später sollte er sich dann auch gegen die Entdeckeransprüche des deutschen Afrikaforschers Leo Frobenius (1873–1938) verwahren, den er 1933 zu den Felsbildern geführt hatte. Bissig kommentierte er dazu in „Unbekannte Sahara":

---

716 S. die Fußnoten in: Almásy, Az ismeretlen Szahara, 188 und 212.
717 Hansjoachim von der Esch, in: Almásy, Unbekannte Sahara, 8.
718 Almásy, L. E., Récentes explorations dans le Désert Libyque (1932–1936), Kairo 1936; ich bedanke mich bei meiner Kollegin Hana Navratilova für ihre Unterstützung bei der bibliografischen Recherche unter den besonderen Einschränkungen der Bibliotheksnutzungsmöglichkeiten durch die Covid-19-Pandemie.
719 Und zwar das Einleitungskapitel: „Ich liebe die Wüste …": „Flüchtlinge" und „Urzeitliche Felsbilder", in: Almásy, Schwimmer in der Wüste, 191–200, 201–209 und 210–226.
720 Einen guten Überblick – auch für die Zeit nach Almásy – bietet: Zboray, A., Some results of recent expeditions to the Gilf Kebir & Jebel Uweinat, in: Cahiers de l'AARS 8, 2003, 97–104.

Abb. 14: Felsmalerei mit Darstellung der „Schwimmer" aus dem Wadi Sura im Gilf Kibir.

> Vielleicht läßt sich in nicht zu ferner Zukunft noch ein weiterer Fürst des Katheders in die Libysche Wüste hinausführen, um die Felsmalungen von Ain Dua – oder auch eine der anderen Fundstellen – zum endgültig erstenmal zu entdecken. Wer weiß?[721]

Wichtiger war für ihn allerdings, dass schon die von seinen Vorgängern entdeckten Felsbilder Darstellungen enthielten, die zu weitreichenden Überlegungen Anlass boten:

> Auffallend an den geritzten Bildern war, daß sie solche Tiere darstellten, die es heute in der Libyschen Wüste gar nicht mehr gibt und die hier auch nicht leben könnten, wie Giraffen,

---

721 Almásy, Unbekannte Sahara, 143.

Löwen und Sträuße. Daraus konnte man schließen, daß die Zeichnungen entweder von einem Wandervolk gemacht wurden, das von Süden, aus dem Sudan kommend, diese Tierarten von dort kannte, oder daß die Bilder in einer Zeit entstanden sind, als Libyen noch keine Wüste war, und als solche Tiere in der Gegend von Uwenat noch gelebt hatten. Die letztere Annahme hätte das Alter der Bilder von vorneherein auf viele tausend Jahre bestimmt.

Wir wissen, daß die heutige Sahara nicht immer ein solches lebloses Sand- und Felsmeer war wie heute. Jene klimatischen Veränderungen, die zur Austrocknung und Verödung führten, konnten nur im Verlauf mehrerer tausend Jahre zur Wirkung kommen.[722]

Es waren diese Einlassungen, die den Widerspruch des ungarischen Herausgebers, als Vertreter der Ungarischen Geographischen Gesellschaft, provozierten. Dies aber wohl v. a. deshalb, weil Almásy es keinesfalls bei den zwei möglichen Erklärungen bewenden ließ, sondern gleich die Frage formulierte: „Was für ein Volk mochte das gewesen sein, das vor Jahrtausenden eine noch grüne Sahara bewohnte?" Womit er ja im Übrigen auch schon seine erste mögliche Erklärung (Sudan; s. o.) für seine weiteren Betrachtungen außer Acht ließ.

Nachdem Almásy selbst weitere Felsbilder entdeckt, sie als „urzeitlich" datiert hatte und darin Darstellungen von Kühen und nicht etwa von Gazellen oder Antilopen erkannt zu haben glaubte, weitete er seine Suche aus und begann auch in den Höhlen zu graben. Die von ihm entdeckten Feuersteinwerkzeuge verglich er mit Funden aus der ägyptischen Oase Fayum. Einige Darstellungen von Rindern brachte er mit Reliefbildern aus der Mastaba des Ti aus der 5. Dynastie in Saqqara in Unterägypten in Verbindung.[723]

Die abschließend formulierte Einschätzung zur Bedeutung seiner Funde reflektiert nicht nur die schon seit langem gehegte Vorstellung, dass die Schöpfer der altägyptischen Kultur von außerhalb in das Niltal eingewandert seien, sondern die damals hochaktuelle These, dass diese Einwanderer aus Libyen gekommen sein müssten:[724]

> In Ägypten, das heißt im Niltal, finden wir die Denkmäler einer 5000 Jahre alten Kultur: Riesige Steinpyramiden, künstlerisch geschmückte Gräber, Malereien und Statuen, die alle über eine mächtige, hochentwickelte alte Kultur Zeugnis ablegen. Die Ägyptologen haben festgestellt, daß unter diesen Werken die Stufenpyramide von Sakkara und die bemalten Ziegelgräber aus Nagada die ältesten Denkmäler aus der Zeit der Pharaonen darstellen. Doch was für kulturelle Leistungen, was für einen Grad der Zivilisation es in Ägypten vor diesen Monumenten gegeben hat, davon erzählen keine Ruinen. Ist es möglich, daß ein Volk von

---

722 Zitiert nach Almásy, Schwimmer in der Wüste, 211 (Übers.: A. Kloss-Elthes).
723 Vgl. Almásy, Schwimmer in der Wüste, 216–217.
724 Vgl. Voss, S., Wissenshintergründe ..., 120–129, zu: „Georg Möllers Idee von den ‚nordischen Libyern' als Kulturstifter in Ägypten von 1921".

heute auf morgen seine Entwicklung mit einem Denkmal wie dem mächtigen Zikkurat in Sakkara beginnt? Wer solche Gebäude baut, solche Fresken malt, der mußte auch schon vorher gebaut und gemalt haben.[725]

Auffällig ist hierbei natürlich nicht nur Almásys Betonung der altägyptischen Malerei, sondern auch das Ausblenden der Möglichkeit, dass den beindruckenden Ziegel- und Steinarchitekturen womöglich Bauten aus sehr viel vergänglicherem Material vorausgegangen seien könnten, wie dies im Übrigen auch für die altägyptische Architektur hinlänglich nachgewiesen wurde.[726] Die Bezeichnung der Stufenpyramide des Djoser als „Zikkurat" reflektiert wohl seine weitergespannten diffusionistischen Konzepte (vgl. Kap. II.9):

> Die Wissenschaftler blickten in die Richtung der „Wiege der Menschheit", nach Mesopotamien. Zweifellos konnte man aus den Überresten der mit Ägypten verglichen noch älteren, primitiveren Kultur folgern, daß jenes Volk, das im Niltal schon mit einem fertigen hochentwickelten Stil und Können ankam, seinen Ausgangspunkt von dort nahm. Doch nach einem genaueren Studium stand die Fachwelt wieder vor einem Rätsel. Die Bauruinen des urzeitlichen Ägypten mögen den gleichen Ideen entstammen wie die Ruinen von Ur, Tel Halaf und Babylon, aber das verwendete Material, die für die Bearbeitung geschaffenen Geräte, die Verzierungen, Malereien, die Darstellungen der Tiere und Menschen wiesen in unzähligen Details darauf hin, daß die ägyptische Urkultur nicht ausschließlich aus dem Überschwemmungsgebiet des Tigris und Euphrat stammen kann.[727]

Die Frage nach dem Primat der Kulturentwicklung im Zweistromland oder im Niltal bzw. der wechselseitigen Beeinflussung war damals sicher hoch aktuell und wird noch bis heute teilweise kontrovers diskutiert.[728] Almásy wollte eine zweite Region in die Forschungsdiskussion einführen, von wo aus die altägyptische Kultur beeinflusst und zu ihren kulturellen Höchstleistungen inspiriert worden sei:[729]

> Im Herzen der Libyschen Wüste, dort, wo seit Jahrtausenden kein Mensch mehr den Fuß hingesetzt hatte, stieß ich auf die Spuren einer entwickelten vorzeitlichen Kultur. Die bis jetzt

---

725 Zitiert nach Almásy, Schwimmer in der Wüste, 224 (Übers.: A. Kloss-Elthes).
726 Vgl. Kuhlmann, K., s.v. „Rohrbau", in: LÄ 5, 1984, 288–294.
727 Zitiert nach Almásy, Schwimmer in der Wüste, 224 (Übers.: A. Kloss-Elthes).
728 Vgl. Kaelin, O., „Modell Ägypten". Adoption von Innovationen in Mesopotamien des 3. Jahrtausends v.Chr. (OBO 26), Göttingen 2006, mit einem Überblick über die Kulturkontakte: 13–18; bes. 183: „In der Uruk-Zeit war Mesopotamien Innovator und Vorbild, während Ägypten Adoptor war. [...] Mit dem Ende des Uruk-Systems endete auch die Modellfunktion Mesopotamiens."
729 Einen neueren Überblick über die Felsbildkunst dieser Region bieten: Lequellec, J.-L. et al., Du Sahara au Nil: Peintures et gravures d'avant les pharaons, Paris 2005.

entdeckten Steinwerkzeuge, Felsgravuren und Höhlenmalereien zeigen eine auffallende Ähnlichkeit mit den präpharaonischen Funden im Niltal, so daß kaum mehr zu bezweifeln ist, daß das vorgeschichtliche Volk, das diese Werke geschaffen hatte, später seine schon bestehende Kultur entlang des Nils weiter entwickelte.

Ohne Zweifel traf dieses aus Libyen eingewanderte Volk im Tal des Heiligen Stromes auf die von Osten kommenden Babylonier, und aus der Vereinigung der beiden Völker nahm die altägyptische Kultur ihren Ursprung.[730]

Almásy blendete die Frage, ob denn zu diesem Zeitpunkt nicht schon Menschen im Niltal gelebt hätten, keinesfalls aus. Er kennzeichnete seine Stellungnahme dazu auch deutlich als „nézetemmel" (= meine Ansicht):

Offensichtlich bot die heutige Libysche Wüste damals – vor 8.000 bis 10.000 Jahren – noch entsprechende Lebensbedingungen für das Viehzüchter- und Jagdvolk [...]. Die klimatischen Verhältnisse waren noch so beschaffen, daß die heutige Wüste stellenweise durch Vegetation bedeckt war. Zweifellos haben ähnliche tropische Regenfälle die Sahara fruchtbar gemacht, wenn auch nur zeitweise, wie sie es heute in den Steppen und Urwäldern Mittelafrikas tun. [...] Dementsprechend war vermutlich zur gleichen Zeit das Niltal niederschlagsreich, also sumpfig, feucht und nebelig, und wurde nur von einfachen Fischern bewohnt.

[...] Vermutlich war also in der niederschlagsreichen Zeit das Niltal ungesund, dagegen bot die heutige Wüste jene günstigen Lebensbedingungen, die jetzt die Steppen des Sudan bieten.[731]

Zu der von Almásy nachfolgend aus diesen Überlegungen abgeleiteten Schlussfolgerung merkt der Herausgeber erneut an, dass dadurch nicht seine bzw. die Einschätzung der Geographischen Gesellschaft wiedergegeben würde. Almásy jedoch schrieb:

Danach wäre es möglich, daß die Libysche Wüste die Wiege der altägyptischen Kultur gewesen ist. Die bisherigen Entdeckungen und Funde lassen zumindest diese Folgerung zu, allerdings sind wir noch weit davon entfernt, mit Sicherheit die Zusammenhänge zwischen den Pyramiden der Pharaonen und den Felsbildern der Wüstengebirge beschreiben zu können. Meine Forschungen konnten lediglich ein weiteres fehlendes Kettenglied in der Entwicklungsgeschichte des urzeitlichen Ägypten zutagefördern.[732]

Inzwischen hat sich die Einschätzung Almásys über seine Entdeckungen als grundsätzlich zutreffend herausgestellt. Seine Annahme tiefgreifender klimati-

---

730 Zitiert nach Almásy, Schwimmer in der Wüste, 225 (Übers.: A. Kloss-Elthes).
731 Ebenda, 225–226.
732 Ebenda, 226.

scher und naturräumlicher Veränderungen in der Region der Libyschen Wüste konnte bestätigt werden.[733] Die Vorläufigkeit bzw. Notwendigkeit zur tiefergehenden Auseinandersetzung mit den dadurch ausgelösten Wanderungsbewegungen und kulturgeschichtlichen Entwicklungen hat er dabei selbst betont.

Rudolph Kuper hat die klimageschichtlichen Entwicklungen in der Region übersichtlich zusammengefasst:[734] Im Zeitraum **vor 10.000 v. Chr.** dehnte sich die Sahara noch 400 km weiter südlich als heute aus und bedeckte rund ein Drittel des afrikanischen Kontinents. Während für diese Zeit mehrere prähistorische archäologische Stätten als Spuren menschlicher Besiedelung für das Niltal nachgewiesen werden konnten, trifft dies in diesem Zeitraum nicht für die Wüstenregionen zu. Um 12.000 v. Chr., während einer als „Wild Nile" bezeichneten Phase, kam es zu größeren Niederschlagsmengen in den Quellgebieten des Nils, die zu Überschwemmungen und zur Vernichtung der Lebensgrundlagen der Menschen im Flusstal geführt haben. Dies führte zu archäologisch nachweisbaren gewalttätigen Auseinandersetzungen. Die Regenfälle erreichten dabei zunächst nicht die Wüstengebiete.

Um ca. **8500 v. Chr.** jedoch kam es zu größeren Niederschlägen, die die bisherigen Wüstenregionen in savannenartige Lebensräume verwandelten. Bereits an diese Lebensverhältnisse gewöhnte Populationen aus südlicheren Gebieten sowie höchstwahrscheinlich auch Teile der Niltalbewohner, die den wenig attraktiven Umweltbedingungen des Flusstales entkommen wollten, drangen in diese neuentstandenen Siedlungsräume vor. Dabei handelte es sich um Jäger und Sammler, die aber z.T. womöglich auch schon Tierhaltung betrieben und als Nomaden umherstreiften. Eindeutig nachweisbar ist die Herstellung von Keramik.

Für die Zeit nach **7000 v. Chr.** ist endgültig eine Domestikation von Tieren belegt, ebenso wie eine regional spezifische Anpassung an die jeweiligen lokalen Lebensbedingungen. Dabei lassen sich gleichwohl weitreichende Kulturkontakte nachweisen: etwa die Beeinflussung durch technische Errungenschaften im Bereich von Steinwerkzeugen aus der Levante oder von Keramikdekoration aus dem Sudan. Im Laufe der Zeit setzte sich in der ägyptischen Sahara eine pastorale Lebensweise durch, während sich etwa im gleichen Zeitraum in der Flussoase Fayum erste Ansätze für Ackerbau nachweisen lassen.

---

733 Vgl. Kuper, R. / Kröpelin, St., Climate-Controlled Holocene Occupation in the Sahara: Motor of Africa's Evolution, in: Science 313, 11.08.2006, 803–807: http://www.uni-koeln.de/inter-fak/sfb389/sonstiges/kroepelin/242%202006%20Kuper%20Kroepelin%20Science%20313%20%20(11%20August%202006).pdf; s. auch Petit-Maire, N., Sahara. Les grands changements climatiques naturels, Paris 2012.
734 Kuper, R., Archaeology of the Gilf Kebir National Park: http://www.uni-koeln.de/hbi/Texte/Gilf_Kebir.pdf, 8–10.

Ab **5300 v. Chr.** nahmen die Niederschlagsmengen ab. Die Menschen zogen sich daraufhin in die verbleibenden und z.T. durch Oasen fruchtbar gebliebenen Gebiete zurück oder wanderten wieder in Richtung Süden. Bemerkenswerterweise dürften die zurückgehenden, bislang saisonalen, nun aber gleichmäßigeren Niederschläge in den oben erwähnten Rückzugsräumen sogar zu einer weiteren Verbesserung der Lebensbedingungen geführt haben, weil so ein über das ganze Jahr verteiltes Pflanzenwachstum ermöglicht wurde. Die Darstellungen reicher Viehbestände aus der Gilf Kebir-Region, die Almásy entdeckt und beschrieben hatte, lassen sich höchstwahrscheinlich auf diese günstigen Bedingungen zurückführen.

Ab **5000 v. Chr.** lassen sich dann auch zunehmend Wanderungsbewegungen von der Sahara ins Niltal feststellen, wo sich inzwischen, unter dem Einfluss aus Vorderasien, umfangreicher Getreideanbau nachweisen lässt, zu dem jetzt die von den nomadischen Zuwanderern übernommene Viehhaltung hinzutrat.

Nach **3500 v. Chr.** wandelte sich die ägyptische Westwüste endgültig in eine lebensfeindliche Region. Die bis dahin noch bestehenden Nischen trockneten, bis auf wenige Oasen, aus. Die Wüste entwickelte sich in der Vorstellung der alten Ägypter zu einer lebensfeindlichen Gegenwelt zum fruchtbaren Niltal.

Dennoch wurde die Region nicht gänzlich aufgegeben. Der inzwischen hochorganisierte ägyptische Staat des Alten Reiches richtete auf Karawanenwegen, die den Handel mit Oasen und Innerafrika bedienten, Wasserspeicher und Versorgungsstationen ein. Außenposten sicherten und beobachteten das Geschehen in der Wüste. Der logistische Aufwand hierfür darf nicht unterschätzt werden, zumal Karawanen damals noch auf Esel als Transportmittel angewiesen waren (das Kamel wurde erst im 1. Jtsd. v. Chr. domestiziert)[735] und diese Tiere einen hohen Wasserbedarf hatten.

Grundsätzlich werden Almásys Vorstellungen hierdurch bestätigt: Das Niltal erscheint nicht von Anfang an als ein idealer Lebensraum, umgeben von unwirtlichen Wüsten. Wanderungsbewegungen und Kulturkontakte haben zu verschiedenen Zeiten stattgefunden und zu wechselseitigen Beeinflussungen geführt. Die „Neolithische Revolution" (vgl. Kap. II.12) hat in verschiedenen Lebensräumen und unter unterschiedlichen Bedingungen in unterschiedlichen Formen stattgefunden: hier die Domestikation von Tieren unter Beibehaltung einer nomadischen oder teilnomadischen Lebensweise, dort die Entwicklung von Ackerbau und Sesshaftigkeit. Die Kulturentwicklung in Ägypten wurde durch äußere Einflüsse befördert, die sich sowohl nach Vorderasien als auch in die

---

735 Vgl. Almathen, F. et al., Ancient and modern DNA reveal dynamics of domestication and cross-continental dispersal of the dromedary, in: PNAS 113.24, 14.06.2016, 6708.

Sahara, aber auch ins Innerste Afrikas zurückverfolgen lassen. Wir wissen nicht, wie Almásy gerade über den letzten Punkt gedacht hat. Die Auseinandersetzungen darüber blieben späteren Forschergenerationen vorbehalten.[736] In den 30er und 40er Jahren des 20. Jh. jedenfalls wären solche Überlegungen als noch unerhörter empfunden worden als die Theorien Almásys zu einer vorgeschichtlichen Besiedelung der Libyschen Wüste.

An dieser Stelle kann auch ein weiterer Aspekt von Almásys Biografie nicht außer Acht gelassen werden, nämlich seine Agententätigkeit für die Wehrmacht während des Zweiten Weltkrieges.[737] Schwerer wiegen dabei aber noch seine bereits vor Kriegsausbruch getätigten und durch den österreichischen Schriftsteller Richard A. Berman (alias Arnold Höllriegel; 1883–1939) aufgezeichneten weltanschaulichen Stellungnahmen: „Lösung der Arbeitslosenfrage durch Ausrottung"; „allein, d. h. mit Dienerschaft in einer durch Gas von Menschen gereinigten Welt zurückzubleiben"; „Ausrottung der Menschheit außer den Bauern".[738] – Ernst Czerny kommt zu dem Schluss:

> Die Ernsthaftigkeit derartiger Phantasien kann natürlich bezweifelt werden. Almásys abstruse Vorstellungen hatten jedenfalls nichts mit der Rassenideologie der Nazis zu tun, sehr wohl jedoch mit einem aristokratischen Herrenmenschentum.[739]

Wie bereits erwähnt, war die Idee, dass Ägypten von Libyen aus besiedelt worden wäre, bereits einige Jahre zuvor in der deutschsprachigen Ägyptologie diskutiert und für überzeugend erachtet worden. In einem 1924 – posthum – veröffentlichten Vortrag hatte der deutsche Ägyptologe Georg Möller (1876–1921) sich zur Verwandtschaft des Ägyptischen mit den Berbersprachen[740] sowie zu ägyptisch-libyschen Kulturkontakten ausführlich geäußert.[741] U.a. diskutierte er darin die Darstellung von Libyern auf einer Prunkpalette des vordynastischen Königs

---

736 Vgl. Lefkowitz, M. / McLean Rogers, G. (Hg.), Black Athena revisited, Chapel Hill 1996; kritisch dazu: Asante, M. K., Black Athena Revisited: A Review Essay, in: Research in African Literatures 29.1, 1998, 206–210.
737 Übersichtlich dazu: Kleibl, K., Der wahre „Englische Patient", in: Antike Welt 2010.2, 55–62.
738 Bermann, R. A., Zarzura. Die Oase der kleinen Vögel. Die Geschichte einer Expedition in die libysche Wüste, Zürich 1938, 221; 252; zitiert nach: Czerny, E., Richard A. Bermann alias Arnold Höllriegel (1883–1939). Der Chronist auf der Suche nach der Romantik des Orients, in: Schoeps, J. H. / Gertzen, T. L. (Hg.), Grenzgänger. Jüdische Wissenschaftler, Träumer und Abenteurer zwischen Orient und Okzident, Leipzig 2020, 303.
739 Czerny, Richard A. Bermann, 303.
740 Dazu zuvor schon in: Möller, G., Aegyptisch-libysches, in: OLZ 24, 1921, 194–197.
741 Möller, G., Die Ägypter und ihre libyschen Nachbarn, in: ZDMG 78, 1924, 36–60.

"Skorpion"[742] oder die in verschiedenen Quellen vom Mittleren Reich bis in die Ptolemäerzeit erwähnte Besiedelung der Oase Fayum durch Libyer.[743] Zwar postulierte Möller eine zur Mitte des dritten Jtsd. v. Chr. stattgefundene „Völkerwelle von nordischem europäischem Typus [, die sich] nach Nordafrika ergossen hat",[744] wobei sich aber durch Verdrängung oder durch Vermischung mit der ursprünglichen Bevölkerung der Oasen der ägyptischen Westwüste der in den historischen Quellen dokumentierte „Libyertypus" herausgebildet habe.[745] Möllers Vortrag löste einen wahren ‚Libyerboom' in der deutschen Ägyptologie aus, der von Susanne Voss ausführlich beschrieben worden ist und seinen Höhepunkt in der 1936 vorgelegten Dissertation von Wilhelm Hölscher (1912–vermisst 1943) unter dem Titel „Libyer und Ägypter"[746] gefunden hat.[747] Vor dem Hintergrund solcher Überlegungen sind auch Almásys Thesen zu einer prähistorischen Besiedelung Ägyptens aus der libyschen Wüste heraus neu zu bewerten.

Dennoch gilt es zu betonen, dass sein Ansatz kein rassenkundlicher gewesen ist und er, im Gegensatz zu so manchem Sprach- und ‚Völkerwanderungskundler', seine Theorien auf die Dokumentation archäologischer Befunde in der Region gestützt hat. Bemerkenswert ist dabei weiterhin, dass seine Entdeckungen erst durch den Einsatz moderner Technik, nämlich des Automobils und von Flugzeugen, möglich wurden und die Richtigkeit von Almásys Theorien durch Radiokarbondatierungen und die Auswertung von Klimadaten in jüngerer Vergangenheit bestätigt werden konnte. Almásy war seiner Zeit also voraus, auch wenn uns Teile der frühesten Kulturgeschichte Nordostafrikas erst durch spätere technische Entwicklungen des zurückliegenden Jahrhunderts erschlossen werden konnten.

Die Darstellungen einer reichen Fauna auf Felswänden inmitten einer lebensfeindlichen Wüste zu Beginn des 20. Jh. forderten die bis dahin bestehenden Vorstellungen über die Vorgeschichte des Menschen in dieser Region heraus. Sich

---

742 Vgl. Möller, Die Ägypter und ihre libyschen Nachbarn, 38, unter Berufung auf Sethe, K., Zur Erklärung einiger Denkmäler aus der Frühzeit der ägyptischen Kultur, in: ZÄS 52, 1915, 56; s. auch ebenda, 56–57.
743 Vgl. Möller, Die Ägypter und ihre libyschen Nachbarn, 44.
744 Ebenda, 46.
745 Vgl. ebenda, 48.
746 Hölscher, W., Libyer und Ägypter. Beiträge zur Ethnologie und Geschichte libyscher Völkerschaften nach den altägyptischen Quellen (Ägyptologische Forschungen 4), Glückstadt 1955.
747 Vgl. Voss, Wissenshintergründe, 212–232, zu: „Der Aufschwung der Prähistorischen Archäologie in Ägypten unter dem Leitmuster vom ‚nordischen Libyer' ab dem Ende der 1920er Jahre"; wobei Voss auch zeigen konnte, dass sich diese Ideen bis weit hinein in die Nachkriegsägyptologie nachverfolgen lassen; vgl. ebenda, 230–232.

wandelnde naturräumliche Gegebenheiten wurden so zu einem entscheidenden Faktor bei der Erforschung der ältesten Vergangenheit.

11 Monotheismus, von der Steinzeit an bis heute

> Of course, since history and theology necessarily dovetail and overlap at countless points, it is impossible to make a clean separation between them; they remain today, as always in Hebrew-Christian tradition, complementary to one another.
> William Foxwell Albright

Im Laufe der ersten Hälfte des 20. Jh. schien sich die Frage nach dem Primat biblischer Schilderungen vor altertumswissenschaftlichen Erkenntnissen mehr oder weniger erledigt zu haben. Die Bibel eignete sich allenfalls noch dazu, öffentliches Interesse für archäologische Unternehmungen zu wecken (vgl. Kap. II.7.), die ihrerseits höchstens die Erzählungen des Alten Testamentes zu illustrieren oder in einen historischen Kontext einzuordnen halfen. Im Rahmen der (Kultur-)Geschichtsschreibung des Alten Orients wurde die Bibel, und mit ihr die jüdische und christliche Religionsgeschichte, aber zunehmend an den Rand gedrängt.[748] Vollends mochte sich kein ernstzunehmender Wissenschaftler noch für die Verteidigung einer biblischen Chronologie einsetzen.

Der zu Beginn dieses Kapitels zitierte US-amerikanische Archäologe William Foxwell Albright (1891–1971) stellte sich diesem Trend entgegen. Dabei hatte er eine gründliche orientalistische Ausbildung bei Paul Haupt (1858–1926)[749] an der Johns Hopkins University in Baltimore erfahren und strebte keinesfalls den Beweis der unbedingten Richtigkeit aller biblischen Schilderungen an.[750] Gleich-

---

[748] Vgl. für die in diesem Kapitel zugrunde gelegten wissensgeschichtlichen Rahmenbedingungen: Kuklick, B., Puritans in Babylon. The Ancient Near East and American Intellectual Life, 1880–1930, Princeton 1996, 183–185.

[749] Vgl. Albright, W. F., Professor Haupt as Scholar and Teacher, in: Adler, C. / Ember, A. (Hg.), Oriental Studies. Published in Commemoration of the Fortieth Anniversary (1883–1923) of Paul Haupt, Baltimore 1926, xxi–xxxii.

[750] Vgl. Sasson, J. M., Albright as an Orientalist, in: The Biblical Archaeologist 56.1, 1993: Celebrating and Examining W. F. Albright, 3–7, bes. 6; vgl. in diesem Zusammenhang die treffenden Einschätzungen zum spannungsgeladenen Verhältnis deutscher und amerikanischer Orientalistik von Foster, B. R., The Beginnings of Assyriology in the United States, in: Holloway, St. W. (Hg.), Orientalism, Assyriology and the Bible, Sheffield 2007, 48–51 und 56–58, bes. 49: „Therefore many American students and graduates arriving in Germany to study Middle Eastern languages were coming with an interest in divinity education but studied these languages German style, building up understanding of the text from language [...]." Und weiter (57): „All this transplan-

Abb. 15: Fotoaufnahme von William Foxwell Albright, anlässlich der Verleihung der Ehrendoktorwürde durch die Hebrew University Jerusalem am 5. April 1957; Fotograf: Moshe Pridan.

wohl wurde er zum Begründer der Biblischen Archäologie.[751] Der vermeintliche Widerspruch lässt sich nicht ohne Weiteres auflösen. Schon während seiner Studienzeit hatte sich Albright nicht völlig von der skeptischen und ‚kritischen' Lektüre biblischer Texte durch seinen Lehrer überzeugen lassen,[752] was angesichts seines familiären Hintergrundes, als Sohn zweier evangelikaler Methodisten, auch wenig verwunderlich erscheint.[753] Albrights Forschungsansatz darf als ein Versuch beschrieben werden, die Bibel als historische Quelle zu rehabilitieren, ihr zumindest (wieder) einen gewissen historischen Wert beizumessen, v. a. aber, die inzwischen weitgehend aus dem ‚Korsett' religiöser Dogmen und Bi-

---

tation of Leipzig to the United States did not, however, serve to make Assyriology a discipline independent of biblical studies."

751 Dever, W. G., What Remains of the House That Albright Built?, in: The Biblical Archaeologist 56.1, 1993: Celebrating and Examining W. F. Albright, 25–35.

752 Vgl. Long, B. O., Mythic Trope in the Autobiography of William Foxwell Albright?, in: The Biblical Archaeologist 56.1, 1993: Celebrating and Examining W. F. Albright, 41.

753 Eine umfangreiche Studie zum Leben und Werk Albrights, unter besonderer Berücksichtigung des Spannungsverhältnisses zwischen religiöser Erziehung und wissenschaftlicher Ausbildung, in: Feinman, P. D., William Foxwell Albright and the Origins of Biblical Archaeology, Berrien Springs 2004.

belgläubigkeit befreite altorientalistische Forschung der Religion und der religiösen Identitätsstiftung des Christentums erneut dienstbar zu machen. Dabei wurde Albright sowohl von den panbabylonistischen Konzepten Hugo Wincklers (1863–1913)[754] als auch von Vertretern der sogenannten Religionsgeschichtlichen Schule wie Hermann Gunkel (1862–1932) und Hugo Gressmann (1877–1927) dahingehend beeinflusst, dass er Judentum und Christentum stärker im Kontext und auch in Abhängigkeit von den umgebenden Kulturen des Alten Orients betrachtete, als dies in Kreisen der christlichen Orthodoxie bislang akzeptiert worden war.[755] Nur so glaubte er dem Christentum und der wissenschaftlichen Auseinandersetzung mit dessen Geschichte wieder eine Bedeutung geben zu können, die diese zuvor eingebüßt hatten.

In diesem Zusammenhang und mit Blick auf v. a. chronologische Aspekte seiner Forschungen ist ein Artikel Albrights von besonderem Interesse, den er wenige Jahre nach seiner Promotion[756] im „Journal of Egyptian Archaeology" veröffentlicht hat und in dem er einen Synchronismus zwischen Naram-Sin von Akkade und dem ‚Reichsgründer' Ägyptens, Menes, herstellen wollte.[757] Seine Überlegungen hierzu konnten sich nicht durchsetzen und wurden, u. a. durch den britischen Assyriologen Henry Archibald Sayce (1846–1933), zurückgewiesen. Bemerkenswert dabei ist die Kommentierung des Herausgebers der Zeitschrift, Alan Henderson Gardiner (1879–1963), zu der gelehrten Auseinandersetzung:

> Readers of the last number of the Journal but one may have derived a certain malicious amusement from the fact that, at the same time as Prof. Peet was criticizing Dr Borchardt's attempt to date Menes between 4510 and 4170 B.C.,[758] Dr Albright of the Johns Hopkins University was seeking, on the strength of a Babylonian synchronism, to fix the date of Menes at 2950 B.C. This divergence of views shows to what extent the chronology of the earlier Egyptian dynasties must still be considered sub judice; and the Editor has felt it his duty (without compromising his own opinions in any way) to lay the columns of the Journal open to further discussion on the subject.[759]

---

754 Hierzu auch ebenda, 98–102; 111–115.
755 Vgl. Alter, S. G., From Babylon to Christianity: William Foxwell Albright on Myth, Folklore, and Christian Origins, in: Journal of Religious History 36.1, 2012, 4–6.
756 Zu einem Thema, welche bereits sein zukünftiges Betätigungsfeld abdeckte: „The Assyrian Deluge Epic"; vgl. dazu: Feinman, William Foxwell Albright, 167 und 191–192, Anm. 30.
757 Albright, W. F., Menes and Narâm-Sin, in: JEA 6, 1920, 89–98; dazu: Long, B. O., Planting and Reaping Albright. Politics, Ideology, and Interpreting the Bible, Philadelphia 1997, 115–116.
758 Vgl. Peet, T. E., Rezension: L. Borchardt, Die Annalen und die zeitliche Festlegung des Alten Reiches der Ägyptischen Geschichte, in: JEA 6, 1920, 149–154.
759 Gardiner, A. H., Communications I: Menes and Narâm-Sin. Discussion by Dr W. F. Albright, Prof. Stephen Langdon, Rev. Prof. H. A. Sayce, and the Editor, in: JEA 6, 1920, 295; die Kritik von Sayce: 296.

Der Versuch, die pharaonische Chronologie zu verkürzen bzw. eine ‚kurze' (Syn-) Chronologie für Vorderasien zu erstellen, war jedoch gescheitert, und Albright entwickelte eine neue, grundlegendere Strategie.

Auch wenn die Altertumswissenschaft und v. a. die vornehmlich in Deutschland betriebene vergleichende Kritik biblischer Texte nachgewiesen hatten, dass sich manche historische Ereignisse nicht so wie in der Bibel geschildert zugetragen hatten, und ebenso der Umstand, dass die Menschheitsgeschichte weiter als 6000 Jahre zurückreichte, boten diese Erkenntnisse in Albrights Augen eine Grundlage für eine teleologische Interpretation von Geschichte, die auf die Ausbildung des Christentums als Ziel gerichtet war. Kulturgeschichtliche Entwicklungen, die außerhalb des Rahmens biblischer Chronologie rekonstruiert worden waren, sollten nicht in diesen (zeitlichen) Rahmen zurückgezwängt oder gar geleugnet werden, vielmehr galt es, sie in ein übergeordnetes christlich-biblisches Narrativ einzubetten.

Vorbild für Albright waren der erste (in Deutschland) promovierte US-amerikanische Ägyptologe James Henry Breasted (1865–1935) und dessen Arbeit zu „The Dawn of Conscience" von 1933.[760] Breasted hatte Albright zuallererst durch seine konsequent eingesetzte Fähigkeit zur Popularisierung wissenschaftlicher Erkenntnisse überzeugt: „he possessed an unusual aptitude for popularization and the intelligent laymen enjoyed reading his books and listening to his lectures."[761]

Breasted versuchte in seinen Arbeiten die westliche Zivilisation als das Endprodukt einer jahrtausendelangen kulturellen Entwicklung nachzuvollziehen und bezog den Alten Orient dabei ausdrücklich mit ein – zum einen als Vorläufer griechisch-römischer Geschichte und zum anderen als Rahmen für die Ausbildung einer jüdisch-christlichen Tradition, die beide als wesentliche Grundlagen betrachtet wurden. Albrights Bezeichnung Breasteds als „humanist" gibt diese Grundhaltung treffend wieder, benennt aber auch einen entscheidenden Unterschied zwischen den beiden Gelehrten.[762] Für Albright stellten nämlich auch die klassische Antike oder, noch konkreter, das hellenistisch-römische Umfeld lediglich einen Rahmen für die Ausbildung und Entwicklung des Christentums dar. Wichtiger aber war für ihn, dass Gott Bestandteil menschlicher Geschichte und Geschichtsschreibung blieb: „The theist may with equal right contend that man

---

760 Breasted, J. H., The Dawn of Conscience, New York 1933.
761 Abright, W. F., James Henry Breasted, humanist, in: The American Scholar 5, 1936, 291.
762 Vgl. ebenda, 296–297; Albright attestiert Breasted den Glauben an einen „individualistic meliorism" oder „hominism".

has been raised in spite of his nature, by infinitely skillful manipulation on the part of a superhuman agency."[763]

Da Breasted aber vornehmlich als Altertumswissenschaftler und nicht etwa als Kulturphilosoph oder gar Theologe aufgetreten sei, so Albright weiter, hätten seine Publikationen, in denen der Mensch als (einziger) Akteur im Zentrum der Geschichtsschreibung gestanden hat, keinen größeren Schaden für die Überzeugungen gläubiger Christen verursacht. Im Gegenteil: Unter einer (Rück-)Verlagerung der Aufmerksamkeit auf das göttliche Wirken und Eingreifen in die Menschheitsgeschichte ließen sich Breasteds Methoden in Zukunft nutzbringend anwenden:

> His influence on the coming generation is certain to be strong, though it will hardly weaken orthodox theism. It is much more likely that after theologians and philosophers have appropriated his weapons it will have precisely the opposite effect.[764]

Einen entsprechenden Versuch hierzu legte Albright 1940 und, nach Ende des Zweiten Weltkrieges, gleich in einer zweiten Auflage von 1946 unter dem programmatischen Titel „From the Stone Age to Christianity. Monotheism and the Historical Process" vor.[765] Bereits im Vorwort formulierte er dabei seinen Anspruch, der über eine rein historische Betrachtung hinausgehen sollte:

> The purpose of this book is to show how man's idea of God developed from prehistoric antiquity to the time of Christ, and to place this development in its historical context. This task does not, however, consist merely in the accumulation of historical details; it involves an analysis of the historical patterns which emerge from the mass of detail. It is, therefore, a task both for the historian and for the philosopher of history.[766]

Zwar stand die Ausbildung und Entwicklung monotheistischer Konzepte somit im Zentrum der Untersuchung, die somit religionsgeschichtlich aufgefasst werden konnte. Für Albright wurde diese Entwicklung aber entscheidend durch göttliche Offenbarung bestimmt und entzog sich somit einer rein historischen Betrachtungsweise (vgl. Einleitungszitat).

---

763 Ebenda, 297.
764 Ebenda.
765 Die Bedeutung des historischen Kontextes, insbesondere aus US-amerikanischer Perspektive, verdeutlicht Feinman, William Foxwell Albright, 11, wenn er darauf hinweist, dass Albright damals auch Versuchen deutscher Theologen und Orientalisten entgegentrat, die das Neue von dem Alten Testament loszulösen versuchten, um das Christentum wahlweise zu ‚ent-judaisieren' und/oder zu ‚germanisieren'.
766 Albright, W. F., From the Stone Age to Christianity. Monotheism and the Historical Process, Baltimore 1940, vii.

Dem ebenso weitgespannten wie grundlegenden Anspruch der Darstellung entsprechend, erfuhr die Publikation, die auch in mehrere Sprachen übersetzt wurde (ins Deutsche 1949, ins Französische 1951, ins Hebräische 1953) und mehrere Auflagen erlebte (1957 auch eine Taschenbuchausgabe),[767] eine starke Aufmerksamkeit, und zwar sowohl in der Altorientalistik als auch in der Theologie. Einige Rezensenten monierten, z. T. sehr detailliert, die mangelnde Berücksichtigung einzelner neuerer Forschungsergebnisse, insbesondere aus dem nicht englischsprachigen Raum.[768] Interessant sind dabei auch die expliziten Bezugnahmen[769] auf Kurt Sethes (1869–1934) „Urgeschichte und älteste Religion" (vgl. Kap. II.8) oder Breasteds „Dawn of Conscience".[770] Noch grundsätzlicher war die methodische Kritik, dass Albright zwar die Bedeutung textloser archäologischer Quellen betonte, sich in seinen Ausführungen aber dennoch vor allem auf textliche Quellen gestützt habe.[771] Andere erkannten in Albrights Arbeit eine starke Abhängigkeit vom Konzept eines „Urmonotheismus", wie dieser durch die Wiener Schule Wilhelm Schmidts (1868–1954)[772] entwickelt worden war.[773] Wenig überraschend ist die Feststellung einer tschechoslowakischen Rezensentin, dass die zweite Auflage von Albrights Werk aus dem Jahr 1957 zu wenig Verständnis für marxistische Forschungsansätze (vgl. Kap. II.12) an den Tag gelegt habe.[774] Die hierbei hinter dem Eisernen Vorhang zu vermutende Voreingenommenheit kontrastiert – ebenfalls nicht völlig überraschend – mit der eher wohlmeinenden

---

767 Speziell hierzu: Doeve, J. W., Rezension: Albright, From the Stone Age to Christianity, in: Novum Testamentum 2.1, 1957, 77–78.
768 So z. B. Guillaumont, A., Rezension: Albright, From the Stone Age to Christianity, in: Revue de l'histoire des religions 135.2–3, 1949, 231–240.
769 Vgl. Meek, T. J., Rezension: Albright, From the Stone Age to Christianity, in: JAOS 61.1, 1941, 65.
770 Vgl. Breasted, J. H., The Dawn of Conscience, New York 1933.
771 Vgl. Meek, Rezension: Albright, From the Stone Age, 65; zu Albrights Methodik vgl. Moore, M., Philosophy and Practice in Writing a History of Israel, New York 2006, 47–57.
772 Vgl. Schmidt, W., Der Ursprung der Gottesidee. Eine historisch-kritische und positive Studie, 12 Bde., Münster 1912–1955; kritisch dazu: Cook, S. A., Primitive Monotheism, in: The Journal of Theological Studies 33.129, 1931, 1–17; um eine ausgewogene Einschätzung bemüht: Zimon, H., Wilhelm Schmidt's Theory of Primitive Monotheism and its Critique within the Vienna School of Ethnology, in: Anthropos 81.1./3, 1986, 243–260; einen anderen Aspekt beleuchtet die Untersuchung von Mischek, U., Antisemitismus und Antijudaismus in den Werken und Arbeiten Pater Wilhelm Schmidts (1868–1954), in: Junginger, H. (Hg.), The Study of Religion under the Impact of Fascism, Leiden 2008, 467–488.
773 So Irwin, W. A., Rezension: Albright, From the Stone Age to Christianity, in: The Journal of Religion 21.3, 1941, 318.
774 Vgl. Krušina-Černý, L. J., Rezension: Albright, From the Stone Age to Christianity², in: Archiv Orientální 27, 1959, 495.

Aufnahme durch Vertreter der katholischen akademischen Welt, die sich in ihren Rezensionen u. a. auch für Albrights Erklärung des „almost esoteric knowledge" der Archäologen bedankt haben und sich dabei ausdrücklich auf die kombinationsstatistischen Datierungen William Mathew Flinders Petries (1853–1942) zur Naqada-Chronologie (vgl. Kap. II.5) bezogen.[775] Eine weitere Einschätzung aus diesem Kontext soll hier abschließend aufgegriffen werden:

> One might write from now until doomsday discussing, agreeing, and disagreeing with the author over a score or more of details, inferences, and conclusions; but the real question is more fundamental. We must examine the author's philosophy, which is the leaven giving life to the whole mass of assembled details.[776]

Diesem Ratschlag soll hier nachgekommen werden, wobei also nicht einzelne chronologische Details, sondern vielmehr das zugrundeliegende Gesamtkonzept der zeitlichen Dimension der Kulturgeschichte (des Christentums) in „Stone Age to Christianity" im Mittelpunkt der Betrachtung stehen soll.

Schon einige der Kapitelüberschriften spiegeln eine unverkennbare Programmatik wider: Während Kapitel 1 und 2 noch methodischen und wissenschaftsphilosophischen Überlegungen gewidmet sind, lautet der Titel des 3. Kapitels „Praeparatio".[777] Kapitel 4 zitiert Hos. 11,1 („When Israel was a Child") und schildert die altorientalischen Hintergründe israelitischer Kultur bis zu Mose, Kapitel 5 benennt mit „Charisma and Catharsis" zwar eindeutig zwei Kategorien aus dem griechisch-aristotelischen Denken, behandelt aber die Propheten Israels, Kapitel 6 beschließt die Darstellung mit einem Verweis auf die Galater 4, 4 („In the Fullness of Time"), die bis zu den Anfängen des Christentums reicht.

Den chronologischen Rahmen seiner Untersuchung beschrieb Albright in sechs Stufen:[778]

First Stage	Prehistoric Undifferentiated Culture	Early and Middle Palaeolithic

---

[775] Vgl. Murphy, R. T., Rezension: Albright, From the Stone Age to Christianity, in: The Thomist: A Speculative Quarterly Review 3.3, 1941, 511; s. auch ausdrücklich komplementär dazu: Murphy, R. T., Rezension: Albright, Archaeology and the Religion of Israel, in: The Thomist: A Speculative Quarterly Review 6.2, 1943, 278–281.
[776] Murphy, Rezension: Albright, From the Stone Age, 511.
[777] Wohl eine Anspielung auf den Titel der „Praeparatio evangelica" des Kirchenhistorikers Eusebius von Caesarea (260/64–239/40).
[778] Albright, From the Stone Age, 82–83.

Second Stage	Prehist. Partially Differentiated Culture	Late Palaeolithic to Chalcolithic
Third Stage	Historic Differentiated Culture	Cir. 3000–400 B.C. with Centre in the Near East
Fourth Stage	Historic Partially Integrated Culture	Cir. 400 B.C. – 700 A.D. with Centre in the Mediterranean Basin
Fifth Stage	Historic Differentiated Culture	Cir. 700–1500 with Different Foci
Sixth Stage	Historic Differentiated Culture	Cir. 1500– With Progressive World Sweep of West

Zunächst gilt es zu bemerken, dass der Betrachtungszeitraum von Albrights Studie etwa in der Mitte der vierten Stufe endet, und weiterhin, dass er die zentralen Begriffe kultureller Differenzierung und Integration nur kursorisch in seinem Buch erläutert. Während die Ausdifferenzierung menschlicher Kultur(en) im Sinne einer wachsenden Komplexität und unterschiedlichen Anpassung an spezifische Umweltbedingungen ohne Weiteres nachvollzogen werden kann, lohnt der von Albright verwendete Begriff der Integration eine genauere Betrachtung.[779] In seinen Ausführungen nach der Vorstellung der hier gezeigten Stufeneinteilung benennt Albright die griechisch-römische Antike als den Höhepunkt der Integration von Intellekt, Ästhetik und Physis in der menschlichen Entwicklung, die er, gemäß der für diesen Abschnitt gewählten Überschrift, im Rahmen einer „Organismic Philosophy of History" untersuchen möchte. Er versäumt dabei aber nicht, darauf hinzuweisen, dass:

> It was, moreover, about the same time that the religion of Israel reached its climactic expression in Deutero-Isaiah and Job, who represented a height beyond which pure ethical monotheism has never risen. The history of Israelite and Jewish religion from Moses to Jesus thus appears to stand on the pinnacle of biological evolution as represented in Homo Sapiens, and recent progress in discovery and invention really reflects a cultural lag of over two millennia, a lag which is, to be sure, very small when compared to the hundreds of thousands of years during which man has been toiling up the steep slopes of evolution.[780]

Es verwundert kaum, dass Albright den Kulminationspunkt menschlicher Entwicklung in der Zeit des aufkommenden Christentums erkennt und dabei die traditionellen Grundpfeiler westlicher Zivilisation in der griechisch-römischen Antike dazu in Beziehung setzt. Dadurch bestimmt er im Übrigen auch den

---

779 Vgl. dazu auch die Bemerkungen: Albright, From the Stone Age, 68.
780 Ebenda, 83–84.

räumlichen wie zeitlichen Schwerpunkt seiner teleologischen Geschichtsbetrachtung.[781] Diese setzt zum einen (implizit) ein Gerichtetsein auf einen Ziel- bzw. Kulminationspunkt voraus und erfordert zum anderen eine makrohistorische Perspektive:

> Every human culture has risen and has fallen in its turn; every human pattern has faded out after its brief season of success. It is only when the historian compares successive configurations of society that the fact of real progress makes itself apparent.[782]

Mit Blick auf den zivilisatorischen Fortschritt (und Gottes Wirken darin) erteilt er dabei einem allzu schlichten progressistischen Evolutionsnarrativ eine Absage, wohl auch, weil dahinter andere ‚Agenten', also die Menschen selbst, angenommen werden könnten:

> Nothing could be farther from the truth than the facile belief that God only manifests Himself in progress, in the improvement of standards of living, in the spread of medicine and the reform of abuses, in the diffusion of organized Christianity.[783]

Die zivilisatorisch-technische, geistig-philosophische, aber auch spirituelle Entwicklung der Menschheit verlief nach Albrights Meinung nicht immer synchron, wodurch bestimmte (Weiter-)Entwicklungen verhindert wurden:

> Meanwhile the civilized world had achieved unity and prosperity under Graeco-Roman culture and Roman domination, only to discover that its material and intellectual life was so far ahead of its spiritual development that the lack of integration became too great to permit further progress on the old lines. Jesus Christ appeared on the scene just when occidental civilization had reached a fatal impasse.[784]

Erst durch die Integration dieser verschiedenen Entwicklungsstränge, teilweise durch die Wiederaufnahme älterer religiöser Leitlinien,[785] so Albright, wird Fort-

---

781 Dabei hat er den Untersuchungsrahmen Biblischer Archäologie insgesamt jedoch weiter definiert; vgl. Albright, W. F., The Impact of Archaeology on Biblical Research, in: Freedman, D. N. / Greenfield, J. (Hg.), New Directions in Biblical Archaeology, New York 1969, 2–3: „from about 9000 BCE to 700 CE [...] from the Atlantic to India."
782 Albright, From the Stone Age, 310.
783 Ebenda.
784 Ebenda, 311.
785 So vergleicht er etwa die Propheten Israels, die Reformation und Gegenreformation und den Wahabismus als Versuche zur Wiederherstellung einer ursprünglichen Religiosität; vgl. ebenda, 85–86.

schritt möglich und offenbart sich der göttliche Einfluss auf den Gang der Geschichte:

> If microcosmic man, who alone of created beings is able to think consciously and purposively, is forced by circumstances over which he may have little control to become one of a group which plays a definite role in a larger pattern, itself perhaps a unit in a still larger configuration, does not the human microcosm have its analogy in a macrocosmic thinker who is above these configurations of human societies?[786]

In diesem Zusammenhang scheinen die größere zeitliche Dimension der historischen Betrachtung der Menschheitsgeschichte und die Berücksichtigung nicht nur ihrer geistig-kulturellen Entwicklung in ‚historischen' Zeitaltern, sondern auch ihrer anthropologisch-physiologischen Evolution im Rahmen der Vor- und Frühgeschichte das religiöse Argument zu unterstützen. Erst mit größerem Abstand sind bestimmte Entwicklungslinien und Muster zu erkennen, ergeben die Wechselfälle der Geschichte, das Werden und Vergehen einzelner Kulturen einen Sinn. Darin offenbart sich für Albright der „makrokosmische Denker" hinter der Geschichte, dessen Gedankengänge, wenn nicht zu entschlüsseln, so doch nachzuvollziehen Aufgabe des Historikers und Altertumsforschers ist.

Ohne dies in irgendeiner Weise auszuführen, geht Albright dabei selbstverständlich von einer Reihe von Prämissen aus, nämlich, dass der Monotheismus (mosaischer Prägung) in seiner (protestantischen) christlichen Ausprägung den Ziel- und Höhepunkt der religionsgeschichtlichen Entwicklung darstellt; weiterhin, dass in der Geschichte der Menschheit ein Muster zu erkennen sei, ja diese überhaupt erkennbare Muster bzw. eine Richtung aufweist. Nur dadurch erscheint die Erforschung der Vergangenheit gerechtfertigt zu sein, wobei er allerdings geflissentlich vermeidet, bestimmte Gesetzmäßigkeiten zu postulieren. Sinn und Struktur erhält Geschichte für ihn nur durch das so erkennbare göttliche Eingreifen. Die erweiterte zeitliche Dimension von Geschichte dient somit v. a. dazu, die Entwicklungen von der Ebene menschlich erfassbarer Zeitabschnitte auf die einer zeitlichen Größenordnung zu heben, die in ihrer gesamten Ausdehnung eine göttliche Auffassungsgabe erforderlich macht. Oder, um es mit Albrights eigenen Worten zu sagen:

> As a Christian theist, however, the writer presents a worldview which is not at all that of the logical empiricist [...]. In spite of undeniable failures in trying to attain his goal of theological

---

[786] Ebenda, 87.

neutrality in the presence of conservative Protestantism and Catholicism, the writer is encouraged [...] to believe that he has not failed as badly as he had expected.[787]

12 Der fruchtbare Halbmond und die Neolithische Revolution

> There is no name, either geographical or political, which includes all of this great semicircle. Hence, we are obliged to coin a term and call it the Fertile Crescent.
> James H. Breasted

Der Begriff des fruchtbaren Halbmondes ist auch außerhalb der Altorientalistik heute noch ein gängiger. Er wurde durch den ersten (in Deutschland) promovierten US-amerikanischen Ägyptologen James Henry Breasted (1865–1935)[788] verbreitet,[789] der dadurch auch den Forschungsbereich des später von ihm mit-

---

[787] Albright, W. F., From the Stone Age to Christianity. Monotheism and the Historical Process², Baltimore 1946, vii–viii; ob man sich deswegen aber gleich der Einschätzung von Running, L. G. / Freedman, D. N., William Foxwell Albright. A twentieth century genius, New York 1975, anschließen muss, mag dahingestellt bleiben.

[788] Vgl. Abt, J., American Egyptologist. The Life of James Henry Breasted and the Creation of his Oriental Institute, Chicago 2011, 23–35; 182–195, bes. 193–194, mit den begrifflichen Vorstufen: „borderland between desert and mountains" und „cultivatable fringe".

[789] Tatsächlich lässt er sich aber schon früher nachweisen; vgl. Clay, A. T., The so-called Fertile Crescent and Desert Bay, in: JAOS 44, 1924, 186–201, der Breasteds Konzept kontextualisiert; der früheste Beleg (wenn auch in kleinerem Maßstab) findet sich in: Smith, W., s.v. „Gennes'aret. Land of", in: A Concise Dictionary of the Bible for the Use of Families and Students, London 1865, 287: „It is generally believed that this term was applied to the fertile crescent-shaped plain on the western shore of the lake, extending from Khan Minyeh on the north to the steep hill behind Meijdel on the south, and called by the Arabs el-Ghuweir, the ‚little Ghor'. Mr. [Josias Leslie] Porter [1823–1889] gives the length as three miles, and the greatest breadth as about a mile"; dann (in weiterer Ausdehnung) in: Goodspeed, G. S., A History of the Ancient World. For High Schools and Academies, New York, 1904, 6: „Looking at the whole region thus bound together, we observe that it has somewhat the character of a crescent. The two extremities are the lands at the mouths of the two river-systems – Egypt and Babylonia. The upper central portion is called Mesopotamia. The outer border consists of mountain ranges which pass from the Persian gulf northward and westward until they touch the northeast corner of the Mediterranean, from which point the boundary is continued by the sea itself. The inner side is made by the desert of Arabia. The crescent-shaped stretch of country thus formed is the field of the history of the ancient Eastern World. It consisted of two primitive centres of historic life connected by a strip of habitable land of varying width." Zwischenzeitlich war der Begriff auch schon für die Region Ostturkestan zur Anwendung gekommen; vgl. Johnston, A. K., A School Physical and Descriptive Geography², London, 1882, 218: „All the inner basin of the country within the fertile crescent at the base of the mountains is, however, of the same character as the Gobi of Mongolia of which it forms part,

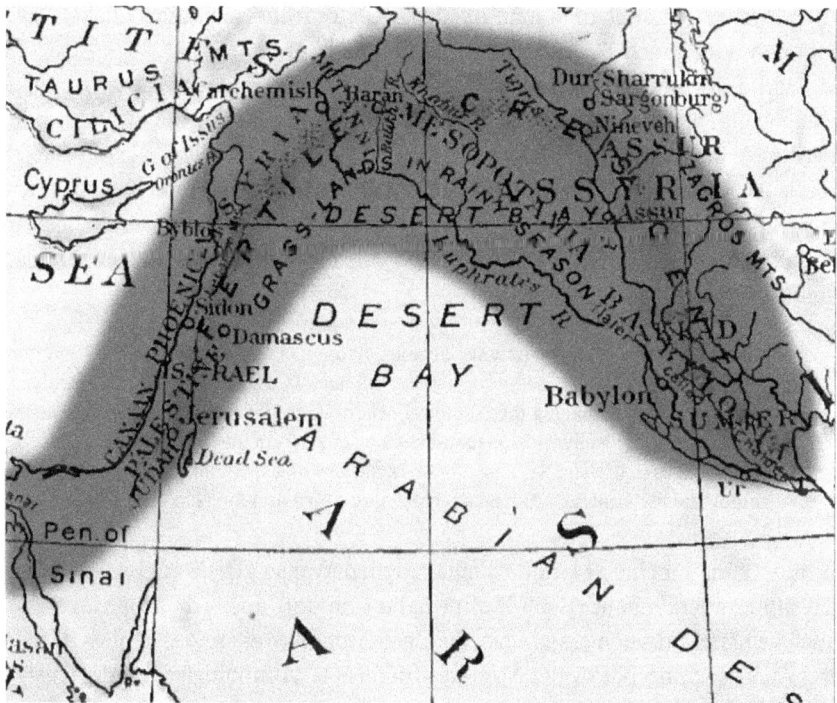

Abb. 16: Der fruchtbare Halbmond.

begründeten Oriental Institute der Universität Chicago benennen wollte.[790] Neben den Regionen um Euphrat und Tigris sowie der Levante wurde auch das Niltal in diesen Raum mit einbezogen. Heute wird auch Zypern dazugerechnet. Doch dieser Halbmond stellt mehr dar als nur die Definition eines Untersuchungsraumes altorientalistischer Forschung, deren Vertreter bezeichnenderweise nicht länger auf Formulierungen wie „die Länder der Bibel" zurückgreifen wollten.

---

though it is known more commonly as the Takla Makan desert." – Ich bedanke mich bei meinem Kollegen Peter Raulwing für diese wertvollen Literaturhinweise.
790 Vgl. dazu a.: Breasted, J. H., The Place of the Near Orient in the Career of Man and the Coming Task of the Orientalist, in: JAOS 39.3, 1919, 159–184; zu den eher fragwürdigen Aspekten von Breasteds Weltanschauung und Forschung vgl. Ambridge, L., Imperialism and Racial Geography in James Henry Breasted's Ancient Times, A History of the Early World, in: Schneider, T. / Raulwing, P. (Hg.), Egyptology from the First World War to the Third Reich. Ideology, Scholarship, and Individual Biographies, Leiden 2013, 12–33; zur Gründung des Institute vgl. Abt, J., Seeking Permanence. James Henry Breasted and his Oriental Institute, in: van den Hout, T. (Hg.), Discovering New Pasts. The OI at 100, Chicago 2019, 4–41.

In dieser Region glaubte man die Anfänge der frühesten menschlichen Zivilisationen oder (Hoch-)Kulturen[791] erforschen zu können.

Die Berührungspunkte mit diffusionistischen Konzepten, wie sie in einem vorangegangenen Kapitel vorgestellt wurden, sind mannigfaltig (vgl. Kap. II.9). Allerdings ging es Breasted nicht primär darum, seinen „crescent" als die einzige „cradle of civilisation"[792] darzustellen. Es ist aber fast amüsant nachzulesen, wie der amerikanische Ägyptologe dennoch die zwei Weltregionen identifiziert, in welchen – unabhängig voneinander – die Zivilisation ihren Ursprung genommen haben soll:

> It is now evident that there are only two regions on the globe in which man has risen from Stone Age savagery to the possession of agriculture, metals, and writing. The independence of these two regions in making these cultural conquests has been conclusively demonstrated. They are geographically widely separated. One of them is in the New World and the other in the Old, and each of them lies along, or on both sides of, a great inter-continental bridge, one joining the two Americas, the other connecting Africa and Eurasia.[793]

Das alte China mochte er wohl als eine möglicherweise gleichrangige Wiege der Zivilisation anerkennen, (Hoch-)Kultur habe sich dort aber erst sehr viel später entwickelt.[794] Und auch gegenüber dem genannten zweiten Zentrum der Zivilisationsentwicklung besaß der Vordere Orient eine chronologische Vorrangstellung:

> Grouped about the Old World inter-continental bridge from the Nile to the Euphrates, we have therefore a nucleus of cultures which after 4000 B.C. had reached about the same point of advancement as that attained in 1492 A.D. by the New World group in an analogous situation.[795]

In der zwischen Ägyptologen und Vorderasiatischen Archäologen umstrittenen Frage, ob bestimmte Kulturtechniken zunächst in Mesopotamien oder im Niltal entwickelt und dann in die jeweils andere Region getragen worden sind, äußerte er sich zwar vorsichtig, optierte dann aber letztlich doch für Ägypten:

> Whether the rise of agriculture took place in Babylonia or Egypt is still an unsettled question. [...]

---

791 Zu dem Begriff s. Anm. 644.
792 Vgl. Maisels, C. K., The Near East: Archaeology in the ‚Cradle of Civilisation', London 1993.
793 Breasted, The Place of the Near Orient, 161.
794 Ebenda, 166.
795 Ebenda, 164.

> The evidence thus far available therefore is more favorable to a diffusion from the Nile to the Euphrates than the reverse.⁷⁹⁶

Es zeigt sich, dass zu Beginn des 20. Jh. die Vorstellung, dass in Ägypten die älteste Zivilisation der Menschheitsgeschichte entstanden sei, auch in Fachkreisen durchaus verbreitet gewesen ist, wenngleich man die Meinung eines Ägyptologen eher nicht als eine ‚neutrale' Einschätzung einstufen sollte. Wichtiger aber als Breasteds Vorstellung von einer diffusionistischen Verbreitung von (Hoch-)Kultur aus Ägypten nach Mesopotamien und auch nach Europa sind hier seine Definition derselben und die wichtige Betonung der Tatsache, dass er eine solche Entwicklung in verschiedenen Weltgegenden und in verschiedenen Zeiträumen unabhängig voneinander für möglich gehalten hat.

Zu der eigenständigen Kulturentwicklung der Europäer schrieb Breasted:

> After fifty thousand years of progress carried on by their own efforts, the men of Stone Age Europe seemed now (about 3000 B.C.) to have reached a point where they could advance no farther. They were still without writings for making the records of business, government, and tradition; they were still without metal with which to make tools and to develop industries and manufactures; and they had no sailing ships in which to carry on commerce. Without these things they could go no farther. All these and many other possessions of civilization came to early Europe from the nearer Orient.⁷⁹⁷

Ein Notations- bzw. Schriftsystem, Metallverarbeitung zur Herstellung von Werkzeugen, Arbeitsteilung und handwerkliche Spezialisierung sowie die Fähigkeit zum Unterhalt überregionaler (Fern-)Handelsbeziehungen waren für Breasted die entscheidenden Faktoren einer kulturellen Weiterentwicklung. Ihr ging jedoch die Entwicklung der Landwirtschaft oder Ackerbaukultur notwendigerweise voraus, allerdings in einer Form, die Vorratshaltung ermöglichte, welche wiederum verwaltet und aufgezeichnet werden musste. Die so erzielte Überproduktion erlaubte aber auch Teilen der Bevölkerung, sich auf andere Tätigkeitsfelder, etwa im Handwerk, zu verlegen, zumal die sich ausbildende Verwaltungselite einen wachsenden Bedarf an Luxusgütern entwickelte, der schließlich durch den Handel bedient wurde – diese funktionalistische Sichtweise sollte ab dem Beginn des 20. Jh. eine enorme Bedeutung entfalten, v. a. im Rahmen marxistischer Forschungsansätze in der Archäologie.⁷⁹⁸

---

796 Ebenda, 176.
797 Breasted, J. H., Ancient Times, a History of the Early World. An Introduction to the Study of Ancient History and the Career of Early Man, Boston 1916, 32–33.
798 Vgl. Trigger, B., A History of Archaeological Thought¹², Cambridge 2004, 250–254.

Der hier skizzierte Prozess wurde von dem australischen[799] Anthropologen Vere Gordon Childe (1892–1957),[800] der in einem früheren Kapitel bereits im Umfeld von Grafton Elliot Smith (1871–1937; vgl. Kap. II.9) erwähnt worden ist, als „Neolithische Revolution" bezeichnet und von ihm in seinem Buch zu „Man Makes Himself" 1936 in einem eigenen Kapitel ausführlich beschrieben.[801]

Anders als der Begriff „Revolution" anzudeuten scheint, verstand auch Childe darunter keinesfalls ein einmaliges und vergleichsweise kurzfristiges Ereignis:[802] „The ‚neolithic revolution' was not a catastrophe but a process."[803] Dabei kommt auch ein gewisser chronologischer Relativismus zum Tragen:

> In absolute figures the era since the Ice Age is a trifling fraction of the total time during which men or manlike creatures have been active on the earth. Fifteenthousand years is a generous estimate of the post-glacial period, as against a conservative figure of 250,000 years for the preceding era.[804]

Ohnehin war Childe nicht besonders an chronologischen Fragen interessiert:

> Dates in years before 3000 B.C. are just guesses, and are rarely given. [...] It makes not the slightest difference to any argument in this book whether a long or a short chronology be adopted, provided it be applied both to Egypt and Mesopotamia.[805]

Vereinfacht ausgedrückt leitete die „Neolithische Revolution" die Jungsteinzeit (Neolithikum) ein: für den Raum des Fruchtbaren Halbmondes etwa die Zeit ab

---

799 Vgl. Gathercole, P. / Irving, T. H. / Melleuish, G. (Hg.), Childe and Australia. Archaeology, Politics and Ideas, London 1995.
800 Zu seinem Nachwirken, besonders als Vertreter der marxistischen Archäologie: Tringham, R., V. Gordon Childe 25 years after: His relevance for the archaeology of the eighties, in: Journal of Field Archaeology 10.1, 1983, 85–100; zu seinem geistesgeschichtlichen Hintergrund und seinem Verhältnis zu früheren Forschungsansätzen vgl. Veit, U., Gustaf Kossina und V. Gordon Childe: Ansätze zu einer theoretischen Grundlegung der Vorgeschichte in: Saeculum 45.3/4, 1984, 326–363.
801 Vgl. Reingruber, A., Early Neolithic settlement patterns and exchange networks in the Aegean, in: Documenta Praehistorica 38, 2011, 291, die Breasted und Childe in ihren Konzepten in unmittelbaren Zusammenhang stellt.
802 Vgl. zur Verwendung des Begriffs und der sich verändernden Auffassung hierüber bei Childe: Greene, K., V. Gordon Childe and the Vocabulary of Revolutionary Change, in: Antiquity 73.279, 1999, 97–109.
803 Childe, V. G., Man Makes Himself⁴, London 2003, 99.
804 Ebenda, 66.
805 Ebenda, Note on Chronology.

ca. 10.000 v. Chr., die dann später von der Bronzezeit – in dieser Region – ab ca. 3500 v.Chr. abgelöst wird und eine zweite, „Urbane Revolution" einleitet.[806]

Der Übergang vom Dasein als Jäger und Sammler zu einer zumindest teilweise sesshaften und Ackerbau betreibenden Lebensweise vollzog sich über lange Zeiträume an verschiedenen Orten und auch dort jeweils nicht einheitlich:

> The adoption of cultivation must not be confused with the adoption of a sedentary life. It has been customary to contrast the settled life of the cultivator with the nomadic existence of the „homeless hunter". The contrast is quite fictitious.[807]

Auch waren eine Rückkehr zu früheren Lebensweisen, eine Kombination und das mehr oder weniger friedliche Miteinander von Vertretern unterschiedlicher Lebensformen vorstellbar.

Dennoch markiert die so bezeichnete Entwicklung einen entscheidenden Wandel in der menschlichen Kulturentwicklung, wobei ja gerade die Etymologie dieses Begriffes zu einer strikten Grenzziehung einlädt: Das lat. *cultura* bezeichnet zunächst „Bearbeitung", „Pflege", „Bebauung", „Anbau" und ist somit untrennbar mit *agricultura*, also Landwirtschaft, verbunden. Im archäologischen Kontext taucht der Begriff der „materiellen Kultur" auf, der die Gesamtheit aller von einer Gruppe von Menschen geschaffenen Werkzeuge, Kleidung, Schmuck u.a.m. bezeichnet. Vielfach wurde dieser dann auch – irrigerweise – mit bestimmten Ethnien gleichgesetzt. Er hat aber immerhin den Vorteil, dass er sich auch auf prähistorische Kulturformen, unabhängig von einer Ackerbau betreibenden Lebensweise, anwenden lässt. Allerdings merkte auch Childe zu seinen Beobachtungen an:

> The simple food-producing economy just described is an abstraction. Our picture is based on a selection of supposedly distinctive traits from materials afforded by ethnographers' observations on modern „savages" and inferences from particular archaeological sites.[808]

Hinzu traten Erkenntnisse v. a. aus dem Bereich der Archäobotanik, Archäozoologie und Archäoklimatologie, die als eigene Fachgebiete damals natürlich erst im Entstehen begriffen waren. Die damals weiter fortgeschrittene Forschung zur Entwicklung des Getreideanbaus war auch einer der Gründe, weshalb sich Childe bei seinen Betrachtungen auf die Region des fruchtbaren Halbmondes konzen-

---

806 Vgl. Childe, V. G., The Urban Revolution, in: Town Planning Review 21.1, 1950, 3–17; ein – allerdings recht ernüchterndes – Bild der damaligen Lebensverhältnisse skizziert: Scott, J. C., Against the Grain. A Deep History of the Earliest States, New Haven 2018.
807 Ebenda, 67.
808 Childe, Man Makes Himself, 84.

trierte. Darüber hinaus war er sich sehr wohl der unterschiedlichen Anforderungen im Hinblick auf den Arbeitskräfteeinsatz bei anderen Kulturpflanzen, z. B. Reis, bewusst, was auch unmittelbare Auswirkungen auf die Lebensweise der Bauern hatte.[809]

In seinen Ausführungen lassen sich verschiedene zeitgenössische Tendenzen der Forschung wiederfinden, etwa wenn er in den hieroglyphischen Schriftzeichen für einzelne ägyptische Gaue Wiedergaben von Totems, Fetischen oder Tiergottheiten aus vorgeschichtlicher Zeit zu erkennen glaubt (vgl. Kap. II.8).[810] Ganz besonders aber seine Prägung durch die diffusionistische Schule von Elliot Smith scheint immer wieder durch, so z. B., wenn er gegen „bigotte Evolutionisten" wettert.[811] Allerdings setzte er sich auch deutlich von einigen „übertriebenen"[812] Annahmen von Willilam J. Perry (1887–1949; vgl. II.9.) ab. ‚Eine' Urkultur wollte er auf keinen Fall rekonstruieren: „There was, as has already been insisted, no ‚neolithic' civilisation, only a multitude of different concrete applications of a few very general principles and notions."[813] Und der Idee, dass eine solche ‚erste' Zivilisation von Ägypten aus über den Rest der Welt, insbesondere nach Mesopotamien, verbreitet worden wäre, erteilte er eine zurückhaltende, gleichwohl deutliche Absage:

> Perry's plausible and consistent account of the Egyptian origin of agriculture is, of course, just a theory supported by even less direct evidence than the Palestinian origin mentioned on p. 69. [...]
>
> It is not so easy to see how a system, developed under the exceptional conditions of the Nile Valley, should have been transplanted to Persia and Mesopotamia, with their very different and less favourable circumstances.[814]

Andererseits scheint er durch die – etwas eigenwillige – ‚gender awareness' der hyperdiffusionistischen Schule geprägt worden zu sein. So schrieb er Frauen eine zentrale Bedeutung für die Keramikherstellung zu: „pots were generally made by women", allerdings: „women are particularly suspicious of radical innovations", und so hätten sich die Frauen bei der Gestaltung der Gefäßformen an den bisher benutzten Tierhäuten, Weinschläuchen und geflochtenen Körben orientiert. „Thus the vessel in the fresh material came to look less new-fangled and out-

---

809 Vgl. ebenda, 67–68.
810 Vgl. ebenda, 101.
811 Ebenda, 86.
812 Ebenda, 115.
813 Ebenda, 98.
814 Ebenda, 75.

landish to the prudent housewife!"[815] Eine „neolithische Zivilisation" wollte Childe also nicht postulieren, über die Psychologie der neolithischen „Hausfrau" ließ er sich aber aus.

Ebenso stimmte er mit dem diffusionistischen Konzept vom Handel als Katalysator für kulturelle Entwicklung überein:

> The point is that such trade was not an integral part of the community's economic life; the articles it brought were in some sense luxuries, non-essentials. Yet the intercourse thus attested was of vital importance to human progress; it provided channels whereby ideas from one society might reach another, whereby foreign materials might be compared, whereby, in fact, culture itself might be diffused.[816]

Darüber hinaus wies Childe auch auf den Umstand hin, dass einige Handelsgüter, wie Edelmetalle und Edelsteine, sehr bald schon einen tatsächlichen (magischen) Gebrauchswert erhielten und ab diesem Moment auch als „essentiell" angesehen wurden. Dies habe seiner Meinung nach dazu beigetragen, dass sich Menschen auf die Suche nach den Lagerstätten dieser Handelswaren begeben hätten. Damit griff er explizit Vorstellungen auf, die schon Perry geäußert hatte.[817]

Wegweisend dürften seine Beobachtungen zur zentralen Bedeutung des Wassermanagements in den frühen Flusskulturen entlang des Nils und in Mesopotamien gewesen sein:

> Incidentally, conditions of life in a river valley or other oasis place in the hands of society an exceptional power for coercing its members; the community can refuse a recalcitrant access to water and can close the channels that irrigate his fields.[818]

Damit sind bereits die Grundlagen für die Konzepte der sogenannten „Hydraulischen Hypothese" oder der „Orientalischen Despotie" beschrieben, die in dieser Zeit aufkamen, allerdings erst in der zweiten Hälfte des 20. Jh. von größerer Bedeutung für die Altertumswissenschaft sein sollten.[819]

---

815 Ebenda, 93–94.
816 Ebenda, 87.
817 Vgl. ebenda, 113–115; wenigstens verzichtete er darauf, die von Elliot Smith vertrete These zu wiederholen, dass die Putzsucht der Frauen und ihre Gier nach Malachit als Rohstoff für Augenschminke deren Männer zu Kupferlagerstätten geführt und so die Entwicklung der Metallverarbeitung indirekt angestoßen hätten (vgl. Kap. II.9).
818 Ebenda, 109.
819 Obwohl Karl August Wittfogel (1886–1988) bereits in den 1930er Jahren mit seinen Recherchen dazu begonnen hatte, welche sich vornehmlich auf Asien und besonders China konzentrierten, hat er erst Jahrzehnte später seine Forschungen über die „asiatische Produktionsweise" veröffentlicht: Wittfogel, K. A., Oriental Despotism: A Comparative Study of Total Power,

Dabei war die Entwicklung des Bewässerungsfeldbaus in den Flusstälern des Fruchtbaren Halbmondes zunächst alles andere als attraktiv,[820] weshalb auch Childe davon ausging, dass die neolithischen Menschen sich zunächst als Hackbauern[821] betätigt haben, welche, sobald der Ackerboden erschöpft ist, weiterziehen, um neue Anbaugebiete zu erschließen. Erst als ein Anstieg der Bevölkerungszahlen, in Verbindung mit klimatischen Veränderungen, zu einer Verknappung der Anbauflächen führte, wurden die durch jährlich wiederkehrende Überflutungen (die fruchtbaren Schlamm auf die Felder trugen) regenerierten Gebiete in den Flusstälern attraktiv (vgl. Kap. II.10). Interessant ist in diesem Zusammenhang auch die Beobachtung, dass, während die naturräumlichen Bedingungen in Mesopotamien Leonard Woolley (1880–1960) zu Spekulationen über die Historizität der biblischen Sintfluterzählung anregten (vgl. Kap. II.7), V. G. Childe angesichts dessen der programmatischen Aussage seines Buches „Man Makes himself" treu geblieben ist:

> The Hebrew book of Genesis has familiarized us with much older traditions of the pristine conditions of Sumer – a „chaos" in which the boundaries between water and dry land were still fluid. An essential incident in „The Creation" is the separation of these elements. Yet it was no god, but the proto-Sumerians themselves who created the land.[822]

Noch einmal zusammengefasst, lässt sich der Prozess der „Neolithischen Revolution" wie folgt beschreiben: Durch den Beginn des Ackerbaus und eine wenigstens zunehmend sesshaftere Lebensweise werden eine Überproduktion und Vorratshaltung von Lebensmitteln ermöglicht. Die dadurch vergleichsweise stabilere Versorgung mit Nahrung schafft zeitliche Kapazitäten für andere Tätigkeiten (Handwerk und Handel) und führt zu einem Bevölkerungswachstum. Die spezifischen Lebensbedingungen in Flusstälern oder -Deltas erfordern aber einerseits einen wachsenden Grad der Organisation und erlauben es der Bevölkerung andererseits bald nicht mehr, in andere Regionen auszuweichen, weil die

---

New Haven 1957; innerhalb der Ägyptologie sind seine Vorstellungen übrigens beiderseits des ‚Eisernen Vorhangs' eher kritisch gesehen bzw. abgelehnt worden; vgl. Schenkel, W., Einführung der künstlichen Felderbewässerung im Alten Ägypten, in: GM 11, 1974, 41–46; Schenkel, W., Die Bewässerungsrevolution im Alten Ägypten, Mainz 1978; Endesfelder, E., Zur Frage der Bewässerung im Alten Ägypten, in: ZÄS 106, 1979, 37–51; zumindest im Sinne des Zitats von Childe: Westendorf, W., „Auf jemandes Wasser sein" = „von ihm abhängig sein", in: GM 11, 1974, 47–48.
820 Vgl. Childe, Man Makes Himself, 75–76.
821 Der Begriff geht zurück auf den deutschen Ethnologen Eduard Hahn (1856–1928); vgl. zu seiner weiteren Verwendung und Diskussion: Kramer, F. L., Eduard Hahn and the End of the „Three Stages of Man", in: Geographical Review 57.1, 1976, 82–89.
822 Childe, Man Makes Himself, 107–108.

landwirtschaftlichen Nutzflächen bereits weitgehend belegt sind und die Flussregionen – durch klimatische Veränderungen – inzwischen von Wüsten umgeben waren. Die technische Weiterentwicklung, insbesondere die Metallverarbeitung, erleichtert oder ermöglicht überhaupt erst bestimmte Arbeiten, führt aber auch zu einem wachsenden Bedarf an Rohstoffen, der schon bald nicht mehr aus dem unmittelbaren Umfeld gedeckt werden kann und Abhängigkeiten vom Handel schafft. Childe fasste diese Entwicklungen selbst mit folgenden Worten zusammen: „The story is one of accumulating wealth, of improving technical skill, of increasing specialization of labour, and of expanding trade."[823] Die wachsende Komplexität der neolithischen Gesellschaften fand ihren Ausdruck in dem Bedürfnis nach einer religiös fundierten Legitimation bzw. schuf dieses erst:

> Undoubtedly the co-operative activities involved in „neolithic" life found outward expression in social and political institutions. Undoubtedly such institutions were consolidated and reinforced by magico-religious sanctions, by a more or less coherent system of beliefs and superstitions, by what Marxists would call an ideology.[824]

Dieser „ideologische Überbau" wurde von Childe als Kapitalismus aufgefasst:

> The temple functions as the great bank; the god is the chief capitalist of the land. The early temple archives record the god's loans [...] to cultivators [...] and other employees [...]. His wealth is available to the community from whose piety he [...] derived it. But the same piety required that the borrower should not only pay back the loan, but also add a little thank offering. [...] Such thank-offerings would today be called interest, [...].[825]

Zwar hat Childe diese frühen Gesellschaften – entsprechend der marxistischen Theorie einer geschichtlichen Entwicklung vom „Urkommunismus" über eine „Sklavenhaltergesellschaft" zum „Feudalismus", „Kapitalismus" und schließlich Kommunismus – sehr wohl als „Sklavenhalter" gekennzeichnet,[826] sich dabei aber nicht selbst ‚sklavisch' an dieses theoretische Schema gebunden.[827]

Sein funktionalistischer Ansatz zur Rekonstruktion der Ursprünge menschlicher Zivilisation – und damit der ältesten Geschichte – stützte sich ebenso auf archäologische Befunde wie auf ethnologische Beobachtungen bzw. daraus abgeleitete Induktionen. Sowohl das Wissen um Veränderungen naturräumlicher

---

823 Ebenda, 146–147.
824 Ebenda, 97–98.
825 Ebenda, 153–154.
826 Ebenda, 134–135.
827 Vgl. McNairn, B., Method and theory of V. Gordon Childe, Diss., Edinburgh 1978: https://era.ed.ac.uk/handle/1842/18438, 259–283.

Gegebenheiten als auch Erkenntnisse aus den Bereichen der Archäobotanik und Archäozoologie bildeten die Grundlage seines ökonomischen Erklärungsmodells. Die zeitliche Dimension spielte dabei eine äußerst untergeordnete Rolle. Zwar fasste Childe die „Neolithische Revolution" als einen länger währenden Prozess und eben nicht als ein plötzliches Ereignis auf und fühlte sich ganz sicher nicht zu irgendwelchen religiös motivierten Rücksichten gegenüber biblischen Schilderungen oder gar einer daraus abgeleiteten Chronologie verpflichtet; dennoch erweiterte er die historische Perspektive in Epochen, die bislang nicht in das Erzählmuster menschlicher Kulturgeschichte eingebunden gewesen waren. Insofern erscheint die Wahl des Ausdrucks „Revolution" für die durch ihn beschriebenen Prozesse unglücklich oder zumindest überdenkenswert – der „revolutionäre" Effekt auf die Erforschung der frühesten (Hoch-)Kulturen des Fruchtbaren Halbmondes ist jedoch kaum zu unterschätzen.[828] Dies wird besonders deutlich, wenn man sich die methodischen Zugänge vorangegangener Forschergenerationen (auf denen Childe natürlich gleichwohl und erkennbar aufbaute) verdeutlicht, die, anfänglich eingehegt durch Berechnungen zur biblischen Chronologie, erst allmählich altbekannte (nämlich klassisch-antike) und dann neuentdeckte (altorientalische) Quellen auszuwerten begannen.

Die unabhängige Erforschung der materiellen Hinterlassenschaften und die Einbeziehung von Erkenntnissen aus anderen Disziplinen, insbesondere zur Erforschung solcher Zeiträume, die nicht durch Schriftquellen dokumentiert waren, erfolgten demgegenüber erst relativ spät. V. G. Childe erweiterte so noch einmal die zeitliche Dimension menschlicher Kulturgeschichte.

---

828 Vgl. auch Trigger, B., Gordon Childe, Revolutions in Archaeology, London 1980; kritisch dazu: Case, H., Rezension: Trigger, Gordon Childe, Revolutions in Archaeology, in: Antiquity 55.213, 1981, 65–66.

III Schluss

Wie die in diesem Buch zusammengetragenen Fallbeispiele gezeigt haben, ist die Verhandlung von Zeit oder der zeitlichen Tiefendimension von Kulturgeschichte immer auch selbst dem Zeitgeist unterworfen und durch die Zeitumstände bedingt. Die Vorstellungen über das Alter der Welt, der Menschheit und menschlicher Zivilisation, die ihrerseits schon drei unterschiedliche Zeitdimensionen repräsentieren, sind in der Vergangenheit höchst unterschiedlich ausgefallen. Dabei fällt jedoch auf, dass die Frage, ob die Anfänge von Kultur 14.000, 20.000 oder mehr Jahre zurückdatieren, ab einem gewissen Moment fast müßig erscheint, übersteigen solche Zeiträume doch ganz grundsätzlich das menschliche Vorstellungsvermögen. Darüber hinaus wird unsere Auffassung der Zeit noch von weit subjektiveren Eindrücken bestimmt, die uns z. B. darüber hinwegsehen lassen, dass die Regierungszeit Kleopatras VII. zeitlich näher an der Mondlandung liegt als am Bau der Pyramiden (vgl. Kap. I). Ein anderes Beispiel für die besondere Zeitwahrnehmung bei der Betrachtung altorientalischer Kulturen liefert etwa die Kontinuität des Kultbetriebes im ägyptischen Heliopolis, wie Dietrich Raue anschaulich schreibt:

> 2400 Jahre (oder wahrscheinlich sogar einige mehr) haben ägyptische Herrscher in Heliopolis gebaut und dem Sonnengott gehuldigt. Wie ist so etwas möglich? Ist es vorstellbar, dass in Deutschland die amtierende Bundespräsidentin oder der regierende Bundeskanzler des Jahres 2025 eine Stadt mit einem keltischen Kultplatz, entstanden 400 Jahre vor dem ersten römischen Kaiser, aufsucht, um sich im Amt legitimieren zu lassen? Wohl kaum.[829]

Zeit, so scheint es, ist zunächst eine abstrakte Kategorie, die erst mit Inhalt gefüllt und eingeordnet werden muss, um für den Menschen begreifbar und verhandelbar zu werden. Sie erfordert ein Modell der Welterklärung oder einen Maßstab (vgl. Kap. I.1).

Diese grundlegende Orientierung bot im Europa der frühen Neuzeit zunächst nur die Bibel. Geschichtsschreibung war bereits von den Griechen und Römern betrieben worden und wurde mit Beginn der Renaissance in den erhaltenen Werken wieder verstärkt rezipiert. Diese erklärten jedoch nicht, wie und wann die Welt und die Geschichte des Menschen ihren Anfang genommen hatten. Sowohl das Alte Testament als auch griechische Historiker wussten aber von den Kulturen des Vorderen Orients, des Nillandes und Mesopotamiens zu berichten und attestierten diesen ein hohes Alter. Damit rückten die Hinterlassenschaften jener

---

829 Raue, D., Reise zum Ursprung der Welt. Die Ausgrabungen im Tempel von Heliopolis, Darmstadt 2020, 38.

OpenAccess. © 2022 Gertzen, publiziert von De Gruyter. Dieses Werk ist lizenziert unter einer Creative Commons Namensnennung – Nicht kommerziell – Keine Bearbeitung 4.0 International Lizenz.
https://doi.org/10.1515/9783110760200-004

untergegangenen Kulturen des ‚Orients' zunächst an die äußerste Grenze des zeitlichen Vorstellungsvermögens der Geschichtsschreibung und bereiteten bald schon ernste Probleme, wollte man sie im Rahmen der in der Bibel geschilderten zeitlichen Tiefendimension einordnen (vgl. Kap. I.2). Doch auch die sich ausbildenden Naturwissenschaften sahen sich mit dem Problem konfrontiert, ihre Erkenntnisse und Hypothesen über das Alter der Welt nicht nur mit den bisherigen Vorstellungen in Einklang zu bringen, sondern die so erschlossene zeitliche Tiefendimension begreifbar werden zu lassen und sie in eine neue/alternative Weltanschauung einzuordnen. Sowohl für die Vertreter biblischer Chronologie als auch naturwissenschaftlich-geologischer ‚deep time' (vgl. Kap. I.3) erschienen die Kulturen des alten Vorderen Orients bald als eine Art Schnittstelle, die entweder die biblischen Schilderungen stützen oder die neuen, weiter zurückreichenden Vorstellungen über das Alter der Welt ‚anschlussfähig' machen sollten.

Hierbei sollte man sich allerdings davor hüten, allzu leicht einen ‚Gewinner' zu benennen. Am ehesten noch wären hier die Altertumswissenschaften anzuführen, die ihr Entstehen und ihre weitere Ausbildung zu einem nicht unerheblichen Maß eben diesen Bedürfnissen und Zielsetzungen verdankten. So sollte auch weniger von einem Bedeutungsverlust biblischer Weltanschauung gesprochen werden als von einem dynamischen Prozess, in welchem verschiedene Welterklärungsmodelle entstanden sind und einen Bedeutungswandel erfahren haben. Mag auch die biblische Chronologie als eine aus verschiedenen Zeitangaben des Alten und Neuen Testamentes errechnete zeitliche Tiefendimension aus dem (altertums-)wissenschaftlichen Forschungsdiskurs längst und endgültig verdrängt worden sein (vgl. Kap. I.4), als zeitkultureller Referenzrahmen hat die ‚Heilige Schrift' nur relativ an Bedeutung verloren. Paradoxerweise kann der größte ‚Abstieg' am ehesten noch in ihrer Instrumentalisierung zu Marketingzwecken im Rahmen archäologischen Fundraisings, wie es von L. Woolley betrieben wurde (vgl. Kap. II.7), erkannt werden. Das Beispiel verdeutlicht zudem die Notwendigkeit, altertumswissenschaftliche Forschung und ihre Erkenntnisse in einen (vertrauten) kulturgeschichtlichen Kontext einzuordnen, um so das Interesse einer breiteren Öffentlichkeit zu gewinnen. Einige Wissenschaftler, wie W. F. Albright (vgl. Kap. II.11), haben dies dazu genutzt, Geschichte und Geschichtsschreibung (wieder) für die Religion zu vereinnahmen. Die von Albright zur Mitte des 20. Jh. aufgestellte Forderung, in der Geschichte den ‚göttlichen Plan' zu erkennen und das ‚göttliche Wirken' zu studieren, erinnert ein wenig an die Überlegungen früher Naturkundler, mit ihrer Arbeit die ‚Schöpfung' nachzuvollziehen. Albright hatte (richtig) erkannt, dass Geschichtsschreibung einen Sinn oder ein Leitmotiv benötigt bzw., kritischer formuliert, immer ein subjektives Element besitzt. Da aber die inzwischen festgestellten zeitlichen Dimensionen das menschliche Vorstellungsvermögen überstiegen, brauchte es eine übergeordnete

Struktur. Selbst die Arbeiten der Vertreter der marxistischen Archäologie, wie jene von V. G. Childe (vgl. Kap. II.12), schienen in ihrer dezidierten Ablehnung eines göttlichen Eingreifens in der Geschichte – „Man makes himself" – und der Reduktion von Religion zu einem ausbeuterische Gesellschaftsstrukturen legitimierenden, ideologischen Überbau, fast einen säkularen ‚Ersatz' schaffen zu wollen.

Dass sich die ‚Emanzipation' der Altertumswissenschaften von den Grundlagen ‚biblischer' Geschichtsschreibung als schwierig erweisen würde und neue naturwissenschaftliche Methoden nicht immer den richtigen Weg gewiesen haben, geht schon aus dem ersten vorgestellten Fallbeispiel um J. F. Champollion hervor (vgl. Kap. II.1). Obwohl der Entzifferer der Hieroglyphen nur wenig Sympathien für das *ancien régime* hegte, widersprachen seine Forschungen nicht der biblischen Chronologie, führten aber die astronomischen Spekulationen vieler Zeitgenossen über das Alter des Zodiak von Dendera ad absurdum. Der Umstand, dass seine Datierung auf einer fehlerhaften Dokumentation der Inschriften beruhte, lässt dies aber auch nicht als eine Erfolgsgeschichte der frühen Altertumswissenschaft erscheinen. Das Bewusstsein um die Notwendigkeit, zumindest aber das Bedürfnis der Menschen nach einem chronologischen Halt und grundsätzlicher Orientierung bereitete auch C. J. v. Bunsen und C. R. Lepsius bei ihrer Forschung zur Chronologie des alten Ägypten Probleme (vgl. Kap. II.2). Ganz mochten sie sich nicht von der Bibel als historische Quelle verabschieden und versuchten über die Völkertafel gerade die weiter zurückliegenden Phasen der Menschheitsgeschichte zu rekonstruieren. Dabei ist besonders bemerkenswert, dass Bunsen bereit war, seine Tiefenchronologie auch publizistisch zu verteidigen, worin ihn Lepsius nur in ihrem privaten Schriftverkehr unterstützt hat.

Dass das Bemühen der frühen Altorientalistik um Unabhängigkeit oder Eindeutigkeit der Quelleninterpretation auch – zu Lasten der ‚Heiligen Schrift' – zu weit gehen konnte, beweisen die Fälle der Könige Pul und Sargon II. (vgl. Kap. II.3). Was sich nicht durch klassisch-antike Geschichtsschreibung oder durch assyrische Quellen bestätigen ließ, musste ein Fehler der Kopisten der Texte des Alten Testamentes gewesen sein.

Wie sehr altertumswissenschaftliche Konzepte Ausdruck von Subjektivität und auch Mittel zur Identitätsstiftung sind, verdeutlichen die Versuche zahlloser Pyramidiots und British Israelites (vgl. Kap. II.4), ebenso wie die Bemühungen der Hyperdiffusionisten, den Ursprung aller menschlichen Zivilisation an einem Ort auszumachen (vgl. Kap. II.9). Bezeichnenderweise versuchten die Verfechter dieser Theorien, die weitere Kulturentwicklung historisch in den Vertretern ihrer eigenen Nation kulminieren zu lassen.

In diesen weitgespannten Kulturtheorien und den Versuchen, diese durch naturwissenschaftlich-mathematische Beweisverfahren zu untermauern, lag allerdings auch die Grundlage für die erfolgreiche Anwendung solcher Methoden, die zunächst die Spekulationen über den „sacred cubit" oder „pyramid inch" widerlegt und später Forscher wie W. M. Flinders Petrie zur Entwicklung valider mathematischer Datierungsverfahren prähistorischer Keramik geführt haben (vgl. Kap. II.5).

Vielleicht ließe sich die Geschichte der verschiedenen sich im Laufe der Zeit ausbildenden Verfahren zur Bestimmung der zeitlichen Tiefendimension von Kulturgeschichte auch mit dem Satz ‚Konkurrenz belebt das Geschäft' überschreiben. Herausgefordert von den neuen archäologischen und anthropologischen Welterklärungsmodellen, haben sich zu Beginn des 20. Jh. auch die Vertreter ‚klassisch' philologischer Methoden, wie etwa K. Sethe (vgl. Kap. II.8), darum bemüht, die inzwischen ins Bewusstsein gerückte Früh- und Vorgeschichte mit den Mitteln der Textanalyse zu ergründen und aus dem mythologischen Substrat späterer Texte die altägyptische ‚Vor-Vergangenheit' zu rekonstruieren.

Damit ist einer von mehreren Fällen benannt, in denen auch die Forscherpersönlichkeit selbst mit allen ihren Eigenheiten, ihrem Selbstbewusstsein und Geltungsbedürfnis in den Fokus rückt. Auch R. Weill (vgl. Kap. II.6) fühlte sich dazu berufen, die altägyptische Chronologie zu ‚korrigieren' und auf neue Grundlagen zu stellen bzw. diese neu zu interpretieren. Dabei ist es gerade auf die Reputation und das unbestreitbare wissenschaftliche Verdienst beider Gelehrter zurückzuführen, dass sie sich dies zugetraut haben und ihre Theorien, zumindest zeitweilig, nicht einem unmittelbaren und allzu deutlichen Widerspruch ausgesetzt waren.

Damit wird aber auch deutlich, dass eine fundierte wissenschaftliche Ausbildung und eine anerkannte Stellung innerhalb der „scientific community" über den Erfolg und die Durchsetzungskraft bestimmter Theorien und Vorstellungen entscheiden können. Denn genauso wie die in dieser Arbeit versammelten Fallbeispiele, die die teilweise eigenwilligen Ideen passionierter Dilettanten vorgestellt haben, sind auch etablierte Fachvertreter widerlegt worden. Im Fall von L. Almásy jedoch sollten spätere naturwissenschaftliche Analyseverfahren die seinerzeit auf das Schärfste zurückgewiesene Überlegung zur Besiedelung des Niltales zumindest sehr viel plausibler erscheinen lassen (vgl. Kap. II.10).

Die hier vorgenommene stichprobenartige Bestandsaufnahme hat (so hoffe ich) gezeigt, dass die Vorstellungen des Menschen über die Dauer und das Ausmaß seiner eigenen Vergangenheit einem stetigen Wandel unterlegen gewesen sind und durch neue Methoden und Herangehensweisen vervielfältigt wurden. Dabei sind neue Perspektiven und Ansichten aber nicht losgelöst von ihren Grundlagen und den Umständen ihrer Entstehung zu betrachten. Die Vorstellung des Menschen über die zeitliche Dimension seiner eigenen Kulturgeschichte muss ihrerseits historisiert werden, wobei einem einfachen und linearen evolutionistischen Schema eine klare Absage zu erteilen ist: Die Bibel als zeitlicher Referenzrahmen hat sicher – allein schon durch das Vorhandensein von Alternativen – an Bedeutung eingebüßt. Jenseits der Frage nach der Korrektheit chronologischer Angaben in der ‚Heiligen Schrift' (ein Zweck, für den diese Textsammlung im Übrigen gar nicht gedacht war) behält diese ihre eminente Bedeutung für die europäische Kulturgeschichte und damit auch für die, aus dieser unmittelbar hervorgegangenen wissenschaftlichen Auseinandersetzung mit den Kulturen des ‚Alten Orients' – gleichgültig ob mit dem Ziel einer Bestätigung oder gar Verteidigung der ‚Heiligen Schrift' bzw. ihrer Überprüfung oder Widerlegung, bildet sie einen Bezugspunkt der Geschichte der Wissenschaften vom ‚Alten Orient'. Teil dieser Geschichte ist auch die Naturwissenschaft, die nicht nur eine weitere Orientierung bietet, sondern in einem wechselseitigen Spannungsverhältnis mit den Geistes- und Altertumswissenschaften weiterentwickelt wurde, wobei keine der beiden Seiten einen Primat oder ein höheres Maß an Relevanz beanspruchen darf. Bot die Naturkunde zunächst erst die Möglichkeit bzw. das methodische Rüstzeug für eine alternative Weltanschauung (im wörtlichen Sinne), so mussten die durch sie gewonnenen Erkenntnisse gleichwohl eingeordnet und damit – bei aller damit notwendigerweise verbundenen Subjektivität – für den Menschen begreifbar gemacht werden, denn: „Der Mensch fürchtet die Zeit", die er – als solche – nicht begreifen kann. „Die Zeit aber fürchtet die Pyramiden", denn ohne diese, d.h. ohne begreifbare Zeitzeugen, Fix- und Orientierungspunkte, wird die Zeit im Grunde bedeutungslos.

IV Anhang

1 Abkürzungsverzeichnis

[...]	Auslassung
†	verstorben
AARS	Amis de l'Art Rupestre Saharien
ÄAT	Ägypten und Altes Testament
Abb.	Abbildung
AfO	Archiv für Orientforschung
ÄgFo	Ägyptologische Forschungen
ägypt.	ägyptisch
AH	Aegyptiaca Helvetica
akkad.	akkadisch
AOAT	Alter Orient und Altes Testament
AT	Altes Testament
BACE	Bulletin of the Australian Centre for Egyptology
BaM	Baghdader Mitteilungen
BASOR	Bulletin of the American Schools of Oriental Research
BAT	Biblical Archaeology Today
Berl. Akad. Abh.	Abhandlungen der Königlich-Preußischen Akademie der Wissenschaften zu Berlin
Berl. Mon. Ber.	Bericht über die zur Bekanntmachung geeigneten Verhandlungen der Königlich-Preußischen Akademie der Wissenschaften zu Berlin
Ber Wiss	Berichte zur Wissenschaftsgeschichte
Bd.	Band
Bde.	Bände
BJHS	The British Journal for the History of Science
BSFE	Bulletin de la Société Française d'Égyptologie
BZÄS	Zeitschrift für Ägyptische Sprache und Altertumskunde, Beihefte
CdÉ	Chronique d'Égypte
DE	Discussions in Egyptology
Diss.	Dissertation
frz.	französisch
Gen.	Genesis
GM	Göttinger Miszellen. Beiträge zur ägyptologischen Diskussion
griech.	griechisch
HÄB	Hildesheimer Ägyptologische Beiträge
HdO	Handbuch der Orientalistik
Hg.	Herausgeber
HZ	Historische Zeitschrift
IBAES	Internet-Beiträge zur Ägyptologie und Sudanarchäologie
in Vorb.	in Vorbereitung
JANER	Journal of Ancient Near Eastern Religions
JAOS	Journal of the American Oriental Society

OpenAccess. © 2022 Gertzen, publiziert von De Gruyter. Dieses Werk ist lizenziert unter einer Creative Commons Namensnennung – Nicht kommerziell – Keine Bearbeitung 4.0 International Lizenz.
https://doi.org/10.1515/9783110760200-005

2 Archivquellen

Ägyptisches Museum und Universität Leipzig, Archiv (ÄMULA)
> NL Georg Steindorff, Korrespondenz, Scharff an Steindorff, 06.12.1934.
> NL Georg Steindorff, Korrespondenz, Sethe an Steindorff, 27.03.1930.
> NL Georg Steindorff, Korrespondenz, Sethe an Steindorff, 04.05.1930.
> NL Georg Steindorff, Korrespondenz, Wolf an Steindorff, 20.11.1930.

Geheimes Staatsarchiv Preußischer Kulturbesitz [GStPK], Berlin-Dahlem
> GStPK, VI. HA, FA Bunsen, v., Karl Josias, B, Nr. 94, Bl. 383–385, Lepsius an Bunsen, 01.01.1856.
> GStPK, VI. HA, FA Bunsen, v., Karl Josias, B, Nr. 94, Bl. 388–394, Lepsius an Bunsen, 03.02.1856.
> GStPK, VI. HA, FA Bunsen, v., Karl Josias, B, Nr. 94, Bl. 405, Lepsius an Bunsen, 04.11.1856.

Royal Anthropological Institute [=RAI], London, Archives & Manuscripts
> Abbie, Andrew Arthur collection (MS 423), 1915.

3 Bibliografie

Abt, J., American Egyptologist. The Life of James Henry Breasted and the Creation of his Oriental Institute, Chicago 2011.

Abt, J., Seeking Permanence. James Henry Breasted and his Oriental Institute, in: van den Hout, T. (Hg.), Discovering New Pasts. The OI at 100. Chicago 2019, 4–41.

Adkins, L. Empires of the Plain. Henry Rawlinson and the lost languages of Babylon, London 2004.

Albright, W. F., Menes and Naram-Sin, in: JEA 6, 1920, 89–98.

Albright, W. F., Professor Haupt as Scholar and Teacher, in: Adler, C. / Ember, A. (Hg.), Oriental Studies. Published in Commemoration of the Fortieth Anniversary (1883–1923) of Paul Haupt, Baltimore 1926, xxi–xxxii.

Albright, W. F., From the Stone Age to Christianity. Monotheism and the Historical Process, Baltimore 1940.

Albright, W. F., An Indirect Synchronism between Egypt and Mesopotamia, cir. 1730 B.C., in: BASOR 99, 1945, 9–18.

Albright, W. F., From the Stone Age to Christianity. Monotheism and the Historical Process², Baltimore 1946.

Albright, W. F., Further Observations on the Chronology of the Early Second Millennium B. C., in: BASOR 127, 1952, 27–30.

Albright, W. F., The Impact of Archaeology on Biblical Research, in: Freedman, D. N. / Greenfield, J. (Hg.), New Directions in Biblical Archaeology, New York, 1969, 1–14.

Al-Jabarti, A., Chronicle of the first seven months of the French occupation of Egypt, übers. v. Sh. Moreh, Leiden 1975.

Al-Jabarti, A., Bonaparte in Ägypten. Aus der Chronik des ʿAbdarraḥmān al-Ǧabartī (1754–1829), übers. v. A. Hottinger, München 1983.

Almásy, L. E., Az ismeretlen Szahara, Budapest 1934.

JEA	Journal of Egyptian Archaeology
Jg.	Jahrgang
Jh.	Jahrhundert
JNES	Journal of Near Eastern Studies
Jtsd.	Jahrtausend
Kap.	Kapitel
km	Kilometer
LÄ	Lexikon der Ägyptologie
lat.	lateinisch
m	Meter
MÄS	Münchener Ägyptologische Studien
MDAIK	Mitteilungen des Deutschen Archäologischen Instituts, Abteilung Kairo
n. Chr.	nach Christus
Neh.	Nehemia
NGWG	Nachrichten der Gesellschaft der Wissenschaften zu Göttingen
NT	Neues Testament
OLZ	Orientalistische Literaturzeitung
PdÄ	Probleme der Ägyptologie
phil.-hist. Kl.	Philosophisch-historische Klasse
PNAS	Proceedings of the National Academy of Sciences of the United States of America
PSBA	Proceedings of the Society of Biblical Archaeology
RdE	Revue d'Égyptologie
röm.	römisch
SAK	Studien zur Altägyptischen Kultur
sic	so
SJ	Societas Jesu
SSEA	Society for the Study of Egyptian Antiquities
u. a.	unter anderem
übers. v.	übersetzt von
UGAÄ	Untersuchungen zur Geschichte und Altertumskunde Ägyptens
unpubl.	unpubliziert
v. Chr.	vor Christus
vers.	verso
WiBiLex	Das wissenschaftliche Bibellexikon im Internet
WVDOG	Wissenschaftliche Veröffentlichungen der Deutschen Orient-Gesellschaft
ZÄS	Zeitschrift für Ägyptische Sprache und Altertumskunde
ZAW	Zeitschrift für die Alttestamentliche Wissenschaft
ZDMG	Zeitschrift der Deutschen Morgenländischen Gesellschaft
ZRGG	Zeitschrift für Religions- und Geistesgeschichte

Almásy, L. E., Récentes explorations dans le Désert Libyque (1932–1936), Kairo 1936.
Almásy, L. E., Unbekannte Sahara. Mit Flugzeug und Auto in der Libyschen Wüste, Leipzig 1939.
Almathen, F. et al., Ancient and modern DNA reveal dynamics of domestication and cross-continental dispersal of the dromedary, in: PNAS 113.24, 14.06.2016, 6707–6712.
Alter, S. G., From Babylon to Christianity: William Foxwell Albright on Myth, Folklore, and Christian Origins, in: Journal of Religious History 36.1, 2012, 1–18.
Ambridge, L., Imperialism and Racial Geography in James Henry Breasted's Ancient Times, a History of the Early World, in: Schneider, T. / Raulwing, P. (Hg.), Egyptology from the First World War to the Third Reich. Ideology, Scholarship, and Individual Biographies, Leiden 2013, 12–33.
Anonymus, The Pyramids – Who built them ? And When?, in: Blackwood's Edinburgh Magazine 94, 1863, 347–364.
Anonymus, Rezension: Massaroli, Phul e Tuklatpalasar II e Salmanasar V e Sargon, in: La Civiltà Cattolica 34, 1883, 463–475.
Anonymus, Rezension: Elliot Smith, The Evolution of the Dragon, in: Athenaeum 4652, Juni 27, 1919, 522–523.
Anonymus, Abraham's City, in: Taunton Courier, and Western Advertiser, 05.10.1932, 3.
Archinad, A., La Chronologie sacrée basée sur les Découvertes de Champollion, Paris 1841.
Arnold, B. T., Who Were the Babylonians? (Archaeology and Biblical Studies Book 10), Leiden 2004.
Asante, M. K., Black Athena Revisited: A Review Essay, in: Research in African Literatures 29.1, 1998, 206–210.
Assmann, J., Re und Amun. Die Krise des polytheistischen Weltbilds im Ägypten der 18.–20. Dynastie, Göttingen 1983.
Assmann, J., Ägypten. Eine Sinngeschichte², Frankfurt a. M. 2000.
Assmann, J., Das kulturelle Gedächtnis. Schrift, Erinnerung und politische Identität in den frühen Hochkulturen⁴, München 2002.
Assmann, J., Moses der Ägypter. Entzifferung einer Gedächtnisspur⁷, Frankfurt a. M. 2011.
Aufrère, S. H., Les anciens Égyptiens et leur notion de l'antiquité. Une quête archéologique et historiographique du passé, in: Méditerranées 17, 1998, 11–55.
Barr, J., Why the World was created in 4004 B.C.: Archbishop Ussher and Biblical Chronology, in: Bulletin of the John Rylands University Library of Manchester 67.2, Frühjahr 1985, 575–608.
Barta, W., Zur Reziprozität der homosexuellen Beziehung zwischen Horus und Seth, in: GM 129, 1992, 33–38.
Baud, M., Le format de l'histoire. Annales royales et biographies des particulieres dans l'Égypte du IIIᵉ millénaire, in: Grimal, N. / Baud, M. (Hg.), Événement, récit, histoire officielle. L'écriture de l'histoire dans les monarchies antiques (Études d'Égyptologie 3), Paris 2003, 271–302.
Becker, A., Neusumerische Renaissance? Wissenschaftsgeschichtliche Untersuchung zur Philologie und Archäologie (BaM 16), Berlin 1985.
Beckerath, J. v., Gedanken zu den Daten der Sed-Feste, in: MDAK 47, 1991, 29–33.
Beckerath, J. v., Chronologie des Pharaonischen Ägypten (MÄS 46), Mainz 1997.
Beinlich, H., Kircher und Ägypten. Information aus zweiter Hand: Tito Livio Burattini, in: Ders. et al. (Hg.), Spurensuche. Wege zu Athanasius Kircher, Dettelbach 2002, 57–72.

Beinlich, H., Zu Adolf Ermans Kritik an Athanasius Kircher, in: GM 261, 2020, 179–188.
Bernard, S., Copie d'une lettre du citoyen S.B., membre de la commission de sciences et arts d'Égypte, au citoyen Morand, membre du corps législatif, in: Gazette nationale ou le Moniteur universel, 14.02.1802, 581–582.
Beylage, P., Aufbau der königlichen Stelentexte vom Beginn der 18. Dynastie bis zur Amarnazeit (ÄAT 54), Wiesbaden 2002.
Die Bibel. Einheitsübersetzung. Altes und Neues Testament, Freiburg (Breisgau) 1991.
Bichler, R., Nachklassik und Hellenismus im Geschichtsbild der NS-Zeit. Ein Essay zur Methoden-Geschichte der Kunstarchäologie, in: Altekamp St. / Hofter, M. R. / Krumme, M. (Hg.), Posthumanistische Klassische Archäologie. Historizität und Wissenschaftlichkeit von Interessen und Methoden, München 2001, 231–249.
Biot, J.-B., Recherches sur plusieurs points de l'astronomie Égyptiennes appliquées aux monuments astronomiques trouvés en Égypte, Paris 1823.
Bonnet, H., Reallexikon der ägyptischen Religionsgeschichte[3], Berlin 2000.
Borchardt, L., Der zweite Papyrusfund von Kahun und die zeitliche Festlegung des mittleren Reiches der ägyptischen Geschichte, in: ZÄS 37, 1899, 89–103.
Borchardt, L., Quellen und Forschungen zur Zeitbestimmung der Ägyptischen Geschichte, Bd. 2: Die Mittel zur zeitlichen Feststellung von Punkten der ägyptischen Geschichte und ihre Anwendung, Kairo 1935.
Borchardt, L. / Neugebauer, P. V., Beobachtung des Frühaufgangs des Sirius in Ägypten, in: OLZ 5, 1926, 310–316.
Borchardt, L. / Neugebauer, P. V., Beobachtungen des Frühaufgangs des Sirius in Ägypten im Jahre 1926, in: OLZ 6, 1930, 441–448.
Borst, A., Der Turmbau von Babel. Geschichte der Meinungen über Ursprung und Vielfalt der Sprachen und Völker, 4 Bde., Lahnstein 2019.
Bosanquet, J. W., Assyrian and Hebrew Chronology compared, with the view of showing the extent to which the Hebrew Chronology of Ussher must be modified, in Conformity with the Assyrian Canon, in: The Journal of the Royal Asiatic Society of Great Britain and Ireland, N.S. 1.1/2, 1865, 145–180.
Bosanquet, J. W., Synchronous History of the Reigns of Tiglath-Pileser and Azariah, Shalmanezer / Jotham, Sargon / Ahaz, Sennacherib / Hezekiah, from B.C. 745 to 688, in: Transactions of the Society of Biblical Archaeology 3, 1874, 1–82.
Bouché-Leclercq, A., L'astrologie grecque, Paris 1899.
Breasted, J. H., Ancient Times, a History of the Early World. An Introduction to the Study of Ancient History and the Career of Early Man, Boston 1916.
Breasted, J. H., The Place of the Near Orient in the Career of Man and the Coming Task of the Orientalist, in: JAOS 39.3, 1919, 159–184.
Breasted, J. H., The Dawn of Conscience, New York 1933.
Bright, John, Has Archaeology found Evidence of the Flood?, in: The Biblical Archaeologist 5.4, 1942, 55–62, 72.
Brunner-Traut, E., Jean-François Champollion. Ein großer Mann, in einer großen vielbewegten Zeit (Eduard Meyer), in: Saeculum. Jahrbuch für Universalgeschichte 35.3–4, 1984, 306–325.
Brunton, G. / Caton-Thompson, G., The Badarian Civilisation and Prehistoric Remains near Badari, London 1928.

Buchwald, J. Z., Egyptian Stars under Paris Skies, in: Engineering & Science 66.4, 2003, 20–31.
Buchwald, J. Z. / Josefowicz, D. G., The Zodiac of Paris. How an Improbable Controversy over an Ancient Egyptian Artifact Provoked a Modern Debate between Religion and Science, Princeton 2010.
Buchwald, J. Z. / Josefowicz, D. G., The Riddle of the Rosetta. How an English Polymath and a French Polyglot discovered the meaning of Egyptian Hieroglyphs, Princeton 2020.
Buffon, G.-L. L., Histoire naturelle, générale et particuliére. Supplément Bd. 1, Paris 1774.
Buffon, G. L. L., Histoire naturelle, générale et particuliére. Supplément Bd. 5, Paris 1779.
Bunsen, Ch. C. J. v., Aegyptens Stelle in der Weltgeschichte. Geschichtliche Untersuchung in Fünf Büchern, Bd. 1, Hamburg 1845.
Bunsen, Ch. C. J. v., Aegyptens Stelle in der Weltgeschichte. Geschichtliche Untersuchung in Fünf Büchern, Bd. 2, Hamburg 1844.
Bunsen, Ch. C. J. v., Aegyptens Stelle in der Weltgeschichte. Geschichtliche Untersuchung in Fünf Büchern, Bd. 3, Hamburg 1845.
Bunsen, Ch. C. J. v., Aegyptens Stelle in der Weltgeschichte. Geschichtliche Untersuchung in Fünf Büchern, Bd. 4, Gotha 1856.
Bunsen, Ch. C. J. v., Aegyptens Stelle in der Weltgeschichte. Geschichtliche Untersuchung in Fünf Büchern, Bd. 5, Gotha 1857.
Burkard, G. / Thissen, H. J., Einführung in die altägyptische Literaturgeschichte I: Altes und Mittleres Reich (Einführungen und Quellentexte zur Ägyptologie 1)[4], Berlin 2012.
Cancik-Kirschbaum, E., Die Assyrer. Geschichte, Gesellschaft, Kultur, München 2003.
Cancik-Kirschbaum, E. / Kahl, J., Erste Philologien. Archäologie einer Disziplin vom Tigris bis zum Nil, Tübingen 2018.
Case, H., Rezension: Trigger, Gordon Childe, Revolutions in Archaeology, in: Antiquity 55.213, 1981, 65–66.
Cauville, S., Le Zodiaque d'Osiris. Le Zodiaque de Dendera au Musée du Louvre[2], Löwen 2015.
Ceram, C. W., Götter, Gräber und Gelehrte. Roman der Archäologie, Hamburg 1949.
Černý, J., Rezension: Weill, Bases, méthodes et résultats, in: AfO 5, 1928/29, 113–114.
Challis, D., The Archaeology of Race. The Eugenic Ideas of Francis Galton and Flinders Petrie, London 2013.
Champion, T., Egypt and the Diffusion of Culture, in: Jeffreys, D. (Hg.), Views of Ancient Egypt since Napoleon Bonaparte: Imperialism, Colonialism and Modern Appropriations, London 2011, 127–145.
Champollion, J.-F., Extrait d'un Memoire relatif à l'Alphabet des Hiéroglyphes phonétiques égyptiens, in: Journal des Savants 1822, 620–628.
Champollion, J.-F., Lettre à M. Dacier, ... Relative à l'Alphabet des Hiéroglyphes phonétiques: Employés par les Égyptiens pour inscrire sur leurs Monuments les Titres, les Noms et les Surnoms des Souverains Grecs et Romains, Paris 1822.
Champollion, J.-F., Précis du système hiéroglyphique des anciens Égyptiens: ou, Recherches sur les éléments premiers de cette écriture sacrée, sur leurs diverses combinaisons, et sur les rapports de ce système avec les autres méthodes graphiques Égyptiennes, Paris 1824.
Champollion, J.-F., Lettres écrites d'Egypte et de Nubie en 1828 et 1829[2], Paris 1868.

Champollion, J.-F. / Champollion Figeac, J.-J. (Hg.), Monuments de l'Égypte et de la Nubie, d'après les dessins exécutés sur les lieux sous la direction de Champollion-le-jeune, et les descriptions autographes qu'il en a rédigées, Paris 1835–1845.

Charpin, D., Les „rois archéologues" en Mésopotamie. Entre l'authentique et le faux, in: Gaber, H. et al. (Hg.), Imitations, copies et faux dans les domaines pharaoniques et de l'Orient ancien. Actes du colloque Collège de France, Académie des Inscriptions et Belles-Lettres, Paris, 14–15 janvier 2016, 176–197.

Chavals, M., Assyriology and Biblical Studies. A Century and a Half of Tension, in: Ders. / Younger, K. L. (Hg.), Mesopotamia and the Bible. Comparative Explorations (Journal for the Study of the Old Testament Supplement Series 341), New York 2002, 21–67.

Childe, V. G., The Urban Revolution, in: Town Planning Review 21.1, 1950, 3–17.

Childe, V. G., Man Makes Himself⁴, London 2003.

Christie, A., An Autobiography, London 1977.

Cottrell, L., The Mountains of Pharaoh. 2,000 years of Pyramid Exploration, London 1975.

Clagett, M., Ancient Egyptian Science. A Source Book, Philadelphia 1995.

Clay, A. T., The so-called Fertile Crescent and Desert Bay, in: JAOS 44, 1924, 186–201.

Clère, J. J., Bibliographie de Raymond Weill, in: RdE 8, 1951, vii–xvi.

Clutton-Brock, J., Aristotle, The Scale of Nature, and Modern Attitudes to Animals, in: Social Research 62.3, 1995, 421–440.

Collingwood, R. G., The Idea of History, überarbeitete Ausgabe, Oxford 1993.

Cook, S. A., Primitive Monotheism, in: The Journal of Theological Studies 33.129, 1931, 1–17.

Cooper, A., From the Alps to Egypt (and Back Again). Dolomieu, Scientific Voyaging, and the Construction of the Field in Eighteenth-Century Natural History, in: Smith, C. / Agar, J. (Hg.), Making Space for Science: Territorial Themes in the Shaping of Knowledge, London 1998, 39–63.

Creasman, P. P., The Potential of Dendrochronology in Egypt. Understanding Ancient Human/Environment Interactions, in: Ikram, S. et al. (Hg.), Egyptian Bioarchaeology: Humans, Animals, and the Environment, Leiden 2014, 201–210.

Crook, P., Grafton Elliot Smith, Egyptology & the Diffusion of Culture, Eastburn 2012.

Cryer, F. H., Chronology: Issues and Problems, in: Sasson, J. M. (Hg.), Civilizations of the Ancient Near East, Bd. 2, New York 1995, 651–664.

Cuvier, G., Discours sur les révolutions de la surface du globe et sur les changements qu'elles ont produits dans le règne animal, Paris 1826.

Cuvier, G., Fossil Bones, and Geological Catastrophes. New Translations and Interpretations of the Primary Texts, übers. v. M. J. S. Rudwick, Chicago 1997.

Czerny, E., Richard A. Bermann alias Arnold Höllriegel (1883–1939). Der Chronist auf der Suche nach der Romantik des Orients, in: Schoeps, J. H. / Gertzen, T. L. (Hg.), Grenzgänger. Jüdische Wissenschaftler, Träumer und Abenteurer zwischen Orient und Okzident, Leipzig 2020, 285–307.

Dawson, W. R. (Hg.), Sir Grafton Elliot Smith: A Biographical Record by his Colleagues, London 1938.

Daston, L., Die Kultur der wissenschaftlichen Objektivität, in: Hagner, M. (Hg.), Ansichten der Wissenschaftsgeschichte, Frankfurt a. M. 2001, 137–158.

Daumas, F., „Dendara", in: LÄ 1, 1975, 1060–1063.

David, E., Mariette Pacha 1821–1881, Paris 1994.

Delitzsch, F., Babel und Bibel. Zweiter Vortrag, 1. bis 10. Tausend, Stuttgart 1903.

Demandt, A., Zeit. Eine Kulturgeschichte, Berlin 2015.
Denon, D.-V., Voyage dans la Basse et la Haute Égypte, pendant les campagnes du Général Bonaparte, Paris 1802.
Deutsch, R., La nouvelle histoire. Die Geschichte eines Erfolges, in: HZ 233.1, 1981, 107–129.
Dever, W. G., What Remains of the House That Albright Built?, in: The Biblical Archaeologist 56.1, 1993: Celebrating and Examining W. F. Albright, 25–35.
Doeve, J. W., Rezension: Albright, From the Stone Age to Christianity, in: Novum Testamentum 2.1, 1957, 77–78.
Dohmen, Ch., Die Bibel und ihre Auslegung³, München 2006.
Dolomieu, D. de, Mémoire sur la constitution physique de l'Egypte. Observations sur la physique, sur l'histoire naturelle et sur les arts, Paris 1793.
Drioton, E., Rezension: Weill, Bases, méthodes et résultats, in: Journal des Savants, Mai 1928, 217–222.
Drower, M. S., Flinders Petrie. A Life in Archaeology, London 1985.
Duclot, J., La sainte Bible vengée des attaques de l'incrédulité: et justifiée de tout reproche de contradiction avec la raison, avec les monuments de l'histoire, des sciences et des arts: avec la physique, avec la géologie, la chronologie, la géographie, l'astronomie, Bd. 1, Lyon 1855.
Dundes, A., The Flood Myth, Berkeley 1988.
Eaton-Krauss, M., Middle Kingdom Coregencies and the Turin Canon, in: JSSEA 12, 1982, 17–20.
Ebers, G., Richard Lepsius. Ein Lebensbild, Leipzig 1885.
Eco, U., Die Suche nach der vollkommenen Sprache, München 1994.
Edel, E., Der Vertrag zwischen Ramses II. von Ägypten und Hattusili III. von Hatti (WVDOG 95), Berlin 1997.
Edgerton, W. F., The Thutmosid Succession, Chicago 1933.
Eichhorn, J. G., Urgeschichte. Erster Theil, Altdorf 1790.
Elias, N., Über die Zeit¹² (Arbeiten zur Wissenssoziologie 2), Berlin 1988.
Elliot Smith, G., On the Natural Preservation of the Brain in the Ancient Egyptians, in: Journal of Anatomy and Physiology 36, 1902, 375–380.
Elliot Smith, G., Studies in the morphology of the human brain, with special reference to that of the Egyptians, in: Records of the Egyptian Government School 2, 1904, 123–172.
Elliot Smith, G., The so-called „Affenspalte" in the human (Egyptian) brain, in: Anatomischer Anzeiger 24, 1904, 74–83.
Elliot Smith, G., The Ancient Egyptians and their Influence upon the Civilization of Europe, London 1911.
Elliot Smith, G., The Foreign Relations and Influence of the Egyptians under the Ancient Empire, in: Man. The Journal of the Royal Anthropological Institute of Great Britain and Ireland 11, 1911, 176.
Elliot Smith, G., Catalogue of the Royal Mummies in the Museum of Cairo, Kairo 1912.
Elliot Smith, G., The Migrations of Early Culture. A Study of the Significance of the Geographical Distribution of the Practice of Mummification as Evidence of the Migrations of Peoples and the Spread of certain Customs and Beliefs, London 1915.
Elliot Smith, G., The Influence of Ancient Egyptian Civilization in the East and in America, in: Bulletin of the John Rylands Library 3.1 (Januar–März) 1916, 48–77.
Elliot Smith, G., The ancient Egyptians and the origin of civilization, London 1923.

Elliot Smith, G., The Galton Lecture, in: Eugenics Review 16.1, 1924, 1–8.
Endesfelder, E., Zur Frage der Bewässerung im Alten Ägypten, in: ZÄS 106, 1979, 37–51.
Endesfelder, E., Der Beitrag von Richard Lepsius zur Erforschung der altägyptischen Geschichte, in: Freier, E. / Reineke, W. F. (Hg.), Karl Richard Lepsius (1810–1884). Akten der Tagung anläßlich seines 100. Todestages, 10.–12.7.1984 in Halle (Schriften zur Geschichte und Kultur des Alten Orients 20), Berlin 1988, 216–246.
E.R., Aegypten. Die neuesten Forschungen auf dem Gebiete der Aegyptologie, in: Magazin für die Literatur des Auslandes 84, 1846, 335–336.
E.R., Aegypten. Die neuesten Forschungen auf dem Gebiete der Aegyptologie (Schluß), in: Magazin für die Literatur des Auslandes 85, 1846, 340–341.
Erman, A., Aegypten und aegyptisches Leben im Altertum, Tübingen 1885.
Erman, A., Eine Revolutionszeit im Alten Ägypten, in: Internationale Monatsschrift für Wissenschaft, Kunst und Technik 6, 1912, 19–30.
Erman, A., Mein Werden und mein Wirken. Erinnerungen eines alten Berliner Gelehrten, Leipzig 1929.
Erman, A., Gedächtnisrede des Hrn. Erman auf Kurt Sethe (1934), in: Peek, W. (Hg.), Leipziger und Berliner Akademieschriften (1902–1934) (Opuscula 11), Berlin 1976, 7–12.
Ermoni, V., L'Orientalisme et la Bible, 2 Bde., Paris 1910.
Eyre, Ch. J., Is Egyptian Historical Literature „Historical" or „Literary"?, in: Loprieno, A. (Hg.), Ancient Egyptian Literature. History and Forms (PdÄ 10), Leiden 1996, 415–433.
Färber, R. / Gautschy, R. (Hg.), Zeit in den Kulturen des Altertums. Antike Chronologie im Spiegel der Quellen, Wien 2020.
Fagan, B., The Rape of the Nile: Tomb Robbers, Tourists, and Archaeologists in Egypt, Oxford 2004.
Fallaize, E. N., Rezension: Perry, Children of the Sun und Perry, The Origin of Magic and Religion, in: Folklore 34.4 (31.12.1923), 399–402.
Feingold, M., „The Wisdom of the Egyptians". Revisiting Jan Assmann's Reading of the Early Modern Reception of Moses, in: Aegyptiaca. Journal of the History of Reception of Ancient Egypt 4, 2019, 99–124.
Feinman, P. D., William Foxwell Albright and the Origins of Biblical Archaeology, Berrien Springs 2004.
Finegan, J., Handbook of Biblical Chronology. Principles of Time Reckoning in the Ancients World and Problems of Chronology in the Bible, 1998.
Fitzenreiter, M., Meistererzählung und Milieu, in: IBAES 20, 2018, 215–236.
Foerster, F., Christian Carl Josias Bunsen. Diplomat, Mäzen und Vordenker in Wissenschaft, Kirche und Politik (Waldeckische Forschungen 10), Bad Arolsen 2001.
Förster, F., Die „Reichseinigung". Stand, Probleme und Perspektiven. Magisterarbeit an der Philosophischen Fakultät der Universität zu Köln, Köln 1997.
Forster, P. G., Secularization in the English Context: Some Conceptual and Empirical Problems, in: Sociological Review 20, 1972, 153–168.
Foster, B. R., The Beginnings of Assyriology in the United States, in: Holloway, St. W. (Hg.), Orientalism, Assyriology and the Bible, Sheffield 2007, 44–73.
Fourier, J.-B., Premier Mémoire sur le monumens astronomiques de l'Égypte, in: Jomard, E. F. (Hg.), Description de l'Égypte: ou recueil des observations et des recherches qui ont été faites en Égypte pendant l'expédition de l'armée française, publié par les ordres de Sa Majesté l'Empereur Napoléon le Grand 3.1.1: Texte 1: Antiquités, Paris 1809, 71–86.

Fourier, J.-B., Recherches sur les sciences et le gouvernement de l'Égypte, in: Jomard, E. F. (Hg.), Description de l'Égypte: ou recueil des observations et des recherches qui ont été faites en Égypte pendant l'expédition de l'armée française, publié par les ordres de Sa Majesté l'Empereur Napoléon le Grand 3.1.1: Texte 1: Antiquités, Paris 1809, 803–811.
Frankfort, H., Egypt and Syria in the First Intermediate Period, in: JEA 12, 1926, 80–99.
Freier, E. / Reineke, W. F. (Hg.), Karl Richard Lepsius (1810–1884). Akten der Tagung anläßlich seines 100. Todestages, 10.–12.7.1984 in Halle, Berlin 1984.
Freytag, G., Der falsche Uranios, Aus den Grenzboten 1856, Nr. 7, in: Ders., Gesammelte Werke², Bd. 16, Leipzig 1897, 379–385.
Friedell, E., Kultur ist Reichtum an Problemen. Extrakt eines Lebens, Zürich 1989.
Fritze, R. H., Egyptomania. A History of Fascination, Obsession and Fantasy, Glasgow 2016.
Gady, É., Le regard égyptologues français sur leurs collègues allemands, de Champollion à Lacau, in: Baric, D. (Hg.), Archéologies méditerranéennes, Paris 2012, 151–166.
Galton, F., Inquiries into Human Faculty and its Development, London 1883.
Gange, D., Dialogues with the Dead. Egyptology in British Culture and Religion, 1822–1922, London 2013.
Gange, D. / Ledger-Lomas, M. (Hg.), Cities of God. The Bible and Archaeology in Nineteenth-Century Britain, Cambridge 2013.
Garat, D.-J., Éloge funèbre des généraux Kléber et Desaix: prononcé le 1er vendémaire an 9, à la Place des Victoires, Paris 1800.
Gardiner, A. H., The Egyptian Origin of the Semitic Alphabet, in: JEA 3, 1916, 1–16.
Gardiner, A. H., Horus the Beḥdetite, in: JEA 30, 1944, 23–60.
Gardiner, A. H., The Royal Canon of Turin, Oxford 1959.
Gathercole, P. / Irving, T. H. / Melleuish, G. (Hg.), Childe and Australia. Archaeology, Politics and Ideas, London 1995.
Gautschy, R., Der Stern Sirius im Alten Ägypten, in: ZÄS 138, 2011, 116–131.
Gertzen, T. L. / Grötschel, M., Flinders Petrie, The Travelling Salesman Problem, and the Beginning of Mathematical Modeling in Archaeology, in: Documenta Mathematica, Sonderband: Optimization Stories, 2012, 199–210.
Gertzen, T. L., Ägyptologie im „Kulturkampf"? Der Fall Athanasius Kircher 1602–1680, in: Kemet. Zeitschrift für Ägyptenfreunde 2012.2, 52–55.
Gertzen, T. L., École de Berlin und „Goldenes Zeitalter" (1882–1914) der Ägyptologie als Wissenschaft. Das Lehrer-Schüler-Verhältnis von Ebers, Erman und Sethe, Berlin 2013.
Gertzen, T. L., ‚Brennpunkt' ZÄS. Die redaktionelle Korrespondenz ihres Gründers H. Brugsch und die Bedeutung von Fachzeitschriften für die Genese der Ägyptologie Deutschlands, in: Bickel, S. et al. (Hg.) Ägyptologen und Ägyptologien zwischen Kaiserreich und der Gründung der beiden deutschen Staaten, Berlin 2013, 63–112.
Gertzen, T. L., Die Berliner Schule der Ägyptologie im „Dritten Reich". Begegnung mit Hermann Grapow, Berlin 2015.
Gertzen, T. L., Einführung in die Wissenschaftsgeschichte der Ägyptologie (Einführungen und Quellentexte zur Ägyptologie 10), Münster 2017.
Gertzen, T. L., Strukturgefängnis und exotischer Freiraum: Die Wissenschaftsgeschichte der Ägyptologie in der DDR, in: GM 251, 2017, 149–157.
Gertzen, T. L., Ein „Mann der philologischen Kleinarbeit" in Theben und die Begegnung der „École de Berlin" mit ihrem Namensgeber in Ägypten, in: Blöbaum, I. / Eaton-Krauss, M. /

Wüthrich, A. (Hg.), Pérégrinations avec Erhart Graefe. Festschrift zu seinem 75. Geburtstag (ÄAT 87), Münster 2018, 189–202.

Gertzen, T. L., Die Vorträge des Assyriologen Friedrich Delitzsch über Babel und Bibel und die Reaktionen der deutschen Juden. Orientalismus und Antisemitismus in der Altorientalistik, in: ZRGG 71.3, 2019, 238–258.

Gertzen, T. L., „Der Studierstube der Theologen erwachsen"? Zum Verhältnis von Assyriologie, Vorderasiatischer Archäologie und Ägyptologie – einige Beobachtungen aus der Perspektive Adolf Ermans (1854–1937), in: Neumann, H. / Hiepel, L. (Hg.), Aus der Vergangenheit lernen. Altorientalistische Forschungen in Münster im Kontext der internationalen Fachgeschichte, Münster 2021, *in Vorb*.

Gertzen, T. L., Eine allzu lange 2. Zwischenzeit? Die ersten Bemühungen zur Erstellung einer ägyptischen Chronologie, der falsche Uranios und Richard Lepsius als Historiker, in: ZÄS 149.1, 2022, *in Vorb*.

Gilkey, C. W., Religion in the Post-War World, in: Journal of Bible and Religion 13.1, 1945, 3–7.

Glassner, J. J., Mesopotamian Chronicles (Writings from the Ancient World 19), London 2004.

Goebs, K., A Functional Approach to Egyptian Myth and Mythemes, in: JANER 2, 2002, 27–59.

Gold, M., Ancient Egypt and the geological antiquity of man, 1847–1863, in: History of Science 57.2, 2018, 194–230.

Goodspeed, G. S., A History of the Ancient World. For High Schools and Academies, New York 1904.

Gosden, C. Anthropology and Archaeology. A changing relationship, London 1999.

Gozzoli, R. B., The Writing of History in Ancient Egypt during the First Millennium BC (ca. 1070–180 BC) Trends and Perspectives (Golden House Publications, Egyptology 5), London 2006.

Graefe, E., A propos der Pyramidenbeschreibung des Wilhelm von Boldensele aus dem Jahre 1335, in: Hornung, E. (Hg.), Zum Bild Ägyptens im Mittelalter und in der Renaissance, Freiburg (Breisgau) 1990, 9–28.

Grafton, A. T., Joseph Scaliger and Historical Chronology. The Rise and Fall of a Discipline, in: History and Theory 14.2, 1975, 156–185.

Grapow, H., Meine Begegnung mit einigen Ägyptologen, Berlin 1973.

Greaves, J., Pyramidographia or a Description of the Pyramids in Ægypt, London 1646.

Greene, K., V. Gordon Childe and the Vocabulary of Revolutionary Change, in: Antiquity 73.279, 1999, 97–109.

Greener, L., The Discovery of Egypt, London 1966.

Griffith, J. G., The Conflict of Horus and Seth. From Egyptian and Classical Sources. A Study in Ancient Mythology, Liverpool 1960.

Guidon, N. / Delibrias, G., Carbon-14 dates point to man in the Americas 32.000 years ago, in: Nature 321, Nr. 6072, 1986, 769–771.

Guillaumont, A., Rezension: Albright, From the Stone Age to Christianity, in: Revue de l'histoire des religions 135.2–3, 1949, 231–240.

Gutschmid, A. v., Rezension: Bunsen, Aegyptens Stelle in der Weltgeschichte 4 & 5, in: Literarisches Centralblatt für Deutschland Nr. 43, 1856, 682.

Gutschmid, A. v., Beiträge zur Geschichte des alten Orients, Leipzig 1858.

Haarmann, H., Weltgeschichte der Zahlen, München 2008.

Hall, H. R., A Season's Work at Ur, Al-'Ubaid, Abu Shahrain (Eridu) and Elsewhere. Being an Unofficial Account of the British Museum Archaeological Mission to Babylonia, 1919, London 1930.
Hartleben, H., Champollion. Sein Leben und sein Werk, Bd. 1, Berlin 1906.
Hartleben, H. (Hg.), Lettres de Champollion le jeune. Lettres et journaux, écrits pendant le voyage d'Égypte, Paris 1909.
Helck, W., Herkunft und Deutung einiger Züge des frühägyptischen Königsbildes, in: Anthropos 49.5/6, 1954, 961–991.
Helck, W., Ägyptologie an deutschen Universitäten, Wiesbaden 1969.
Helck, W., s.v. „Thinitenzeit", in: LÄ 6, Wiesbaden 1986, 486–493.
Helck, W., s.v. „Viehzählung", in: LÄ 6, Wiesbaden 1986, 1038–1039.
Helck, W., Erneut das angebliche Sothis-Datum des Pap. Ebers und die Chronologie der 18. Dynastie, in: SAK 15, 1988, 149–164.
Hendrickx, S., The Relative Chronology of the Naqada Culture. Problems and Possibilities, in: Spencer, J. (Hg.), Aspects of Early Egypt, London 1993, 36–69.
Herodot, Historien. Deutsche Gesamtausgabe, übers. v. A. Horneffer, Stuttgart 1971.
Heyden, J., Biblisch Namen-Buch. Darjnn die Hebreische, Caldeische, Syrische, Griechische, un[d] Lateinische, Namen, Gottes, un[d] deß Herrn Christi, Jtem, der Menschen Völcker, Abgötter, Götzen, Königreich, Länder, Stätt, Wasser un[d] aller anderen örter eigne Wort un[d] Namen…, Frankfurt a. M. 1567.
Heyerdahl, T., The Ra-Expeditions, London 1972.
Heyerdahl, T., The Tigris Expedition. In Search of Our Beginnings, New York 1980.
Hiepel, L., Der Jesuit, Astronom und Assyriologe Franz Xaver Kugler (1862–1929) – sein Leben, Werk und Denken in der Zeit des Babel-Bibel-Streits und des Panbabylonismus, in: Gertzen, T. L. / Cancik-Kirschbaum, E. (Hg.), Der Babel-Bibel-Streit und die Wissenschaft des Judentums. Beiträge einer internationalen Konferenz vom 4. bis 6. November 2019 in Berlin (Investigatio Orientis 6), Münster 2021, 163–179.
Hincks, E., Bible History and the Rawlinson Canon, in: Athenaeum 1810, 05.07.1862, 20–22.
Hölscher, W., Libyer und Ägypter. Beiträge zur Ethnologie und Geschichte libyscher Völkerschaften nach den altägyptischen Quellen (Ägyptologische Forschungen 4), Glückstadt 1955.
Holloway, St. W., The Quest for Sargon, Pul and Tiglath-Pileser in the Nineteenth Century, in: Chavals, M.W. / Younger, K. L. (Hg.), Mesopotamia and the Bible. Comparative Explorations (Journal for the Study of the Old Testament Supplement Series 341), New York 2002, 68–87.
Hommel, F., Abriss der babylonisch-assyrischen und israelitischen Geschichte, Leipzig 1880.
Horner, L., The Anniversary Address of the President, in: The Quarterly Journal of the Geological Society of London 3, 1847, xxii–xc.
Horner, L., An account of some recent researches near Cairo, undertaken with the view of throwing light upon the geological history of the alluvial land of Egypt, Part I, in: Philosophical Transactions of the Royal Society of London 145, 1855, 105–138.
Horner, L., An account of some recent researches near Cairo, undertaken with the view of throwing light upon the geological history of the alluvial land of Egypt, Part II, in: Philosophical Transactions of the Royal Society of London 145, 1858, 53–92.
Hornung, E., Einführung in die Ägyptologie. Stand, Methoden, Aufgaben^4, Darmstadt 1993.

Hornung, E. / Krauss, R. / Warburton, D. A., Ancient Egyptian Chronology (HdO, 83.1), Leiden 2006.
Hornung, E. / Staehelin, E., Studien zum Sedfest (AH 1), Genf 1974.
Hornung, E. / Staehelin, E., Neue Studien zum Sedfest (AH 20), Basel 2006.
Huber, P. J. et al., Astronomical Dating of Babylon I and Ur III, Malibu 1982.
Huber, P. J., Astronomical Dating of Ur III and Akkad, in: AfO 46/47, 1999, 50–79.
Huber, P. J., Dating of Akkad, Ur III, and Babylon I, in: Wilhelm, G. (Hg.), Organization, Representation and Symbols of Power in the Ancient Near East. Proceedings of the 54th Rencontre Assyriologique Internationale at Würzburg, 20–25th July 2008, Winona Lake 2012, 715–733.
Hughes, J., Secrets of the Times. Myth and History in Biblical Chronology (Journal for the Study of the Old Testament, Supplement Series 66), Worcester 1990.
Irwin, W. A., Rezension: Albright, From the Stone Age to Christianity, in: The Journal of Religion 21.3, 1941, 318–319.
Iversen, E. The Myth of Egypt and its Hieroglyphs in European Tradition, Kopenhagen 1961.
Jánosi, P., Die Pyramiden. Mythos und Archäologie, München 2004.
Jeffreys D. (Hg.), The Survey of Memphis VII: The Hekekyan Papers and Other Sources for the Survey of Memphis (EES Excavation Memoir 95), London 2013.
Jideijan, N., Byblos through the Ages, Beirut 1968.
Johnston, A. K., A School Physical and Descriptive Geography^2, London, 1882.
Junker, H., Die Entwicklung der vorgeschichtlichen Kultur in Ägypten, in: Koppers, W. (Hg.), Festschrift P. W. Schmidt. 76 sprachwissenschaftliche, ethnologische, religionswissenschaftliche, prähistorische und andere Studien, Wien 1929, 865–896.
Junker, T., Geschichte der Biologie. Die Wissenschaft vom Leben, München 2004.
Jursa, M., Die Babylonier. Geschichte, Gesellschaft, Kultur, München 2004.
Kaelin, O., „Modell Ägypten". Adoption von Innovationen in Mesopotamien des 3. Jahrtausends v. Chr. (OBO 26), Göttingen 2006.
Kaiser, W., Stand und Probleme der ägyptischen Vorgeschichtsforschung, in: ZÄS 81, 87–109.
Kaplony-Heckel, U., Bunsen – der erste deutsche Herold der Ägyptologie, in: Geldbach, E. (Hg.), Der gelehrte Diplomat. Zum Wirken Christian Carl Josias Bunsens (Beihefte der Zeitschrift für Religions- und Geistesgeschichte 21), Leiden 1980, 64–83.
Kattmann, U., Warum und mit welcher Wirkung klassifizieren Wissenschaftler Menschen?, in: Kaupen-Haas, H. / Saller, C. (Hg.), Wissenschaftlicher Rassismus. Analysen einer Kontinuität in den Human- und Naturwissenschaften, Frankfurt a. M. 1999, 65–83.
Kees, H., Horus und Seth als Götterpaar, 2 Bde., Leipzig 1923/24.
Kees, H., Kultlegende und Urgeschichte. Grundsätzliche Bemerkungen zum Horusmythos von Edfu, in: NGWG, phil.-hist. Kl., 1930, 345–362.
Kees, H., Kurt Sethe, in: NGWG, phil.-hist. Kl., Jahresbericht 1934/35, 1935, 66–74.
Kees, H., Götterglaube im Alten Ägypten, Leipzig 1941.
Kees, H., Geschichte der Ägyptologie, in: HdO 1.1, 1959, 3–17.
Keller, W., Und die Bibel hat doch recht. Forscher beweisen die historische Wahrheit, Düsseldorf 1955.
Kendall, D. G., Seriation from abundance matrices. Mathematics in the Archaeological and Historical Sciences, in: Hodson, F. R. et al. (Hg.), Mathematics in the Archaeological and Historical Sciences, Edinburgh 1971, 215–252.

Kendall, D. G., A Statistical Approach to Flinders Petrie's Sequence-Dating, in: Bulletin de l'Institute International de Statistique, actes de la 34e session, 40.2, 1963, 657–681.
Kendall, D. G., Some Problems and Methods in Statistical Archaeology, in: World Archaeology 1, 1969, 66–76.
Kenrick, J., Phoenicia, London 1855.
Kern, E. M:, Archaeology enters the ‚atomic age': a short history of radiocarbon, 1946–1960, in: BJHS 53.2, 2020, 209–227.
Kildahl, P. A., British and American Reactions to Layard's Discoveries in Assyria (1845–1860), unpubl. Diss., University of Minnesota, 1959.
Kircher, M., Wa(h)re Archäologie. Die Medialisierung archäologischen Wissens im Spannungsfeld von Wissenschaft und Öffentlichkeit, Bielefeld 2012.
Kitchen, K. A., The Third Intermediate Period in Egypt (1100–650 BC), Warminster 1973.
Klengel, H., Geschichte des hethitischen Reiches, Leiden 1998.
Knötel, A., Die ältesten Zeiten der ägyptischen Geschichte. Nach den neuesten Entdeckungen, in: Rheinisches Museum für Philologie, Neue Folge 20, 1865, 481–503.
Köhler, E. Ch., History or Ideology? New Reflections on the Narmer Palette and the Nature of Foreign Relations in Pre- and Early Dynastic Egypt, in: Levy, T. E. / van den Brink, E. C. M. (Hg.), Egypt and the Levant, London 2002, 499–513.
Köhler, E. Ch., Vor den Pyramiden. Die ägyptische Vor- und Frühzeit, Darmstadt 2018.
Koenen, K., 1200 Jahre von Abrahams Geburt bis zum Tempelbau, in: ZAW 126.4, 2014, 494–505.
Korte, B., Archäologie in der Viktorianischen Literatur: Faszination und Schrecken der ‚tiefen' Zeit, in: Middeke, M. (Hg.), Zeit und Roman. Zeiterfahrung im historischen Wandel und ästhetischer Paradigmenwechsel vom sechzehnten Jahrhundert bis zur Postmoderne, Würzburg 2002, 111–131.
Kramer, F. L., Eduard Hahn and the End of the „Three Stages of Man", in: Geographical Review 57.1, 1976, 73–89.
Kramer, S. N., Reflections on the Mesopotamian Flood. The Cuneiform Data, New and Old, in: Expedition, Sommer, 1967, 12–18.
Kraus, F. R., Könige, die in Zelten wohnten. Betrachtungen über den Kern der assyrischen Königsliste (Mededelingen der Koninklije Nederlandse Akademie van Wetenschapen, Afd. Letterkunde, Nieuwe Reeks 28.2), Amsterdam 1965.
Krauss, R., Sothis- und Monddaten. Studien zur astronomischen und technischen Chronologie Altägyptens (HÄB 20), Hildesheim 1985.
Krauss, R., Ronald A. Wells on astronomical techniques in ancient Egyptian chronology, in: DE 57, 2003, 51–56.
Krenßheim, L., Chronologia, das ist gründtliche Jahrrechnung sampt verzeichnung der fürnemsten Geschichten, Verenderungen und Zufelle, so sich beyde in Kirchen und WeltRegimenten zugetragen haben ..., Görlitz 1577.
Krušina-Černý, L. J., Rezension: Albright, From the Stone Age to Christianity[2], in: Archiv Orientální 27, 1959, 495–496.
Kuhlmann, K., s.v. „Rohrbau", in: LÄ 5, 1984, 288–294.
Kuklick, B., Puritans in Babylon. The Ancient Near East and American Intellectual Life, 1880–1930, Princeton 1996.
Kuniholm, P. et al., Dendrochronological Dating in Egypt. Work Accomplished and Future Prospects, in: Radiocarbon 56.4, 2014, 93–102.

Kunst, M., Intellektuelle Information – genetische Information, in: Acta Praehistorica et Archaeologica 13/14, 1982, 1–26.
Kuper, R. et al., Wadi Sura – The Cave of Beasts: A rock art site in the Gilf Kebir (SW-Egypt) (Africa Praehistorica 26), Köln 2013.
Lagier, C., Autour de la Pierre de Rosette, Brüssel 1927.
Langham, I., The Building of British Social Anthropology (Studies in the History of Modern Science 8), London 1981.
Larcher, P., Histoire d'Hérodote: traduite de grecque avec des remarques historiques et critiques, un essai sur la chronologie d'Hérodote et un table géographique^2, Paris 1802.
Larsen, C. E., The Mesopotamian Delta Region: A Reconsideration of Lees and Falcon, in: JAOS 95.1, 1975, 43–57.
Larsen, M. T., The Conquest of Assyria. Excavations in an Antique Land, 1840–1860, London 1994.
Larsen, T., Austen Henry Layard's Nineveh. The Bible and Archaeology in Victorian Britain, in: Journal of Religious History 33.1, 2009, März, 66–81.
Layard, A. H., Discoveries in the Ruins of Nineveh and Babylon. With Travels in Armenia, Kurdistan and the Desert, being the result of a second expedition undertaken for the trustees of the British Museum, London 1853.
Leclant, J., Champollion, Bunsen, Lepsius, in: Freier, E. / Reineke, W. F. (Hg.), Karl Richard Lepsius (1810–1884). Akten der Tagung anläßlich seines 100. Todestages, 10.–12.7.1984 in Halle, Berlin 1984, 53–59.
Lefkowitz, M. / McLean Rogers, G. (Hg.), Black Athena revisited, Chapel Hill 1996.
Legaspi, M. C., The Death of Scripture and the Rise of Biblical Studies, Oxford 2010.
Legge, F., New Light on Sequence-Dating, in: PSBA 35, 1913, 101–113.
Lehner, M., Das Geheimnis der Pyramiden, München 1999.
Leinkauf, T. Mundus combinatus. Studien zur Struktur der barocken Universalwissenschaft am Beispiel Athanasius Kirchers SJ (1602–1680)^2, Berlin 2009.
Lenz, H., Universalgeschichte der Zeit^3, Wiesbaden 2017.
Lenzen, H. J., Zur Flutschicht in Ur, in: BaM 3, 1964, 52–64.
Lepsius B. (Hg.), Das Haus Lepsius. Vom geistigen Aufstieg Berlins zur Reichshauptstadt, Berlin 1933.
Lepsius, C. R., Die Chronologie der Aegypter. Einleitung und Theil I: Kritik der Quellen, Berlin 1849.
Lepsius, C. R., Vorläufige Nachricht über die Expedition, ihre Ergebnisse und deren Publikation, Berlin 1849.
Lepsius, C. R / Naville, E. / Sethe, K. (Hg.), Denkmäler aus Ägypten und Äthiopien, nach den Zeichnungen der von Seiner Majestät dem Könige von Preussen Friedrich Wilhelm IV. nach diesen Ländern gesendeteten und in den Jahren 1842–1845 ausgeführten wissenschaftlichen Expedition, Berlin 1849–1859.
Lepsius, C. R., Briefe aus Aegypten, Aethiopien und der Halbinsel des Sinai, geschrieben in den Jahren 1842–1845 während der auf Befehl Seiner Majestät des Königs Friedrich Wilhelm IV. von Preußen ausgeführten wissenschaftlichen Expedition, Berlin 1852.
Lepsius, C. R., Über die 12. Ägyptische Königsdynastie (Berl. Akad. Abh.), Berlin 1852.
Lepsius, C. R., Über einige Ergebnisse der ägyptischen Denkmäler für die Kenntnis der Ptolemäergeschichte (Berl. Akad. Abh.), Berlin 1852.

Lepsius, C. R., Einige Bemerkungen zu der voranstehenden Mittheilung des Herrn Dr. Brugsch, mit Bezug auf das Verhältniß der neugefundenen Apisdaten zu einer 25-jährigen Apisperiode, in: Berl. Mon. Ber. 1853, 733–744.

Lepsius, C. R., Über den Apiskreis, in: ZDMG 7, 1853, 417–436.

Lepsius, C. R., Über den chronologischen Werth einiger astronomischer Angaben auf ägyptischen Denkmälern, in: Berl. Mon. Ber. 1854, 33–36.

Lepsius, C. R., Über einige von Hrn. Mariette brieflich übersedete Apis-Daten, nebst den Folgerungen welche sich daraus für die Chronologie der 26ten Manethonischen Dynastie und der Eroberung Ägyptens durch Kambyses ergeben, in: Berl. Mon. Ber. 1854, 217–231 und 495–498.

Lepsius, C. R., Das allgemeine linguistische Alphabet. Grundsätze der Übertragung fremder Schriftsysteme und bisher noch ungeschriebener Sprachen in europäische Buchstaben, Berlin 1855.

Lepsius, C. R., Über einen falschen Palimpsest, in: Berl. Mon. Ber. 1856, 8.

Lepsius, C. R., Über den falschen Uranios des Simonides, in: Vossische Zeitung, Nr. 33, 08.02.1856, 6–8.

Lepsius, C. R., Über den falschen Uranios des Simonides, in: Deutsche Allgemeine Zeitung, 10.02.1856.

Lepsius, C. R., Über den falschen Uranios des Simonides, in: Allgemeine Augsburger Zeitung, Nr. 42, 11.02.1856, 663–664.

Lepsius, C. R., Über die manethonische Bestimmung des Umfangs der ägyptischen Geschichte, in: Berl. Mon. Ber. 1857, 420–421.

Lepsius, C. R., Das Königsbuch der alten Aegypter, Berlin 1858.

Lepsius, C. R., Über mehrere chronologische Punkte, die mit der Einführung des Julianischen und des Alexandrinischen Kalenders zusammenhängen, in: Berl. Mon. Ber. 1858, 531–551.

Lepsius, C. R., Über einige Berührungspunkte der Aegyptischen, Griechischen und Römischen Chronologie, in: Berl. Mon. Ber. 1858, 450–453.

Lepsius, C. R., Über die Entdeckung einer neuen ägyptischen Königsliste in den neu aufgedeckten Ruinen des Osiris-Tempels zu Abydos durch den Aegyptischen Reisenden Hr. Dümichen, in: Berl. Mon. Ber. 1864, 627–628.

Lepsius, C. R., Die Sethostafel von Abydos, in: ZÄS 2, 1864, 81–83.

Lepsius, C. R., Die neue Königstafel von Abydos und Herr Dümichen, in: ZÄS 4, 1866, 14–16 und 24.

Lepsius, C. R., Rezension: Unger, G. F., Chronologie des Manetho, in: Literarisches Centralblatt für Deutschland Nr. 41, 1867, 1121–1124.

Lepsius, C. R., Über den chronologischen Werth der assyrischen Eponymen und einige Berührungspunkte mit der ägyptischen Chronologie (Berl. Akad. Abh.), Berlin 1868, 25–66.

Lepsius, C. R., Das Sothisdatum im Dekret von Kanopus, in: ZÄS 6, 1868, 36.

Lepsius, C. R., Die Kalenderreform im Dekret von Kanopus, in: ZÄS 7, 1869, 77–81.

Lepsius, C. R., Über die Annahme eines sogenannten prähistorischen Steinalters in Ägypten, in: ZÄS 8, 1870, 89–97 und 113–123.

Lequellec, J.-L. et al., Du Sahara au Nil: Peintures et gravures d'avant les pharaons, Paris 2005.

Letronne, J.-A., Recherches pour servir à l'histoire de l'Égypte pendant la domination des Grecs et des Romains, Paris 1823.

Letronne, J.-A., Observations critiques et archéologiques sur l'objet des représentations zodiacales qui nous restent de l'antiquité, Paris 1824.

Letronne, J.-A., Sur l'origine grecque des zodiaques prétendus égyptiens, in: Revue des Deux Mondes 11, 1837, 464–491.

Levine, R., Eine Landkarte der Zeit. Wie Kulturen mit Zeit umgehen[16], München 2011.

Levitin, D., John Spencer's De Legibus Hebraeorum (1683–1685) and ‚enlightened' Sacred History. A New Interpretation, in: Journal of the Warburg and Courtauld Institutes 76, 2013, 49–92.

Long, B. O., Mythic Trope in the Autobiography of William Foxwell Albright?, in: The Biblical Archaeologist 56.1, 1993: Celebrating and Examining W. F. Albright, 36–45.

Long, B. O., Planting and Reaping Albright. Politics, Ideology, and Interpreting the Bible, Philadelphia 1997.

Lucas, G., Critical Approaches to Fieldwork. Contemporary and Historical Archaeological Practice, London 2001.

Lüddeckens, E., Herodot und Ägypten, in: ZDMG 104.2, 1954, 330–346.

Luft, U., s.v. „Sothisperiode", in: LÄ 5, 1984, 1117–1124.

Luft, U., Die chronologische Fixierung des ägyptischen mittleren Reiches nach dem Tempelarchiv von Illahun, Wien 1992.

Lyell, Ch., Principles of Geology. An Attempt to Explain the Former Changes of the Earth Surfaces, 3 Bde., London 1830.

Lyell, Ch., A Manual of Elementary Geology. The Ancient Changes of the Earth and its Inhabitants as Illustrated by Geological Monuments[5], London 1855.

Macnaughton, D., A Scheme of Babylonian Chronology. From the Flood to the Fall of Niniveh, with notes thereon including notes on Egyptian and Biblical Chronology, London 1930.

Magen, B., Steinerne Palimpseste. Zur Wiederverwendung von Statuen durch Ramses II. und seine Nachfolger, Wiesbaden 2011.

Maisels, C. K., The Near East: Archaeology in the ‚Cradle of Civilisation', London 1993.

Málek, J., The Original Version of the Royal Canon of Turin, in: JEA 68, 1982, 93–106.

Málek, J., La division de l'histoire d'Egypte et l'égyptologie moderne, in: BSFE 138, 1997, 6–17.

Mallowan, M., Noah's Flood reconsidered, in: Iraq 26.2, 1964, 62–82.

Mangold, S., Eine „weltbürgerliche Wissenschaft" – die deutsche Orientalistik im 19. Jahrhundert (Pallas Athene 11), Stuttgart 2004.

Marchand, S., The end of Egyptomania. German Scholarship and the Banalization of Egypt, 1830–1914, in: Seipel, W. (Hg.), Ägyptomanie. Europäische Ägyptenimagination von der Antike bis heute, Wien 2000, 125–133.

Mariette, A., Itinéraires de la Haute-Egypte. Comprenant une Déscription des Monuments Antiques des Rives du Nil entre le Caire et la première cataracte, Paris 1880.

Maron, G., Die römisch-katholische Kirche von 1870 bis 1970, Göttingen 1972.

Martinssen-von Falck, S. (Hg.), Die großen Pharaonen. Vom Neuen Reich bis zur Spätzeit, Wiesbaden 2018.

Massaroli, G., Phul e Tuklatpalasar II e Salmanasar V e Sargon. Questioni biblico-assire, Rom 1882.

Matthers, J. M., Excavations by the Palestine Exploration Fund at Tell el-Hesi, in: Dahlberg, B. T. / O'Connell K. G. (Hg.), Tell el-Hesi. The Site and the Expedition, London 1989, 37–67.

Meade, C. W., Road to Babylon. Development of U.S. Assyriology, Leiden 1974.

Medina-González, I., ‚Trans-Atlantic Pyramidology', Orientalism and Empire: Ancient Egypt and the 19th Century Experience of Mesoamerica, in: Jeffreys, D. (Hg.), Views of Ancient Egypt since Napoleon Bonaparte: Imperialism, Colonialism and Modern Appropriations, London 2011, 107–125.
Meek, T. J., Rezension: Albright, From the Stone Age to Christianity, in: JAOS 61.1, 1941, 64–66.
Mehlitz, H., Richard Lepsius. Ägypten und die Ordnung der Wissenschaft, Berlin 2011.
Mellaart, J., Egyptian and Near Eastern chronology: A dilemma?, in: Antiquity 53, 1979, 6–18.
Melman, B., Empires of Antiquities. Modernity and the Rediscovery of the Ancient Near East, 1914–1950, Oxford 2020.
Meyer, E., Geschichte des Alterthums, Bd. 1: Geschichte des Orients bis zur Begründung des Perserreiches, Stuttgart 1884.
Meyer, E., Aegyptische Chronologie, Berlin 1904.
Meyer, E., Geschichte des Altertums³, Bd. 1, 2. Hälfte: Die ältesten Geschichtlichen Völker und Kulturen bis zum sechzehnten Jahrhundert, Stuttgart 1910.
Michalowski, P., Sumerian King List, in: Chavalas, M. W. (Hg.), Historical Sources in Translation. The Ancient Near East, Oxford 2006, 81–85.
Michell, J. F., Jews, Britons and the Lost Tribes of Israel. Eccentric lives and peculiar notions, Kempton (Illinois) 1999.
Mielke, D. P., Dendrochronologie und hethitische Archäologie – einige kritische Anmerkungen, in: Ders. et al. (Hg.), Strukturierung und Datierung in der hethitischen Archäologie (BYZAS 4), Istanbul 2006, 77–94.
Milman, H. H., The History of the Jews, from the Earliest Period Down to Modern Times, London 1865.
Mischek, U., Antisemitismus und Antijudaismus in den Werken und Arbeiten Pater Wilhelm Schmidts (1868–1954), in: Junginger, H. (Hg.), The Study of Religion under the Impact of Fascism, Leiden 2008, 467–488.
Möller, G., Aegyptisch-libysches, in: OLZ 24, 1921, 194–197.
Möller, G., Die Ägypter und ihre libyschen Nachbarn, in: ZDMG 78, 1924, 36–60.
Montet, P., Byblos et l'Egypte. Quatre Campagnes des Fouilles 1921–1924, Paris 1928.
Moore, James R., Geologists and Interpreters of Genesis in the nineteenth century, in: Lindberg, D. G. / Numbers, R. L. (Hg.), God and Nature. Historical Essays on the Encounter Between Christianity and Science, Berkeley 1986, 322–350.
Moore, M., Philosophy and Practice in Writing a History of Israel, New York 2006.
Morenz, L., Die Zeit der Regionen im Spiegel der Gebelein-Region. Kulturgeschichtliche Re-Konstruktionen, Leiden 2010.
Morenz, L. D. / Sabel, D., Sinai und Alphabetschrift. Die frühesten alphabetischen Inschriften und ihr kanaanäisch-ägyptischer Entstehungshorizont im zweiten Jahrtausend v. Chr. (Studia Sinaitica 3), Berlin 2019.
Morenz, S., Traditionen um Cheops. Beiträge zur überlieferungsgeschichtlichen Methode in der Ägyptologie 1, in: ZÄS 97, 1971, 111–118.
Morkot, R. G., On the priestly origin of the Napatan kings: the adaptation, demise and resurrection of ideas in writing Nubian history, in: Reid, A. / O'Connor, D. (Hg.), Ancient Egypt in Africa, London 2003, 151–168.
Mühlenbruch, T., Von der „Urnenfelderwanderung" zum „Seevölkersturm" – zum Kulturwandel zwischen Mitteleuropa und Ägypten um 1200 v. Chr., in: Brandherm, D. / Nessel, B. (Hg.),

Phasenübergänge und Umbrüche im bronzezeitlichen Europa. Beiträge zur Sitzung der Arbeitsgemeinschaft Bronzezeit auf der 80. Jahrestagung des Nordwestdeutschen Verbandes für Altertumsforschung, Bonn 2017, 215–222.

Müller, W., Das historische Museum – die Neugestaltung des Berliner Ägyptischen Museums durch Richard Lepsius, in: Freier, E. / Reineke, W. F. (Hg.), Karl Richard Lepsius (1810–1884). Akten der Tagung anläßlich seines 100. Todestages, 10.–12.7.1984 in Halle, Berlin 1984, 272–283.

Murphy, R. T., Rezension: Albright, From the Stone Age to Christianity, in: The Thomist: A Speculative Quarterly Review 3.3, 1941, 510–517.

Murphy, R. T., Rezension: Albright, Archaeology and the Religion of Israel, in: The Thomist: A Speculative Quarterly Review 6.2, 1943, 278–281.

Mykoniati, A., Biographische Bemerkungen zu Konstantinos Simonides, in: Müller, A. E. et al. (Hg.), Die getäuschte Wissenschaft. Ein Genie betrügt Europa – Konstantinos Simonides, Göttingen 2017, 87–106.

Narr, Karl. J., Typologie und Seriation, in: Bonner Jahrbücher 178, 1978, 21–30.

Naville, E., La succession des Thoutmès d'après un mémoire récent, in: ZÄS 35, 1897, 30–67.

Naville, E., Un dernier mot sur la succession des Thoutmès, in: ZÄS 37, 1899, 48–55.

Neugebauer, O., A History of ancient mathematical astronomy, Berlin 1975.

Newcomb, S., The World in a Crucible. Laboratory Practice and Geological Theory at the Beginning of Geology, Boulder (Colorado) 2009.

Nissen, H.-J., Geschichte Alt-Vorderasiens (Oldenbourg Grundriss der Geschichte 25), München 1999.

Noort, E., The Stories of the Great Flood. Notes on Genesis 6:5–9:17 in its Context of the Ancient Near East, in: Martínez, F. G. / Luttikhuizen, G. P. (Hg.), Interpretations of the Flood (Themes in Biblical Narrative 1), Leiden 1998, 1–38.

Nowotny, H., Eigenzeit. Entstehung und Strukturierung eines Zeitgefühls⁴, Berlin 1993.

O'Brien, M. J. / Lyman, R. L., Seriation, Stratigraphy and Index Fossils. The Backbone of Archaeological Dating, New York 1999.

Oels, D., Ceram – Keller – Pörtner. Die archäologischen Bestseller der fünfziger Jahre als historischer Projektionsraum, in: Hardtwig, W. / Schütz, E. (Hg.), Geschichte für Leser. Populäre Geschichtsschreibung in Deutschland im 20. Jahrhundert, Stuttgart 2005, 346–370.

Oeser, E., Cheops' Geheimnis. Die wissenschaftliche Eroberung Ägyptens, Darmstadt 2013.

Olender, M., Die Sprachen des Paradieses. Religion, Rassentheorie und Textkultur. Revidierte Neuausgabe, Berlin 2013.

Oliver, A., American Travelers on the Nile: Early U.S. Visitors to Egypt, 1774–1839, Kairo 2014.

Oppert, J., s.v. „Assyrie", in: La Grande Encyclopédie, inventaire raisonné des sciences, des lettres, et des arts par une société de savants et de gens de lettres 4, 1887, 339.

Otto, E., Der Vorwurf an Gott. Zur Entstehung der ägyptischen Auseinandersetzungsliteratur, Hildesheim 1951.

Outram, D., Georges Cuvier. Vocation, Science, and Authority in Post-revolutionary France, London 1984.

Pare, Ch., Archaeological Periods and their Purpose, in: A. Lehoërff (Hg.), Construir le temps. Histoire et méthodes des chronologies et calendriers des derniers millénaires avant notre ère en Europe occidentale. Actes du XXXe colloque international de Halma-Ipel, UMR 8164 (CNRS, Lille 3, MCC). 7–9 décembre 2006, Lille 2008, 69–84.

Parkinson, R., ‚Homosexual' Desire and Middle Kingdom Literature, in: JEA 81, 1995, 57–76.
Parpola, S., Back to Delitzsch and Jeremias. The Relevance of the Pan-Babylonian School to the Melammu Project, in: Panaino, A. / Piras, A. (Hg.), School of Oriental Studies and the Development of Modern Historiography. Proceedings of the Fourth Annual Symposium of the Assyrian and Babylonian Intellectual Heritage Project, held in Ravenna, October 13–17, 2001 (Melammu Symposia 4), Mailand 2004, 237–247.
Parrot, A., The Flood and Noah's Ark (Studies in Biblical Archaeology 1), New York 1955.
Pear, T. H., Some Early Relations Between English Ethnologists and Psychologists, in: The Journal of the Royal Anthropological Institute of Great Britain and Ireland 90.2 (Juli–Dez. 1960), 227–237.
Peet, T. E., Rezension: L. Borchardt, Die Annalen und die zeitliche Festlegung des Alten Reiches der Ägyptischen Geschichte, in: JEA 6, 1920, 149–154.
Pehal, M., Interpreting Ancient Egyptian Mythology. A Structural Analysis of the Tale of the Two Brothers and the Astarte Papyrus, Prag 2008.
Perry, W. J., The Megalithic Culture of Indonesia, London 1918.
Perry, W. J., The Children of the Sun. A Study in the Early History of Civilization, London 1923.
Petit-Maire, N., Sahara. Les grands changements climatiques naturels, Paris 2012.
Petrie, W. M. Flinders, Researches on the Great Pyramid, London 1874.
Petrie, W. M. Flinders, Inductive Metrology or the Recovery of Ancient Measures from the Monuments, London 1877.
Petrie, W. M. Flinders, Stonehenge. Plans Description and Theories, London 1880.
Petrie, W. M. Flinders, Tell el-Hesy, London 1891.
Petrie, W. M. Flinders / Quibell, J. E., Naqada and Ballas, London 1896.
Petrie, W. M. Flinders, Sequences in Prehistoric Remains, in: The Journal of the Anthropological Institute of Great Britain and Ireland 29, 1899, 295–301.
Petrie, W. M. Flinders, The Use of Diagrams, in: Man. The Journal of the Royal Anthropological Institute of Great Britain and Ireland 61, 1902, 81–85
Petrie, W. M. Flinders, Methods and Aims in Archaeology, London 1904.
Petrie, W. M. Flinders / Mace, A. C., Diospolis Parva, the cemeteries of Abadiyeh and Hu, London 1901.
Pillet, M., Raymond Weill (1874–1950), in: Revue Archéologique 42, 1953, 93–96.
Pitt-Rivers, A. H., Typological Museums. As exemplified by the Pitt Rivers Museum at Oxford and his Provincial Museum at Farnham, in: Journal of the Society of Arts 40, 1891, 115–122.
Pockh, J. J., Güldener Denckring göttlicher Allmacht und menschlicher Thaten, welche sich begeben von Anfang der Welt durch die bißher etliche tausend verflossene Jahre, biß auf jetzt lauffende Zeit, Bd. 2, Augsburg 1740.
Poole, R. St., Horæ Ægyptiacæ, or, The Chronology of Ancient Egypt, London 1851.
Poole, R. St., Egypt, Ethiopia, and the peninsula of Sinai, in: Journal of Sacred Literature and Biblical Record 6.12, Juli 1854, 314–330.
Prem, H. J., Geschichte Altamerikas, München 1989.
Price, C. / Humbert, J.-M., Introduction: An Architecture between Dream and Meaning, in: Price, C. / Humbert, J.-M. (Hg.), Imhotep Today. Egyptianizing Architecture, London 2011, 1–24.
Quack, J. F., Karl Richard Lepsius als Historiker, in: Lepper, V. M. / Hafemann, I. (Hg.), Karl Richard Lepsius. Der Begründer der deutschen Ägyptologie, Berlin 2012, 101–119.

Quack, J. F., Reiche, Dynastien... und auch Chroniken? Zum Bewusstsein der eigenen Vergangenheit im Alten Ägypten, in: Wiesehöfer, J. / Krüger, T. (Hg.), Periodisierung und Epochenbewusstsein im Alten Testament und in seinem Umfeld (Oriens et Occidens 20), Stuttgart 2012, 9–36.

Raffaele, F., Dynasty 0, in: Bickel, S. / Loprieno, A. (Hg.), Basel Egyptology Prize 1. Junior Research in Egyptian History, Archaeology, and Philology (AH 17), Basel 2003, 99–141.

Raige, R., Le Zodiaque nominal et primitif des anciens Égyptiens, in: Jomard, E. F. (Hg.), Description de l'Égypte: ou recueil des observations et des recherches qui ont été faites en Égypte pendant l'expédition de l'armée française, publié par les ordres de Sa Majesté l'Empereur Napoléon le Grand 3.1.1: Texte 1: Antiquités, Paris 1809, 169–180.

Raikes, R. L., The Physical Evidence for Noah's Flood, in: Iraq 28.1, 1966, 52–63.

Ramsay, Ch. et al., Radiocarbon-Based Chronology for Dynastic Egypt, in: Science 328, Nr. 5985, 2010, 1554–1557.

Raue, D., Reise zum Ursprung der Welt. Die Ausgrabungen im Tempel von Heliopolis, Darmstadt, 2020.

Rawlinson, H. C., Assyrian Antiquities, in: Athenaeum 1243, 23.08.1851, 902–903.

Rawlinson, H. C., Babylonian Discovery: Queen Semiramis, in: Athenaeum 1381, 1854, April, 465–466.

Rawlinson, G., The Historical Evidences of the Truth of the Scripture Records Stated Anew. With Special Reference to the Doubts and Discoveries of Modern Times, in Eight Lectures, London 1860.

Rawlinson, H. C., Biblical Geography, in: Athenaeum 1799, 19.04.1862, 529–531.

Redford, D. B., Pharaonic King-Lists, Annals and Day-Books. A Contribution to the Study of the Egyptian Sense of History (SSEA Publication 4), Mississauga 1986.

Redford, D. B., The Writing of History of Ancient Egypt, in: Hawass, Z. (Hg.), Egyptology at the Dawn of the Twenty-First Century. Proceedings of the Eighth International Congress of Egyptologists, Bd. 2, Kairo 2000, 1–11.

Reingruber, A., Early Neolithic settlement patterns and exchange networks in the Aegean, in: Documenta Praehistorica 38, 2011, 291–305.

Reisenauer, E. M., The battle of the standards. Great Pyramid metrology and British Identity, 1859–1890, in: The Historian 65.4, 2003, 931–978.

Reisenauer, E. M., Anti-Jewish Philosemitism. British and Hebrew Affinity and Nineteenth Century British Antisemitism, in: British Scholar 1.1, 2008, 79–104.

Richardson, S., The First „World Event". Senacherib at Jerusalem, in: Kalimi, I. / Richardson, S. (Hg.), Senacherib at Jerusalem. Story, History and Historiography, Leiden 2014, 433–505.

Ritter, J., Otto Neugebauer and Ancient Egypt, in: A. Jones et al. (Hrsg.), A Mathematician's Journeys. Otto Neugebauer and Modern Transformations of Ancient Science (New Studies in the History and Philosophy of Science and Technology 45), Heidelberg 2016, 127–163.

Rivers, W. H. R., The Disappearance of Useful Arts, London 1912.

Robinson, A., Cracking the Egyptian Code. The Revolutionary Life of Jean-François Champollion, London 2018.

Röllig, W., Zur Typologie und Entstehung der babylonischen und assyrischen Königslisten, in: Ders. (Hg.), lišan mithurti. Festschrift Wolfram Freiherr von Soden (AOAT 1), Tübingen 1969, 265–277.

Rogerson, J. W., Old Testament Criticism in the Nineteenth Century. England and Germany, London 1984.

Rohrbacher, P., ‚Hamitische Wanderungen'. Die Prähistorie Afrikas zwischen Fiktion und Realität, in: Wiedemann, F. / Hofmann, K. P. / Gehrke, H.-J. (Hg.), Vom Wandern der Völker. Migrationserzählungen in den Altertumswissenschaften, Berlin 2017, 249–282.
Rossi, P., The Dark Abyss of Time: The History of the Earth and the History of Nations from Hooke to Vico, Chicago 1987.
Rouillon-Petit, F., Campagnes des Français En Italie, En Égypte, En Hollande, En Allemagne, En Prusse, Bd. 2, Paris 1835.
Rudwick, M. J. S., The Meaning of Fossils. Episodes in the History of Palaeontology[2], Chicago 1985.
Rudwick, J. S., Geologists' Time: A Brief History, in: Ders., The New Science of Geology. Studies in the Earth Sciences in the Age of Revolution, Aldershot 2004, 1–7.
Rudwick, J. S., The Shape and Meaning of Earth History, in: Ders., The New Science of Geology. Studies in the Earth Sciences in the Age of Revolution, Aldershot 2004, 296–321.
Rudwick, J. S., Bursting the Limits of Time. The Reconstruction of Geohistory in the Age of Revolution, Chicago 2005.
Rudwick, J. S., Worlds before Adam. The Reconstruction of Geohistory in the Age of Reform, Chicago 2008.
Running, L. G. / Freedman, D. N., William Foxwell Albright. A twentieth century genius, New York 1975.
Ruppel, H.-R. et al., Universeller Geist und guter Europäer. Chr. Carl Josias von Bunsen. Beiträge zu Leben und Werk des „gelehrten Diplomaten", Korbach 1991.
Sachs, A. / Hunger, H., Astronomical Diaries and Related Texts from Babylon, 3 Bde., Wien 1988–1996.
Säve-Söderbergh, T., The Hyksos Rule in Egypt, in: JEA 37, 1951, 53–71.
Saint-Martin, J., Notice sur Le Zodiaque de Denderah, Lue á l'Académie royale des Inscriptions et Belles-Lettres, dans la séance du 8 février 1822, Paris 1822.
Sass, B., The Genesis of the Alphabet and its Development in the Second Millennium B.C. (ÄAT 13), Wiesbaden 1988.
Sasson, J. M., Albright as an Orientalist, in: The Biblical Archaeologist 56.1, 1993: Celebrating and Examining W. F. Albright, 3–7.
Saulnier, S.-L., Notice sur le voyage de M. Lelorrain en Egypte: et observations sur le Zodiaque de Denderah, Paris 1822.
Sayce, H. A., s.v. „Babylonia", in: The Encyclopaedia Britannica or Dictionary of Arts, Sciences, and General Literature[9], Bd. 3, New York 1886, 182–194.
Sayce, H. A., The „Higher Criticism" and the Verdict of the Monuments[4], London 1894.
Schaffer, S., Metrology, Metrication, and Victorian Values, in: Lightman, B. (Hg.), Victorian Science in Context, Chicago 1997, 438–474.
Schaper, R., Die Odyssee des Fälschers, Die abenteuerliche Geschichte des Konstantin Simonides, der Europa zum Narren hielt und nebenbei die Antike erfand, München 2014.
Scharff, A., Kurt Sethe, in: Jahrbuch der Bayerischen Akademie der Wissenschaften, Jg. 1934/35, 32–39.
Scharff, A., Kurt Sethe, in: Egyptian Religion 2.3, 1935, 116–118.
Scharff, A., Die Ausbreitung des Osiriskultes in der Frühzeit und während des Alten Reiches (Sitzungsberichte der Bayerischen Akademie der Wissenschaften. Philosophisch-historische Klasse, Jg. 1947.4), München 1948.

Schenkel, W., Einführung der künstlichen Felderbewässerung im Alten Ägypten, in: GM 11, 1974, 41–46.

Schenkel, W., Die Bewässerungsrevolution im Alten Ägypten, Mainz 1978.

Schenkel, W., Erkundungen zur Reihenfolge der Zeichen im ägyptologischen Transkriptionsalphabet, in: CdÉ 125, 1988, 5–35.

Schenkel, W., Bruch und Aufbruch. Adolf Erman und die Geschichte der Ägyptologie, in: Schipper, B. (Hg.), Ägyptologie als Wissenschaft. Adolf Erman (1854–1937) in seiner Zeit, Berlin 2006, 224–247.

Schildt, A., Zwischen Abendland und Amerika. Studien zur westdeutschen Ideenlandschaft der 50er Jahre, Berlin 1999.

Schlote, K.-H. (Hg.), Chronologie der Naturwissenschaften. Der Weg der Mathematik und der Naturwissenschaften von den Anfängen in das 21. Jahrhundert, Frankfurt a. M. 2002.

Schmidt, W., Der Ursprung der Gottesidee. Eine historisch-kritische und positive Studie, 12 Bde., Münster 1912–1955.

Schneider, T., Die Periodisierung der ägyptischen Geschichte. Probleme und Perspektiven für die ägyptologische Historiographie, in: Hofmann, T. / Sturm, A. (Hg.), Menschen-Bilder / Bilder-Menschen. Kunst und Kultur im Alten Ägypten, Norderstedt 2003, 241–256.

Schneider, T., Periodizing Egyptian History: Manetho, Convention, and Beyond, in: Adam, K.-P. (Hg.), Historiographie in der Antike (Beihefte zur Zeitschrift für alttestamentliche Wissenschaft 373), Berlin 2008, 181–195.

Schneiders, W., Das Zeitalter der Aufklärung^5, München 2014.

Schott, S., Spuren der Mythenbildung, in: ZÄS 78, 1942, 1–27.

Schrader, E., Keilinschriften und das Alte Testament, Gießen 1872.

Schröder, H.-Chr., Englische Geschichte^7, München 2017.

Schroeer, J. F., Imperium Babylonis et Nini ex monimentis antiquis, Frankfurt a. M. 1726.

Scott, J. C., Against the Grain. A Deep History of the Earliest States, New Haven 2018.

Selz, G. J., Sumerer und Akkader. Geschichte, Gesellschaft, Kultur, München 2005.

Sethe, K., Die Thronwirren unter den Nachfolgern Königs Thutmosis' I. Ihr Verlauf und ihre Bedeutung (UGAÄ 1), Leipzig 1896.

Sethe, K., Altes und Neues zur Geschichte der Thronstreitigkeiten unter den Nachfolgern Thutmosis I., in: ZÄS 36, 1898, 24–81.

Sethe, K., Beiträge zur ältesten Geschichte Ägyptens (Untersuchungen zur Geschichte und Altertumskunde Ägyptens 3), Leipzig 1905.

Sethe, K., Die Namen von Ober- und Unterägypten und die Bezeichnungen von Nord und Süd, in: ZÄS 44, 1907, 1–30.

Sethe, K., Zur Erklärung einiger Denkmäler aus der Frühzeit der ägyptischen Kultur, in: ZÄS 52, 1915, 56.

Sethe, K., Die Ägyptologie. Zweck, Inhalt und Bedeutung dieser Wissenschaft und Deutschlands Anteil an ihrer Entwicklung (Der Alte Orient 23), Leipzig 1921.

Sethe, K., Die Sprüche für das Kennen der Seelen der heiligen Orte (Totb. Kap. 107–109. 111–116.). Göttinger Totenbuchstudien von 1919, in: ZÄS 59, 1924, 73–99.

Sethe, K., Amun und die acht Urgötter von Hermopolis. Eine Untersuchung über Ursprung und Wesen des aegyptischen Götterkönigs, Berlin 1929.

Sethe, K., Urgeschichte und älteste Religion der Ägypter (Abhandlungen für die Kunde des Morgenlandes 18.4), Leipzig 1930.

Sethe, K., Das Hatschepsut-Problem noch einmal untersucht, in: Berl. Akad. Abh., Phil.-hist. Kl., 1932.
Shalev, Z., Measurer of All Things: John Greaves (1602–1652), the Great Pyramid, and Early Modern Metrology, in: Journal of the History of Ideas 63.4, 2002, 555–575.
Shephard, B., Headhunters. The Search for a Science of the Mind, London 2015.
Silberman, N. A., Petrie's Head. Eugenics and Near Eastern Archaeology, in: Kehoue, A. B. / Emmerichs, M. B. (Hg.), Assembling the Past. Studies in the Professionalization of Archaeology, Albuquerque 1999, 69–79.
Simiand, F., Méthode historique et science sociale, in: Annales 15.1, 1960, 83–119.
Smith, G., The annals of Tiglath Pileser II, in: ZÄS 7, 1869, 9–17.
Smith, G., The Assyrian Eponym Canon, London 1875.
Smith, W., s.v. „Gennes'aret, Land of", in: A Concise Dictionary of the Bible for the Use of Families and Students, London 1865, 287.
Smyth, Ch. P., On the reputed Metrological System of the Great Pyramid. A paper read before the Royal Society of Edinburgh, 21st March 1864, in: Transactions of the Royal Society of Edinburgh, 1864, 667–699.
Smyth, Ch. P., Life and Work at the Great Pyramid, 3 Bde., Edinburgh 1867.
Smyth, Ch. P., Our Inheritance in the Great Pyramid, Edinburgh 1874.
Soden, W. v., s.v. „Assyrien", in: Religion in Geschichte und Gegenwart³, Tübingen 1957, 650–655.
Soden, W. v., Einführung in die Altorientalistik², Stuttgart 1992.
Sommer, M., Die Phönizier. Geschichte und Kultur, München 2008.
Sowada, K., The Politics of Error. Flinders Petrie at Diospolis Parva, in: BACE 7, 1996, 89–96.
Stadelmann, R., Die ägyptischen Pyramiden. Vom Ziegelbau zum Weltwunder³, Mainz 1997.
Stanley, St. M., Historische Geologie², Berlin 2001.
Steger, F. (Hg.), Ergänzungs-Conversationslexikon 11 = N.F. 4, Leipzig 1856, s.v. Konstantin Simonides, 737–749.
Steindorff, G., Die Blütezeit des Pharaonenreiches, Leipzig 1926.
Steindorff, G., Kurt Sethe, in: ZÄS 70, 1934, 132–134.
Stock, H., Studien zur Geschichte und Archäologie der 13. bis 17. Dynastie Ägyptens, unter besonderer Berücksichtigung der Skarabäen dieser Zwischenzeit (ÄgFo 12), Glückstadt 1942.
Stocking, G. W., After Tylor. British Social Anthropology 1888–1951, London 1999.
Strasser, G. F., La Contribution d'Athanase Kircher à la tradition humaniste hiéroglyphique, in: XVIIe Siècle 158, 1988, 79–92.
Strasser, G. F., Lingua realis, lingua universalis und lingua cryptologica. Analogienbildung bei den Universalsprachen des 16. und 17. Jahrhunderts, in: Berichte zur Wissenschaftsgeschichte 12, 1989, 203–217.
Strasser, G. F., Das Sprachdenken Athanasius Kirchers, in: Coudret, A. P. (Hg.) Die Sprache Adams (Wolfenbütteler Forschungen 84), Wiesbaden 1999, 151–169.
Strobel, A., Der spätbronzezeitliche Seevölkersturm. Ein Forschungsüberblick mit Folgerungen zur biblischen Exodusthematik (Beihefte für die Zeitschrift für die alttestamentliche Wissenschaft 145), Berlin 1976.
Tadmor, H., Niniveh, Calah and Israel. On Assyriology and the Origins of Biblical Archaeology, in: BAT. Proceedings of the International Congress of Biblical Archaeology 1984, Jerusalem 1985, 260–267.

Taylor, J., The Great Pyramid. Why was it built and who built it, London 1859.
Testa, G. D., Dissertazione sopra due Zodiaci novellamente scoperti nell'Egitto in una adunanza straordinaria dell'Accademia di Religione Cattolica, Rom 1802.
Thesiger, W., The Marsh Arabs, London 1964.
Thums, B., Ausgraben, Bergen, Deuten: Literatur und Archäologie im 19. Jahrhundert, in: Samida, S. (Hg.), Inszenierte Wissenschaft: Zur Popularisierung von Wissen im 19. Jahrhundert, Bielefeld 2011, 43–59.
Thomasson, F., The Life of J. D. Åkerblad: Egyptian Decipherment and Orientalism in Revolutionary Times (Brill's Studies in Intellectual History 213), Leiden 2013.
Thompson, M. W., General Pitt-Rivers. Evolution in Archaeology in the Nineteenth Century, Bradford-on-Avon 1977.
Thompson, R. C., Rezension von: Woolley, Recent Discoveries and Hebrew Origins, in: The Antiquaries Journal 16.4, 1936, 476–480.
Tischendorf, K. v., Noch ein Wort zur Uranios-Frage, in: Lykurgos, A. (Hg.), Enthüllungen über den Simonides-Dindorffschen Uranios, Leipzig 1856, 73–76.
Townend, B. R., The Story of the Tooth-Worm, in: Bulletin of the History of Medicine 15.1, 1944, 37–58.
Trigger, B., Gordon Childe, Revolutions in Archaeology, London 1980.
Trigger, B., A History of Archaeological Thought^{12}, Cambridge 2004.
Tringham, R., V. Gordon Childe 25 years after: His relevance for the archaeology of the eighties, in: Journal of Field Archaeology 10.1, 1983, 85–100.
Trümpener, H.-J., Die Existenzbedingungen einer Zwergwissenschaft. Eine Darstellung des Zusammenhanges von wissenschaftlichem Wandel und der Institutionalisierung einer Disziplin am Beispiel der Ägyptologie, Bielefeld 1981.
Ucko, P. J., The Biography of a Collection. The Flinders Petrie Palestinian Collection and the Role of University Museums, in: Museum Management and Curatorship 17.4, 1998, 351–399.
Ussher, J., Annales Veteris et Novi Testamenti, a prima mundi origine deducti. Una cum rerum Asiaticarum et Aegyptiacarum chronico, a temporis historici principio usque ad extremum templi et reipublicae Judaicae excidium producto, London 1650.
Van Binsbergen, W., Black Athena. Ten Years Later. Towards a constructive reassessment, in: Ders. (Hg.), Black Athena comes of age. Towards a constructive reassessment, Münster 2011, 11–64.
Van Buren, E. D., Archaeologists in Antiquity, in: Folklore 36.1, 1925, 69–81.
Van de Mieroop, M., The Mesopotamians and their Past, in: Wiesehöfer, J. / Krüger, T. (Hg.), Periodisierung und Epochenbewusstsein im Alten Testament und in seinem Umfeld (Oriens et Occidens 20), Stuttgart 2012, 37–56.
Van den Brink, E. C. M. (Hg.), The Nile Delta in Transition: 4th–3rd Millennium B.C., Tel Aviv 1992.
Van der Pflicht, J. / Bruins, H. J., Radiocarbon dating in Near-Eastern contexts. Confusion and quality control, in: Radiocarbon 43.3, 2002, 1155–1166.
Vandier, J., La Religion Égyptienne (Mana. Introduction à l'histoire des Religions), Paris 1944.
Vandier, J., Raymond Weill (1874–1950), in: RdE 8, 1951, i–vi.
Veenhof, K. R., Geschichte des Alten Orients bis zur Zeit Alexanders des Großen (Grundrisse zum Alten Testament, Ergänzungsreihe 11), Göttingen 2001.

Veit, U., Gustaf Kossina und V. Gordon Childe: Ansätze zu einer theoretischen Grundlegung der Vorgeschichte in: Saeculum 45.3/4, 1984, 326–363.

Virenque, H., Hermine Hartleben. Biographe de J.-Fr. Champollion, in: Senouy 14, 2015, 37–42.

Vogtherr, T., Zeitrechnung. Von den Sumerern bis zur Smartwatch³, München 2012.

Voss, S., Ludwig Borchardts Recherche zur Herkunft des pEbers, in: MDAIK 65, 2009, 373–376.

Voss, S., La représentation égyptologique allemande en Égypte et sa perception par les égyptologues français, du XIXᵉ au milieu du XXᵉ siècle, in: Baric, D. (Hg.), Archéologies méditerranéennes, Paris 2012, 167–188.

Voss, S., Wissenshintergründe ... – die Ägyptologie als ‚völkische' Wissenschaft entlang des Nachlasses Georg Steindorffs von der Weimarer Republik über die NS- bis zur Nachkriegszeit, in: Dies. / Raue, D. (Hg.), Georg Steindorff und die deutsche Ägyptologie im 20. Jahrhundert (BZÄS 5), Berlin 2016, 105–332.

Voss, S., Die Geschichte der Abteilung Kairo des DAI im Spannungsfeld deutscher politischer Interessen, Bd. 2: 1929–1966 (Menschen – Kulturen – Traditionen 8.2), Rahden (Westf.) 2017.

Vyse, R. W. H., Operations carried on at the Pyramids of Gizeh in 1837, with an Account of a Voyage into Upper Egypt, and an Appendix, Bd. 1, London 1840.

Waetzoldt, H., Zu den Strandverschiebungen am Persischen Golf und den Bezeichnungen der Hors, in: Schäfer, J. / Simon, W. (Hg.), Strandverschiebungen in ihrer Bedeutung für Geowissenschaften und Archäologie, Heidelberg 1981, 159–184.

Weichenhan, M., Der Panbabylonismus. Die Faszination des himmlischen Buches im Zeitalter der Zivilisation, Berlin 2016.

Weill, R., La fin du Moyen Empire Égyptien. Étude sur les monuments et l'histoire de la période comprise entre la 12e et la 18e dynastie, Paris 1918.

Weill, R., Bases, méthodes et résultats de la Chronologie Égyptienne, 2 Bde., Paris 1926–1928.

Weill, R., Les Nouvelle Propositions de Reconstruction Historique et Chronologie du Moyen Empire, in: RdE 7, 1950, 89–105.

Weill, R., Douzième Dynastie, Royauté de Haute-Égypte et Domination Hyksos dans le nord, Paris 1953.

Wengrow, D., The archaeology of early Egypt. Social transformations in North-East Africa, 10,000 to 2650 BC, Cambridge 2006.

Westendorf, W., „Auf jemandes Wasser sein" = „von ihm abhängig sein", in: GM 11, 1974, 47–48.

Westendorf, W., Kurt Sethe, in: Arndt, K. et al. (Hg.), Göttinger Gelehrte. Die Akademie der Wissenschaften zu Göttingen in Bildnissen und Würdigungen 1751–2001, Göttingen 2001, 344–345.

Wildung, D., Die Rolle ägyptischer Könige im Bewußtsein ihrer Nachwelt (MÄS 17), Bd. 1, Berlin 1969.

Wilkinson, T. A. H., Royal Annals of Ancient Egypt. The Palermo Stone and its Associated Fragments, London 2000.

Wilson, J., The Relation between Ideology and Organization in a Small Religious Group: The British Israelites, in: Review of Religious Research 10.1, 1968, 51–60.

Wilson, J. A., Rezension: Weill, Douzième Dynastie, royauté de Haute-Égypte, in: JNES 14.2, 1955, 131–133.
Winer, G. B., Biblisches Realwörterbuch zum Handgebrauch für Studirende, Candidaten, Gymnasiallehrer und Prediger, 2 Bde., Leipzig 1820.
Winstone, H. V. F., Woolley of Ur. The Life of Sir Leonard Woolley, London 1990.
Winter, I. J., Babylonian Archaeologists of the(ir) Mesopotamian Past, in: Matthiae, P. et al. (Hg.), Proceedings of the First International Congress of the Archaeology of the Ancient Near East. Rome, May 18th–23rd 1998, Rom 2000, 1787–1800.
Wirth, A., Männer, Völker und Zeiten, Berlin 1912.
Witzel, M., Das Alte Indien^2, München 2010.
Wittfogel, K. A., Oriental Despotism: A Comparative Study of Total Power, New Haven 1957.
Wiwjorra, I., „Ex oriente lux" – „Ex septentrione lux". Über den Widerstreit zweier Identitätsmythen, in: Leube, A. / Hegewisch, M. (Hg.), Prähistorie und Nationalsozialismus. Die mittel- und osteuropäische Ur- und Frühgeschichtsforschung in den Jahren 1933–1945 (Studien zur Wissenschafts- und Universitätsgeschichte 2), Heidelberg 2002, 73–106.
Woolley, L., Excavations at Ur, 1928–9, in: The Antiquaries Journal 9, Oktober 1929, Nr. 4, 322–330.
Woolley, L., Ur of the Chaldees. A Record of Seven Years of Excavation, London 1929.
Woolley, L., The Excavations at Ur and the Hebrew Records, London 1929.
Woolley, L., Ur und die Sintflut. Sieben Jahre Ausgrabungen in Chaldäa, der Heimat Abrahams, Leipzig 1930.
Woolley, L., Excavations at Ur 1929–30, in: The Antiquaries Journal 10.4, 1930, 315–343.
Woolley, L., Abraham. Recent Discoveries and Hebrew Origins, London 1936.
Woolley, L., The Flood, in: The South African Archaeological Bulletin 8.30, 1953, 52–54.
Woolley L., Excavations at Ur. A Record of Twelve Years' Work, New York 1954.
Woolley, L., Ur Excavations 4: The early periods, Philadelphia 1955.
Wortham, J. D., British Egyptology 1549–1906, Newton Abbot 1971.
Ydit, M., Kurze Judentumkunde für Schule und Selbststudium, Berlin 2018.
Younger, K. L., Recent Study on Sargon II, King of Assyria. Implications for Biblical Studies, in: Chavals, M. W. / Younger, K. L. (Hg.), Mesopotamia and the Bible. Comparative Explorations (Journal for the Study of the Old Testament Supplement Series 341), New York 2002, 288–329.
Zboray, A., Some results of recent expeditions to the Gilf Kebir & Jebel Uweinat, in: Cahiers de l'AARS 8, 2003, 97–104.
Zettler, R. L. / Horne, L. (Hg.), Treasures from the Royal Tombs of Ur, Philadelphia 1998.
Zimon, H., Wilhelm Schmidt's Theory of Primitive Monotheism and its Critique within the Vienna School of Ethnology, in: Anthropos 81.1–3, 1986, 243–260.
Zink MacHaffie, B., Monument Facts and Higher Critical Fancies. Archaeology and the Popularization of Old Testament Criticism in Nineteenth Century Britain, in: Church History 50.3, 1981, 316–328.

4 Internetressourcen

Der letzte Zugriff auf die hier aufgeführten und in den Fussnoten zitierten Web-Seiten erfolgte, soweit nicht anders angegeben, am 10. August 2021.

Anonymus, Exhibition: 47 Leicester Square, Zodiac of Dendera, London 1825: http://iapsop.com/ssoc/1825__anonymous___exhibition_of_the_zodiac_of_dendera.pdf.
Aufgebauer, P., Die astronomischen Grundlagen des französischen Revolutionskalenders – eine wissenschaftsgeschichtliche Studie: http://webdoc.sub.gwdg.de/edoc/p/fundus/4/aufgebauer.pdf.
Berg, L., Auf den Spuren der ersten Amerikaner. Ein Weltkulturerbe im Nordosten Brasiliens untergräbt die klassische Theorie zur Besiedlung des Kontinents, in: Frankfurter Allgemeine Zeitung, 07.06.2018: https://www.faz.net/aktuell/wissen/archaeologie-altertum/weltkulturerbe-auf-den-spuren-der-ersten-amerikaner-15624830.html.
Berner, Ch., „Chronologie, biblische (AT)", in: WiBiLex. Das wissenschaftliche Bibellexikon im Internet, 2016: http://www.bibelwissenschaft.de/stichwort/16053.
British Museum and the Penn Museum, Ur Online, Charles Leonard Woolley: http://www.ur-online.org/personorg/10.
Challenging Time(s) – A New Approach to Written Sources for Ancient Egyptian Chronology: https://www.oeaw.ac.at/oeai/forschung/altertumswissenschaften/antike-rechtsgeschichte-und-papyrologie/challenging-times.
CHRONOS. Soziale Zeit in den Kulturen des Altertums: https://www.chronos.humanities.uva.nl.
Curtis, C. et al., The Sacred Ibis debate: The first test of evolution, in: PLOS Biology 16.10, 2018: https://journals.plos.org/plosbiology/article?id=10.1371/journal.pbio.2005558.
Dahm, Ph., 15 historische Fakten, die dir ein völlig neues Zeitgefühl geben: https://www.watson.ch/wissen/panorama/241564166-15-historische-fakten-die-dir-ein-voellig-neues-zeitgefuehl-geben.
DFG-Magazin, Serra da Capivara – älteste Siedlungsspuren in Amerika? Fotoausstellung zu brasilianischem Weltkulturerbe, 06.04.2017: https://www.dfg.de/dfg_magazin/veranstaltungen/ausstellungen/serra_di_capivara/index.html.
Einstein Center CHRONOI: https://www.ec-chronoi.de.
Flavius Josephus, Apologie für das Alter des Judentums, Vorläufige Übersetzung des Institutum Judaicum Delitzschianum, Münster 2003: https://www.uni-muenster.de/EvTheol/ijd/forschen/contra-apionem.html.
Gestermann, L., s.v. „Pyramidentexte", in: WiBiLex. Das wissenschaftliche Bibellexikon im Internet, 2006: https://www.bibelwissenschaft.de/stichwort/31660.
Glain, St. J., Effort to unwrap lineage of mummies hits wall, aus: The Wall Street Journal, 03.05.2001, online: https://www.deseret.com/2001/5/3/19584238/effort-to-unwrap-lineage-of-mummies-hits-wall.
Gundacker, R., „Manetho", in: WiBiLex. Das wissenschaftliche Bibellexikon im Internet, 2018: https://www.bibelwissenschaft.de/stichwort/25466.
Höflmayer, F., Radiocarbon Dating and Egyptian Chronology – From the „Curve of Knowns" to Bayesian Modeling, in: Oxford Handbooks Online. Scholarly Research Reviews, 2016: https://www.oxfordhandbooks.com/view/10.1093/oxfordhb/9780199935413.001.0001/oxfordhb-9780199935413-e-64.

Holloway, St. W., Biblical Assyria and Other Anxieties in the British Empire, in: Journal of Religion & Society 3, 2001: http://moses.creighton.edu/jrs/2001/2001-12.pdf.

Howell, C. / Kaufmann Kohler, s.v. „Jubilees, book of", in: Jewish Encyclopedia, 1906, S. 301: http://www.jewishencyclopedia.com/articles/8944-jubilees-book-of.

Kuper, R. / Kröpelin, St., Climate-Controlled Holocene Occupation in the Sahara: Motor of Africa's Evolution, in: Science 313, Nr. 5788, 11.08.2006, 803–807: http://www.uni-koeln.de/inter-fak/sfb389/sonstiges/kroepelin/242%202006%20Kuper%20Kroepelin%20Science%20313%20%20(11%20August%202006).pdf.

Kuper, R., Archaeology of the Gilf Kebir National Park: http://www.uni-koeln.de/hbi/Texte/Gilf_Kebir.pdf.

Le Lay, C., Le zodiaque de Denderah, in: CLEA Cahiers Clairaut,2001 : http://clea-astro.eu/archives/cahiers-clairaut/CLEA_CahiersClairaut_094_08.pdf.

The Librarians. The Blog of the National Library of Israel, Begin discovers Egypt: https://blog.nli.org.il/en/begin-discovers-egypt.

Manning, S. et al., Integrated Tree-Ring-Radiocarbon High-Resolution Timeframe to Resolve Earlier Second Millennium BCE Mesopotamian Chronology, in: PLoS ONE 11.7, 2016: https://journals.plos.org/plosone/article/file?id=10.1371/journal.pone.0157144&type=printable.

Maul, S. M., Wer baute die babylonische Arche? Ein neues Fragment der mesopotamischen Sintfluterzählung aus Assur, 2008: https://www.uni-heidelberg.de/fakultaeten/philosophie/ori/assyriologie/forschung/gilga.html.

McGill Universtiy Archives, Montreal, Fonds MG 4248 – Charles Alexander Brodie-Brockwell Fonds, CA MUA MG 4248: https://archivalcollections.library.mcgill.ca/index.php/charles-alexander-brodie-brockwell-fonds.

McNairn, B., Method and theory of V. Gordon Childe, Diss., Edinburgh 1978: https://era.ed.ac.uk/handle/1842/18438.

Millerman, A. J., The Spinning of Ur. How Sir Leonard Woolley, James R. Ogden and the British Museum interpreted and represented the past to generate funding for the excavation of Ur in the 1920s and 1930s, Diss., Manchester 2015: https://www.research.manchester.ac.uk/portal/files/54575218/FULL_TEXT.PDF.

Montet, P., Le Temple Pharaonique et la Querelle des Égyptologues, in: Le Monde, 18.07.1951: https://www.lemonde.fr/archives/article/1951/07/18/le-temple-pharaonique-et-la-querelle-des-egyptologues_2075105_1819218.html.

Morenz, L., Ereignis Reichseinigung und der Fall Buto. Inszenierungen von Deutungshoheit der Sieger und – verlorene – Perspektiven der Verlierer, in: IBAES X: Fitzenreiter, M. (Hg.), Das Ereignis – Geschichtsschreibung zwischen Vorfall und Befund, Berlin 2009, 199–209: https://www.ibaes.de/ibaes10/publikation/morenz_ibaes10.pdf.

Müller-Römer, F., Richard Lepsius – Begründer der modernen Ägyptologie, 2009: http://archiv.ub.uni-heidelberg.de/propylaeumdok/volltexte/2009/460.

Newton, I., A Dissertation upon the Sacred Cubit of the Jews and the Cubits of the several Nations, übers. v. J. Greaves, in: Miscellaneous Works of Mr. John Greaves, Professor of Astronomy in the University of Oxford, Bd. 2, London 1737, 405–433: The Newton Project: http://www.newtonproject.ox.ac.uk/view/texts/normalized/THEM00276.

Parco Archeologico dei Campi Flegrei, Macellum/Tempio di Serapide: http://www.pafleg.it/it/4388/localit/67/macellum-tempio-di-serapide.

Projektbeschreibung CHRONOI: https://www.ec-chronoi.de/exploration/zeitgeist.

Raffaele, F., On the terms „Dynasty 0" and „Dynasty 00", 2003: http://xoomer.virgilio.it/francescoraf/hesyra/dynasty.htm.
Saur, M., s.v. „Berossos", in: WiBiLex. Das wissenschaftliche Bibellexikon im Internet, 2009: https://www.bibelwissenschaft.de/stichwort/14996.
Stevenson, A., ,We Seem to be Working in the Same Line': A. H. L. F. Pitt-Rivers and W. M. F. Petrie, in: Bulletin of the History of Archaeology 22.1, 2012, 4–13: https://www.archaeologybulletin.org/articles/10.5334/bha.22112.
The Times, 27. 03. 2006: „Germans are brainiest (but at least we're smarter than the French)": https://www.thetimes.co.uk/article/germans-are-brainiest-but-at-least-were-smarter-than-the-french-w86q5665ws3.
Tietze, C. / Maksoud, M. / Lange, E., Ein Schaltjahr für das Königspaar, in: Portal. Die Potsdamer Universitätszeitung 4/5, 2004: https://www.uni-potsdam.de/fileadmin/projects/up-entdecken/docs/portal/Archiv/2004/2.pdf.
Tischendorf, Lobegott Friedrich Constantin von, in: Kotte Autographs: https://www.kotte-autographs.com/de/autograph/tischendorf-lobegott-friedrich-constantin-von.
Warburton, D. A., Egyptian History: Definitely! Myth as the Link between Event and History, in: IBAES X: Fitzenreiter, M. (Hg.), Das Ereignis – Geschichtsschreibung zwischen Vorfall und Befund, Berlin 2009, 283–307: https://www.ibaes.de/ibaes10/publikation/warburton_ibaes10.pdf.

5 Abbildungsnachweis

Abb. 1a+b: Vom Autor selbst erstellt.
Abb. 2: Bayerische Staatsbibliothek, München: Bildnr. 5–17. 01. 2018 01:55; 7–17. 01. 2018 01:55.
Abb. 3: Bayerische Staatsbibliothek, München: Bildnr. 1–16. 11. 2019 06:26.
Abb. 4: Jomard, E. F. (Hg.), Description de l'Égypte, ou recueil des observations et des recherches qui ont été faites en Égypte pendant l'expédition de l'armée française, publié par les ordres de Sa Majesté l'Empereur Napoléon le Grand, Bd. 2, 2, 4: Planches 4, Taf. 21 – Universitätsbibliothek Heidelberg, Sig. A 5574.
Abb. 5: Bayerische Staatsbibliothek, München: Bildnr. 1–13. 03. 2018 20:08.
Abb. 6: Bayerische Staatsbibliothek, München: Bildnr. 733–06. 02. 2020 02:01.
Abb. 7: Gemeinfrei: https://commons.wikimedia.org/wiki/File:Joseph_Gathering_Corn_(San_Marco).jpg.
Abb. 8: Petrie, W. M. Flinders / Mace, A. C., Diospolis Parva, the cemeteries of Abadiyeh and Hu, London 1901, Frontispiz. – Courtesy of The Egypt Exploration Society.
Abb. 9a+b: Courtesy of The Petrie Museum of Egyptian Archaeology, UCL.
Abb. 10: Neugebauer, O. / Parker, R. A. (Hg.), Egyptian Astronomical Texts, Bd. 3: Decans, Planets, Constellations and Zodiacs, London 1969, Taf. 18.
Abb. 11: Woolley, L., Ur Excavations 4: The early Periods, Philadelphia 1955, Taf. 72 – Universitätsbibliothek Heidelberg, Sig. C 3047–21.
Abb. 12: Vom Autor selbst erstellt auf Grundlage von: Sethe, K., Urgeschichte und älteste Religion der Ägypter (Abhandlungen für die Kunde des Morgenlandes 18.4), Leipzig 1930, Karten 1–3.

Abb. 13: Elliot Smith, G., The Migrations of Early Culture. A Study of the Significance of the Geographical Distribution of the Practice of Mummification as Evidence of the Migrations of Peoples and the Spread of certain Customs and Beliefs, London 1915, S. 14.

Abb. 14: Almásy, L. E., Unbekannte Sahara. Mit Flugzeug und Auto in der Libyschen Wüste, Leipzig 1939, zwischen S. 136 und 137.

Abb. 15: Gemeinfrei: Wikimedia Commons: https://commons.wikimedia.org/wiki/File:William_Albright_1957.jpg.

Abb. 16: Breasted, J. H., Ancient Times, a History of the Early World. An Introduction to the Study of Ancient History and the Career of Early Man, Boston 1916, S. 100–101.

6 Register

Abraham 15, 144, 147f., 150f., 153
Adad-nirari III. 94
Africanus, Iulius 33
Agrippa 9
Ahmose 137, 140
Åkerblad, Johan David 61
Albright, William Foxwell 206–215, 228
Alexander III. (der Große) 30, 42
Alexander Polyhistor 42
Almásy, László Ede 196f., 199–201, 203–205, 230, 262
Amasis 66
Amenemhet III. 137f.
Amenhotep I. 45, 131, 137, 140
Amenhotep II. 140
Archinad, André 68
Aristoteles 18, 20
Asarhaddon 42f.
Awil-Marduk 13

Bacon, Sir Francis 18
Begin, Menachem 118
Berman, Richard A. 204
Berossos 42, 97, 261
Biot, Jean-Baptiste 65–67
Borchardt, Ludwig 131, 133–135, 137, 141, 208
Bosanquet, James Whatman 97, 101
Bouché-Leclercq, Auguste 8, 134
Braudel, Fernand 11
Breasted, James Henry 134, 209–211, 216, 218f., 262
Bright, John 146
Brunner-Traut, Emma 67
Buffon, Georges Leclerc de 19f.
Bunsen, Christian Carl Josias von 28, 37, 75–87, 89–92, 229, 234
Burattini, Tito Livio 110

Caesarion 48
Carter, Howard 182
Castex, Jean-Jacques 56
Caviglia, Giovanni Battista 111

Champollion, Jean-François 27, 52, 57, 66–74, 106, 162, 229
Champollion-Figeac, Jacques-Joseph 63, 67, 73
Cheops 48, 109, 112f., 115f.
Chephren 113
Childe, Vere Gordon 184, 220f., 223–226, 229, 260
Christie, Agatha 144, 147
Claudius 70
Collingwood, Robin George 38
Cuvier, Georges 21–25, 64

Denon, Dominique-Vivant 49–51, 53, 61, 70
Desaix, Louis Charles Antoine 50
Devilliers, René Edouard 51, 58, 63, 70f.
Diodorus Siculus 111
Dolomieu, Déodat Gratet de 22, 27
Dreyer, Günther 40
Drower, Margaret S. 119
Duclot, Joseph 64–66
Dümichen, Johannes 90
Dupuis, Charles François 58, 64, 66

Ebers, Georg 45, 77, 85, 131
Eichhorn, Johann Gottfried 20
Elliot Smith, Grafton 177, 181–195, 220, 222, 262
Eratosthenes 80, 85
Erman, Adolf 37–39, 92, 155f., 174
Ermoni, Vincent 104
Eusebius von Caesarea 33

Fourier, Jean-Baptiste Joseph 57–60, 63f., 66f.
Friedrich II. (König von Preußen) ix
Frobenius, Leo 197

Gardiner, Alan Henderson 169, 193, 208
Grapow, Hermann 158
Greaves, John 109–111, 260
Gressmann, Hugo 208
Grey, Charles, 2. Earl Grey 25

Gunkel, Hermann 208
Gutschmid, Alfred von 87

Haddon, Alfred Cort 181 f.
Hammurapi 41, 44, 138
Hartleben, Hermine 67, 70
Hatschepsut 10, 34, 139 f.
Hattusili III. 45
Haupt, Paul 206
Hekekyan, Joseph 27 f.
Helck, Wolfgang 141, 160, 167
Herder, Johann Gottfried 106
Herodot 29 f., 48, 58, 60, 64, 105, 113
Heyerdahl, Thor 178, 180, 192
Hincks, Edward 94, 96 f.
Hölscher, Wilhelm 205
Horner, Leonard 26–28

Jabarti, Abd al-Rahman al 49
Johannes der Täufer 16
Jollois, Jean-Baptiste 51, 58, 63, 70 f.
Jomard, Edmé François 70, 72, 261
Joseph 22, 66 f., 109–111, 118, 188
Josephus, Flavius 13, 33 f., 42, 93, 259
Junker, Hermann 163, 172

Kaiser, Werner 70, 130, 227
Kambyses II. 42, 61
Karl X. 65
Kees, Hermann 157 f., 169, 175
Kendall, David 120, 128
Kircher, Athanasius 106–108, 110
Kleopatra VII. 9, 48, 227

Lamarck, Jean-Baptiste 24
Langdon, Stephen 147
Larcher, Pierre 60
Layard, Austen Henry 94 f., 102
Legge, George Francis 128
Lelorrain, Jean/Claude 53–55, 72
Leo XII. (Papst) 68
Lepsius, Carl Richard 37, 75–77, 80–92, 98, 135, 155, 229, 234, 260
Letronne, Jean-Antoine 71, 73
Ludwig/Louis XVIII. 53, 56, 65 f., 69
Lyell, Charles 26 f.

Macalister, Alexander 181
Malinowski, Bronisław 184
Mallowan, Max 144, 146
Manetho 33–35, 39 f., 42, 77–79, 113, 259
Marcus Antonius 9
Mariette, Auguste 37, 90 f.
Marsham, John 108
Maspero, Gaston 129
Massaroli, Guiseppe 103
Mehmed Ali (Vizekönig von Ägypten) 53, 55
Menes 171, 190, 193, 208
Meyer, Eduard 37, 133 f., 180
Min, s. Menes 29, 168
Möller, Georg 204 f.
Mommsen, Theodor 155
Montet, Pierre 139, 260
Moses/Mosis 62, 64, 100, 107, 113, 118, 212 f.

Nabonassar 41, 46
Napoleon Bonaparte 22, 48
Naram-Sin von Akkad 43, 208
Naville, Henri Edouard 122, 129, 141
Nebukadnezar II. 13, 15, 42, 46
Nero 70
Neugebauer, Paul Viktor 131, 261
Newton, Isaac 110, 260
Noah 65, 109, 114, 118, 145

Octavian (Augustus) 9
Oppert, Julius 96 f.

Perring, John Shae 111 f.
Perry, William James 181–183, 185, 188–192, 195, 222 f.
Petrie, William Mathew Flinders 118–130, 162 f., 168, 212, 230, 261
Piazzi Smyth, Charles 115, 120
Pitt-Rivers, Augustus Henry Lane-Fox 122 f., 129, 261
Platon 20
Poole, Reginald Stuart 82 f.
Psammetich 105
Ptolemaios III. 133
Ptolemaios XII. Auletes 48
Pul 4, 92–99, 102–104, 229

Ramses II. 27, 45
Randall-Mac-Ivers, David 181
Rawlinson, George 94, 96, 98 f., 101 f.
Rawlinson, Henry C. 94, 96, 98 f., 101 f., 150
Ripault, Louis 60
Rivers, William Halse Rivers 181–183, 185, 195
Rougé, Emmanuel de 82, 89

Sacy, Antoine-Isaac Silvestre de 66
Saint-Martin, Antoine-Jean 66, 69
Salmanassar I. 41, 43
Salmanassar V. 101
Salt, Henry 53–55
Sanherib 42, 46, 93
Sargon II. 100 f., 103, 229
Sargon von Akkad 100
Saulnier, Sébastien-Louis 53–56
Säve-Söderbergh, Torgny 136
Sayce, Henry A. 99, 102, 104, 208
Scaliger, Joseph Justus 14
Scharff, Alexander 158 f., 234
Schmidt, Wilhelm 211
Schrader, Eberhard 96–98
Seleukos I. 42
Semiramis 94
Sesostris I. 27
Sesostris III. 137 f.
Sethe, Kurt 10, 139–141, 154–162, 166–176, 190, 211, 230, 234, 261
Simiand, François 11
Simonides, Konstantinos 88 f.
Skorpion (äg. König) 205
Smith, Elliot Grafton, s. Elliot Smith 98, 184 f.

Smith, George 97, 98, 184 f.
Spencer, John 108
Steindorff, Georg 37, 39, 158–160, 234
Synkello, Georgios 33

Taylor, John 112–115
Testa, Gian Domenico 61 f., 64–66, 68
Thompson, Reginald Campell 153
Thutmosis I. 140
Thutmosis II. 140
Thutmosis III. 140
Tiglatpileser I. 43
Tiglatpileser II. 92, 97, 103
Tiglatpileser III. 93, 97, 99–101

Unas 162
Ussher, James 2, 13–18

Visconti, Ennio Quirinio 60 f., 65 f.
Voltaire 73
Vyse, Richard Howard William 111 f.

Warburton, William 107, 175 f., 261
Weill, Raymond 131, 133–139, 141, 230
Westendorf, Wolfhart 157
Wilson, John A. 130, 136
Wilson, John 117, 136–138
Winckler, Hugo 208
Wolf, Walther 160, 234
Woolley, Leonard 142–154, 193, 224, 228, 259–261

Young, Thomas 52

www.ingramcontent.com/pod-product-compliance
Lightning Source LLC
Chambersburg PA
CBHW070827300426
44111CB00014B/2478